漫谈光通信

芯片卷

匡国华　著

上海科学技术出版社

图书在版编目（CIP）数据

漫谈光通信. 芯片卷 / 匡国华著. -- 上海 : 上海科学技术出版社, 2023.1 (2024.1重印)
ISBN 978-7-5478-6035-9

Ⅰ. ①漫… Ⅱ. ①匡… Ⅲ. ①光通信 Ⅳ. ①TN929.1

中国版本图书馆CIP数据核字(2022)第230887号

漫谈光通信·芯片卷

匡国华　著

上海世纪出版(集团)有限公司
上海科学技术出版社 出版、发行
(上海市闵行区号景路159弄A座9F-10F)
邮政编码 201101　www.sstp.cn
上海锦佳印刷有限公司印刷
开本 787×1092　1/16　印张 23
字数 364千字
2023年1月第1版　2024年1月第2次印刷
ISBN 978-7-5478-6035-9/TN·36
定价：98.00元

前　言

从2015年写公众号开始，一晃儿就进入第7个年头了，日子过得真快，体会也不同。

2018年出版的《漫谈光通信》，主要是2015年和2016年公众号中的一部分内容，本书主要是2017—2019这3年的学习笔记。

这些散乱的笔记，有个乱中有序的规律，从对一个技术点的疑惑开始，收集相关资料，分析，整理，输出，反馈，修订。

收集-分析-整理-输出，是很多人的学习方式，我也一样，第一步的输出，虽然包括了一些前期资料的理解和转化，但错误频出，接纳这些错误是我这些年受益匪浅的心理过程。

在没有公开之前，那些是不是错误，其实我并不知道，换句话说，也许这些错误会伴随我度过未来的中老年日子。

当有机会公开，就有机会得到反馈，虽然反馈有正向积极的，也有负面消极的，去除情绪干扰，剩下的就是让我知道哪些地方是要改正的，这个步骤对我来说很重要，因为有了成长的契机，下一步就会去修订错误知识点，得到改进和提升。

收集-分析-整理-输出-反馈-修订-提升……螺旋曲线就是工作之余学校之外碎片化时间，碎片化学习的一条隐藏曲线。

目　录

半导体激光器

DML 的啁啾与补偿

半导体物理与器件结构

半导体激光器

激　光　器

写激光器汇总篇，分类：

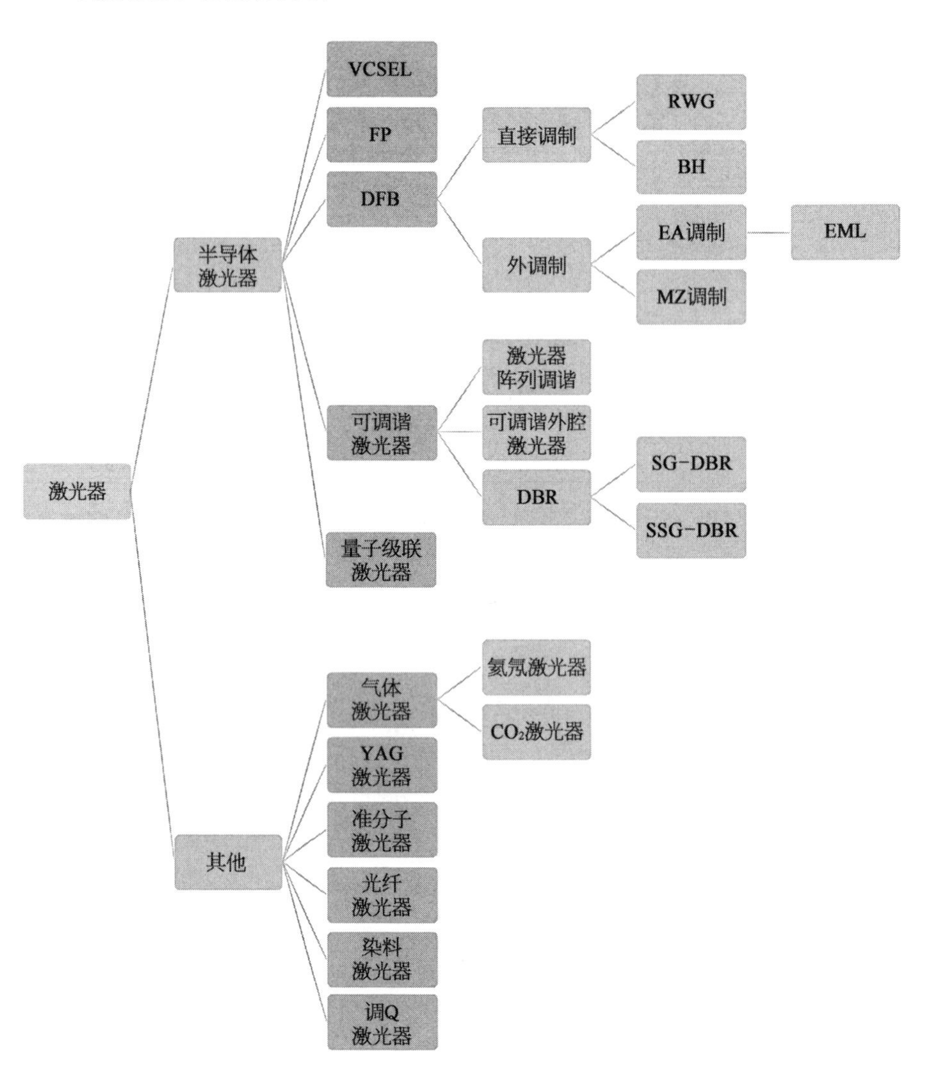

用于光通信的激光器，以半导体激光器为主，主要分两种类型，边发射与面发射。

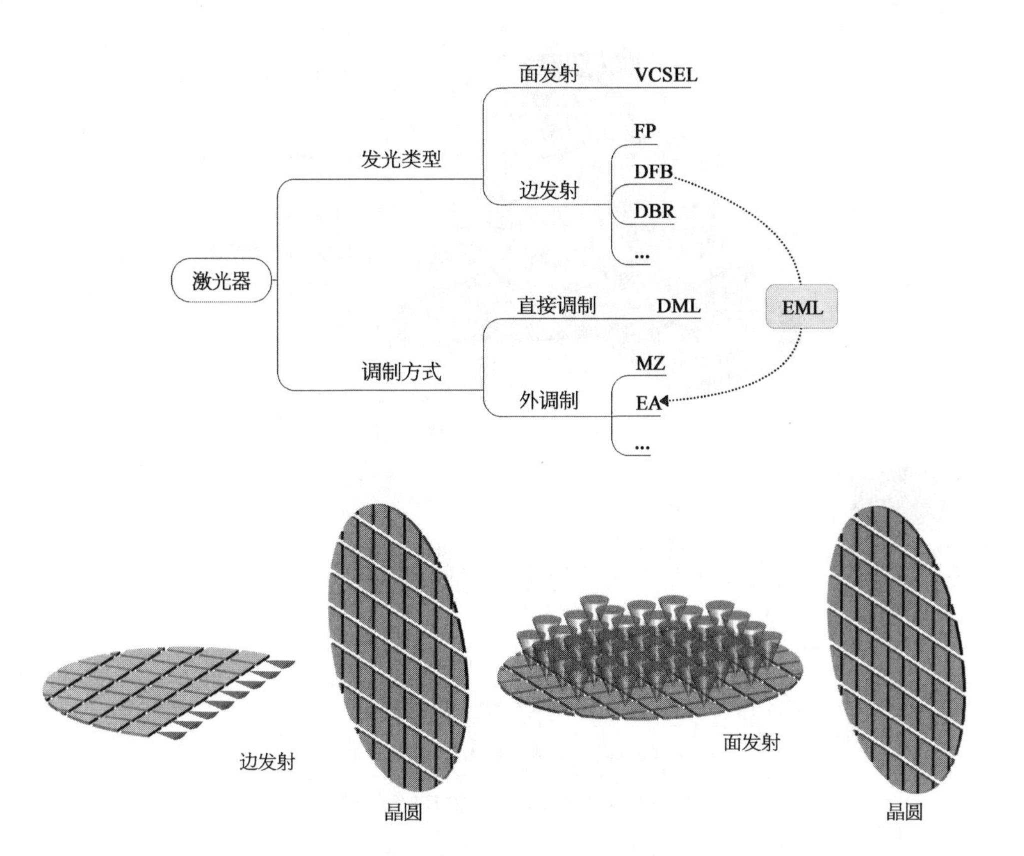

1）VCSEL

VCSEL，叫垂直腔面发射。

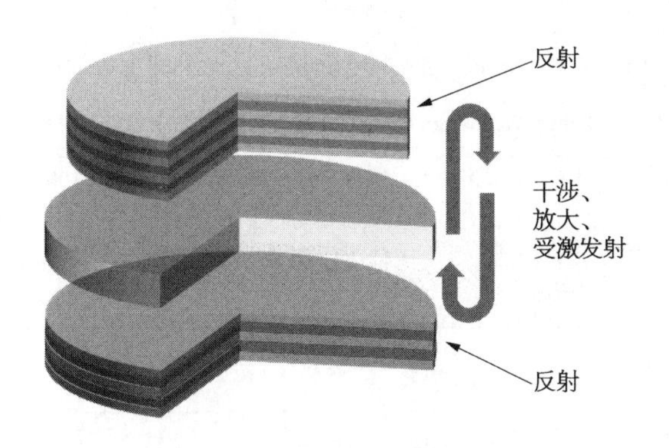

垂直腔（两组布拉格光栅做发射腔）

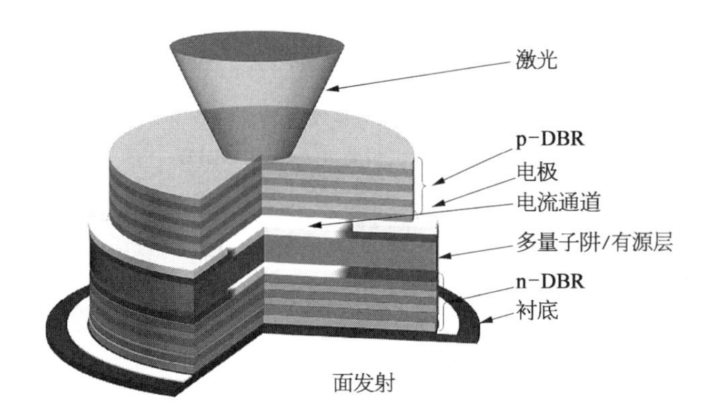

面发射

- VCSEL
  - 第一阶段
    - 1979年，东京工业大学伊贺(Iga)教授，第一个VCSEL，阈值电流900 mA
    - 1982年，Hajime Okuda，异质掩埋结构，阈值电流520 mA
    - 1985年，Iga用50层GaInAsP/InP做布拉格反射镜，阈值电流120 mA
    - 1987年，加州理工用BH Grin SCH SQW 实现0.55 mA阈值电流
    - 1994年，Huffaker氧化物限制型结构原型，阈值电流225 μA
  - 第二阶段
    - 1996年，K.L.Lear，氧化物限制型VCSEL，用于光通信
    - 2007年，Y. C. Change增加深氧化物5层以上，提升带宽功耗比
    - 2011年，Petter Westbergh 研究光子寿命Vs谐振频率Vs调制速率，带宽大于23 GHz
    - 2015~，调制带宽越来越大，结合多波长或复杂调制应用于100 G，200 G，400 G

VCSEL 历史

VCSEL 波长/nm	材　　料	应 用 领 域
410~470	GaInALN/GaN	显示
535	GaInALN/GaN	显示

续 表

VCSEL 波长/nm	材　料	应用领域
550	GaInALN/GaN	显示
650	ALGaInP/GaAs	打印
850~940	GaAlAs/GaAs	数据中心短互联 3D 成像
980	GaInAs/GaAs	短互联
1 300	GaInAs/InP	局域网等通信
1 550	GaInAs/InP	局域网等通信

VCSEL 应用

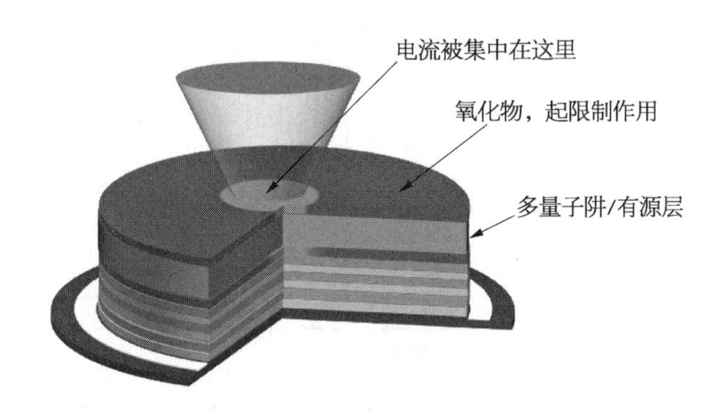

典型氧化物限制结构

这个限制，一是限制光场，二是降低阈值电流。

2）FP 与 DFB

FP 与 DFB 都是边发射激光器，FP 结构的激光器，是通过两侧反射镜做光反馈，DFB 是通过光栅做光反馈。

FP 的反射腔

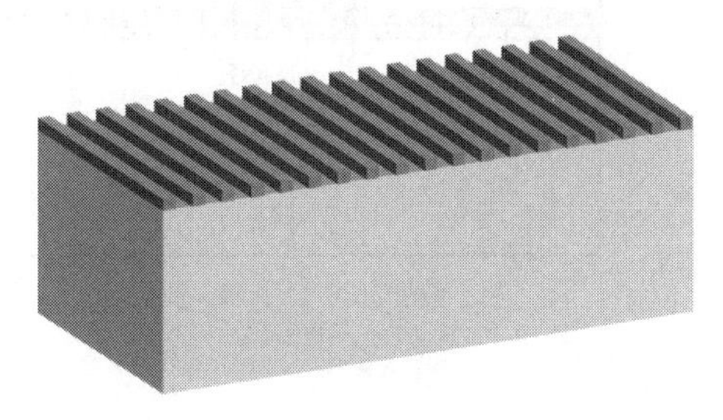

DFB 的布拉格反射

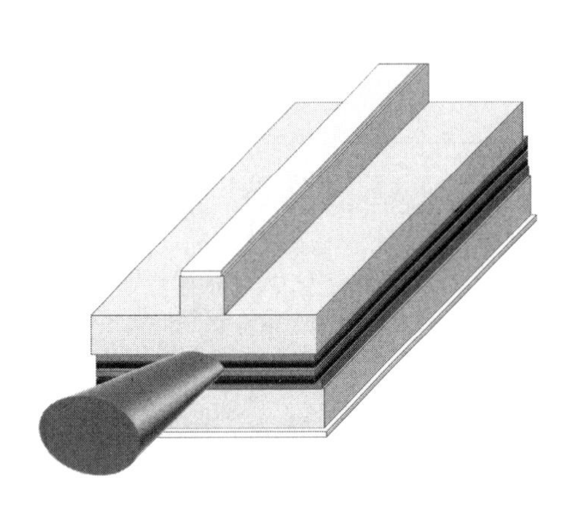

FP 无需刻蚀光栅,工艺简单

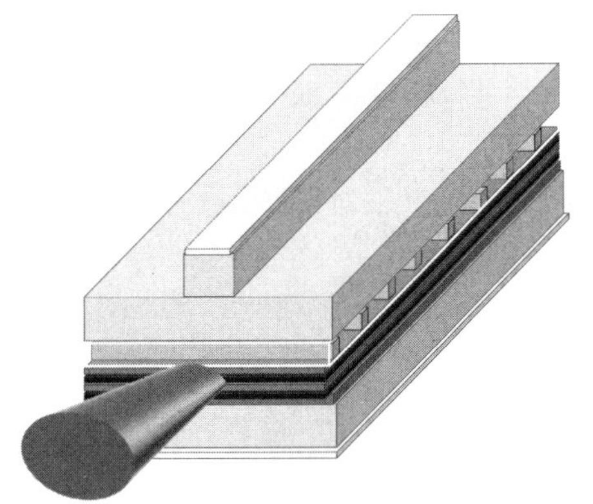

DFB 需要刻蚀光栅,工艺复杂

FP 是多纵模激光器

强度
波长

DFB 是单纵模激光器

DFB 激光器应用广泛,常用的 RWG 结构与 BH 结构:

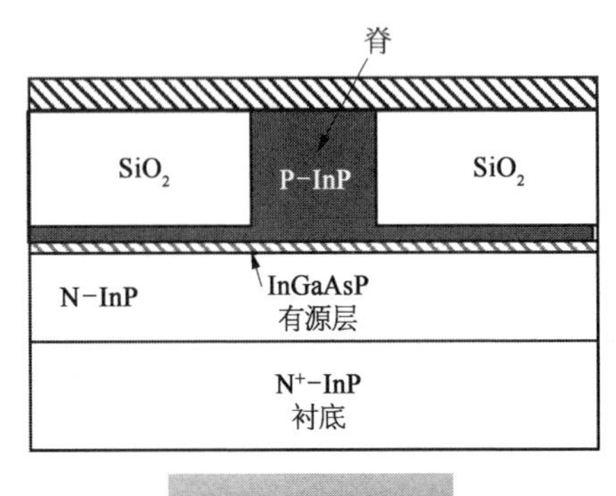

RWG结构

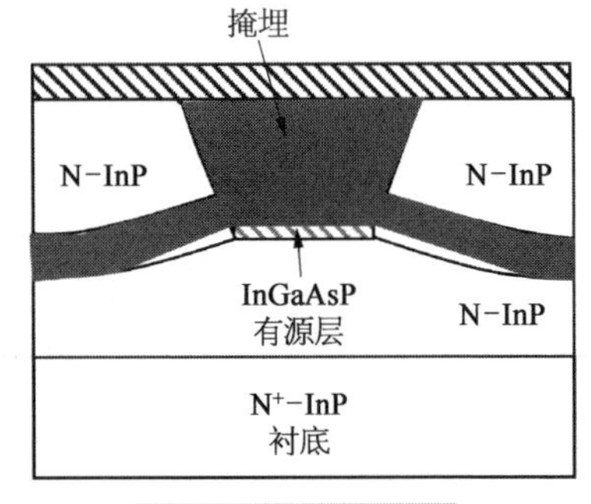

BH结构

RWG,脊波导,上图深灰色部分是波导设计,工艺简单。

BH,异质掩埋,掩埋的是有源层,工艺复杂。

为什么要掩埋?

RWG 结构的有源层如下图所示。

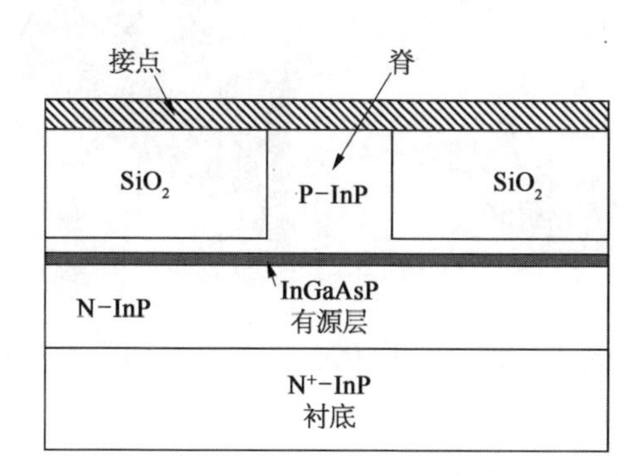

脊型波导,再通过两侧折射率差,将光场压缩至椭圆形,如下图所示。

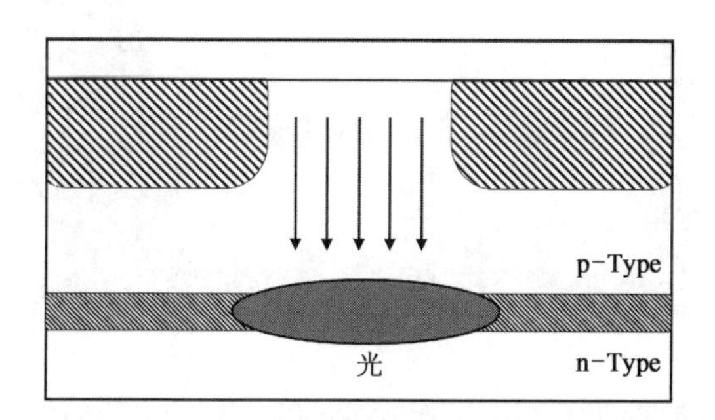

掩埋结构,把有源层做窄。

那它的光场压下来,就接近于圆形。

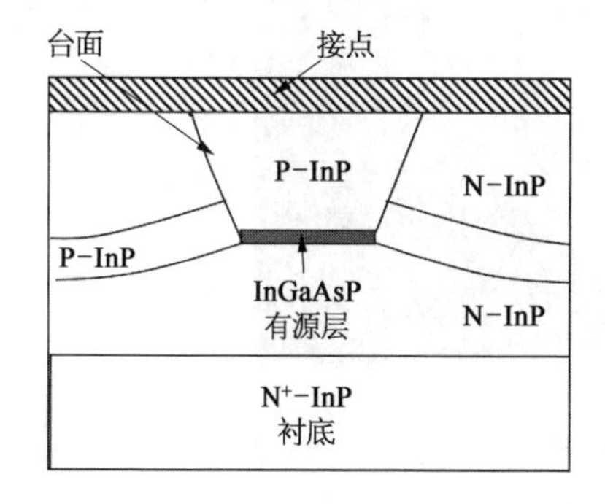

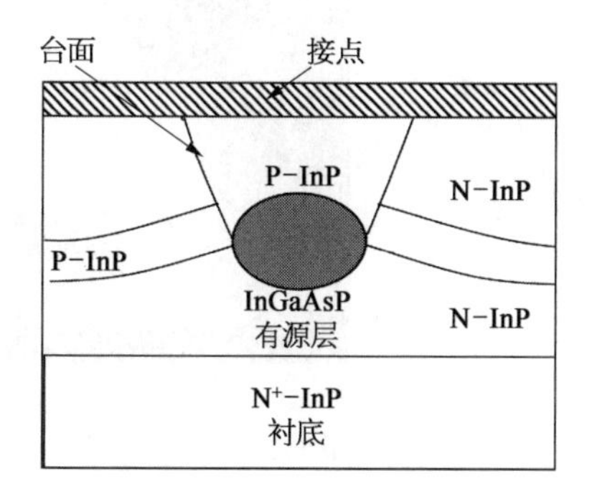

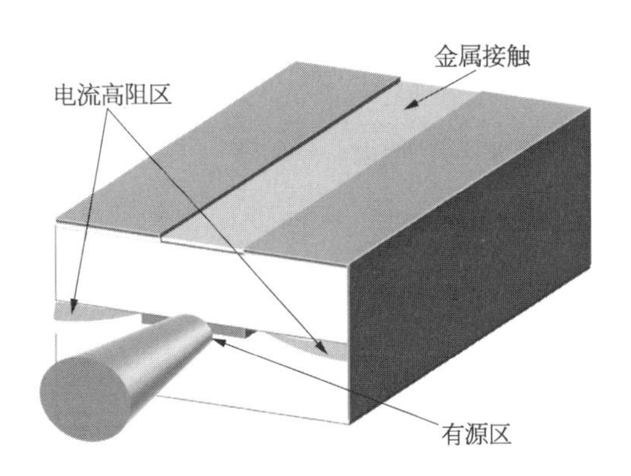

BH结构的圆形光斑，非常适用于通信，与光纤耦合效率高，功率大，阈值电流低（功耗低）。

EML，是DFB结构与EAM电吸收调制器的集成器件：

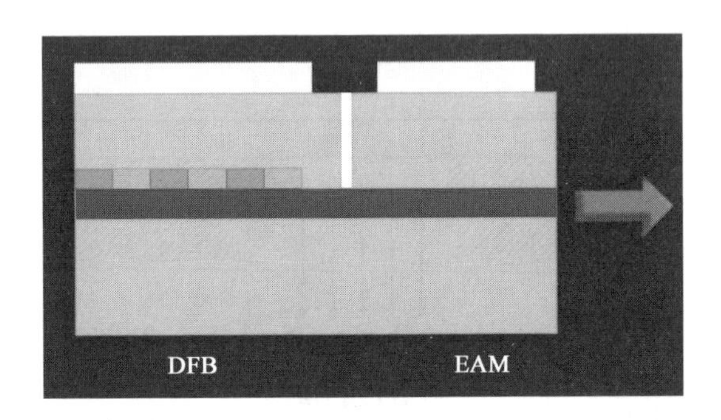

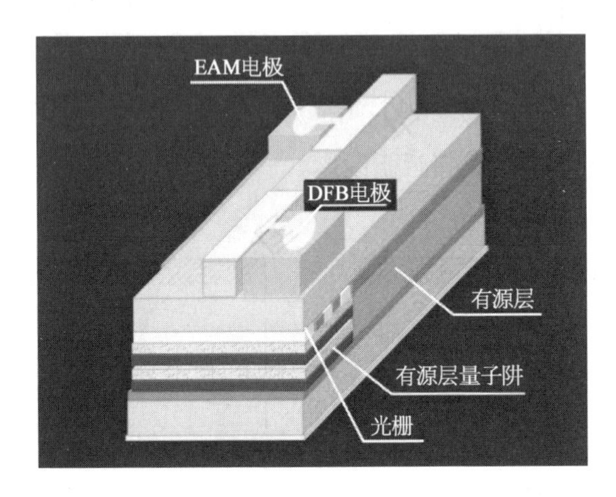

半导体有激子吸收效应，也就是可以吸收光，那DFB的光，一会儿吸收，一会儿不吸收，对外界看起来就是1,0的区别。

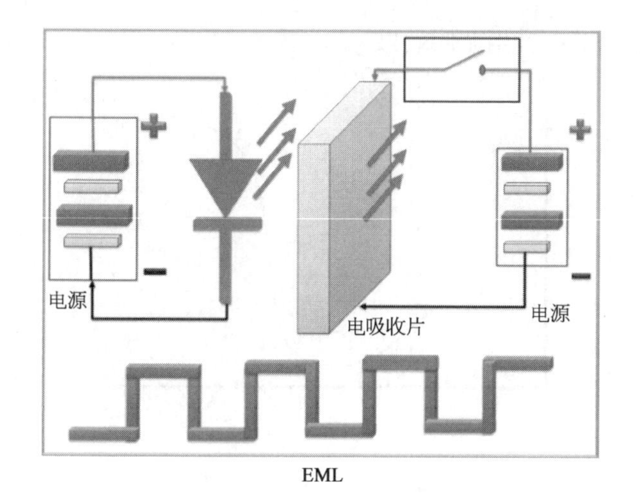

EML

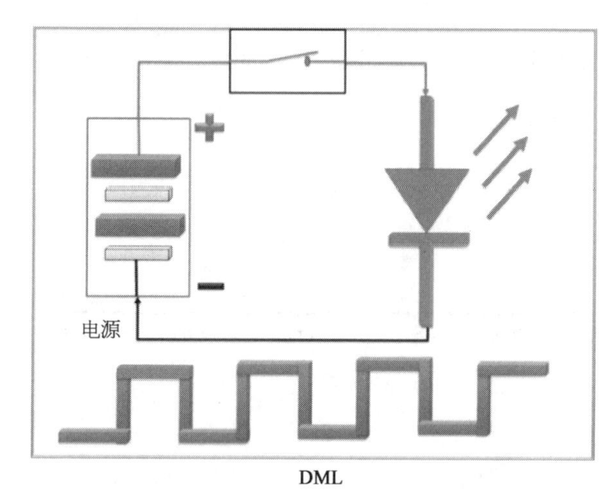

DML

电吸收调制器原理,外加电场后,能带发生改变。

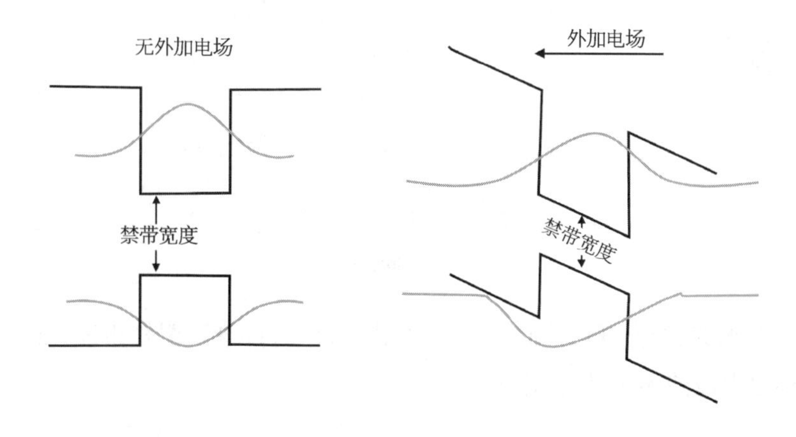

吸收波长偏移,产生调制效果。

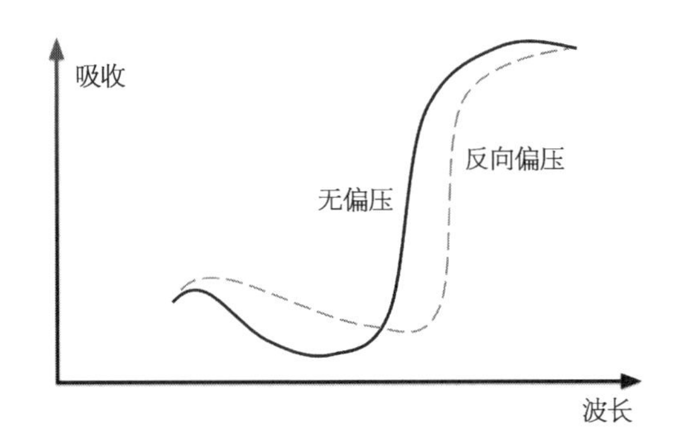

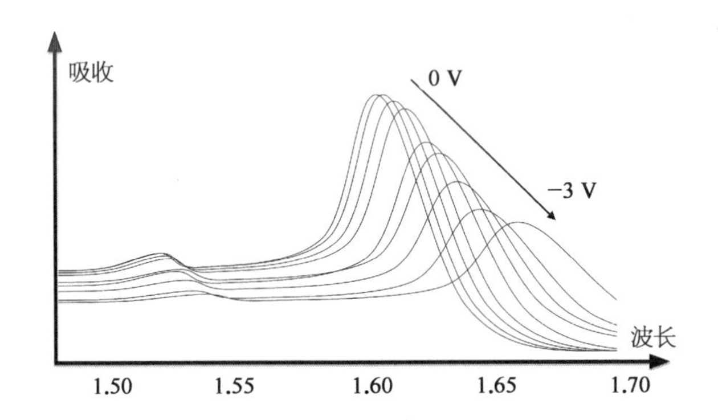

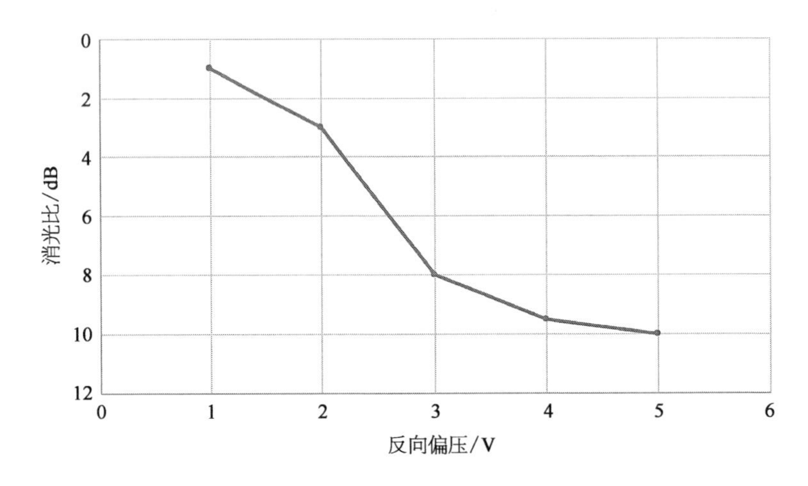

DBR 激光器与 DFB 类似,只一半光栅,可以通过电流调整相位,也就是说可以通过电流的大小,调谐输出波长。

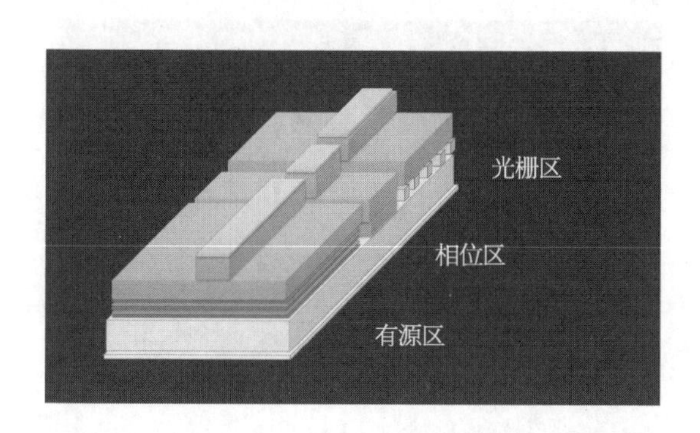

可调谐激光器,就是能调输出波长,上一类的DBR是可以做调谐的。

最简单的一种,就是温度调谐,DFB激光器可以随温度变化而变化,让它工作在不同温度,就可以实现不同波长。

把激光器级联起来,就可以调更多的波长了。

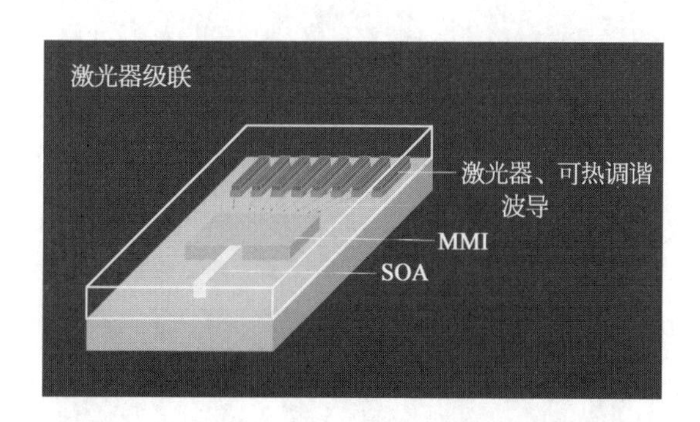

另一种,就是双臂结构,设计两激光器(各种类型都行),用游标效应。

咱FP出来的是多纵模。

两组FP,纵模间隔略作差异设计。

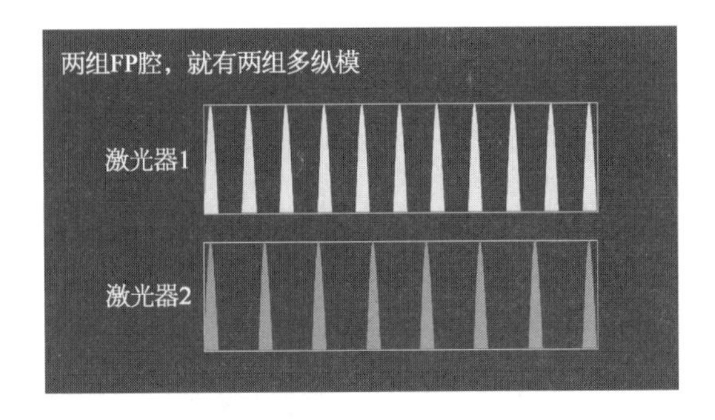

能对准的就可以激射，像游标卡尺一样。

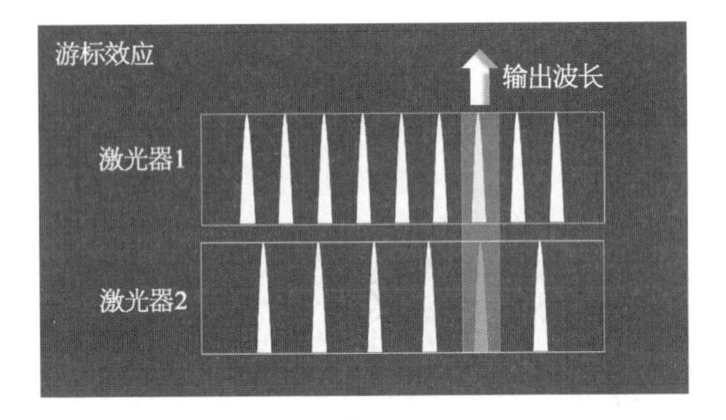

这种双臂结构，有好些设计，原理都类同。

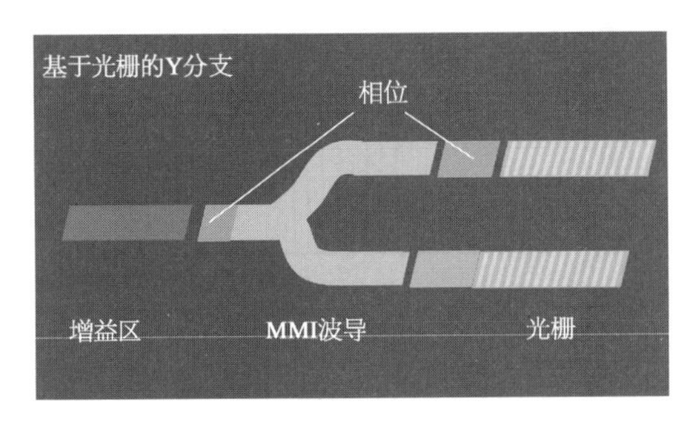

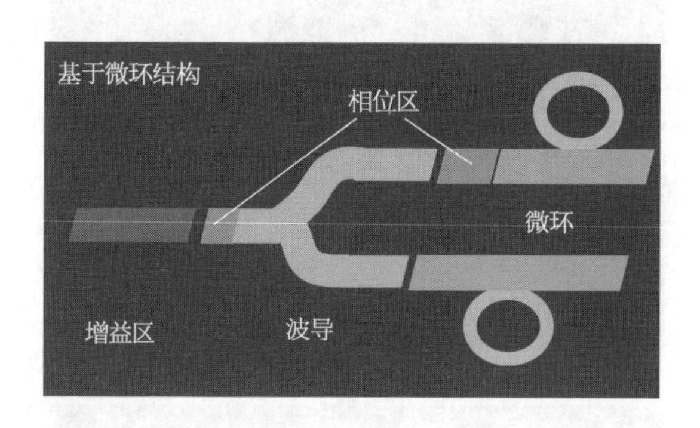

还有基于采样光栅的 DBR。

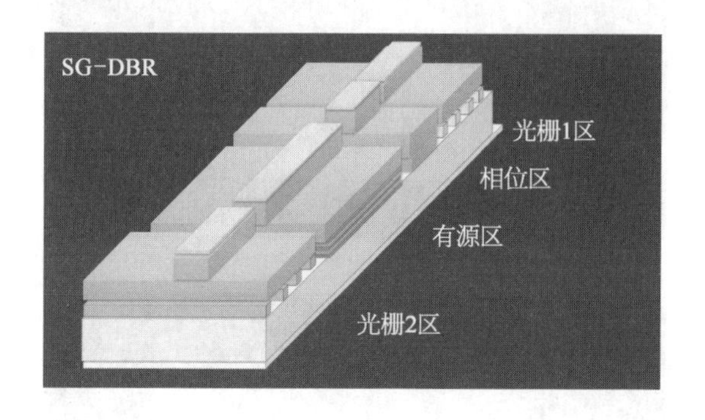

3）量子级联激光器

量子级联激光器主要用在：

高精度气体传感领域

生化战剂探测

激光光谱学

远程探测

产品测试

军事太空：空-空、空-地射程发现

光电对抗

大气污染监测

咱们 DFB 是多量子阱结构（十来个），量子级联就是 3 个，通过量子隧穿 3 步完成激射。

电子不断从高能级向低能级跳，辐射出光子能量。

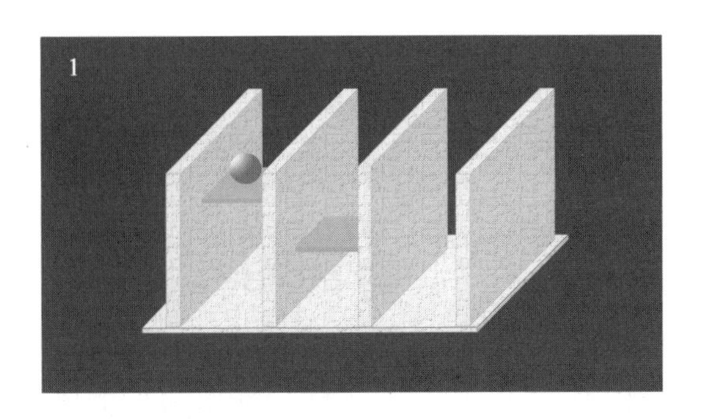

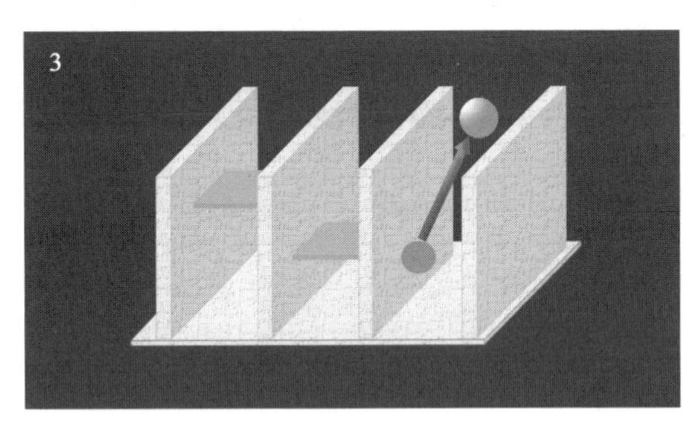

QCL 量子级联激光器，同样可以做 FP、DFB、外腔调制各种类型，波长集中在红外。

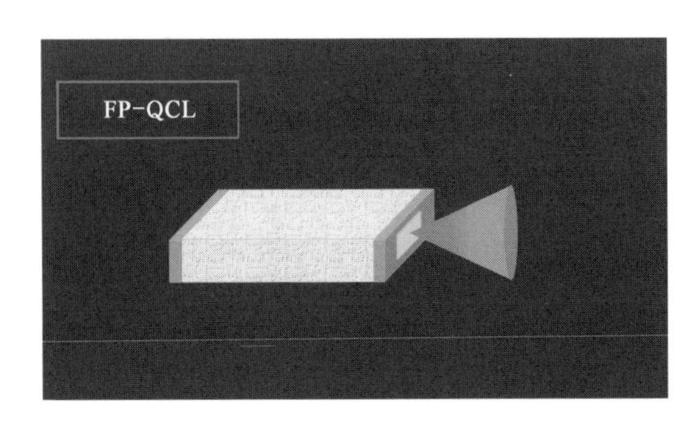

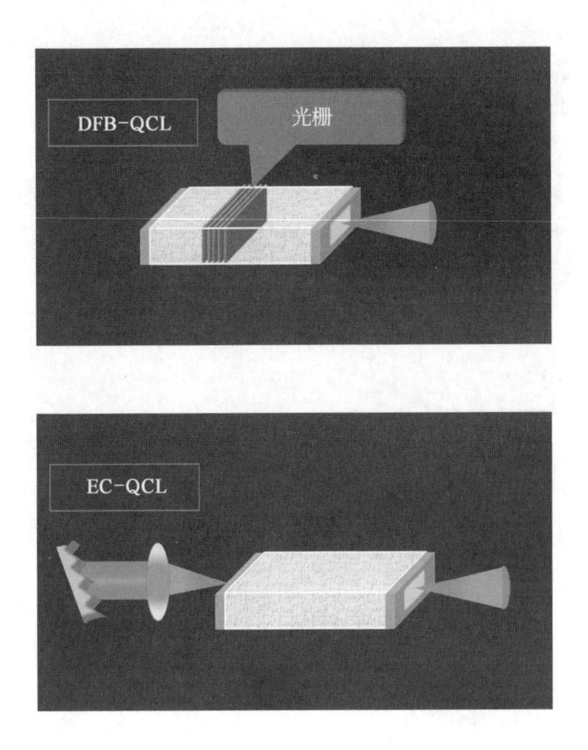

4）气体激光器

气体激光器是用气体做增益物质，CO_2 激光器是应用比较多的一种，主要用在激光加工行业。

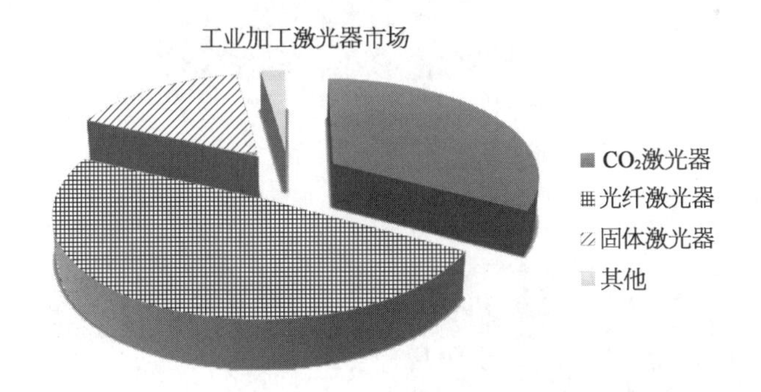

CO_2 激光器，有一种辅助气体氮气（N_2），电击中 N_2 后，能量增加会被 CO_2 吸收，再通过两侧反射镜，就激射出光（见下页第1、第2图）。

5）光纤激光器

光纤激光器，增益物质叫增益光纤。

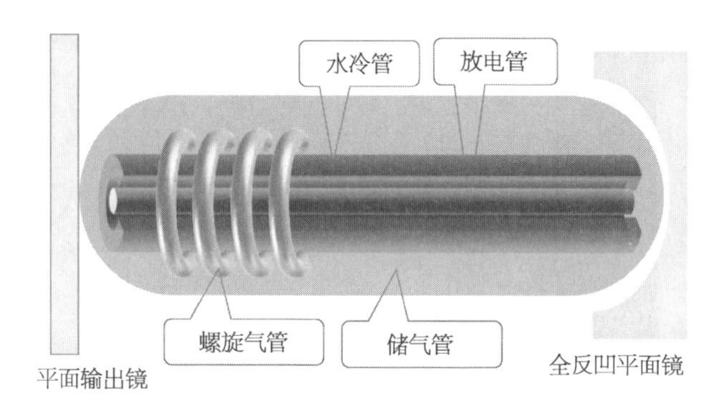

普通传输信号的光纤是单包层,不产生增益。

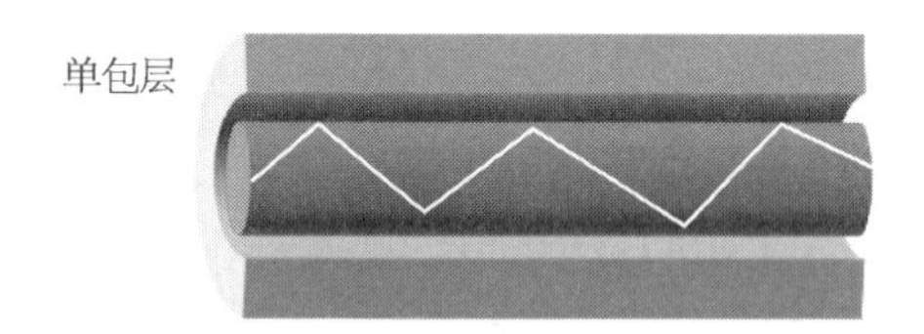

增益光纤是双包层。

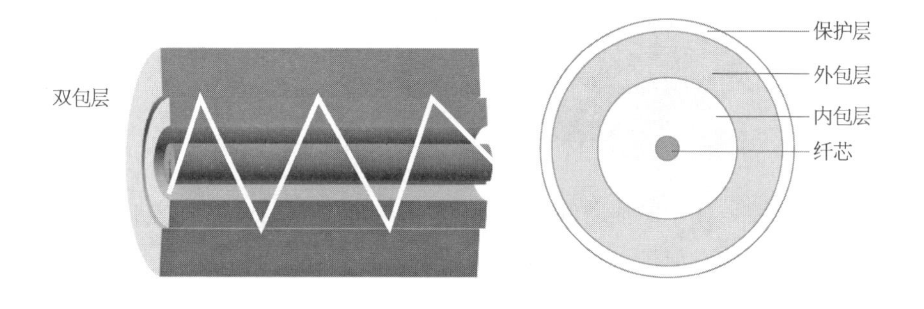

在泵浦光的作用下,纤芯就吸收能量,产生增益。增,就是放大。

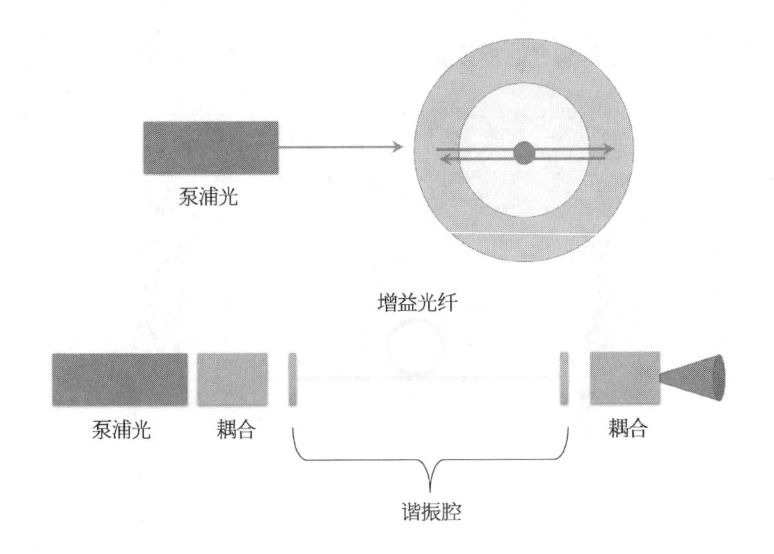

光纤激光器，主要用于激光加工行业。

6）准分子激光器

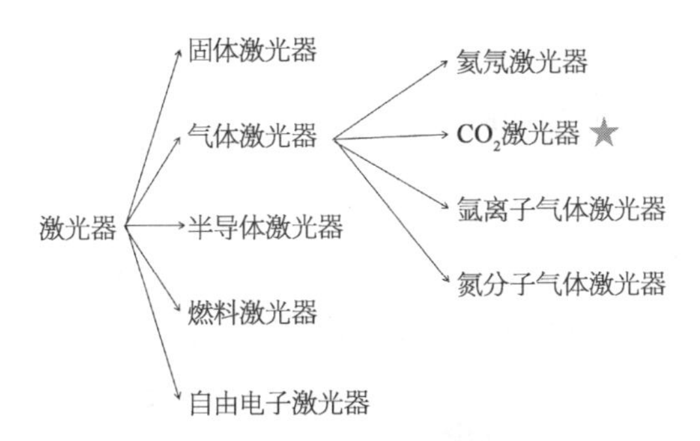

准分子激光器，也是一种气体激光器，它们的区别在于 CO_2 做不了超快激光器，它的加工过程产生热量，对加工面有损伤。

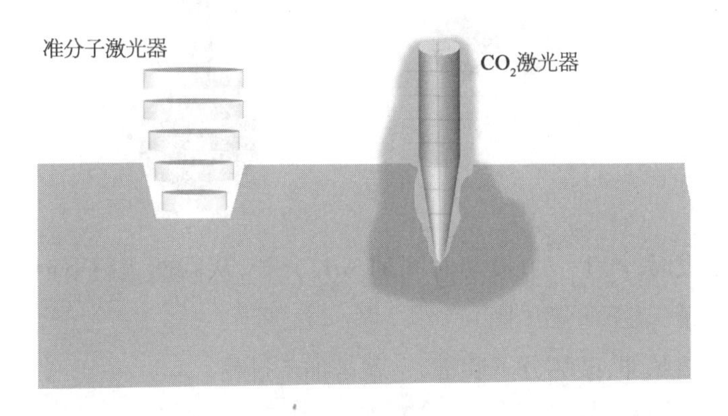

准分子激光器，破坏的是物质的肽键，对加工面不产生破坏力。

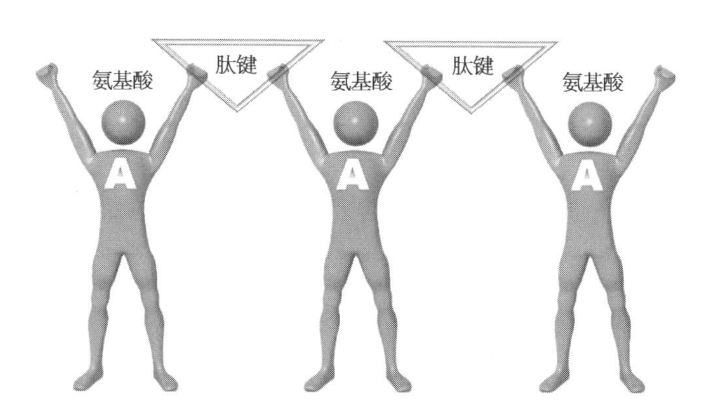

准分子的准，是说常态下这些分子不存在，只有激发状态下才有，常用这些惰性气体做准分子激光器，193 nm 是半导体光刻工艺中最常用的。

准分子激光器		
	ArF	193 nm
	KrF	248 nm
	XeCl	308 nm
	XeF	351 nm

常态下没有 ArF 这种分子，分别是蓝色的氟(F)和红色的氩(Ar)。

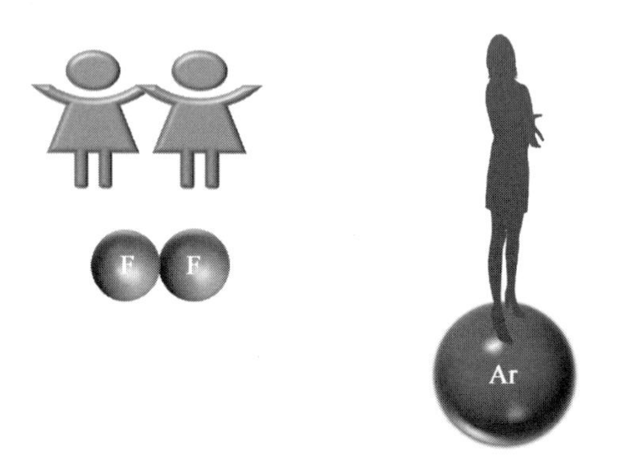

受到激发时，产生一个极端时间的 ArF 分子，从高能级跳下时分开，同时产生一颗光子(见下页第 1 图)。

这个超短脉冲，破坏分子肽键，这就是加工过程。

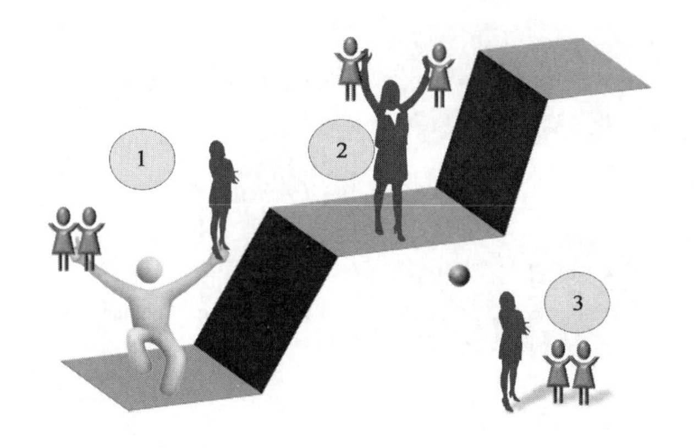

1960 年，梅曼发明世界上第一台激光器，是红宝石激光器。

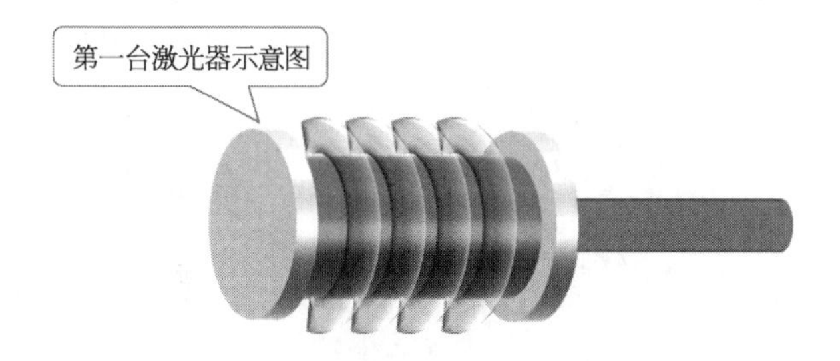

用红宝石做增益物质，在泵浦灯光作用下产生辐射，通过两个反射片进行放大，就是 LASER，受激辐射光放大。

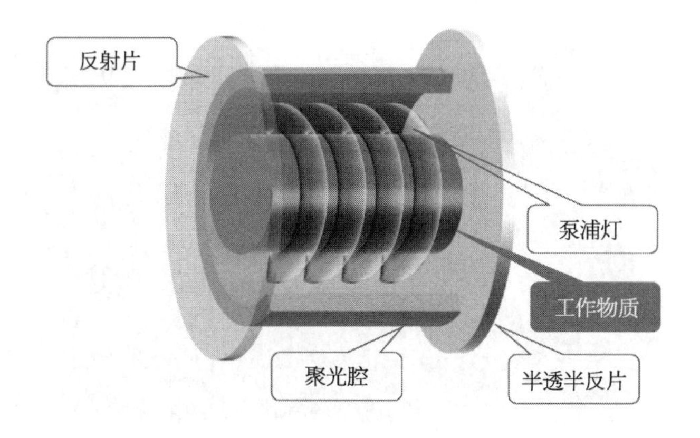

7）YAG 激光器

类似的，把红宝石晶体，换成钇铝石榴石，就叫 YAG 激光器，也是用于激光加工市场。

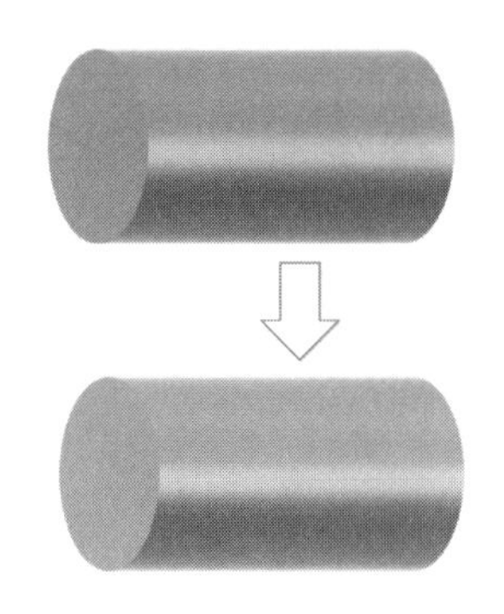

8）自由电子激光器

这是用于军事上的一类能量激光武器，可以穿透钢板。

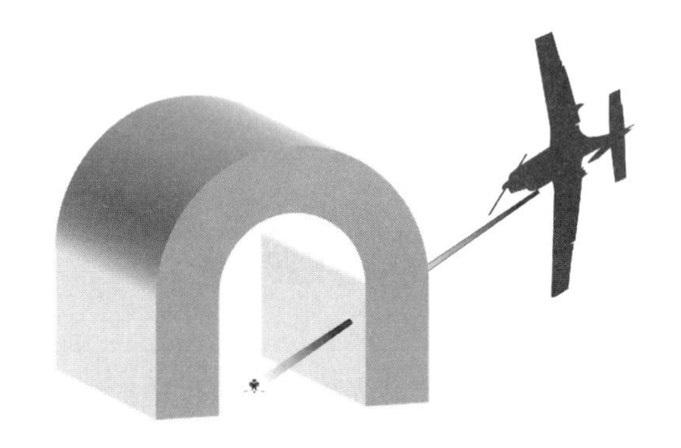

目前体积也很大。

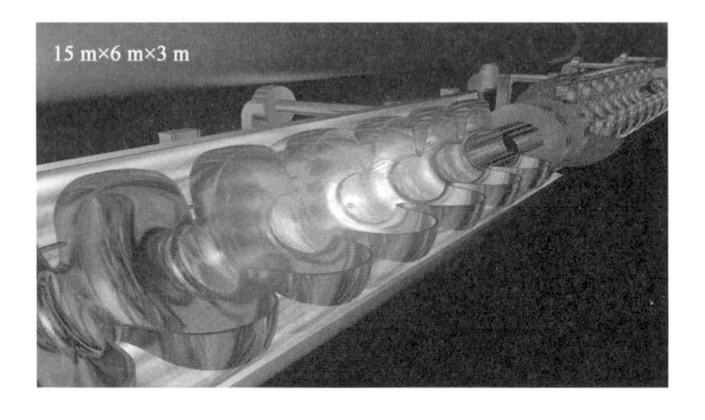

它的原理很简单，用电子摆动起来（像波），光是电磁波。

用波动的电子做谐振，产生加速，产生巨大的光能量（见下页第1图）。

如何让电子产生波动性？磁可以改变电的方向。

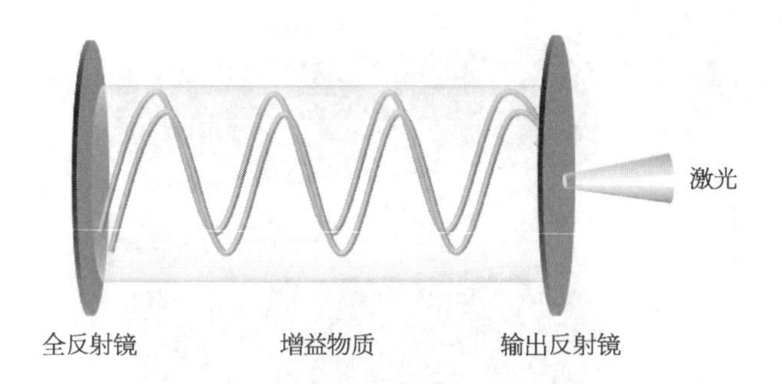

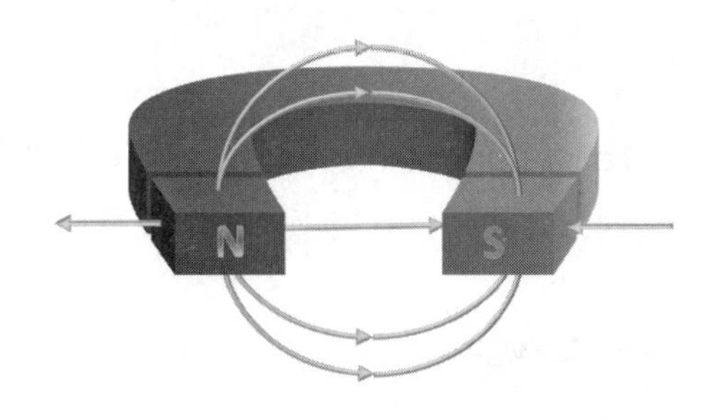

用一组极性交替分布的磁,让电子穿过去。

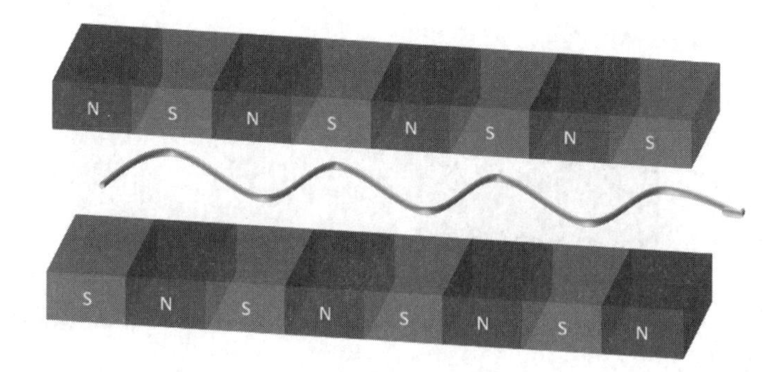

电子就产生扭摆。

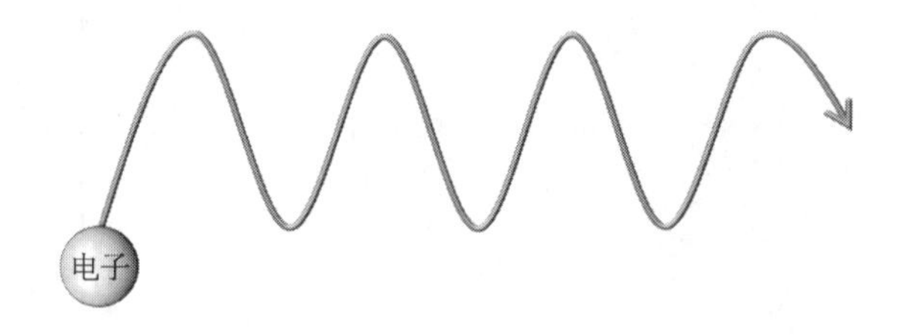

这就成了自由电子激光器。

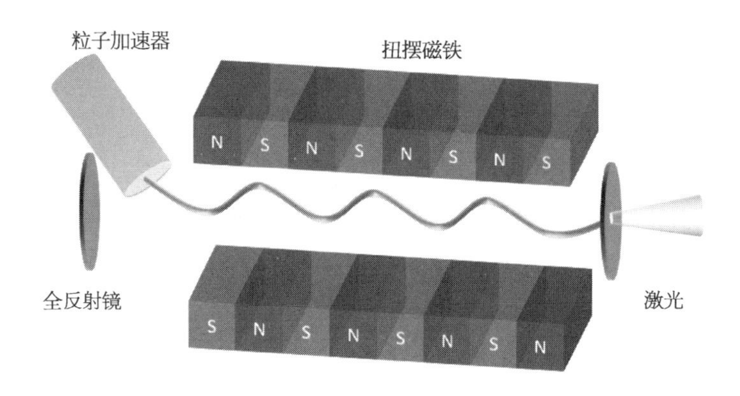

9）太赫兹激光器

太赫兹，是个新兴技术，它的电磁波频谱介于微波与红外之间，刚好位于电学与光学范畴的交接点，太赫兹可以用于安检以及早期癌症检测等领域。

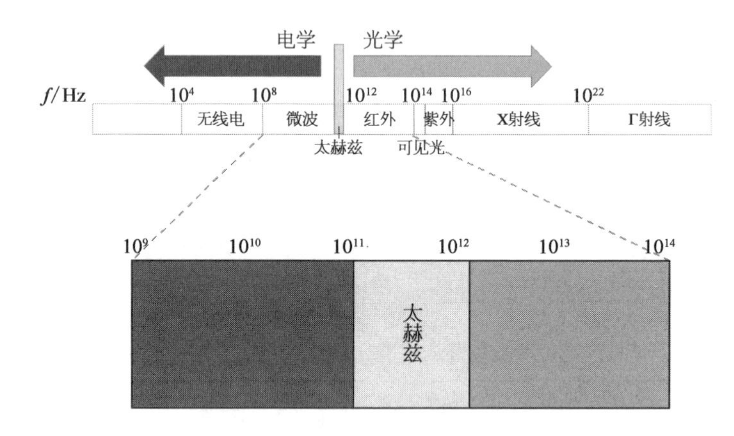

它既可以做太赫兹电学应用，也可以做光学应用，光学上加反射腔等也可以做激光器。

用超短激光打在两片电极中间，就可以激射出太赫兹波。

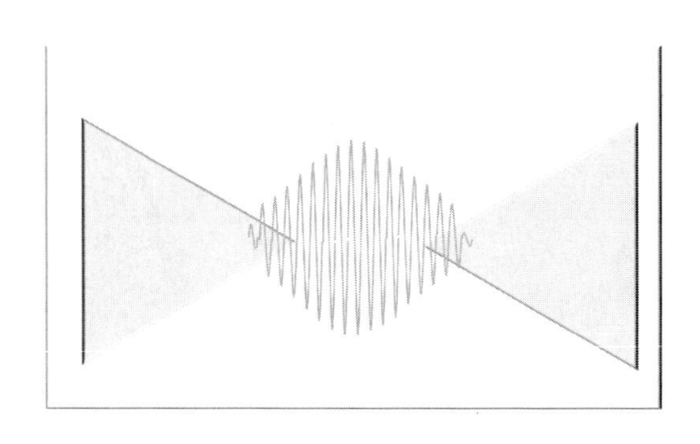

它的电极(电学范畴这样):

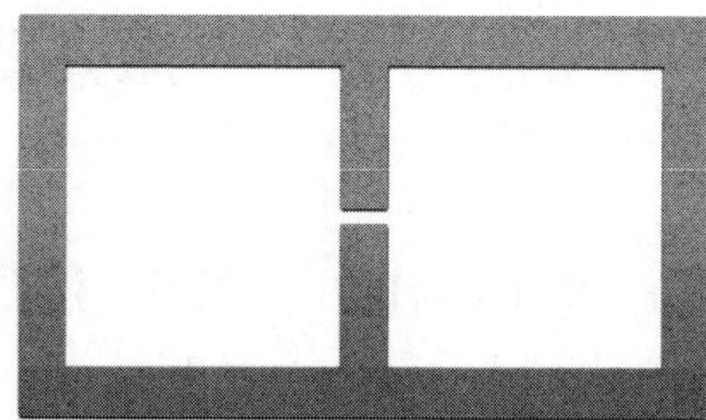

太赫兹的传输,发射与接收:

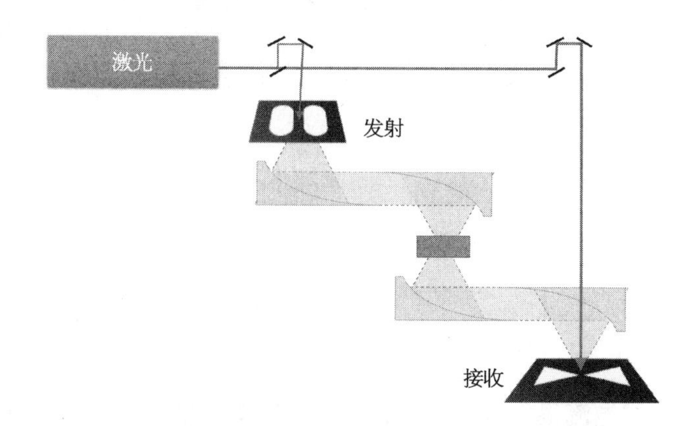

2017 年,MIT 在 *nature* 发表了一篇论文介绍中红外太赫兹激光器,波长 100 μm。

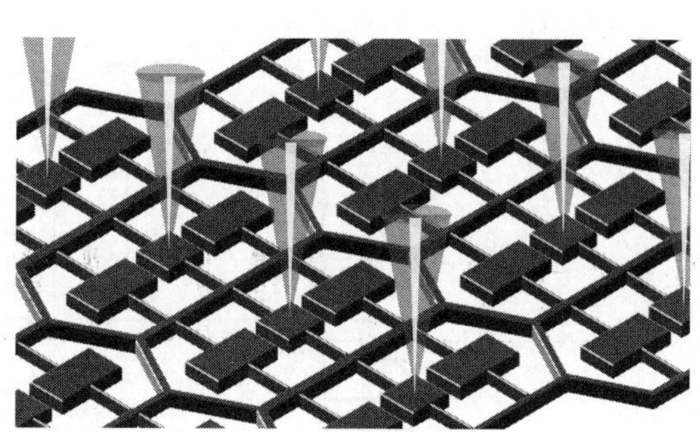

激射太赫兹

同频同相,进行锁频放大

激光器小信号频响

在看激光器特性时,总提到一个词儿“小信号频响”特性。

频响,频率响应,这个都知道。

何为“小信号”,多小算小?

为什么要分析小信号特性?

激光器的PI曲线我们很熟悉,也就是功率-电流(P－I)曲线。

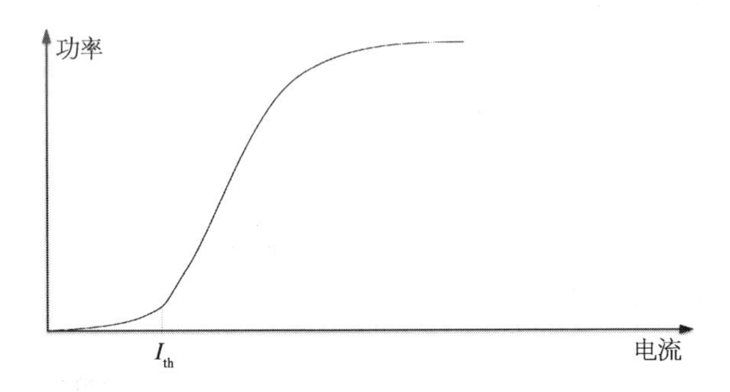

如果调制的电流很大(右),那光信号就会调制在P－I的非线性区域,导致信号失真。

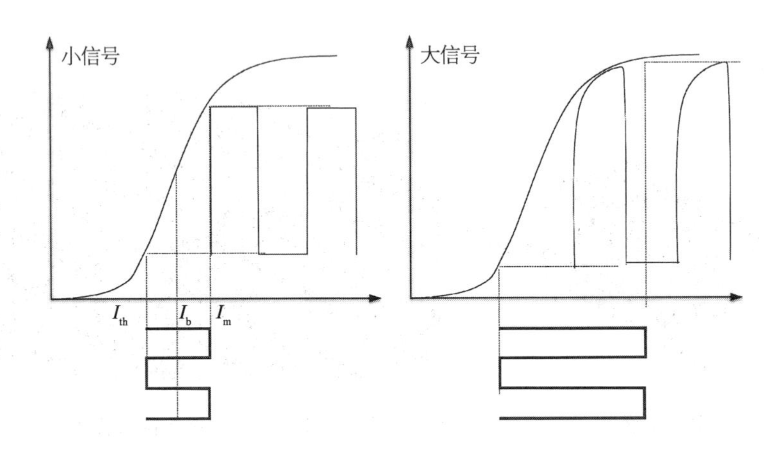

所谓“小信号”,我们近似认为是激光器调制在线性区域的信号。

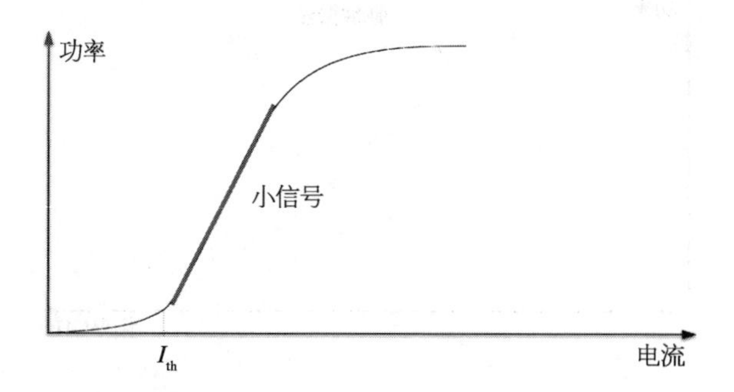

那为什么要研究小信号的特性?

在直流工作状态下的 P－I 曲线如下图所示。

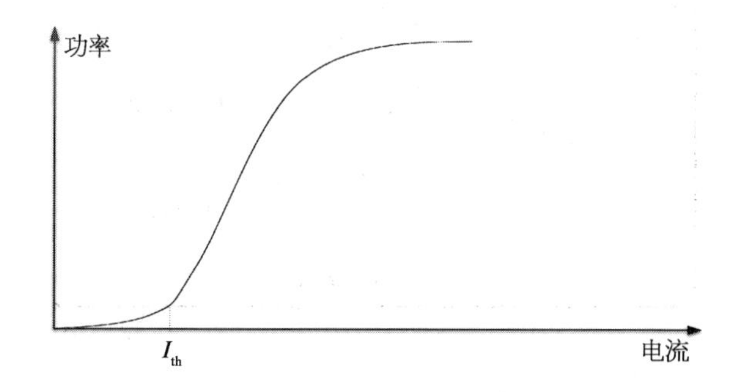

在不同调制信号速率,P－I 是有变化的。下图 3 个不同信号频率,P－I 曲线不同。

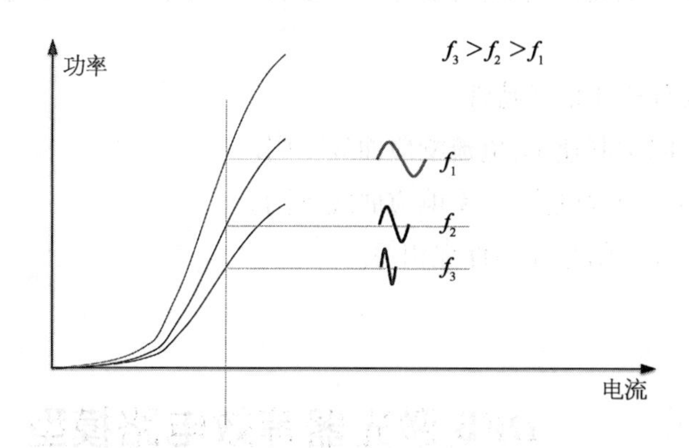

频率响应曲线,一般是这样,信号在弛豫振荡频率处,响应幅度增强;大于弛豫振荡频率后,响应幅度降低。

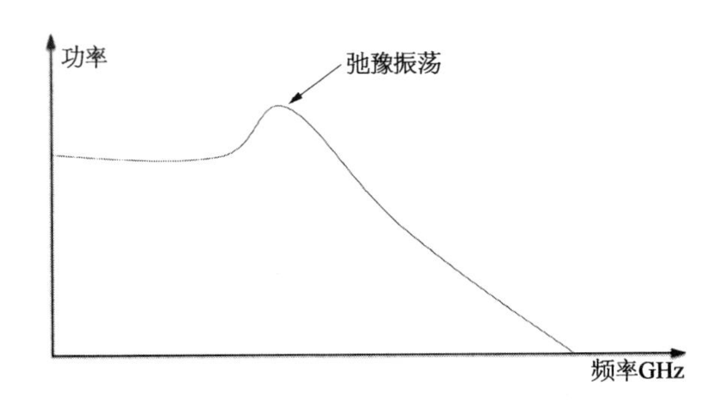

激光器的带宽，是设计本身决定的。但是不同调制电流，这个频率响应曲线还是有变化的。

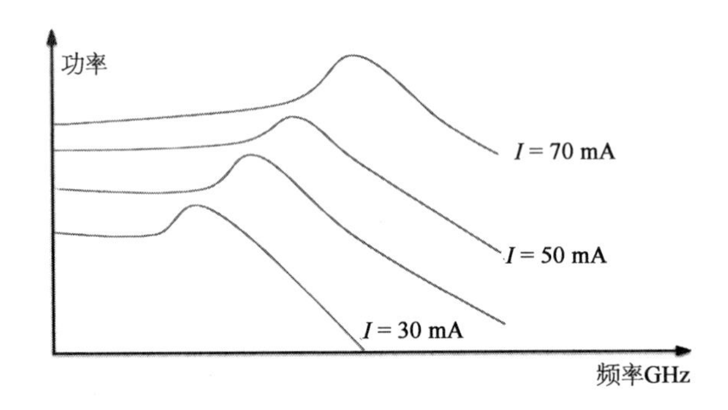

何为“小信号”，多小算小？

进入非线性区间的信号叫大信号，这个区间有信号失真。

咱们需要的激光器调制区间，希望在线性区间，小信号就是这个区域内的信号。

为什么要分析小信号特性？

小信号不同调制速率，电流响应曲线不同。

小信号不同调制电流，频率响应曲线不同。

而这些特性与信号完整性强相关。

DFB 激光器等效电路模型

本节聊一下激光器小信号等效电路，有源区、激光器电极以及键合金丝的等效模型，当然在此基础上也可以继续级联外围等效模型。

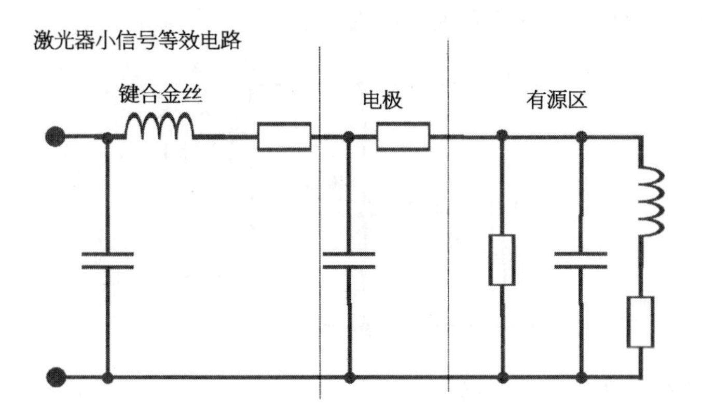

先看有源区：

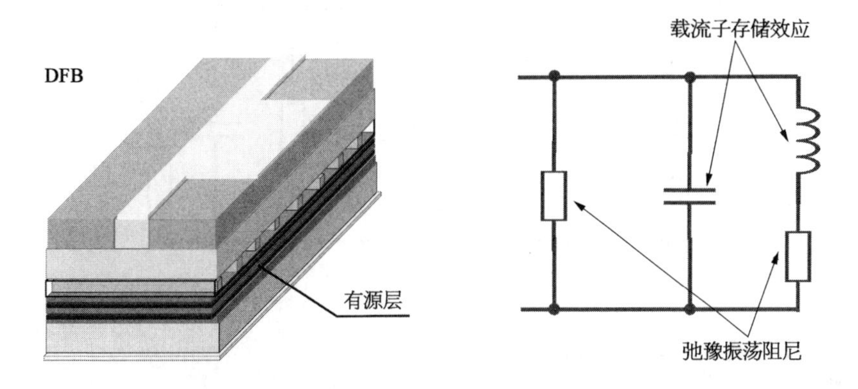

有源区寄生电感与电容，表征的是载流子存储效应，不断地把电子转成光子。

等效电阻表征的是弛豫振荡的阻尼。

其中，流经电感的电流，与有源层光子密度 s 成正比，而激光器出光功率 P 与光子密度也成正比。

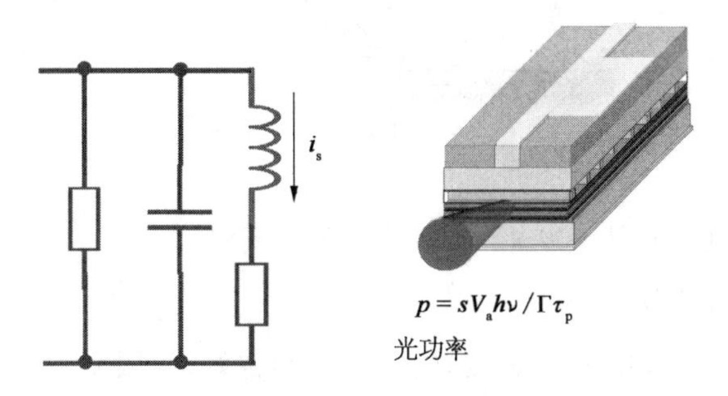

举个例子：静态下的激光器，内阻很小，如下图中的0.3 Ω。而调制信号后电感电容和6.7 Ω 的电阻则起主要作用。

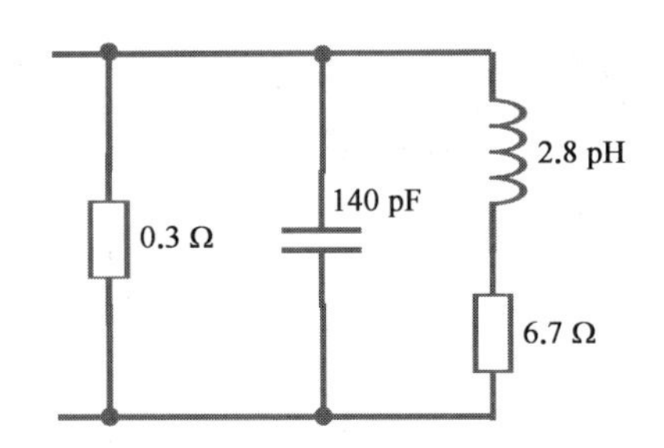

再来看看电极的寄生参数：

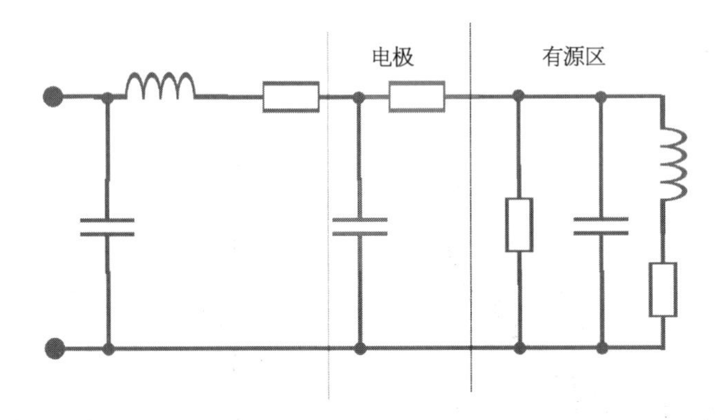

电极有接触电阻，也有寄生电容。

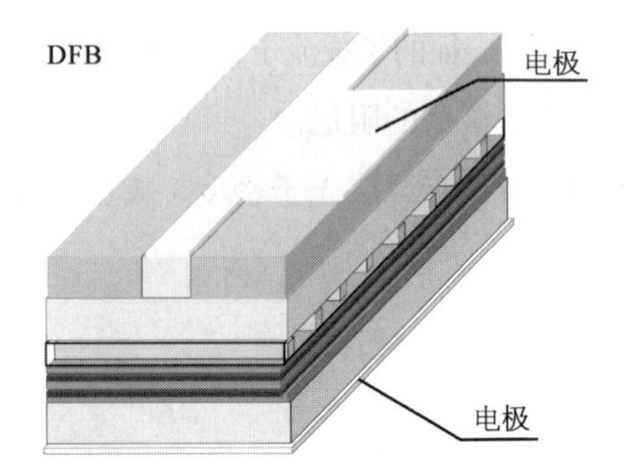

一般接触电阻有几个欧姆，电容约十多个皮法。

最后看键合金丝：

TO(transistor outline)封装也好，BOX 封装也好，一般激光器要放置在载体上,也就是 COC(chip on carrier)。

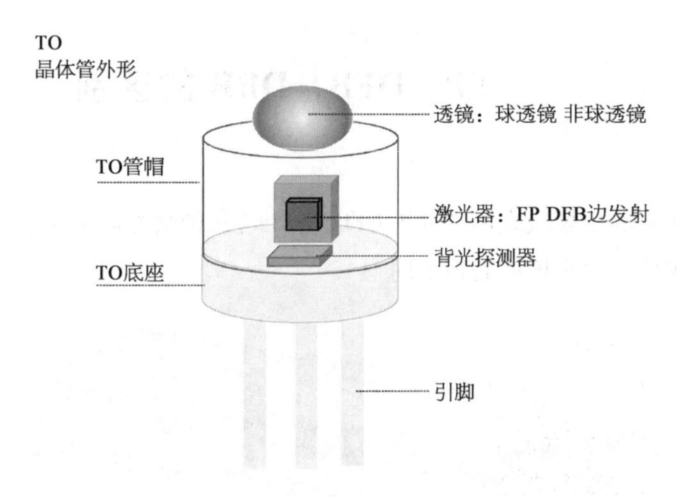

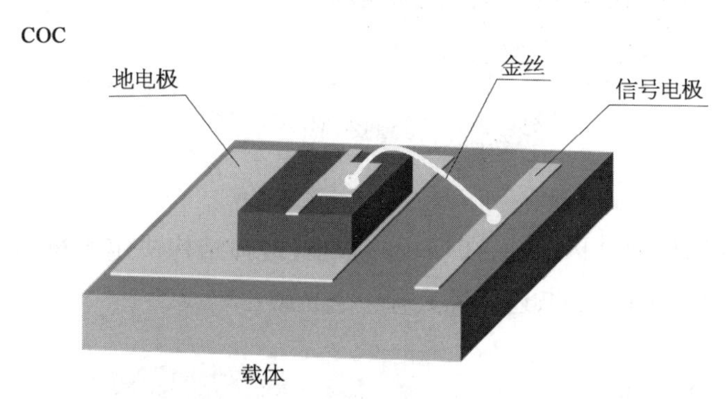

这段键合金丝,也会有寄生电感电阻和电容。这些参数与金丝的类型、直径、长度、键合方式(楔形、球形)都相关。

比如说 25 μm 的金丝,每毫米的寄生电感约 1 nH,寄生电阻约 2 Ω。

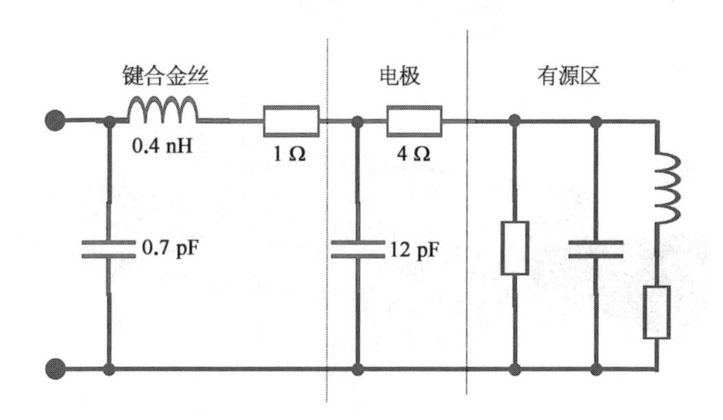

FP，DFB，DBR的区别

直接调制的单模激光器中，FP，DFB，DBR这几种激光器是比较常见的，它们的区别主要是对纵模的处理不同。

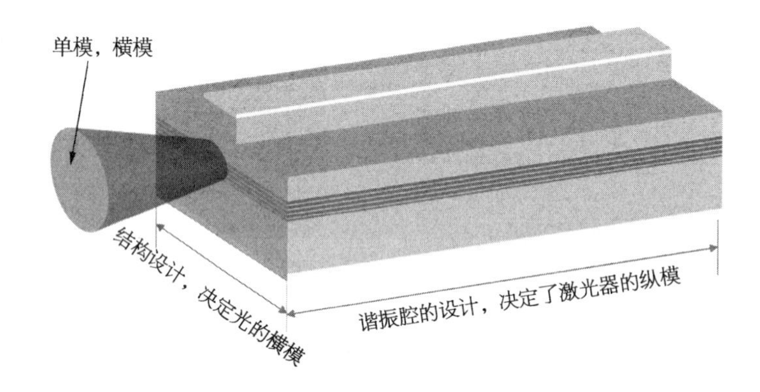

激光器的横向结构设计，在外行的眼里，这种结构决定光斑的形状，是一环环的，还是一瓣瓣儿的，还是说只有一个光斑。

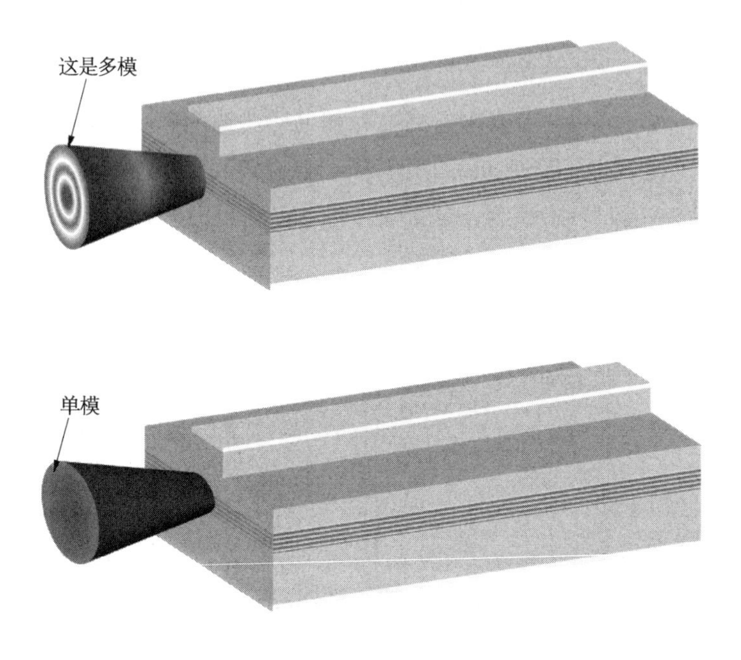

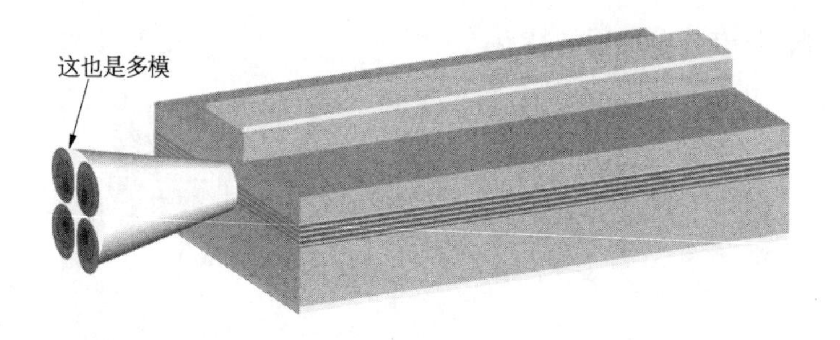

咱们常说的单模激光器、单模光纤……这个单模特指单横模，FP，DFB，DBR 这 3 种激光器都是单模激光器，相对应的 VCSEL 激光器属于多模。

咱们说单横模时，通常省略掉“横”，这样，就不能把单纵模和多纵模的“纵”省掉。

FP，DFB，DBR 的区别在于纵模，而谐振腔的设计，决定纵模的特性。

FP，Fabry - Perot，是一个人名，用自己名字命名的是这个谐振腔，叫 FP 谐振腔。

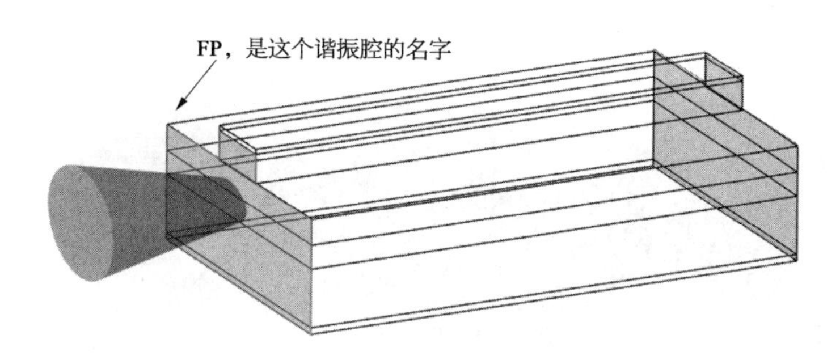

谐振腔的作用是把有源层产生的那一点光子，反射回来，反复震荡相干。FP 的反射是“集总”式的反射，都是在腔面反射。

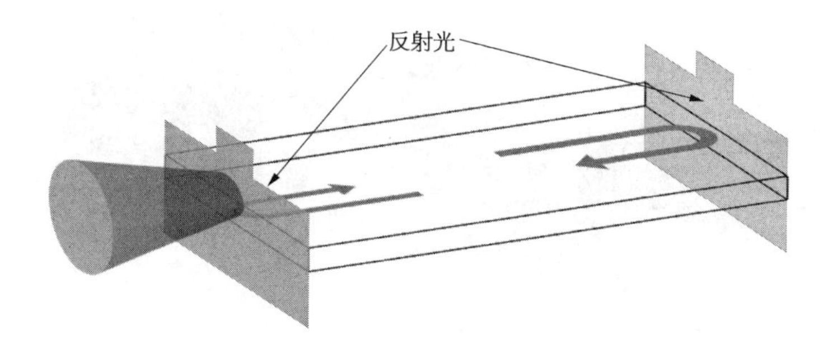

与“集总”对应的是“分布”，Bragg（布拉格）也是一个人的名字，用他名字

命名的光栅，就有分布反射的特点。

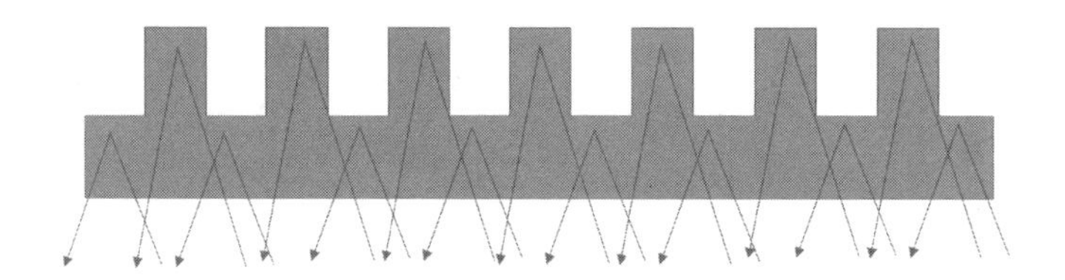

DFB(distribute feedback)和 DBR(distributed Bragg reflector)都用了布拉格光栅，他俩的名字中的 D 都是“分布”的意思。

DFB 叫分布反馈，DBR 叫分布布拉格反射，反馈和反射的区别在于反馈是参与系统作用，是系统中的一个部分，换句话说，在激光器中，它处于“发光”系统的一部分。

DFB 的光栅，是在有源区，在参与了整个发光动作的同时，还起到了光栅反射的作用，而布拉格光栅是有选择的反射，所以在纵模特性上，可以单选出很多个纵模中的一个。

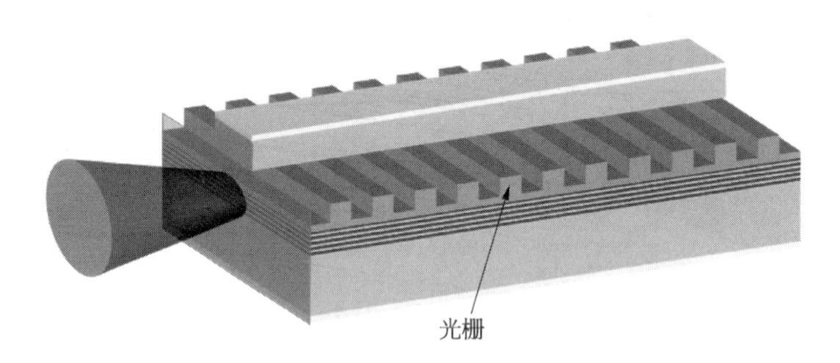

DBR 激光器的布拉格光栅，是和有源区分开放置的，可以放在前边：

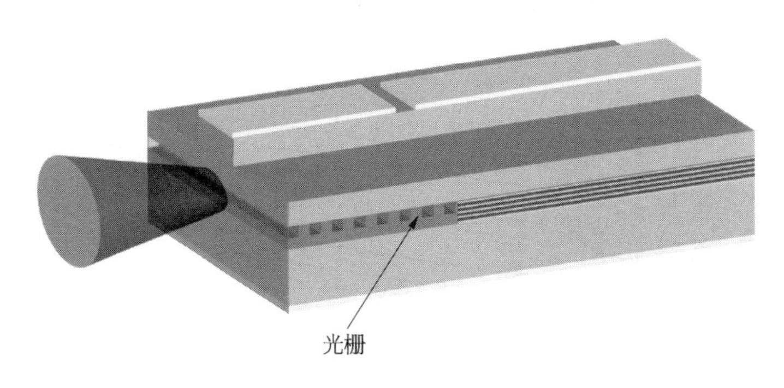

也可以放在后面：

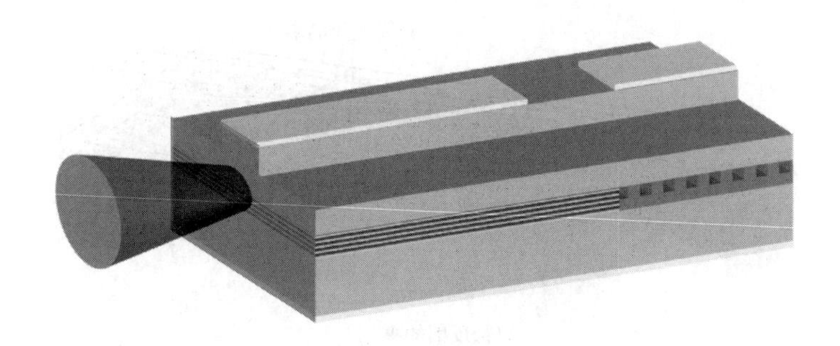

或者,前后都放。

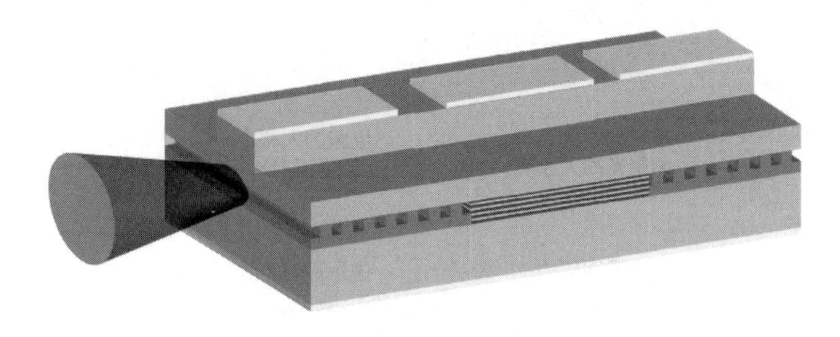

布拉格光栅,由于折射率高-低-高-低的周期性分布,高和低的一个界面,就可以产生反射(甚至全反),它对光的反射是一层层分布进行的。不同层,光走的路程不一样,也就导致去和回的光有干涉,干涉对波长有选择,基于反射波长的不同,实现纵模的选模。

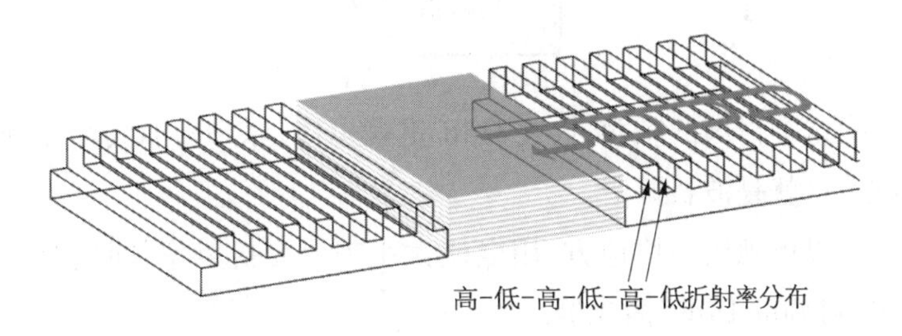

光栅和有源层分开的好处是,光栅只管反射的事儿,处理好折射率就行,有源区就只要管好量子阱就行,DBR 的单纵模的概率会比 DFB 要高得多(见下页第 1 图)。

另外,DBR 还有一个好处,就是可调谐波长。

DFB,直接调制,有幅度作用,也有频率的作用(啁啾),后者是我们很讨厌的(见下页第 2 图)。

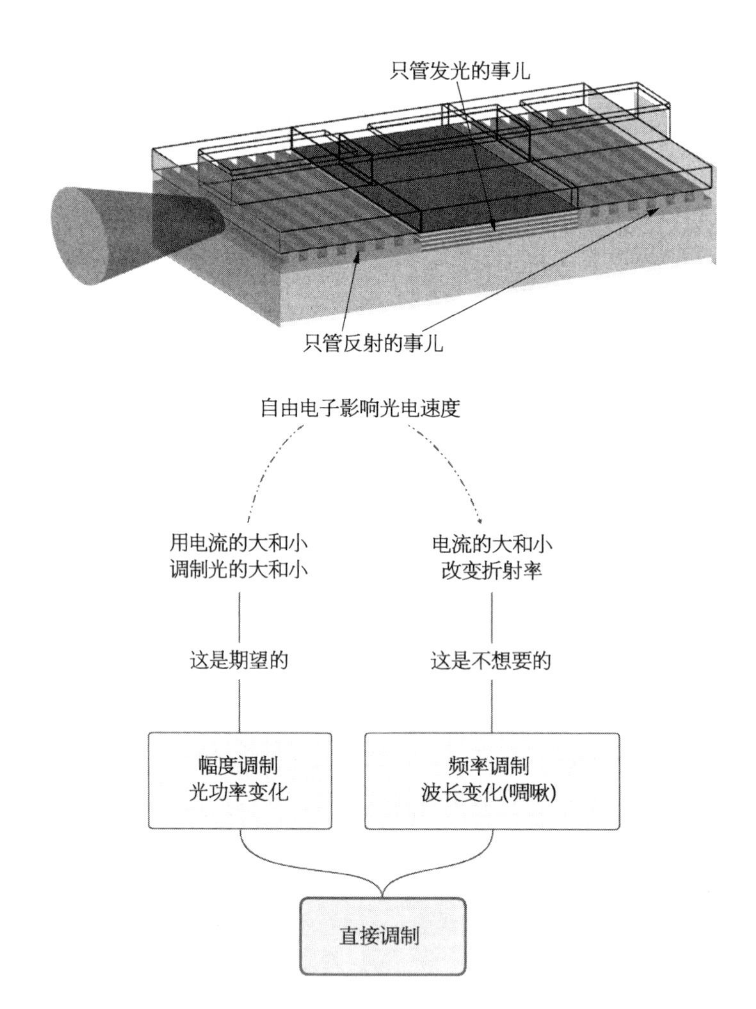

可是，把这个讨厌的东西，放在 DBR 里就也许是好处，加大对光栅折射率的改变程度，这就是波长调谐。

甚至，可以单独留一块地方，用电流大小来改变折射率，间接改变激光器波长，这叫“可调谐 DBR”激光器。

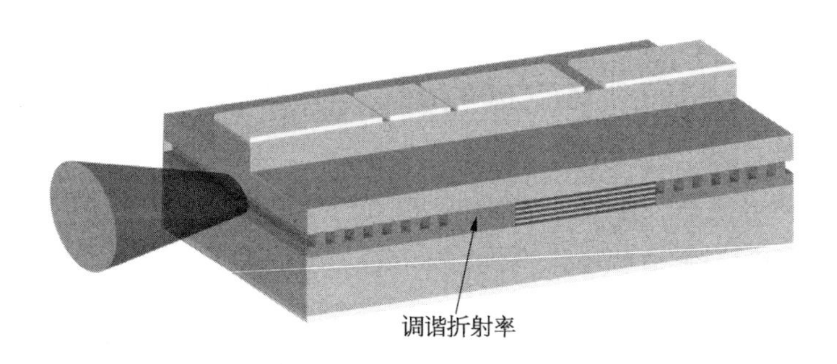

当然,DBR 激光器,还能够通过设计两边的光栅,来控制啁啾的具体指标。

小结:

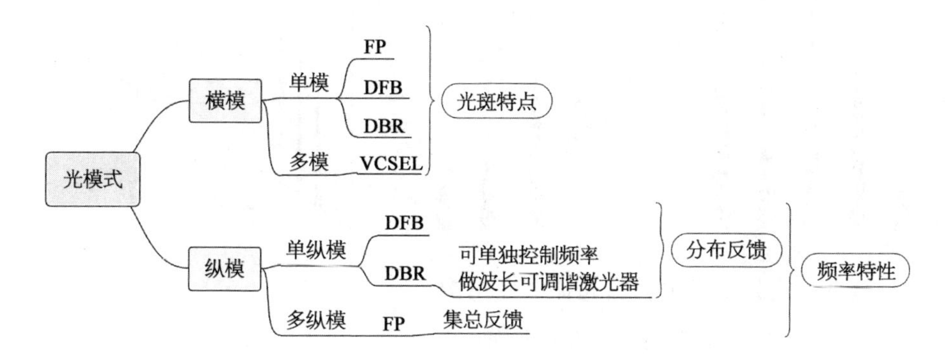

【5G 光模块】——FP 激光器的模式分配噪声

什么是模式分配噪声?为什么 DFB 可以忽略?和传输距离啥关系。

FP 光谱如下图,多纵模,经常能看到的。

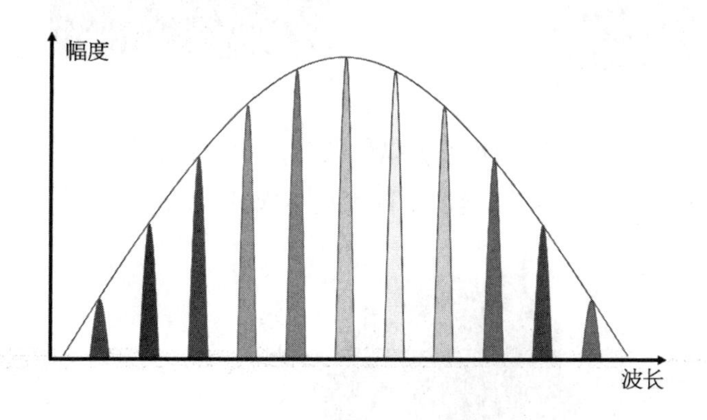

FP 内部工作机制,导致这几个纵模的功率总和基本不变,但是每个纵模分量的功率,会从蓝到红,随着时间的变化而发生周期性变化。

抖动是时间的信号偏离,噪声是幅度的噪声偏离。FP 各个纵模的模式的幅度产生变化,叫作模式分配噪声。

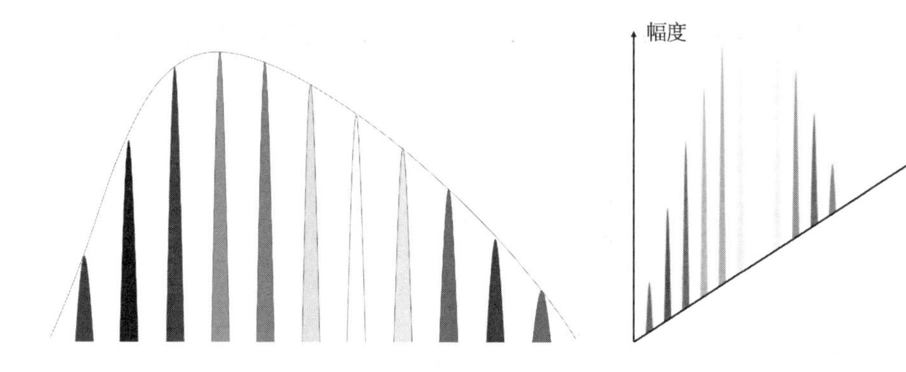

这个模式分配噪声会引起什么变化?

咱们给 FP 这个光谱加一个时间轴。

加了时间轴的 FP 1010 的信号调制如下面左图所示。

单独看时间轴和幅度(光功率)轴,就是 1 的光信号大,0 的光信号小。

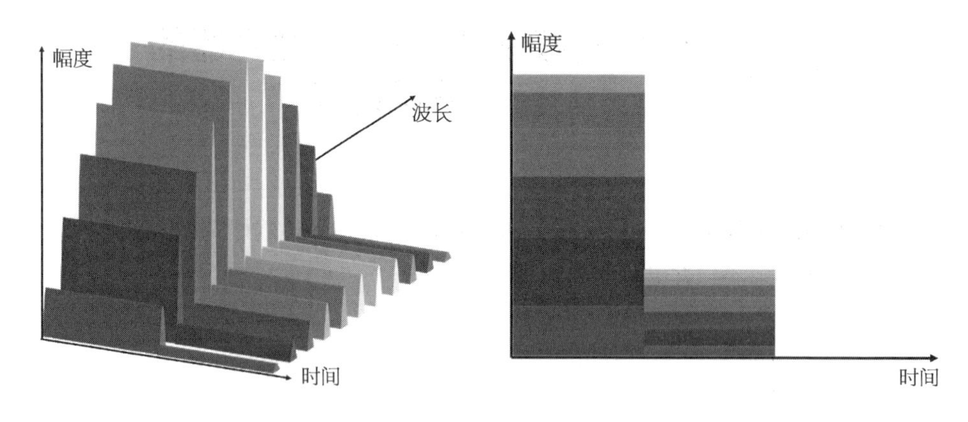

由于光纤色散的影响,FP 各个纵模的光纤中的传输速度不同,这叫色散,色(不同波长)在光纤中由于速度不同而逐步散开。

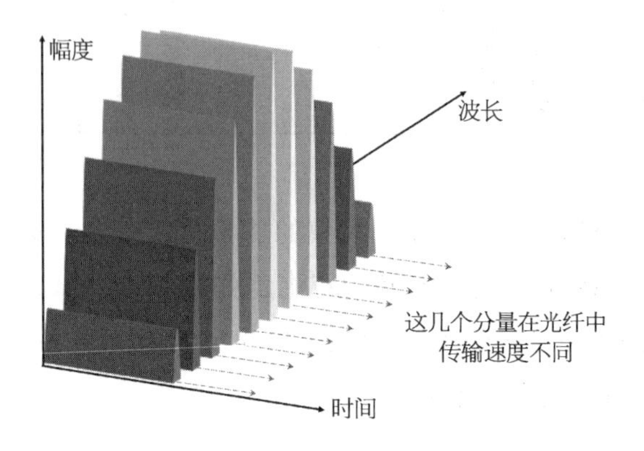

单纯的色散,可以通过逆色散来做补偿,比如色散补偿光纤、色散补偿光栅等,都是对速度的正速和负速的抵消理念。

但是,模式分配噪声在光纤传输中,由于色散的原因,会同时产生噪声与抖动(噪声是信号幅度偏离,都是信号时间偏离),看起来接收端的眼图产生轻微跳动,这个信号的劣化是无法通过其他有效手段进行补偿的。

而 DFB 激光器是单纵模,它是可以近似忽略模式分配噪声的,因为在 DFB 直调的 25 G 前传光模块中,啁啾引起的波长漂移,比模式分配噪声引起的信号劣化,更严重些。

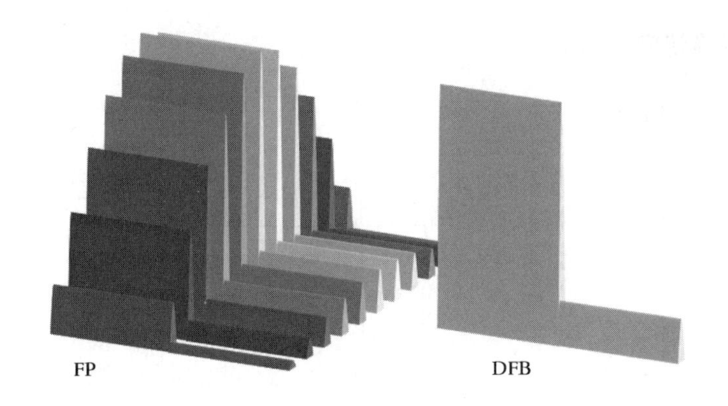

小结:

FP 激光器,由于多纵模之间的模式幅度周期性的变化,而产生噪声,这个噪声由于光纤色散,导致传输后的信号叠加抖动,劣化严重。

DFB 激光器,是单纵模,基本可以忽略模式分配噪声,传得更远。

FP 的模式分配噪声,降低的措施主要有两种,一是压缩 FP 光谱,二是用低色散波段。

DFB 双峰对光通信系统的影响

如果没挑出来"不合格的双峰"的激光器,会有啥后果?

你心中的边模抑制比是这样的:

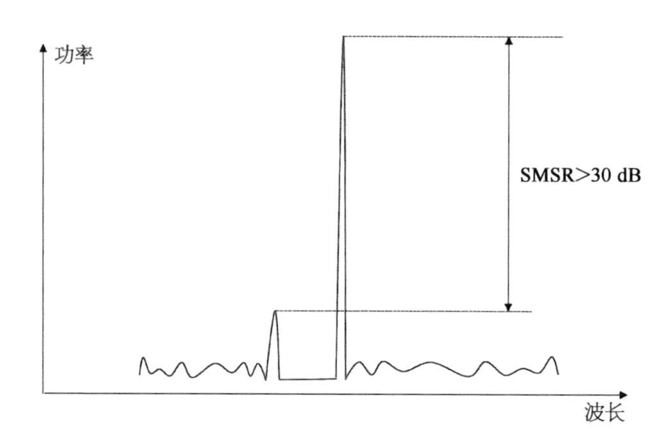

可双峰就成这样了：

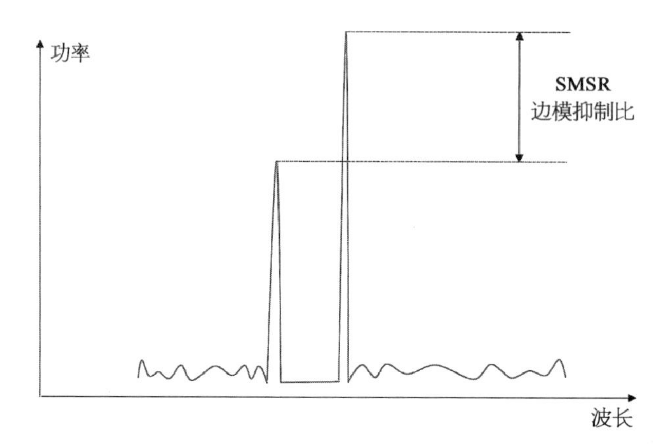

你心中的-20 dB 谱宽是这样的：

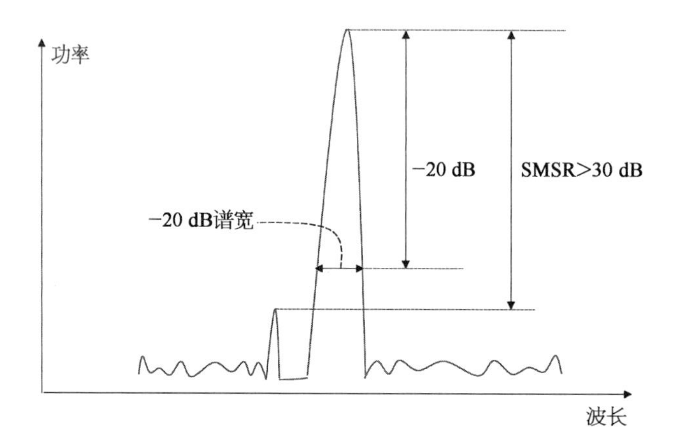

（把其中一个纵模展宽，方便标注示意）

双峰之后的-20 dB 谱宽就成了：

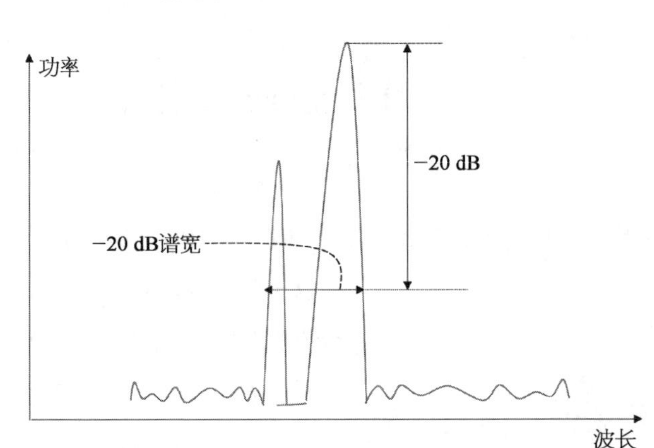

从表象上看，双峰会导致不符合标准，不符合客户的指标要求。

但，为什么客户要定这个边模抑制比呢，因为这和 DFB 激光器的传输距离相关。

人家系统设计，是希望传几十公里，反推算下来，需要 SMSR>xxdB，需要谱宽是 xx。

然后，你给人家发货，激光器/光模块测出的光谱双峰，那就对信号劣化得很严重，传不了那么远。

双峰→影响谱宽→加重色散→TDP 增加→接收端灵敏度降低。

DFB 的双峰的出现，与很多参数相关联。

芯片供应商发货，首先得挑单峰，抛弃双峰。

常温下是单峰，有可能高温、低温下出现双峰，原因是单纵模(单峰)是由光栅的周期性折射率分布得到的结果，不同温度下的折射率是不一样的，温度→改变折射率→可能出现双峰。

直流下是单峰，加调制，比如误码设置了 PRBS 输出码型，就有可能导致两峰的变化，这是因为光信号“1”和“0”的电流大小不一样→电流影响折射率→可能出现双峰。

激光器不同的偏振 bias 电流和不同的 mod 调制电流状态下，也有可能以前是单峰，现在是双峰，原因同上，DFB 的工作电流→电流影响折射率→可能出现双峰。

所以，光模块光器件的工程师们，评估激光器时，要各个方面全方位立体式评估，才能保证工作 OK。

DFB 激光器双峰

“常温 23 ℃下 DFB 激光器出现双峰，原因是什么？”

这个问题，我只能理解为，卖给他激光器芯片的那个厂家，没有给他挑出来单纵模。

对于激光器芯片，最常用的是物理解理，来做激光器的切割。

在这种方式下，咱们先对比几个尺寸，一个 wafer，三五族常用的是 2 in(1 in = 2.54 cm)或 3 in 片子。

一个 DFB 激光器的长度一般是几百微米，200~300 μm 是常见值。

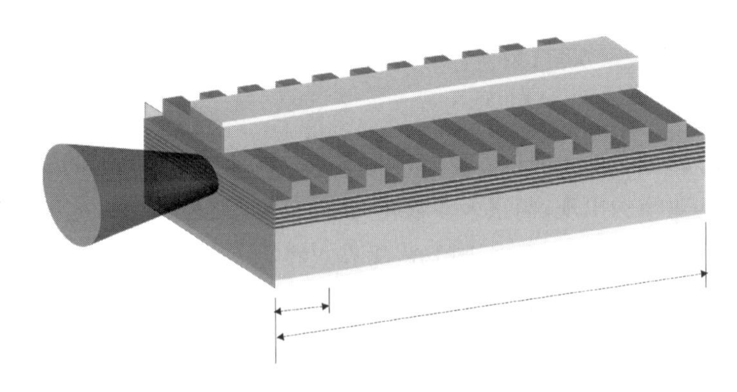

一个晶圆，大约可以切出来两三百条激光器 Bar 条，切割的精度大约是几个微米，对于晶圆来说，切割的精度是万分之一，对于激光器的切割精度是百分之一，其实不算低。

可，DFB 的反馈是由光栅来进行的，光栅反馈的相位，反映出来的就是激射波长，而光栅周期间隔是零点几微米，要想控制好精度，那就得做几十纳米的精确控制。

这就相当于，一个巧克力上画几千条线，咱随手一掰刚好掰到想要的那条线。

这是不可能的。所以,用常规物理切割的,普通均匀光栅的 DFB 激光器,单峰和双峰随机出现,只能挑

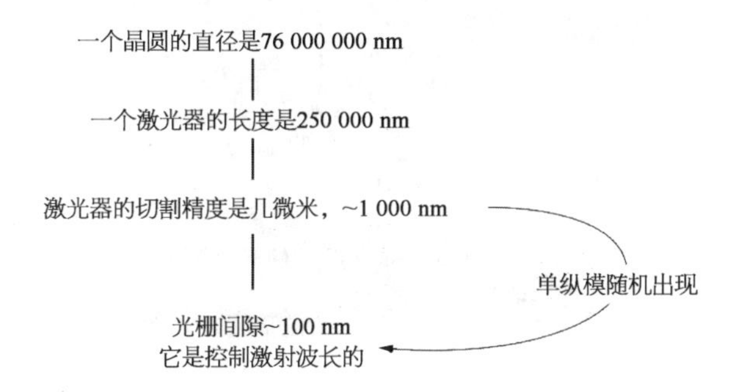

为了提高单模率,很多公司想了很多办法。比如相移光栅,比如光栅设计,比如用半导体刻蚀端面,比如双波导间错位移长度控制……

这依然是提高单模概率,而不是百分之百控制。

DFB 直调激光器的发展方向

2019 年 OFC 的主题之一,“做 25 Gb/s 的工业级温度的 DFB 激光器”。

20 世纪 70 年代,在低于零下 190 ℃时,一个 P 型和一个 N 型的砷化镓半导体组成一个 PN 结。

P 型半导体,里边有空穴。

N 型半导体,里边有自由电子。

P 电极使劲儿抽取电子,N 电极不断输送电子,温度越低则电子的动能越小。

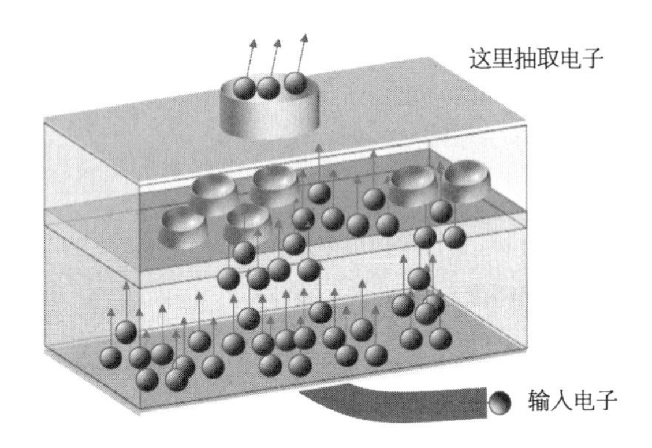

所以,温度低到零下 190 ℃时,电子动能足够小,也许空穴和电子就能键合态,电子的动能就被释放出来,这个能量叫“光子”。

一颗电子,释放的能量大的,那种光子,就是短波长的光。

一颗电子,释放的动能小的,那种光子,波长比较长。

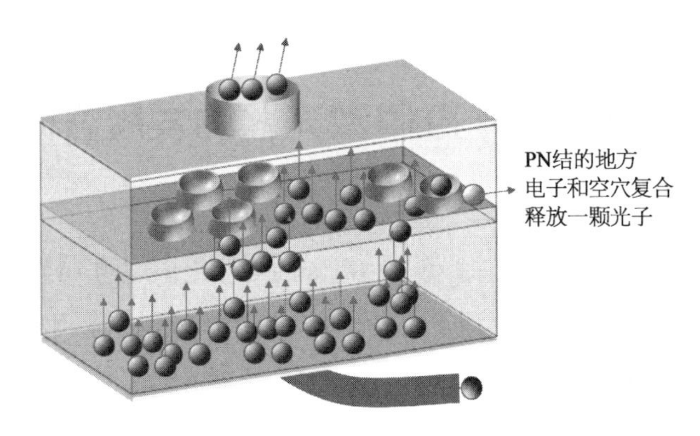

再后来,P 型用两种材料来做。

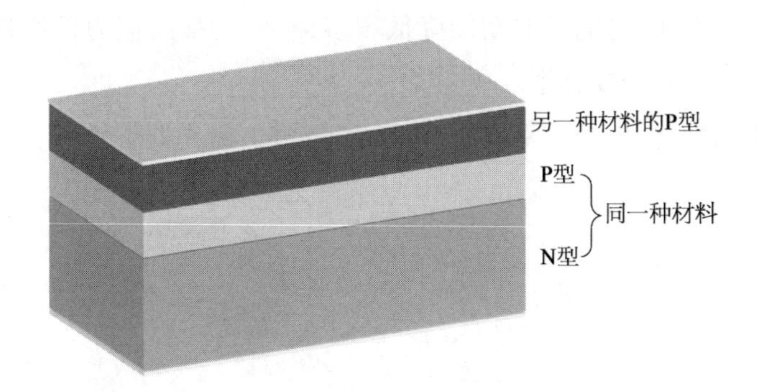

上头那层材料，就是挡一下电子的动能，增加电子和空穴的复合概率，让这种材料多释放光子。这叫“异质结”。

以前同质 PN 结，要想让电子动能降下来，就得温度不断地降低。

现在异质结了，材料本身可以帮助电子降低动能，那就有室温工作的可能性。

上下两层都用不同的材料体系，就叫双异质结，道理是一样的，两头堵住人家电子的动能。摁住，去和空穴复合。

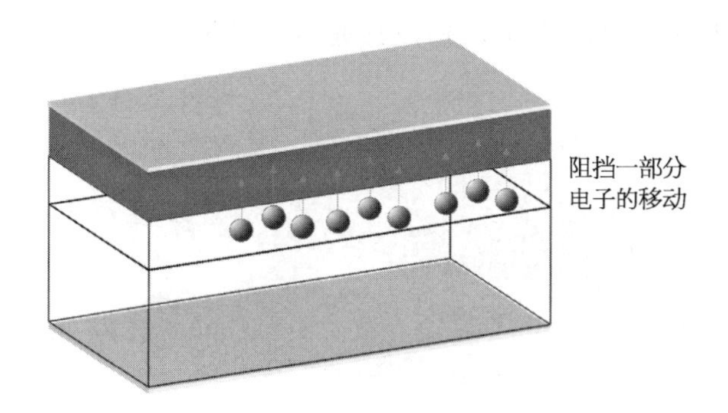

20 世纪 70 年代末，80 年代初，制作工艺能力提高了，以前是液相外延，现在可以做气相外延，主要就是材料层能做到原子级别，很薄很薄，就叫量子阱。

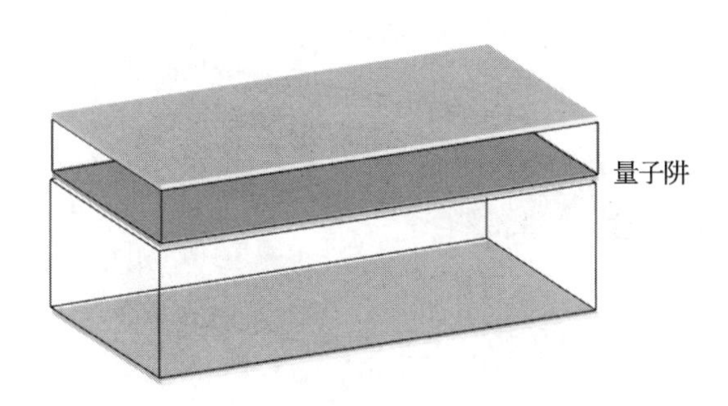

量子阱的作用,是电子的动能降低很多,空穴的捕获能力也增强,这样就增加了电子和空穴的复合率。

从应用角度看,出光功率增加,阈值电流降低,激光器斜效率增加。

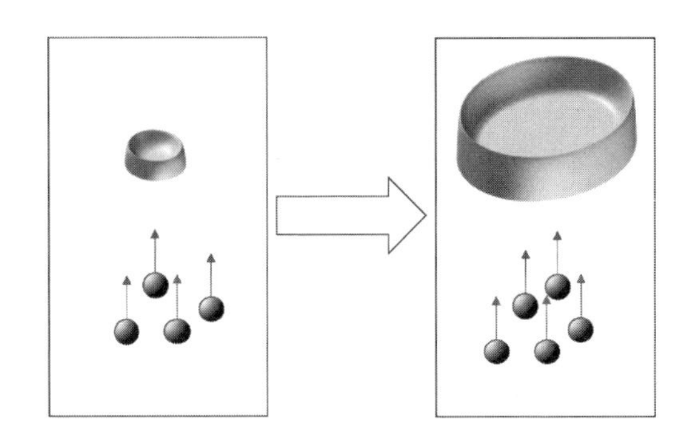

多量子阱,是半导体激光器的一个大里程碑点,激光器可以在室温工作了,电子空穴的复合效率高,光功率提高,阈值电流也降低,PN 结电容的改善,RC 常数降低,响应频率就提高了。

再接着,发现新问题,发光的横模有兔耳朵的现象。

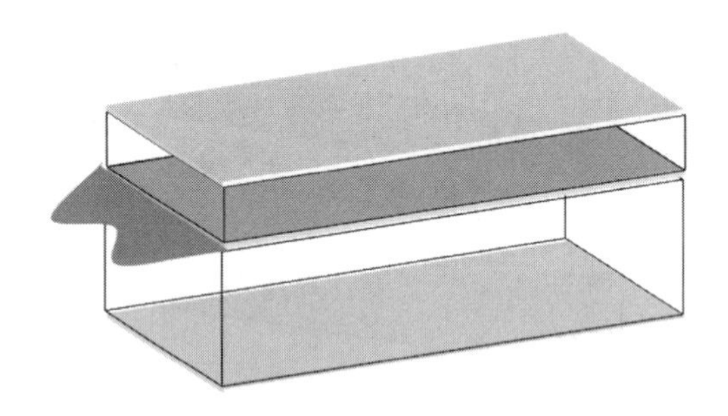

那就改波导结构,就有了各种各样的波导结构,深脊型波导、浅脊型波导、掩埋型波导……总之就是让光的横向模式变得越来越好,传输距离也变长了。

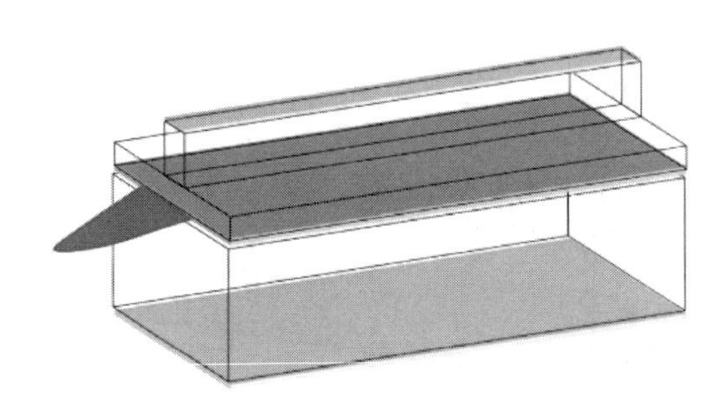

横模变成单模,有了单横模,还要单纵模,纵模支持传输更远的距离,再就有了光栅,单纵模,传输距离更长。

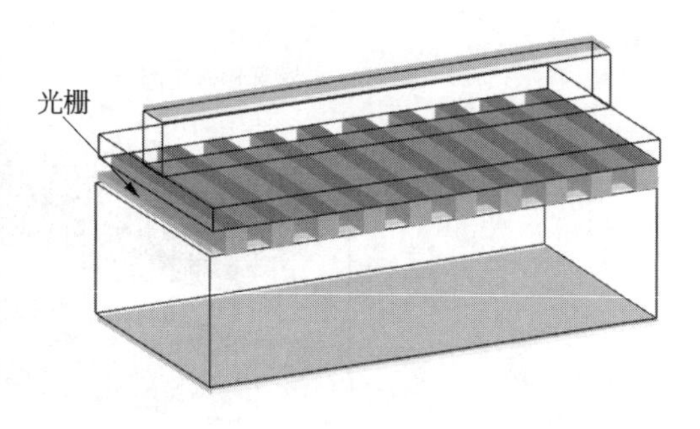

这个时候,20 世纪 90 年代,激光器可工作在室温,光模块用 DFB 激光器,还得加 TEC 呢。

怎么去掉 TEC,让 DFB 能工作在高温,之前不能工作在高温的原因,是咱们要限制电子的动能,让它和空穴复合,可是温度越高,电子动能就是增加的。换句话说,到了 70,85,95 ℃的时候,电子的动能就限制不住了。大约在 20 世纪 90 年代末,大家关注的就是怎么在高温下限制电子的动能。

这时候提出来的是,量子阱的材料体系,InGaAsP,InGaAlAs,传说中含铝的材料,它的量子阱结构,对电子动能限制得更狠一些。

总之,高温也不能动摇我们限制动能,把电子拦下去复合产生光子,这个终极目标。

2000—2005 年,这个阶段,就是不断改善非制冷 DFB 的一个产业化阶段。

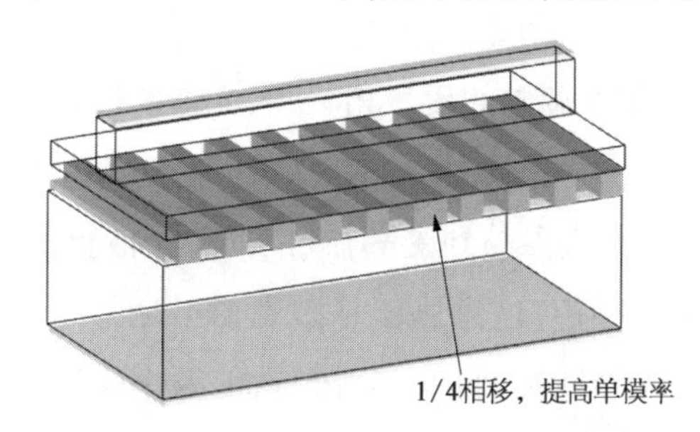

再之后,就是提高单模率,比如 1/4 相移光栅。

1/4 相移光栅,可以提高单模率,但在更高速的应用里,1/4 相移部分就会产生电子聚集,影响信号速率,影响激光器带宽。

在这两三年,2015 年之后,数据中心的 100 G 应用,需要大量的 25 G DFB 激光器,大家发现 1/4 相移光栅,不好用了。

有了非对称相移光栅,相移依然可以提高单模率,但是相移的节距拉开了,这就不会在相移的那个点聚集大量的载流子,影响频率响应,也容易烧坏激光器,它的相移区域是在中间区域缓慢分布。

这一半年,5G 是新的布局应用领域,对激光器的要求,就是怎么把用于数据中心室内温度有限的 25 G 激光器,提升到 95 ℃以上(光模块的温度是 85 ℃,激光器在内部会发热,实际温度比模块外壳要高十多摄氏度)。

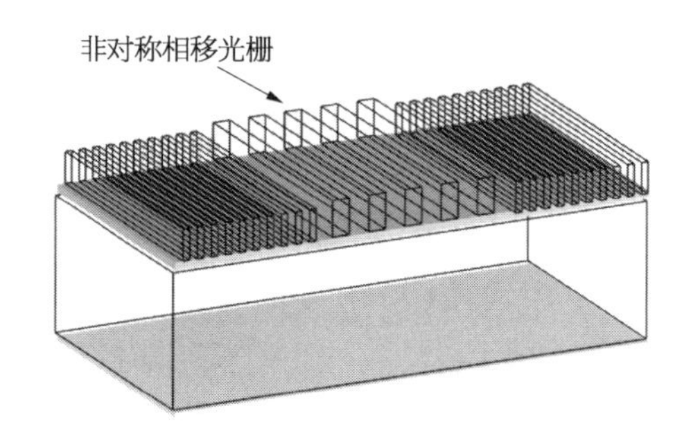

相干光模块中的窄线宽激光器

激光器线宽越窄,对通信系统越有利。

在普通光通信中,FP 激光器的线宽比 VCSEL 窄,传得远一些,DFB 的线宽比 FP 小,传得更远一些。

更窄的 DFB 线宽,在长距离传输中,因为窄,能引起的色散时延就小,换句话说,越窄传得越远。

在相干通信中,激光器的线宽与信号相位调制的质量相关,激光器的线宽越窄,相位噪声越小。

激光,是受激发射,但并不是所有的光都去参与到受激辐射实现腔内光的干涉,总有一些自发辐射的光,就成了频率噪声,这意思就是激光器不是单一频率,而是一组频率的光,这就是定义激光器线宽,自发辐射导致的频率噪声越大,线宽越宽。

在光通信半导体激光器发明的早期,20 世纪 80 年代,降低激光器线宽有几个途径。DFB 激光器,首先实现的是分布反馈,把普通的 FP 多纵模,做成单纵模。

DFB 中,增大激光器的发光功率,可以降低线宽,因为相对来说自发辐射的比例降低,激光器的线宽变窄。

DFB 中,用多维的量子阱结构,比体材料自发辐射噪声更低,线宽更窄,用量子线比量子阱线宽窄,用量子点比量子线更窄。

DFB 谐振腔的腔内损耗越大,对光产生吸收散射等,引起的频率噪声越大,线宽就不好,降低腔内损耗是窄线宽激光器的一个技术方向,腔内损耗和腔长成反比。

增加 DFB 腔长,降低线宽。

但是,腔很长,输出功率很大,这些个因素都很容易造成空间烧孔,就是把激光器内部烧了。

DBR 激光器,就是在 DFB 上的一种改善,它把光栅移到了有源区外面,这样光栅作为光的反射功能,不用担心和有源区互相增加烧孔的风险,光栅区域也可以做到更长一些,对反射波长做更精准控制,另外腔长可以做得更长,两者都可以降低线宽。

DBR,现在是很多窄线宽可调谐用于相干模块的技术选择。

外腔激光器,是在半导体激光器之外,用光栅做光反射的其中一个面,光的反射大部分在空间进行,和之前的 DFB 和 DBR 在增益介质内部做反射不同,腔内损耗更小了,可以做更窄的线宽。

另外,光栅做反射面,本身有选择波长的作用,第二是更容易调整反射角度,以达到调谐波长的目的。

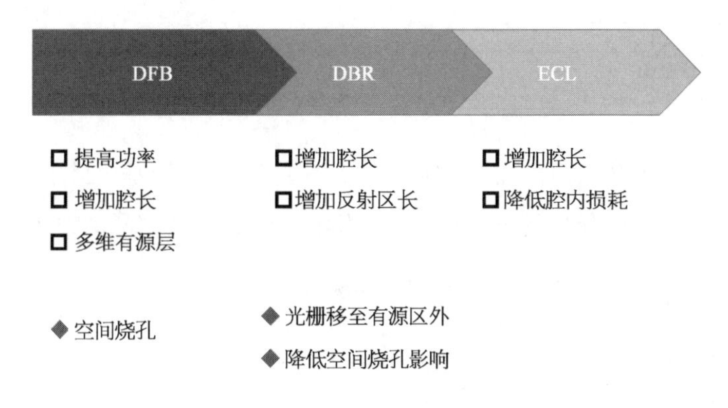

用于突发模式下一代 PON 的 MEL 激光器-双电级 DFB

MEL, multi-electrode laser, 多电级激光器,本节用了两电极,就叫它双电级 DFB。

下一代 PON，有 NGPON2，也有 ITU－T 刚立项的 50G－TDM PON。

NGPON2 中，是 TWDM 格式，既有 TDM 也有 WDM，在实际应用里，发现一个致命的问题，突发模式下的波长漂移，引起的模式跳变。

这个背景，做过 TWDM－PON 的小伙伴，都了解。

本节选了一款双电级的 DFB，在突发模式下的波长漂移很小。

先看普通 DFB 激光器在 62.5 μm 突发包下，坡长漂移量约 70 GHz，横轴是突发电流的注入以及关闭时间，也就是突发包的时长。

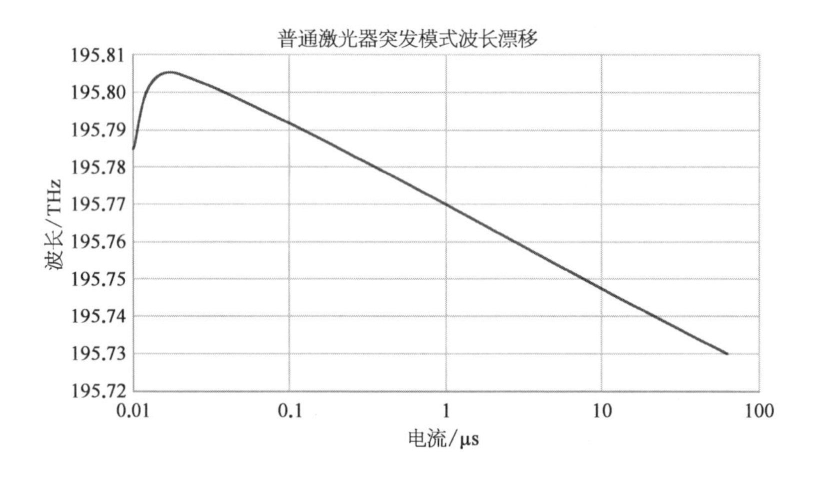

波长漂移 70 GHz，而标准中的定义值是小于 20 GHz，诺基亚贝尔用了双电级 DFB，也就是他说的 MEL，与上图同样的突发包时长，波长漂移降低到 9 GHz。

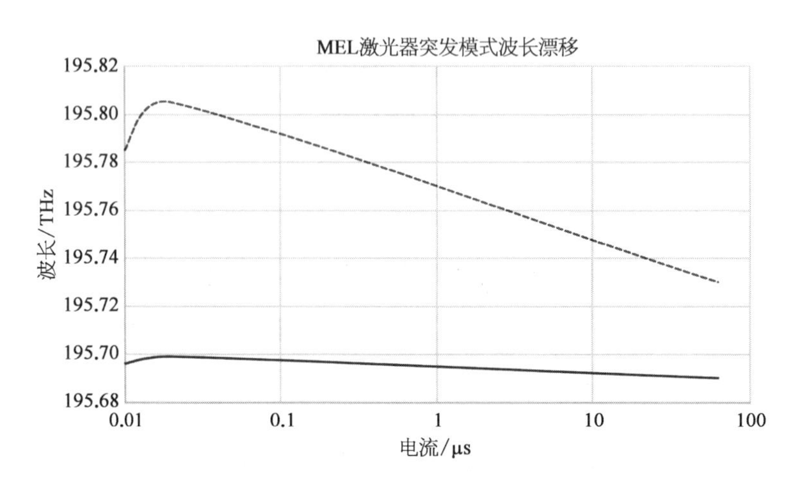

把 MEL 的波长漂移放大。

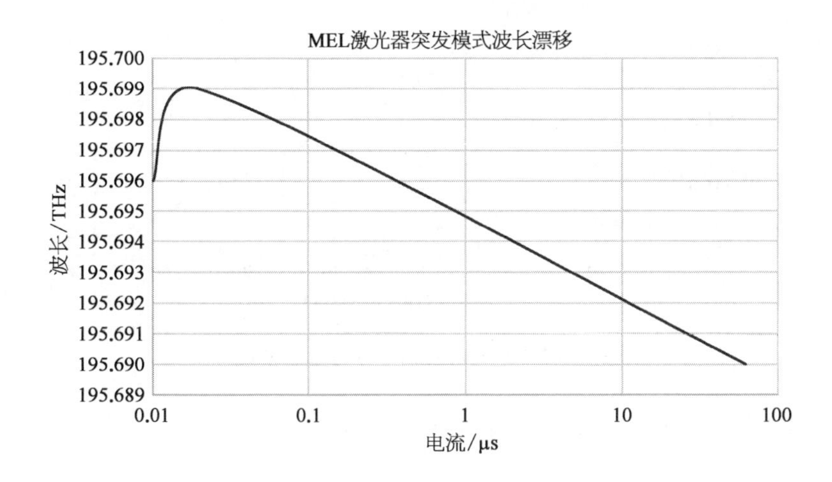

回到 MEL,最早是 1986 年 OFC 提出的概念,用于可调谐激光器。

Independent modulation in amplitude and frequency regimes by a multielectrode distributed-feedback laser

Y. Yoshikuni and G. Motosugi

Find other works by these authors

Optical Fiber Communication Conference
1986
Atlanta, Georgia United States
24 February 1986
ISBN: 0-936659-01-7

From the session
Laser Modulation and Noise (TuF)

Optical Fiber Communication　1986 OSA Technical Digest Series (Optical Society of America, 1986), paper TuF1 · https://doi.org/10.1364/OFC.1986.TuF1

MEL,本文的 HHI 只用两个电极,E1 电极 1 注入的电流 I_1 是前端电流,另外一个电极注入的电流是后端电流,两电流和一定,前端电流的变化,可导致输出波长的变化,所以大家把 MEL 用于可调谐激光器。

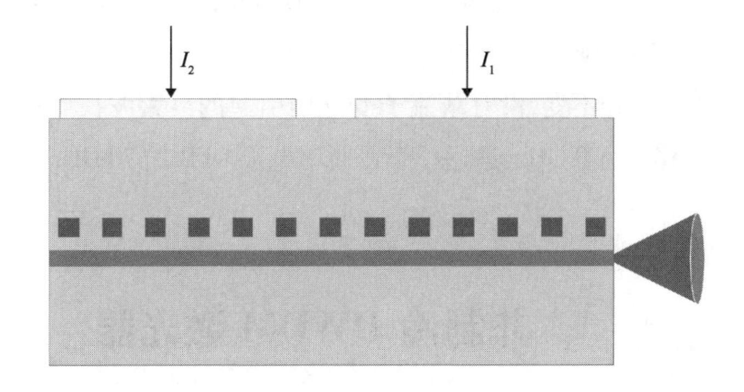

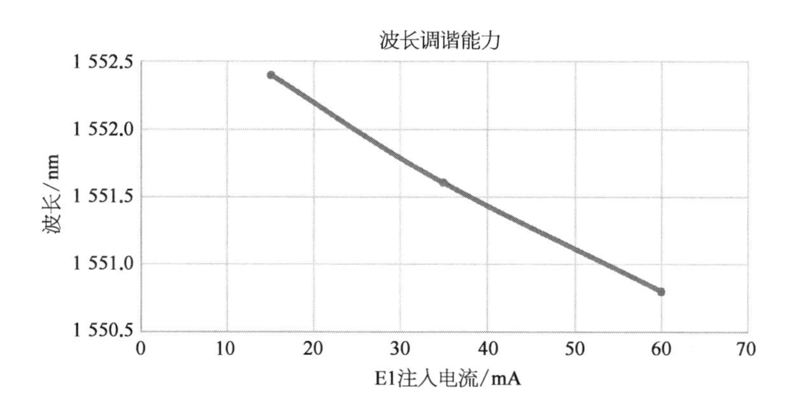

电流和 120 mA,前端电流与输出波长

同时,ECL 的前端电流也会导致功率变化。

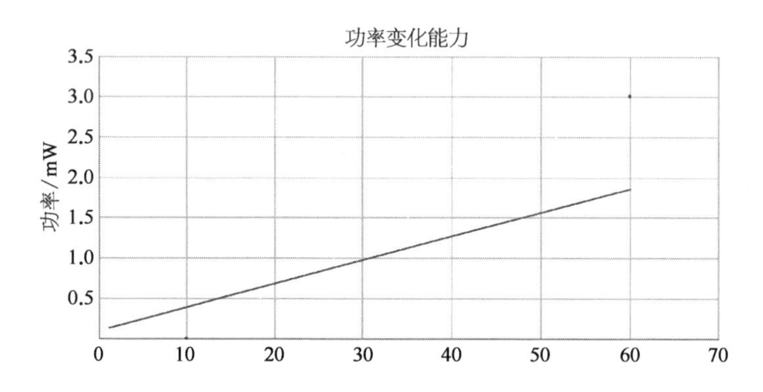

诺基亚就是应用了这个特性,通过 E1 与 E2 的电流和不变,改变 E1 电流,可改变输出功率。

适当改变 E1 电流 I_1,使得输出功率在-60 dBm,和+2 dBm 之间切换,也就是实现突发光功率控制。

同时,因为电流和不变,没有载流子变化而引起的巨大波长漂移,突发模式下,MEL 波长漂移只有 9 GHz,远远小于普通单电极 DFB 的 70 GHz 波长漂移。

非制冷 DWDM 激光器

激光器,咱们光通信用得太多了,都知道这是个温度敏感型的器件,波长会随着温度的变化而漂移，一般是0.08~0.1 nm/℃。

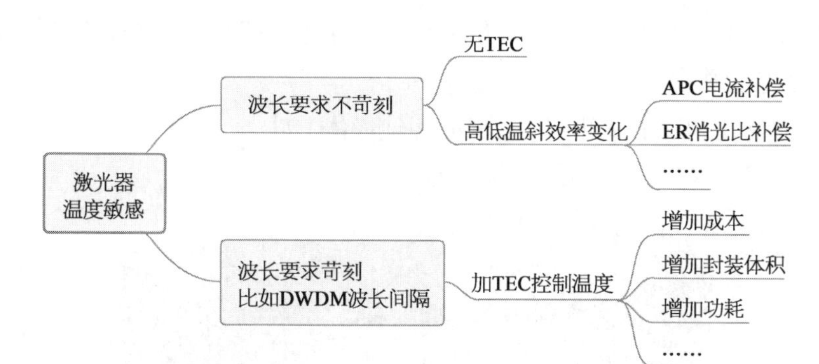

好多公司就琢磨，做一些温度不敏感的激光器，那多好啊，上图的纠结就没有了。

翻专利，看到了两个2017年的专利，挺有意思。

具体实施方式

[0017]　以下将结合附图所示的具体实施方式对本申请进行详细描述。但这些实施方式并不限制本申请，本领域的普通技术人员根据这些实施方式所做出的结构、方法、或功能上的变换均包含在本申请的保护范围内。

[0018]　在本申请的各个图示中，为了便于图示，结构或部分的某些尺寸会相对于其它结构或部分扩大，因此，仅用于图示本申请的主题的基本结构。

[0019]　本文使用的例如“左”、“右”、“左侧”、“右侧”等表示空间相对位置的术语是出于便于说明的目的来描述如附图中所示的一个单元或特征相对于另一个单元或特征的关系。空间相对位置的术语可以旨在包括设备在使用或工作中除了图中所示方位以外的不同方位。例如，如果将图中的设备翻转，则被描述为位于其他单元或特征“右侧”的单元将位于其他单元或特征“左侧”。因此，示例性术语“右侧”可以囊括左侧和右侧这两种方位。设备可以以其他方式被定向（旋转90度或其他朝向），并相应地解释本文使用的与空间相关的描述语。

[0020]　当元件或层被称为与另一部件或层“连接”时，其可以直接在该另一部件或层上、连接到该另一部件或层，或者可以存在中间元件或层。相反，当部件被称为“直接连接在另一部件或层上”时，不能存在中间部件或层。

[0021]　参图1、图2所示，介绍本申请激光器100的第一实施方式。该激光器100为基于SOI结构的热不敏感激光器，包括SOI结构10、位于SOI结构10上且对应设置的第一反射结构21和第二反射结构22、以及位于SOI结构10上第一反射结构21和第二发射结构22之间的激光

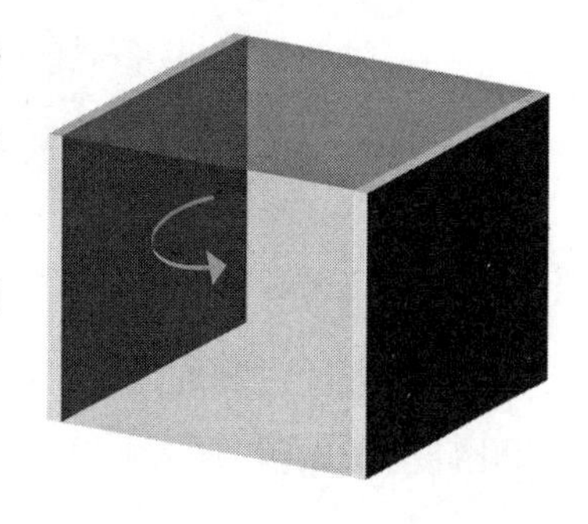

激光器，原理很简单，两反射面就能组成谐振腔，让光在里边反复震荡形成干涉，能做好非常非常不容易。

这专利，解决的问题是，让激光器波长不随温度变化而变化。

以前变化的原因是，三五族激光器有源层，

折射率随着温度变化,现在不想让它变化,就要控制折射率不变。

要想不变有两种方式,一是本身不变,二是一段“正”变化加上一段“负”变化,总体来说就是不变。

他们是在SOI上做的结构。SOI,叫绝缘体上硅。

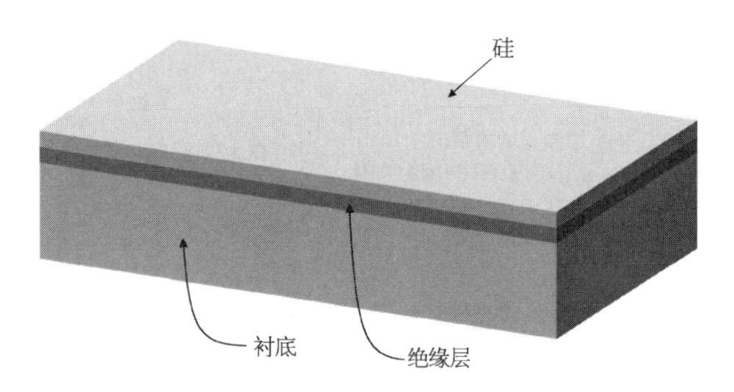

把顶层硅,做成各种结构。

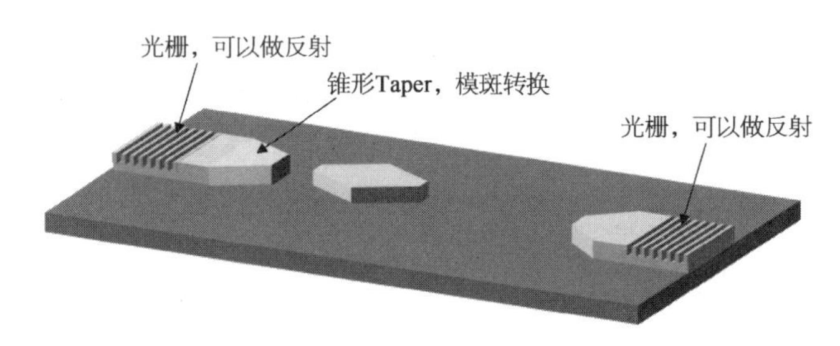

硅波导,是正温度系数。

三五族激光器,增益物质,也是正温度系数。

里边加一段负温度系数的聚合物波导,做补偿。

两侧刻蚀光栅做反射。

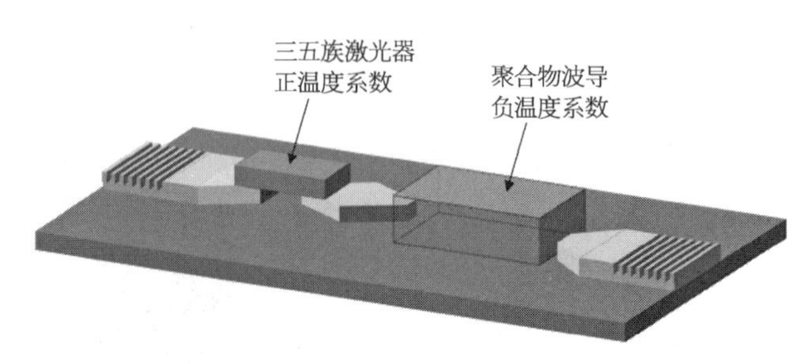

两侧的反射装置,也可以用更简单的方法,一侧用反射镀膜,另一侧在二氧化硅上做光栅。

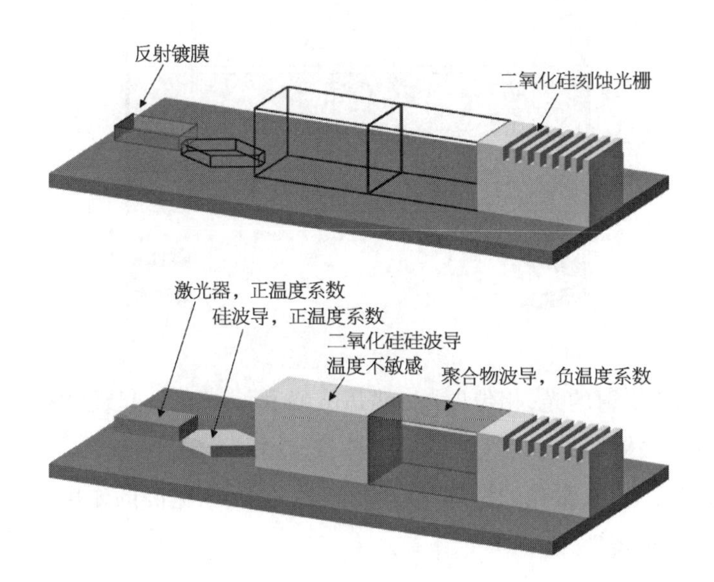

一个理想中的温度不敏感型的激光器,将来还能进一步做硅光集成。

FP 和 DBR 的区别

DBR 光栅,有反射的作用。

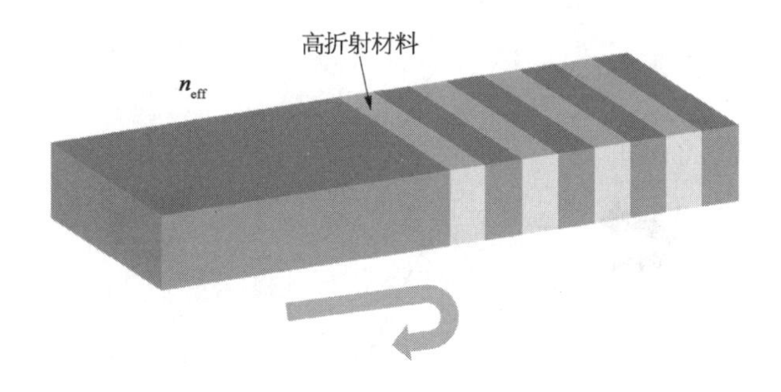

反射镜也有反射的作用。

FP 腔,是两侧用反射镜。

DBR 激光器,是两侧或一侧,使用光栅做反射。

看下者的区别。

FP 反射:

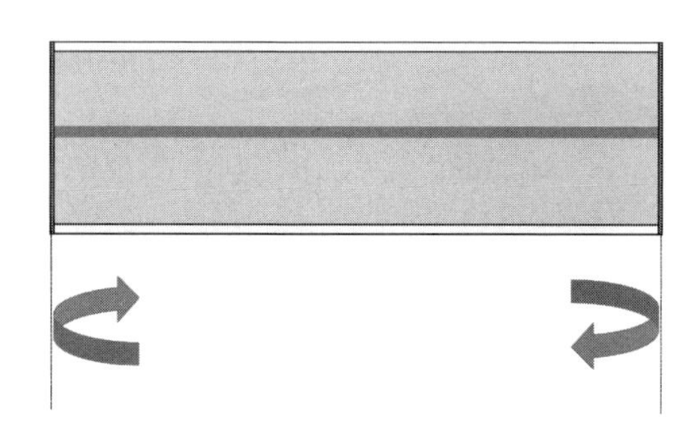

如果两侧反射的光，相位匹配，就是波峰和波峰在一起，波谷和波谷在一起，这样这个波就"放大"了（波峰碰上波谷，就相消了）。

DFB 的发展史，激光的全称，受激辐射光放大，谐振腔的作用是放大，要放大就得"相位匹配"。

这是波长：

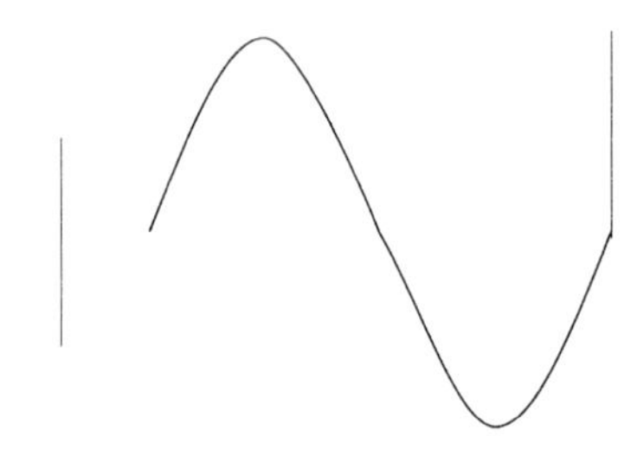

下图两个波，相位匹配：

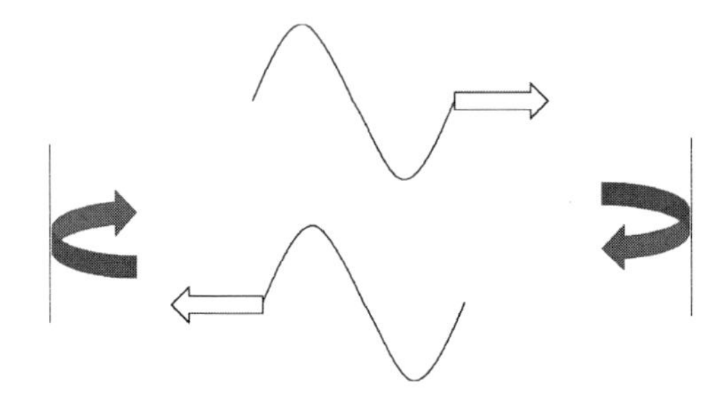

所以，FP 的波长为

$$\lambda_b = 2 \cdot n_{eff} \cdot \Lambda$$

反射波长　等效折射率　光栅节距

波长 1 是一个数；波长 2 是另一个数；中间还有很多灰色的波，这些波都

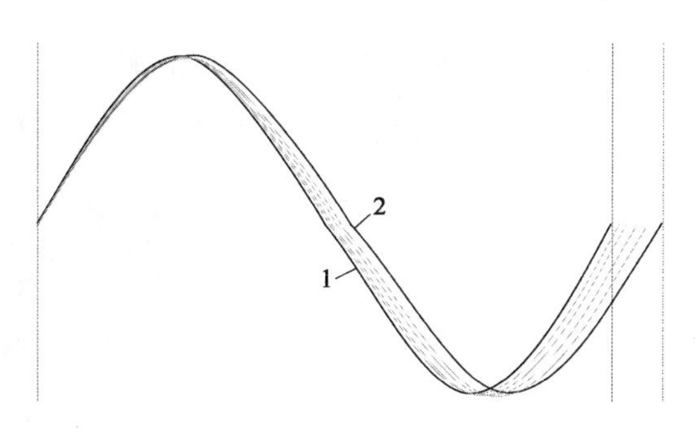

有各自的波长。

假定 FP 的腔长是 150 μm，折射率 3.38，折射率的意思是波在介质中的速度下降了 3.38 倍。

折射率×腔长＝等效腔长

就是说，在介质中光波的速度只有真空光速的 1/3，光波跑同样的时间，在介质中只跑了 150 μm，但同样的时间换算到真空中，就是 3.38×150＝507 μm。

这个 507，就是等效腔长，换算到真空的光速、时间和长度。

507 μm，是 1 550.4 nm 波长的整数倍，也是 1 545.7 nm 波长的整数倍，还是 1 541.03 nm 波长的整数倍。

这些整数倍的波们，“相位匹配”，就有“放大”作用。

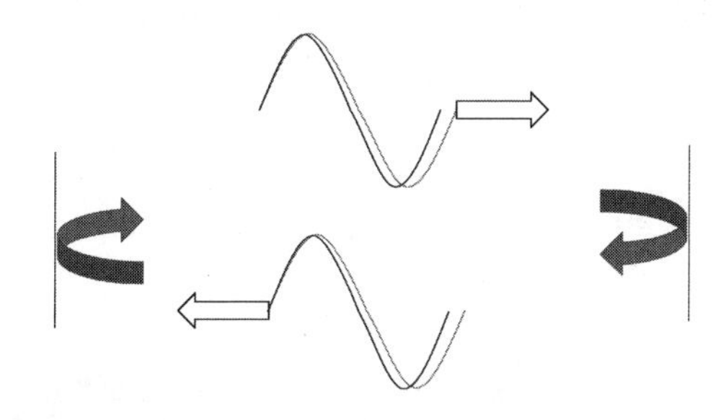

增益材料，发的光，就是咱家 LED 的那种光，是一片。

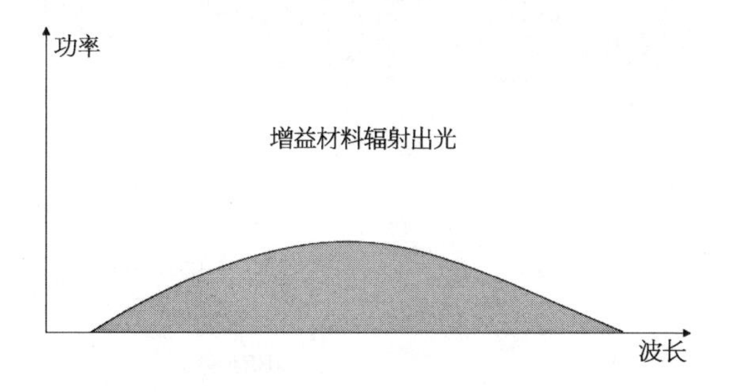

FP 腔，让光反射，如果相位匹配（等效腔长是某个波的波长整数倍），波峰与波峰叠加，就有“放大”效果，反复震荡，越来越大。

相位不匹配,就减弱,尤其是波峰遇到波谷,更是相消。

逐步的,FP 的谐振腔就有了几个纵模输出。

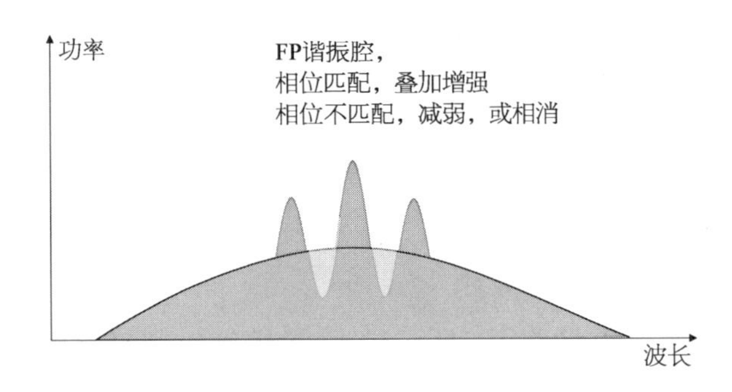

同样的 DBR,光栅也可以做反射,但它和 FP 的反射不同,FP 的反射镜能反射所有波长,而 DBR 的反射只有特定波长。

刚才,等效腔长 507 μm 的,对 FP 来说,都反射,其中整数倍的是 1 550.4,1 545.7,1 541.03 nm 波长……因为相位匹配而放大。

同样等效腔长 507 μm 的,对 DBR 光栅来说,咱就给它设计到反射 1 550.4 nm 波长,然后只有这个波,反复震荡,放大。

$$\lambda_b = 2 \cdot n_{eff} \cdot \Lambda$$

反射波长　等效折射率　光栅节距

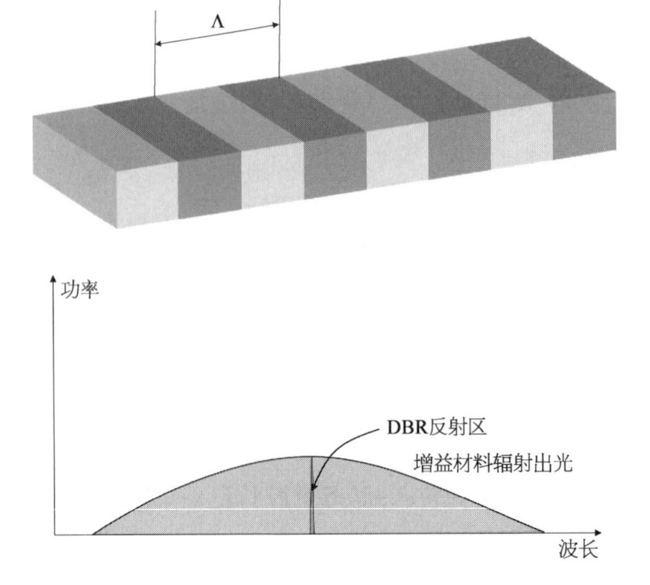

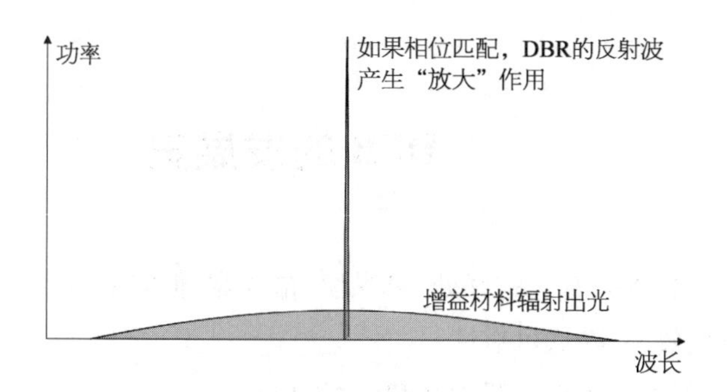

如果 DBR 反射波长，能产生放大作用，就得“相位匹配”。

所以，DBR 激光器，一般有个调整相位的区域，电流可以改变折射率，就改变了等效腔长，让这个等效腔长与 DBR 的反射波长呈现整数倍，也就是“相位匹配”。

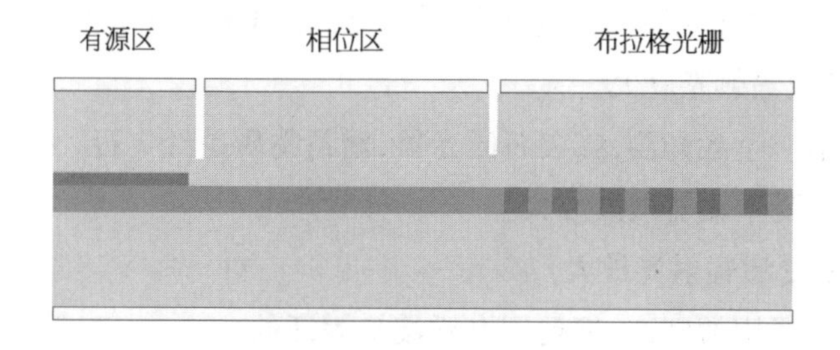

把刚才 FP 的激射波长的公式：

$$\lambda_m = \frac{2 \cdot n \cdot L}{m}$$

（波导折射率 n，腔长 L；λ_m：FP波长；m：纵模数，1,2,3,4）

用到 DBR 中，两者的谐振波长和反射波长匹配，DBR 激光器就很好了。

$$\lambda_m = \frac{2 \cdot n \cdot L}{m} \qquad \lambda_b = 2 \cdot n_{eff} \cdot \Lambda$$

（波导折射率 n，腔长 L；λ_m：DBR谐振波长；m：整数；λ_b：反射波长；n_{eff}：等效折射率；Λ：光栅节距）

DBR，通常也用到可调谐激光器上，因为电流会改变波导的折射率，上面两个公式都有折射率，也都关联波长，那就是 DBR 输出波长可随着电流的改变而改变，这叫可调谐。

DFB 的发展史

增益耦合的 DFB，有它的好处，单纵模，窄线宽，但它的缺点就是破坏了有源层，响应发光效率，降低可靠性。

本节聊一下半导体激光器中，DFB 的历史。

1953 年，微波在谐振腔内振荡，产生电磁波干涉，对特定波段放大，这叫受激辐射微波放大。

微波，是电磁波谱中的一段，波长较短。

光，也是电磁波谱中的一段，波长更短。

1960 年，实现光在谐振腔内振荡，产生光波（电磁波）干涉，对特定光波段放大，这叫受激辐射光放大。

这就是第一个激光器，红宝石激光器，增益物质是红宝石。

MESER：受激辐射微波放大。

LASER：受激辐射光放大。

两者很多通用的理论，都是用电磁波来表征的。

之后的激光器家族就有了各种各样的做增益的材料，咱们光通信用的是半导体增益物质，其他也可以，固体晶体材料，液体比如染料，气体比如二氧化碳……这都可以做增益物质，实现激光。

1970 年，在研究染料激光器时，发现在谐振腔内采用光栅的结构，可以实现动态单模，当时的光栅是涂在玻璃板上的。

1972 年，贝尔实验室的专家们，就用电磁波耦合理论分析光栅的作用，发现用光栅做谐振器，相比较 FP 腔来说，可以实现动态单模。

FP，一般的情况下是多纵模，当然也可以把 FP 设计成单模，可一旦加上调制（信号的 10101……），它的单模就被破坏掉了，这种载流子不变是激光器单模，调制信号后就不是单模的现象，叫作“静态单模”，原因是载流子浓度变化改变波长。

我们当然希望，激光器无论哪种状态下，都可以维持单纵模的特性，所以用光栅可以实现动态单模的特点，打动了很多人。

光栅，在有源层内是增益耦合，在有源层外是折射率耦合，增益耦合从理论上讲是单纵模,折射率耦合理论上是双纵模(这种方式的激光器,要挑,也是咱经常用着用着跑出来双峰的现象)。

1973 年,这种光栅做激光器谐振的技术,从染料激光器,实现了半导体激光器的应用,是在 GaAs 材料体系上实现的,就是咱们最常用在 VCSEl 的 8xx 波长的那种材料。

在 GaAs 激光器中,有源层直接刻蚀光栅,发现会破坏有源层,导致发光效率低,而且不能长期工作。

GaAs 材料体系,从理论上讲,无法实现光纤低损耗的 1 310 nm 和 1 550 nm 这些波段。

1979 年,科学家们才找到适合 1 310 nm 和 1 550 nm 的材料——InP 以及基于 InP 的 InGaAsP。

1981 年,日本东京大学,做出来第一只可以低温长期工作的 1 550 nm 波段 DFB,这个材料体系,这个结构,一直到现在都在支撑着咱们光通信的需求,只是在不断地优化而已。

而基于 GaAs 材料的边发射 DFB 激光器,波长太短,大多是用于光通信之外,比如传感、测量等(基于 GaAs 的面发射激光器,是光通信的一个大类啊)。回到 DFB 中的光栅设计,增益耦合,破坏有源层,这不好,那就接着优化折射率耦合吧。

折射率耦合的 DFB,理论上是双模,就是两纵模,俗称双峰,从均匀光栅,改为非均匀光栅,重点是突出一个纵模,灭掉另一个纵模。这里边的四分之一相移光栅、CPM 光栅等,都是非均匀光栅。

这里边,日立公司提出的非均匀光栅,效果最好。日立的激光器这一块,这些年已经变化到 OcLaro,现在合并到了 Lumentum,也是目前 5G 前传中唯一可以实现工业级应用的 25 G 激光器。

DFB 的折射率耦合方式中,3 种光栅。

均匀光栅:

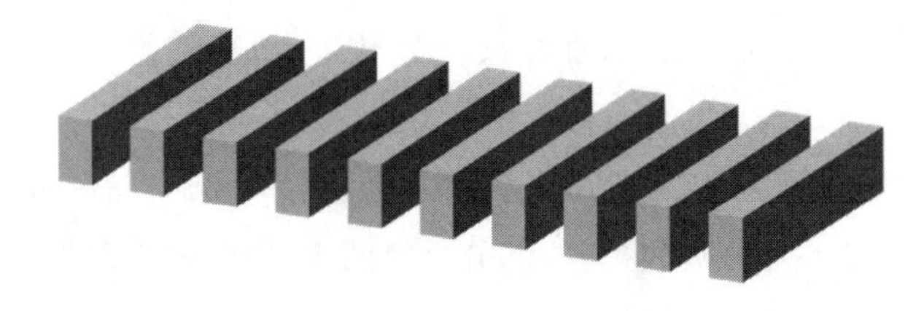

1/4 相移光栅：

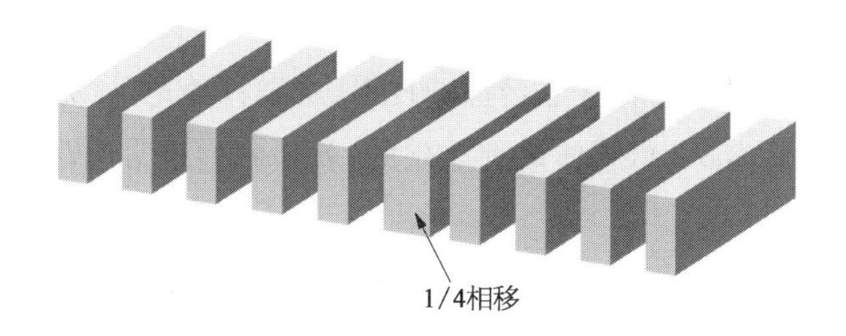

CPM(corrugation pitch modulated)周期节距调制光栅：

从均匀光栅到相移到 CPM,从左往右性能越来越好,工艺也是越来越难。

DFB 的光栅

光栅,有滤波特性,也就是一部分波长反射,一部分波长透射。

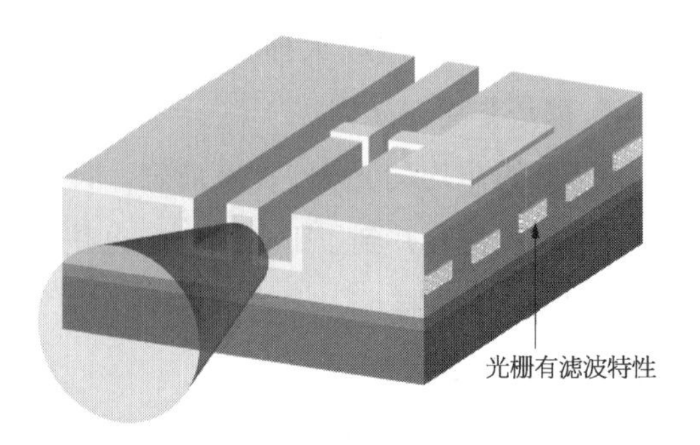

那用光栅做激光器的反馈,加滤波,就可以选出特性的单纵模(见下页第1图)。

DFB 刻蚀的光栅,可以利用它的两种效果,第一种就是光栅可以用吸收光的材质来做,就是一部分吸收掉,一部分反射回来,做“分布反馈”,这就是增益

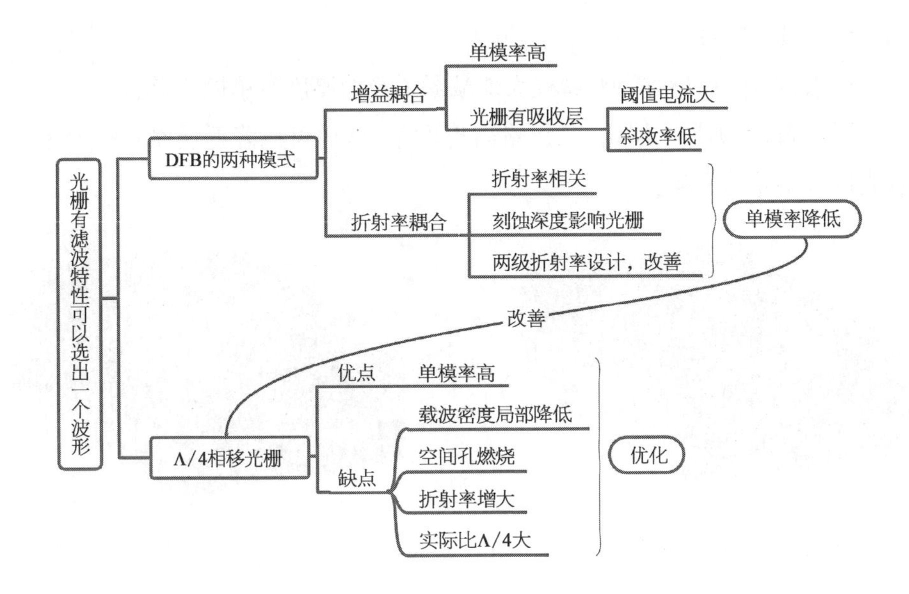

耦合模式,所以阈值电流大,斜效率小,光功率低。

可增益耦合,单模率高。

折射率耦合的话,周期性折射率分布,它的透射谱与反射谱比较宽,单模率要看老天爷心情。

那其中一种改善模式就是,做相移光栅。

早期 DFB 光栅,是正弦波一样的。

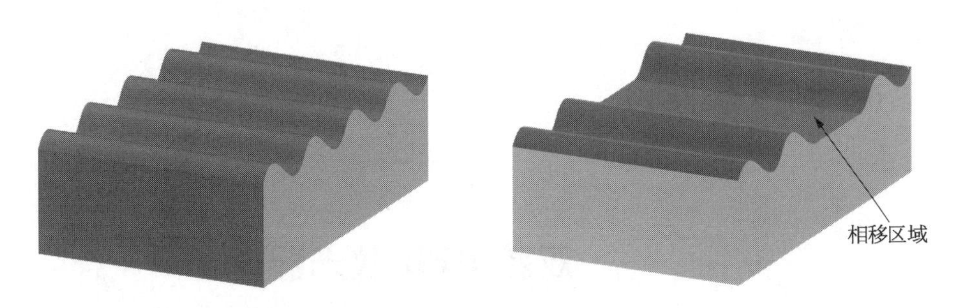

相移,就是在某个地方,挪后一些再继续周期性变化。

这种相移光栅,可理解成两光栅谱中间拼合,在透射谱中有一个极窄的反射缝隙。换句话,就是可以更窄的滤波。

精准控制 DFB 的单模。

这种正弦波一样的光栅,大规模生产时,峰峰值的这个厚度一致性,会影响单模的选模特性。

后来,做成这种台阶型,就极大地减弱了光栅厚度对单模的影响。

再后来,上头加一层调节层,略高折射率,这样可以降低层厚对折射率以及光耦合偏差的影响。

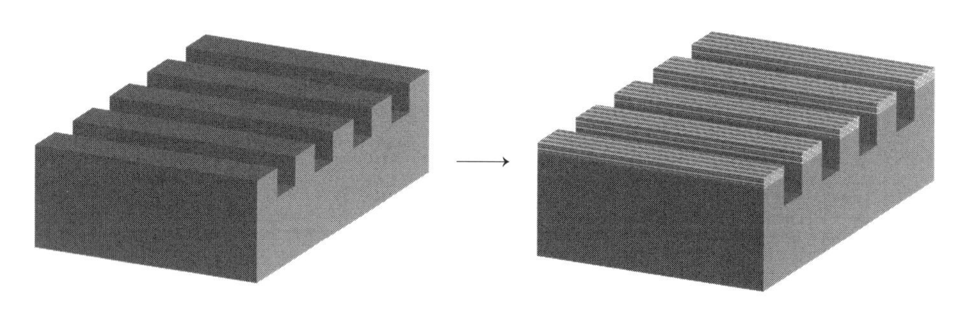

再然后,1/4 相移光栅继续优化。

$$\frac{1}{4}\Lambda = \frac{10}{40}\Lambda$$

可以更精准地从 10/40,做成 8/40,因为相移区域的光密度增大,烧孔效应,最终导致相移区域折射率增大,也就是按 8/40 设计,加电流工作时,它自己就跑到了 10/40,

$$\frac{8\text{ 或 }9}{40}\Lambda$$

DFB 激光器的光栅之路。

双腔 DFB 激光器

3 个问题:

DFB 激光器的良率比较低,一般在 40%~50%,什么原因?

如何提高 DFB 的良率?

什么是双腔 DFB 激光器?

1）为什么激光器良率比较低

DFB 的腔长，一般是用物理解理的方法来裂片，它的精度是微米级别，当然一个激光器的长度约百微米，几个微米精度已经很高了。

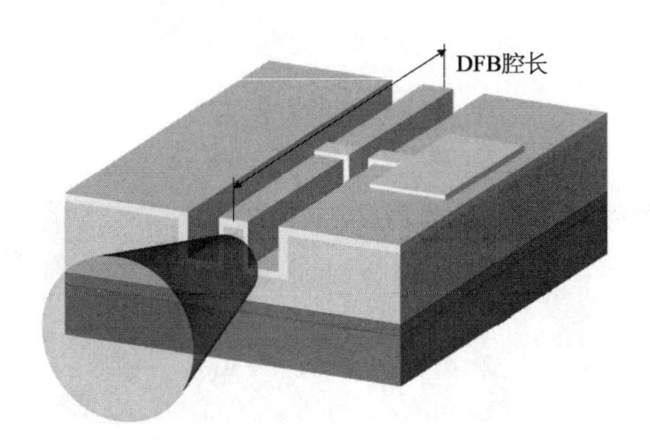

但是，对光栅这种零点几微米的，

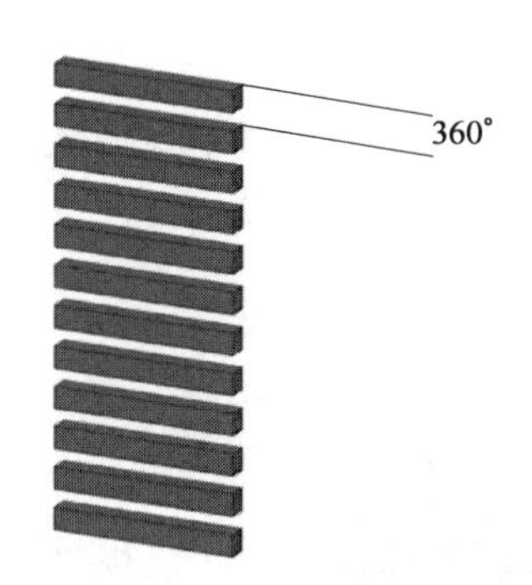

激光器长度的几个微米，相对于光栅周期来说，就成了随机量。

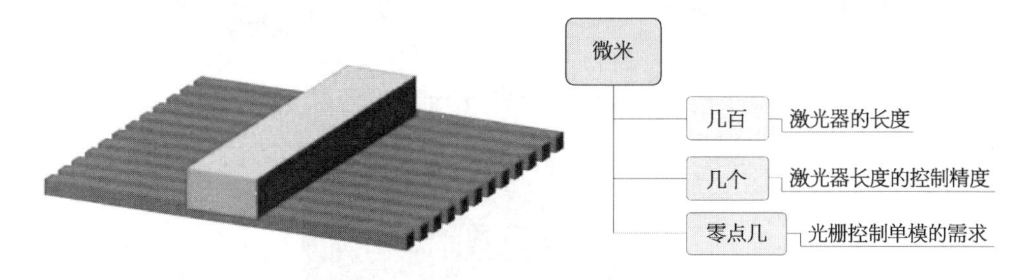

那 DFB 单模，且单模的边模抑制比符合要求，这就如下页第 1 图所示。

2）提高 DFB 单模良品率思路

（1）改光栅，从普通周期性光栅，改相移光栅……性能好了，可是很难做。

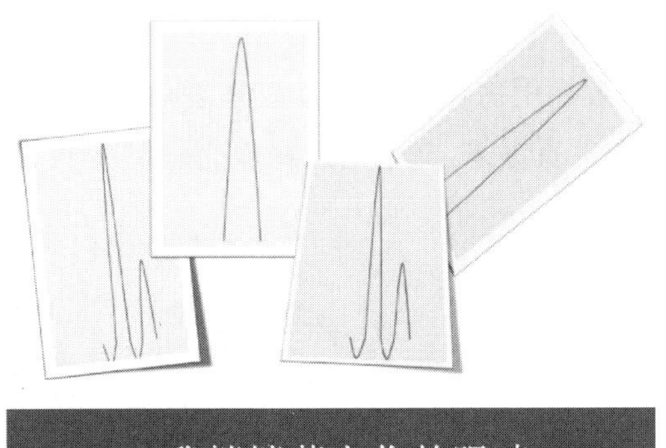

我悄悄蒙上你的眼睛

请你猜猜

单是双？

（2）改腔长。

3）什么是双腔 DFB 激光器

Binoptics，他家就是改腔长，做了个双腔的激光器。

前头的端面是对齐的，后头的端面，做成不一样的。总有一个与光栅能配合出单模的吧。

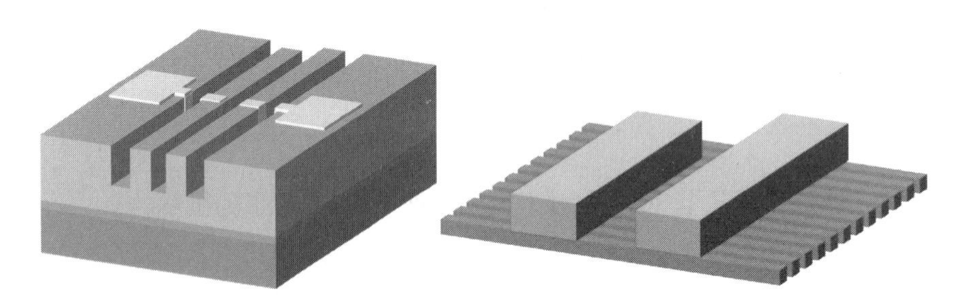

左侧加电（和底下的共用电极），合成一个激光器。

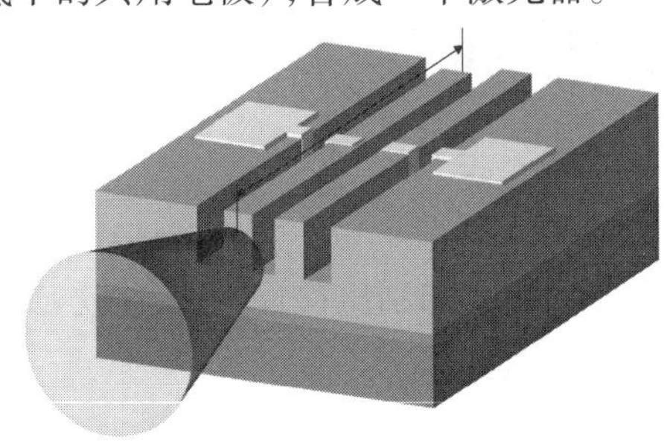

左侧单不单,不单就换后电极加电,右腔长与左边腔长差异,正好 1/4 相位,约等于三菱的 1/4 相移光栅的作用。

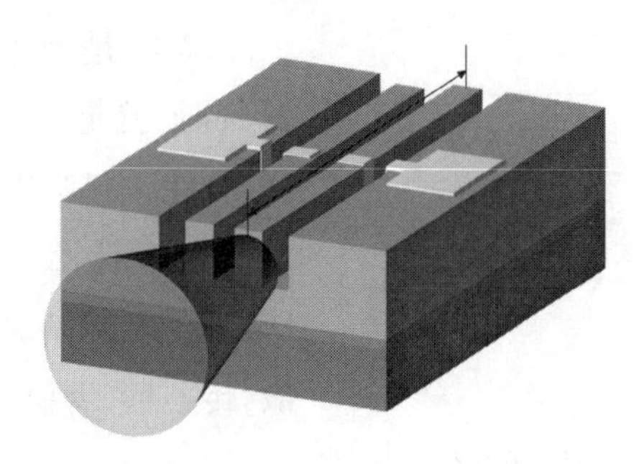

所以他家的良率高,而且不用做复杂的光栅,所以成本更低些。

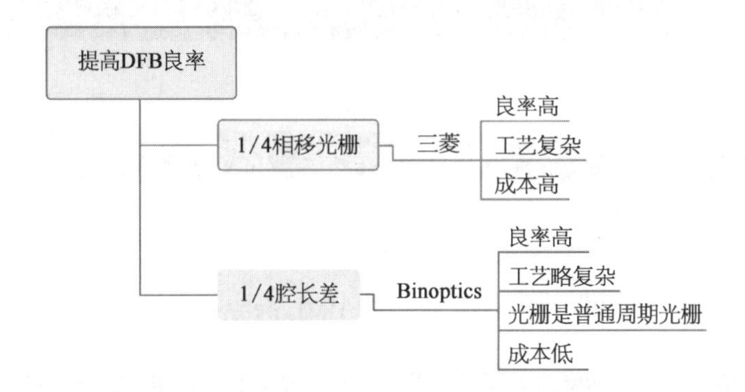

区分 FP,DFB,DML,EML,VCSEL

本节来区分这几个激光器件:

直接调制 DML

VCSEL
FP
DFB

外调制

EML

VCSEL,FP,DFB,都是单颗激光器,如果要发光传信号,就是用有无电流来驱动,叫作直接调制激光器(directly modulated laser, DML)。

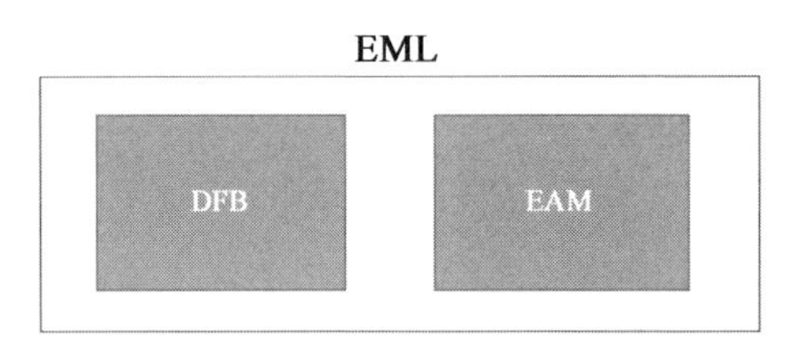

EML,是两颗器件,一个是激光器 laser,就是 L,另一颗是 EAM 调制器,合在一起叫作 EML。

那为什么需要 EML 呢,因为 DML 直接调制激光器有啁啾,有色散,传不远,需要一种外调制的手段。

EML 与 DML 在应用上的区别就是:

DML 应用

低速率
或短距离

EML 应用

高速率
或长距离

接下来区分 VCSEL,FP,DFB 这三颗 DML 激光器:

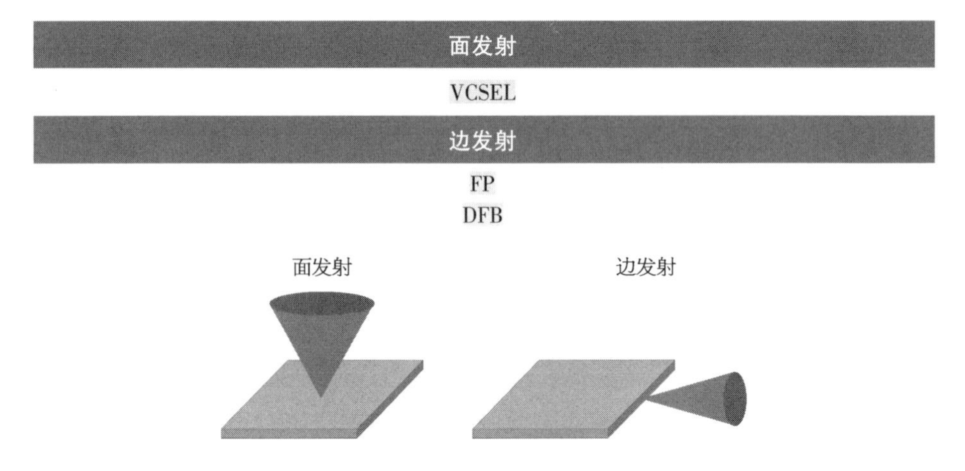

VCSEL 的 SEL 是 surface emitting laser,属于面发射。

FP,DFB 属于边发射。

它们应用的不同,是 VCSEL 发的光像大漏斗;FP,DFB 像小漏斗形状。

VCSEL 传输距离近;FP,DFB 传输距离长。

按照腔面也可以区分 VCSEL，FP，DFB。

垂直腔

VCSEL

水平腔

FP，DFB

VCSEL 的中文名叫垂直腔面发射激光器，激光的全称是受激辐射光放大，光的辐射还有一个放大的过程，这就需要有反射腔。

水平腔类型 1

FP 腔，如 FP 激光器

水平腔类型 2

衍射光栅型，如 DFB

FP，是两个人，一个叫法布里 Fabry，另一个叫珀罗 Pérot，他俩 1897 年发明了一种平行平面谐振腔，用这种谐振腔的激光器叫 FP 激光器。

用这种谐振腔的滤波器叫 FP 滤波片。

DFB 的光栅衍射型水平腔：

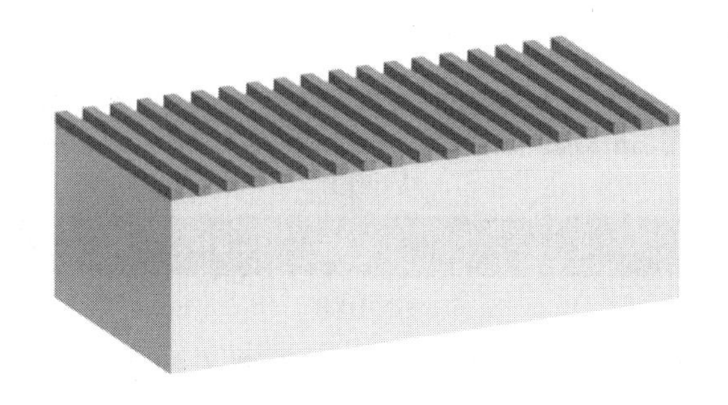

总结一下：

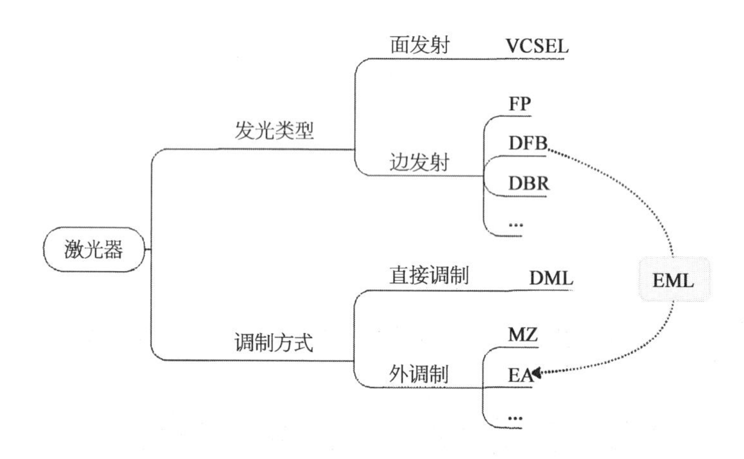

比如 100 G 光模块：

几十米，就用 VCSEL。

500 m 到 10 多公里，就用 DFB。

40 km，就用 EML。

80 km 往上，就用 MZ 调制（也是一种外调制器）。比如低速光模块：

1.25 G 传 10 km，可以用 FP。

2.5 G 传 20/40 km，就得用 DFB。

10 G 传 80 km，就得用 EML。

比如不同波长：

1 310 10 Gb/s，属于零色散区域，20 km，可以选 EML。

1 550 10 Gb/s，属于高色散区域，20 km，就得选 EML，因为 EML 的啁啾小。

激光器发散角优化结构

斜面激光器是个啥意思。想了老半天,原来说的是 MACOM 可以修正光束形状的那个。

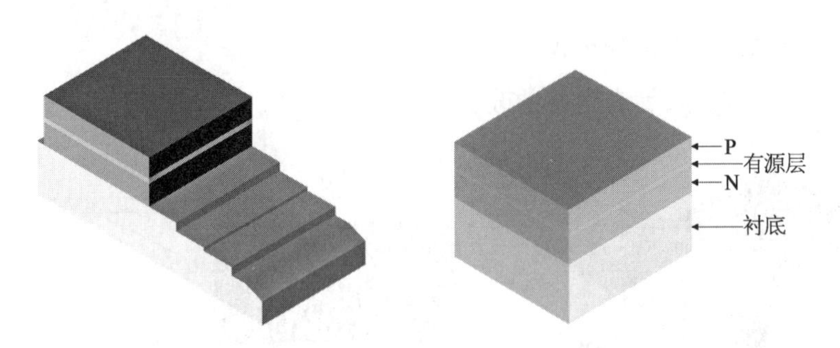

这个设计,目的是降低激光器发散角,发散角低了,入光纤的耦合效率就会大幅度提升。

一般的激光器,就是个 PN 结,注入电流,激射发光。

发散角的控制,是各家有各家的绝活。RWG 的出光是一个椭圆形,垂直和水平的发散角不一样。垂直发散角一般会比较大,经常会有个三四十度的样子。

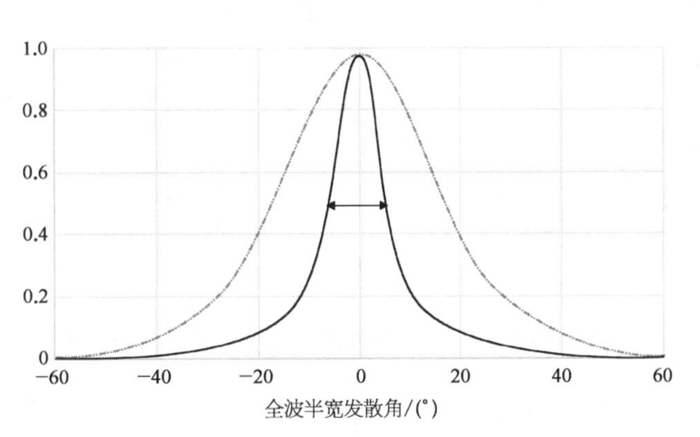

MACOM 在衬底上,刻蚀一些台阶,镀金属,做成反射面,可以改变光路。

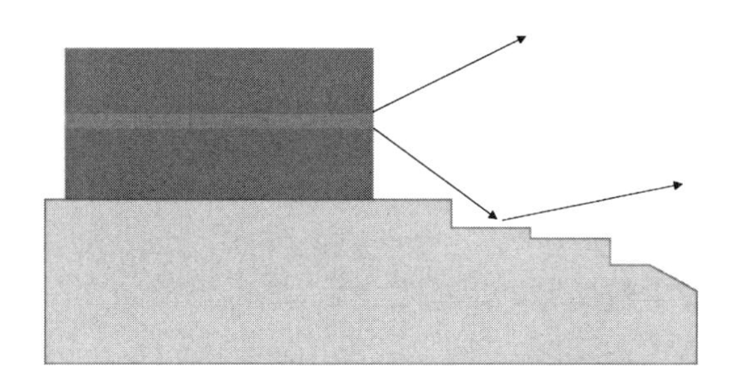

成型之后,可以再加个盖。

对垂直发散角,就有很好的改善。

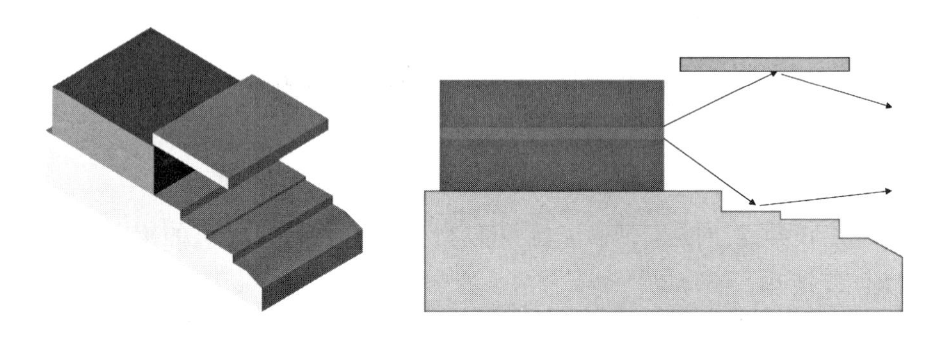

加了台阶,对远场垂直发散角就做了优化,从原来的三十几度,降低到 20°以下,这样入光纤的耦合效率就提高很多。

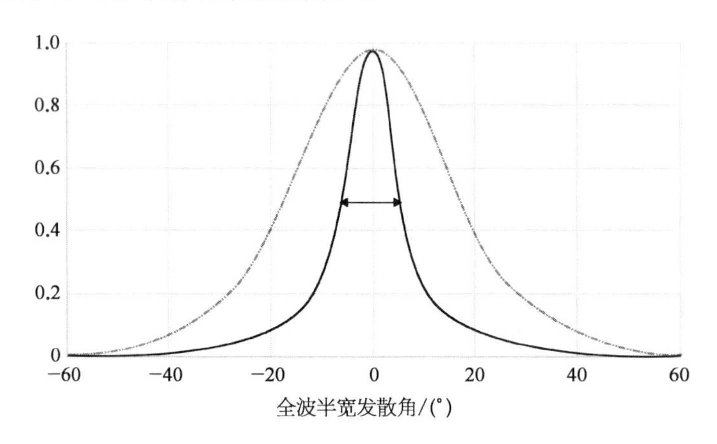

同理,他家也有继续优化水平发散角的思路,下图做完之后加个盖,内部都镀反射膜。一切 OK。

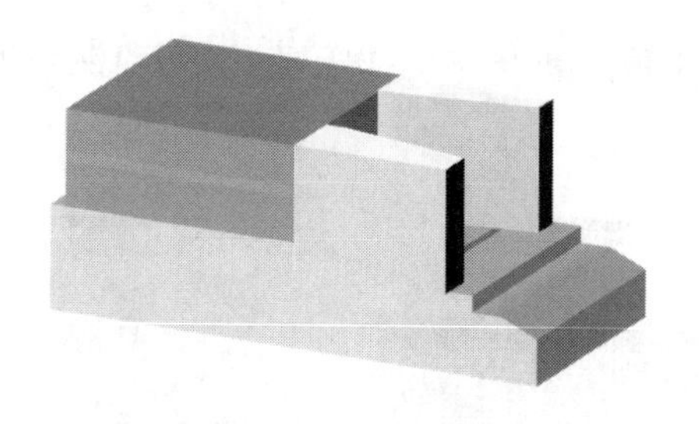

为什么激光器的 BH 结构需要多次外延

20 世纪 80 年代有了激光器的 BH 结构后,电光性能都很好,可至今业内很多做激光器的厂家会因为它的工艺太复杂而选择性放弃。

BH 结构的工艺复杂,是因为需要 3 次外延,而 RWG 只需要 1 次外延。

无论做 RWG,还是 BH,第一次外延,都是逐层生长激光器的各层材料。电路上考虑的是 PN 半导体掺杂,成为一个二极管;光路上考虑的是折射率,高折射率做反射层(纤芯),低折射率做包层。

① 外延

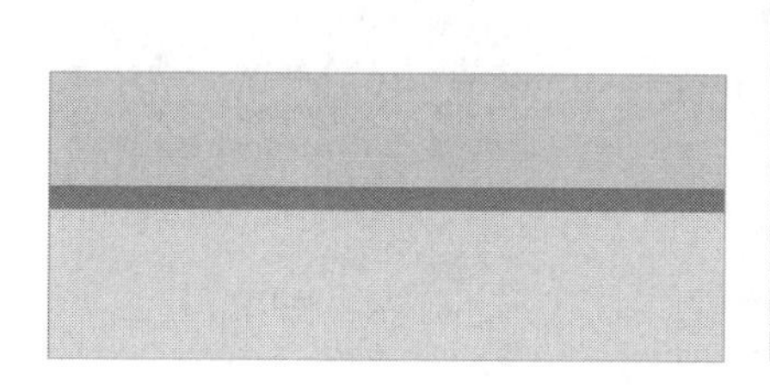

电	光
P	包层
	芯层
N	包层

外延生长之后,做波导图案,需要刻蚀,下图黑色就是不需要光刻的位置。

② 做图案

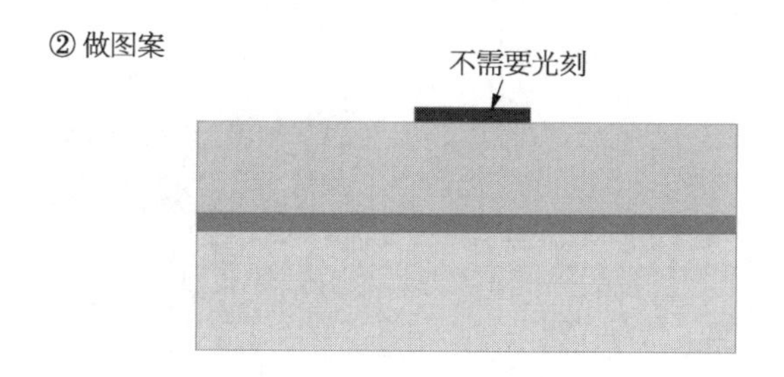

之后的刻蚀,RWG 刻出波导结构,BH 要刻蚀得更深一些,把有源层给切开。

③ 刻蚀

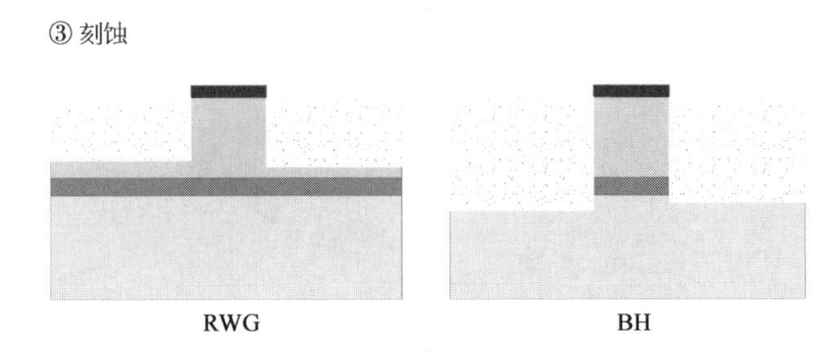

之后 RWG 就可以继续做它的什么镀电极啦之类的工作。BH 会继续第二次回炉做外延,也是逐层生长,先长一层 P 型 InP。

④ 第二次外延

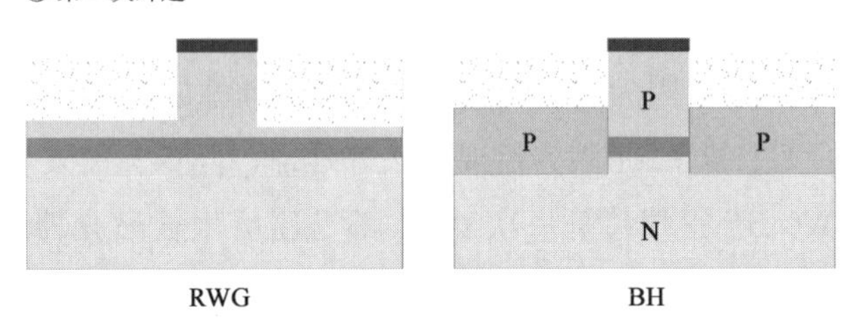

再长 N 型材料。

⑤ 第二次外延——继续逐层生长

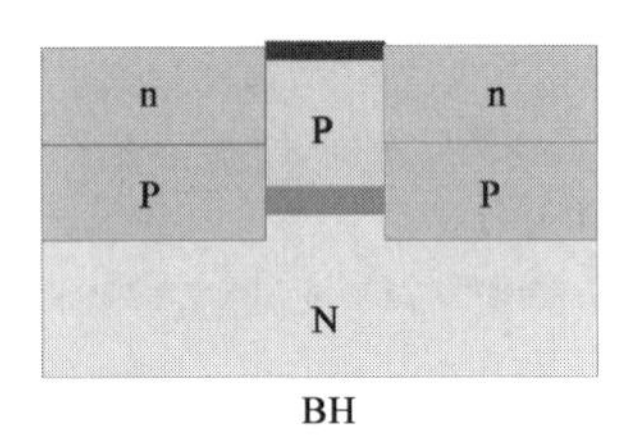

之后去掉光刻阻挡层。

⑥ 去除光刻阻挡层

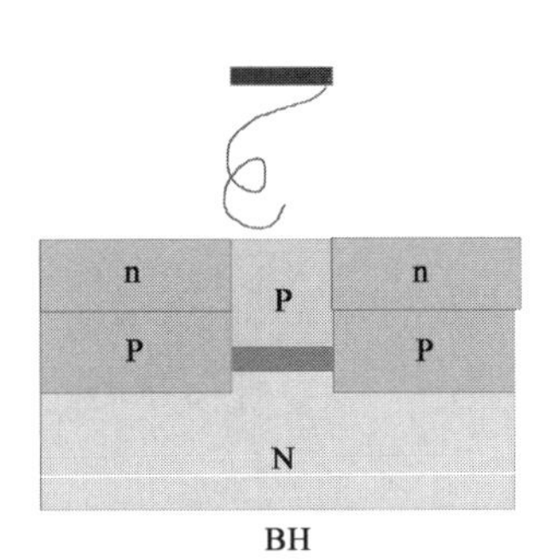

还要继续第三次外延，整体再涨一层 P 型，最后镀上电极，就好啦。

⑦ 第三次外延

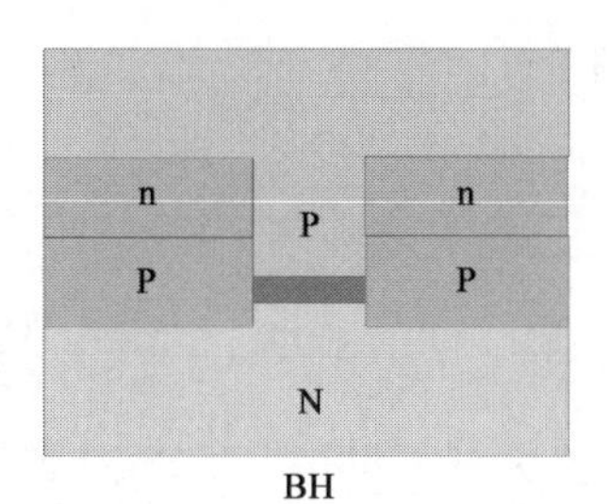

BH 的 3 层外延，要回炉，做过外延生长的都知道，这简直是真的难。

从性能上来讲，BH 与 RWG 的区别如下。

电，BH 结构对载流子有极强的约束力。npnp 是晶闸管，它是双向可控开关。总之一句话，载流子就是不能从两侧走。紧紧地驱赶载流子通过咱们指定的位置，那一点有源层，去发光。

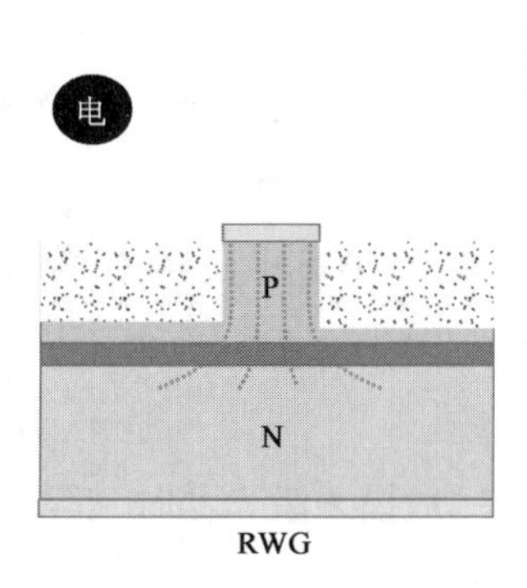

两侧是npnp晶闸管，对载流子有极强的约束力
电流通过PN结正向

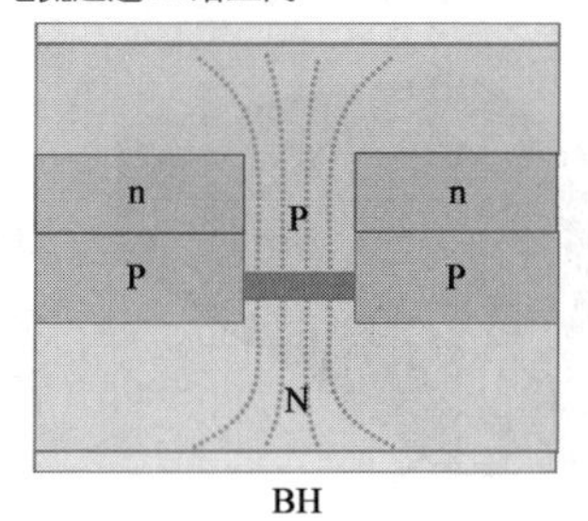

发光之后，光要引导出来，RWG 的包层，只有上下两边，属于“平板波导”BH，芯层四周都被紧紧地约束住。

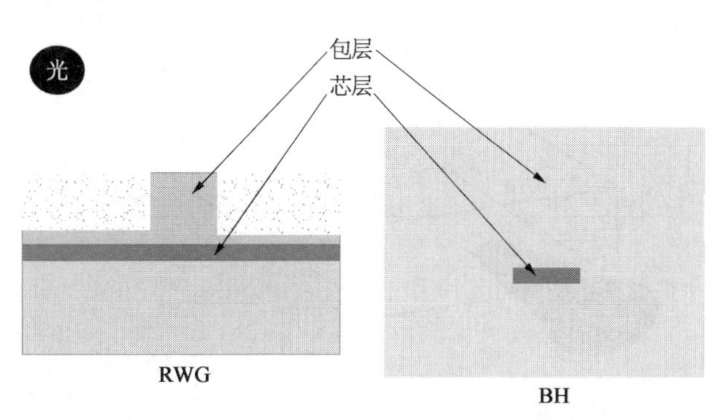

BH 结构俗称的是,对载流子(电学)和光子(光学)有双重限制作用。

指标上看 BH,阈值电流低,电光斜率高(光功率大),发散角小(光斑更圆,更容易耦合)。

背　光

什么是“背光”?

通常中文环境里,“背光”是指背光探测器,也叫 MPD,是装在 TOSA 里的探测器。

TOSA,是指发射组件,也就是装激光器的。

ROSA,是指接收组件,是组装的探测器。

MPD,是 TOSA 中的背光探测器。

那背光探测器,作为一个探测器,为什么要装在 TOSA 这个激光器组件里。这是第一个问题。

装在 TOSA 里的探测器,和装在 ROSA 里的探测器,有何不同?这是第二个问题。

一般描述激光器时,都是这么画示意图(见左图)。

其实,激光器的发光面,不止前面有,后面也有,后头那个是个后门儿。

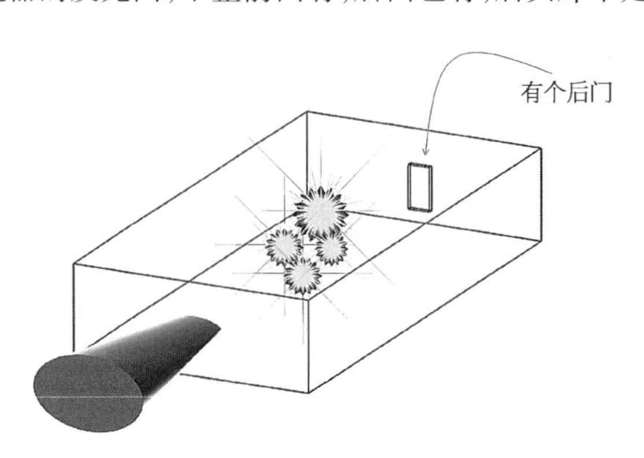

后门出来的光，很小，大约是前面光的 1/10，甚至更小。这就是背光。

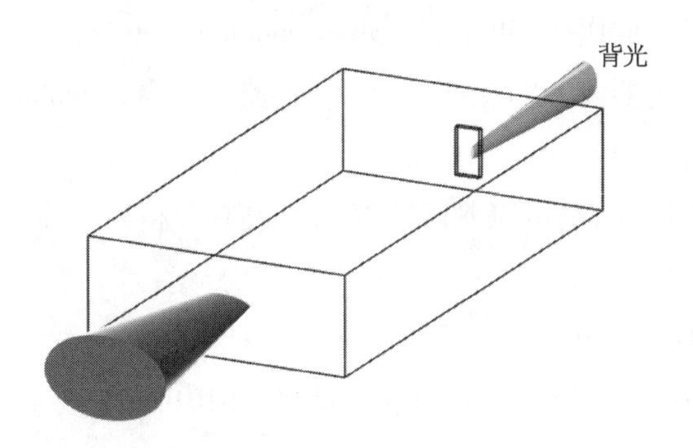

前门出来的光，是做通信业务的。咱们通常要看光眼图啊、消光比啊、光功率啊……这些个名词描述的都是正面的光。

后门的光是准备干啥的？

打个比方，闺女和我说“晚安，妈妈”，她说她关灯睡觉。呵呵，我从门缝儿里知道她并没有关灯，我还能从门缝儿里判断出，闺女开的是台灯还是大吊灯。

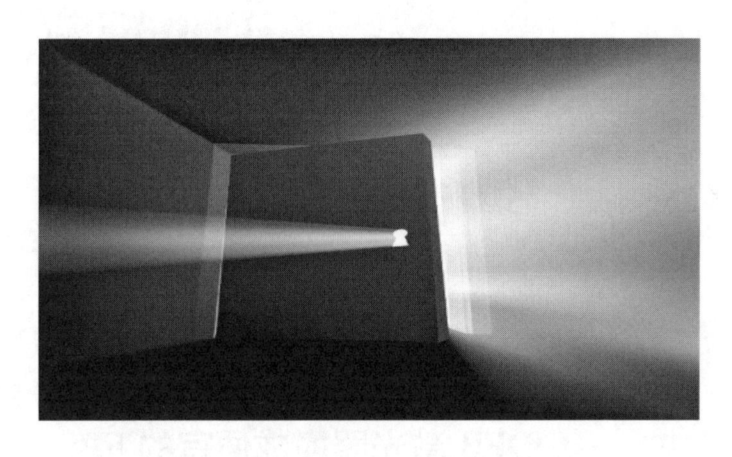

在闺女房间，灯光的作用是帮助看书。

咱们 TOSA 里的光，是为了传输光信号，这是主业务的光，前门的光。

我从门缝儿看的结果，是能判断出关没关灯。

观察激光器背光，就知道，激光器有没有在工作，一个光模块 3 年之后也许坏了呢，不发光是有可能的。

我从门缝儿还可以看出，是台灯的弱光，还是大吊灯的强光。

观察激光器背光功率，可以推算出，前门儿业务光功率的大小。

一个扒门缝儿的妈妈，叫作监控妈妈，monitor mother。

一个观察激光器背光的探测器，叫作监控探测器，monitor PD，简称 MPD，又称背光探测器。

它有两个作用，一是可以判断激光器有没有在正常工作，二是可以判断光功率大小。

MPD，和 ROSA 中的 PD，作用不一样。

ROSA 的 PD，是要快速判断出业务信息，1010101，它要求的是信号响应速率要足够快，灵敏度要足够好。

TOSA 中的 MPD，不需要高速率，对灵敏度也没有严苛的要求，所以可选择更便宜的材料。

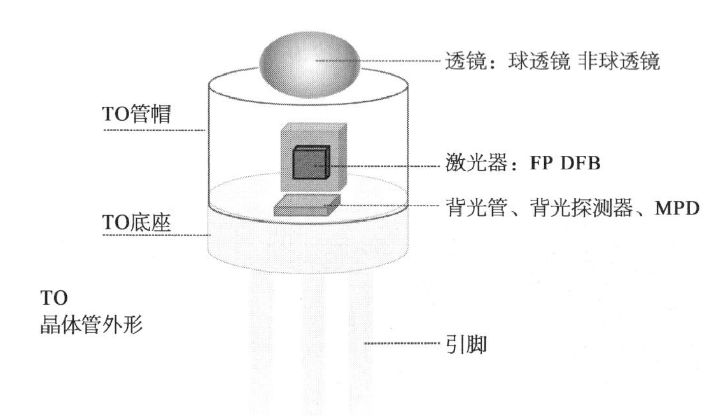

为什么不能“轻易”把 GPON ONU 的 DFB 激光器换成便宜的 FP

现在接入网 PON 光模块降成本的压力超级大，光模块厂家绞尽脑汁地想着怎么更便宜地实现功能。

“我可以把 GPON ONU 的 DFB 激光器换成 FP 吗？看起来并不影响传输”。

可千万不敢做傻事啊，除非你的客户自己决定要这么做，否则千万不能自已偷偷地换。

从标准上看,这么做对将来的升级是有风险的啊。

EPON GPON 的波长规划很接近。

下行,就是信号从局端到用户端的传输,中心波长 1 490 nm。

上行,就是信号从用户端到局端的传输,中心波长 1 310 nm。

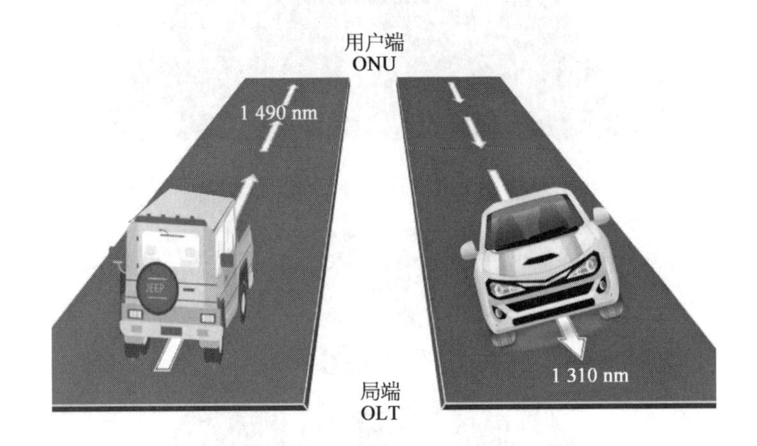

EPON ONU 的发射波长 1 310 nm。

GPON ONU 的发射波长也是 1 310 nm。

EPON ONU 的发射传输可以支持 20 km。

GPON ONU 的发射传输也可以支持 20 km。

EPON ONU 的发射速率 1.25 G,但是如今的技术做到 2.5 G 已经不是难事儿啦。

GPON ONU 的发射速率也是 1.25 G。

那为什么 EPON ONU 的发射可以用便宜的 FP,而 GPON ONU 的发射激光器就必须得用贵的 DFB?

这不是欺负人家光模块和光器件厂家么?不是的啊。

单单只看上行波长通道,EPON 的 FP 是多纵模,它的光谱宽度比较大,在波长规划里,给它规划了 1 260~1 360 nm 这么宽(考虑到高低温的波长漂移……)(见下页第 1 图)。

GPON ONU 的 DFB,虽然中心波长也是 1 310 nm,但因为需要的宽度比 FP 窄,波长规划的通道是 1 290~1 330 nm(见下页第 2 图)。

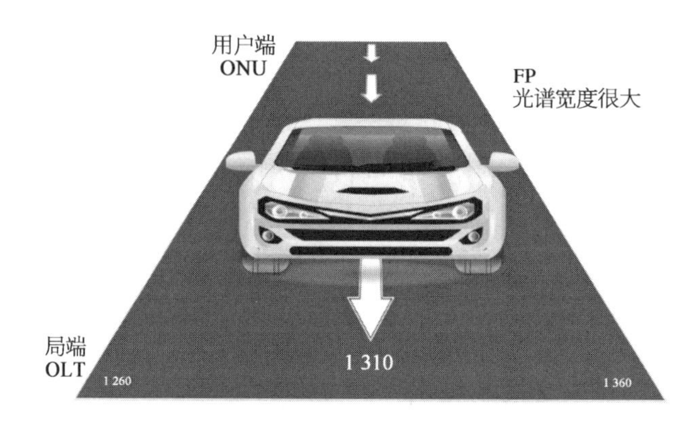

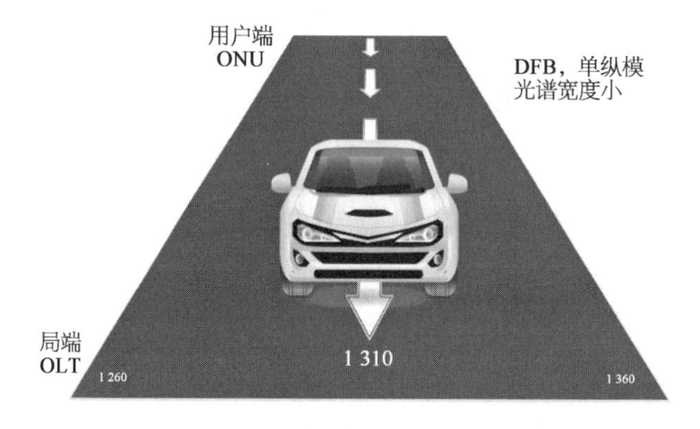

EPON 往 10 G EPON 升级，黑色车是 10 G ONU，灰色车还是咱们的 EPON ONU，EPON 和 10 G EPON 共用一个波段，是 OLT 局端来指挥不同的时间发送信号，是时分复用的升级结构。

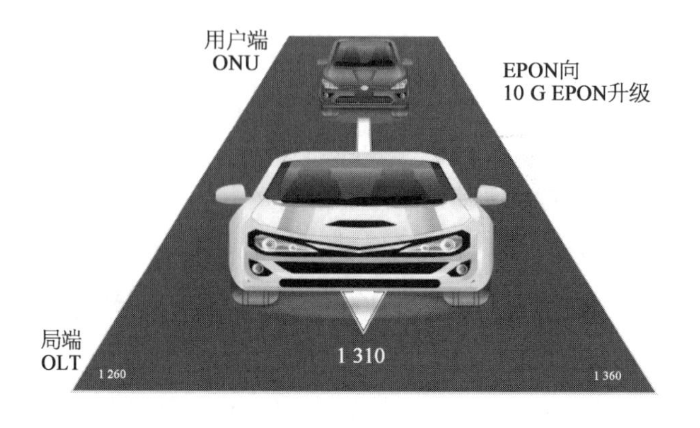

局端 OLT 指挥 ONU，发送的信号时间要错开。

GPON 向 10 G PON 的升级，是在它的旁边单独修一条波长通道，1 260～1 280 nm。

GPON（1 290～1 330 的 DFB），和 10 G GPON（1 260～1 280 nm），两车道各走各的，这叫波分复用。

如果咱们的局端设备不知道，GPON 这么偷偷地把 DFB 的窄车，换成了 FP 的宽车，现眼下局端设备只有 GPON OLT，看起来好像上下都能正常通业务啊。

局端设备的升级，可是不会和用户端打什么招呼的啊，局端默认的是，用户端是遵守已经制定的规则的。

如果有一天，局端升级了，咔咔咔，开始有了 10 G 信号（黑色车），那 FP 就很容易造成和 10 G GPON 的波长冲突。业务就得受影响。

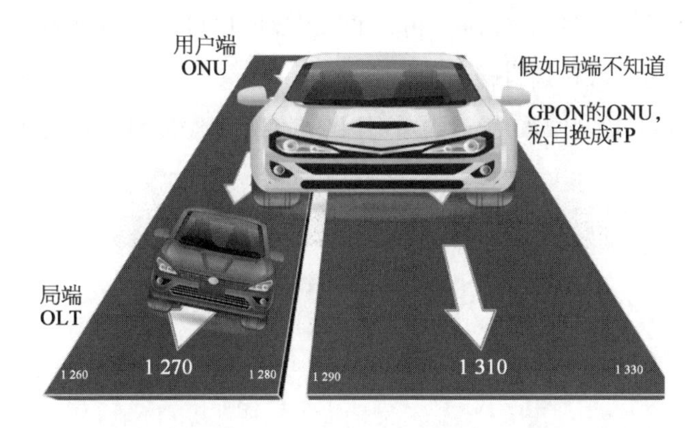

有些事情，可不敢偷偷做啊。一定要客户答应才行，因为咱们不能瞎猜客户未来的规划呢。

区分 DFB，DML，EML

DFB,DML,EML 逻辑关系：

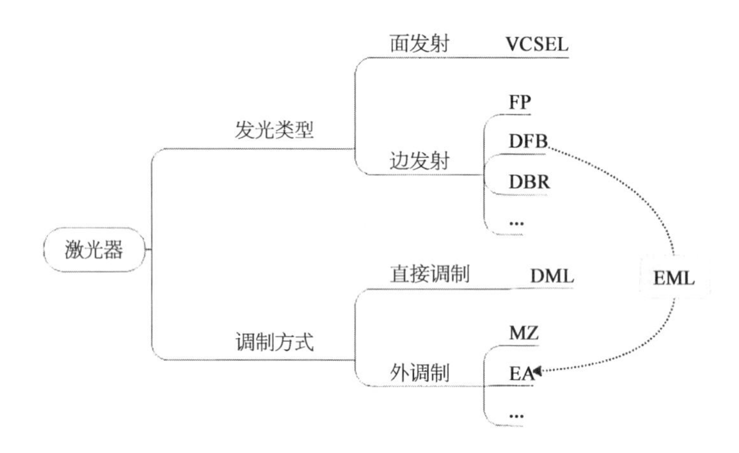

与直接调制激光器（DML）对应的就是外调制激光器，EML 是常用的一种外调制激光器。

光传输，最简单的方式就是有光表示 1，无光表示 0，咱们用灯泡来表示激光器，有光可以看书，无光可以睡觉。

我们想睡觉，需要无光环境，可以直接关灯，也可以一直开着灯带个眼罩。

那直接开关灯，就是直接调制。

灯一直开着，用个眼罩，戴着眼罩可以睡觉，摘下眼罩可以读书，就是外调制。

直接调制 DML，激光器有电流，就发光，无电流（或者电流低于阈值）就不发光。

外调制，就是激光器一直亮着，调制器让光通过就是1，把光挡住就是0。

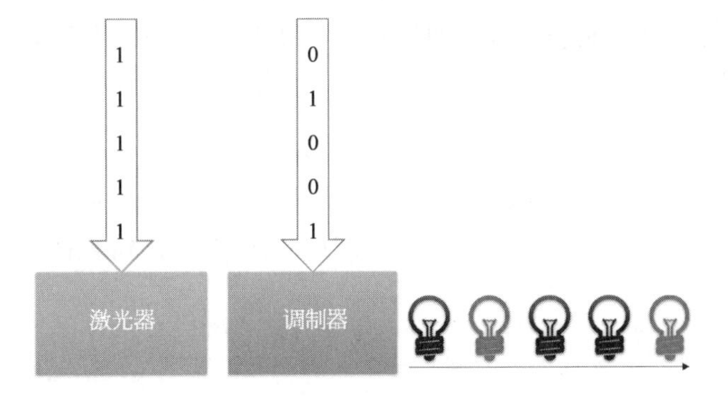

如今，灯泡用得少，节能灯用得多，这就像激光器类型FP，DFB，都可以用作直接调制。

   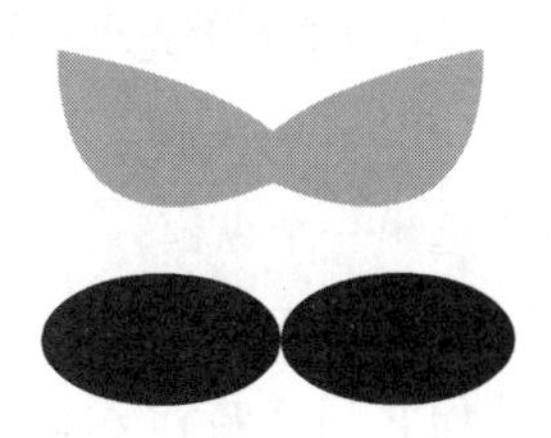

调制器，可以用MZ，EA，都可以挡光（见上右图）。

DML中，最常用的是DFB。

外调制中，最常用的是DFB+EAM（electroabsorption modulated）。

这个问题，隐含另一个问题，就是为什么有些应用场景用DFB，而有时候就会用DML？

如果我们睡眠质量很好，一觉8小时（比如低速率，一个脉冲400 ns），我们起床关个灯，很好啊，节约是人类的优良品质。

如果今天极其烦躁，看两分钟书，睡两分钟，睡不着又起来看书（比如高速传输，一个脉冲 30 ps），那放个眼罩在枕边就方便。

比如在夏季，咱们心情略烦躁，看书、睡觉、看书、睡觉，咱们起床关灯、开灯（短距离传输），也还能承受，毕竟省电呗。

如果大冬天，碰上心情不好（高速长距离传输），死活不出被窝去关灯，开着呗。

在考虑传输距离时，直接调制还是外接调制器，是考虑的重点，比如 DML 有弛豫振荡，有啁啾，有色散，做高速信号调制很困难，传得也不远……

而当讨论具体的成本和性能时，FP 啊，DFB 啊，VCSEL 啊，就更具体了。

总结：

DFB 是分布反馈式激光器，直接调制就是 DML。

DFB 加一个 EA 电吸收调制器，就是 EML。

EML 是咱行业最成熟的一个集成器件，集成了 DFB 和 EAM。

DBR 激光器

聊聊 DBR 激光器，分布式布拉格反射激光器（distributed Bragg reflector）。

DBR 和前头聊了很多的 DFB 分布反馈式激光器，本质上都是用布拉格光栅来选出一个纵模。

区别在于：

DFB 的光栅在有源层上边，DBR 的光栅在有源层旁边（见下页第 1、第 2 图）。

有源层，依然是多量子阱。

把 DBR 做成这个结构，加电调整相位区、光栅区，也就是调整折射率，输出的波长就可以变化。

也就是说，DBR 激光器是其中一种可调谐激光器的结构（见下页第 3 图）。

基于 DBR 的可调谐，也有很多类型，SG－DBR，GCSR 等变形。

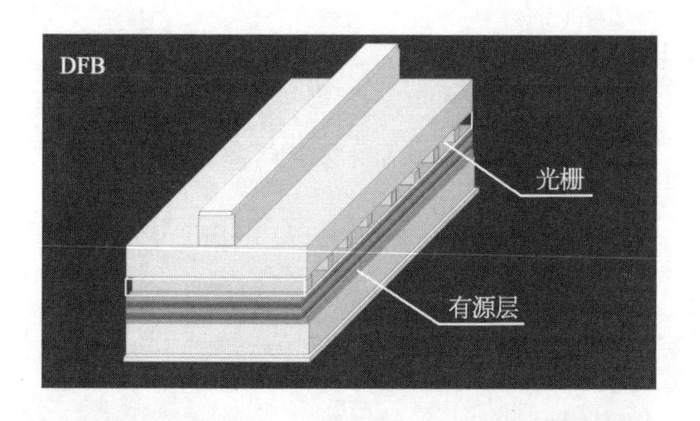

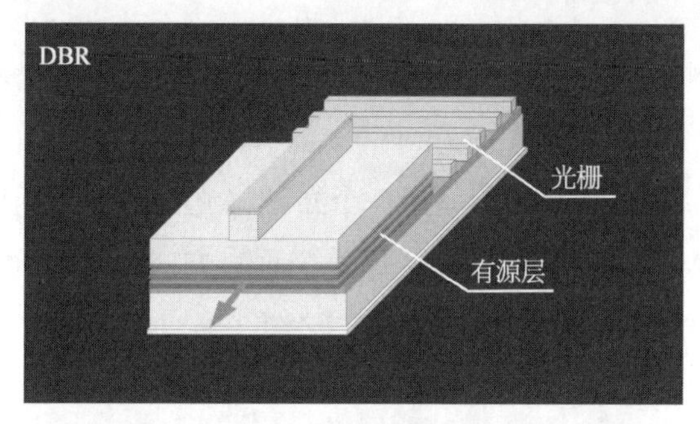

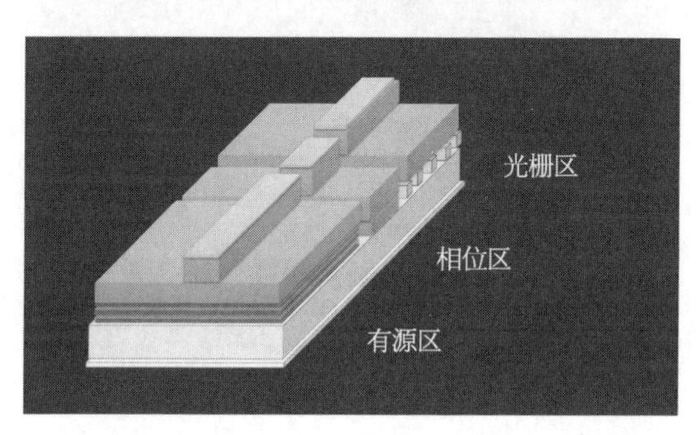

DFB 激光器的增益耦合光栅与折射率耦合光栅

腔长和腔内损耗：

FP：

$$\alpha_{\mathrm{m}}=\frac{1}{L}\ln\left(\frac{1}{R}\right)$$

α：腔内损耗

L：腔长

R：反射率

DFB：

$$\Delta\nu \propto \frac{1}{k^2L^3}$$

k：耦合系数

L：腔长

在科学家中有一句话：增益耦合的 DFB 线宽窄，而折射率耦合的 DFB 线宽会略宽。

周期性折射率变化的结构，就是一个布拉格光栅，它有反射的作用。

如果用两组布拉格光栅做反馈，那是个垂直方向上的谐振腔，这种激光器叫 VCSEL，垂直腔（面发射）激光器。

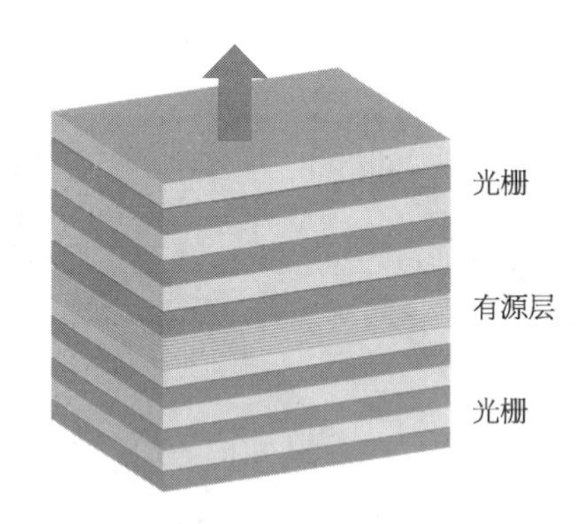

如果布拉格光栅（一组或者两组）是在水平方向上，继续细分。

布拉格光栅在有源层的旁边，那就是 DBR 激光器，分布式布拉格反射激光器。

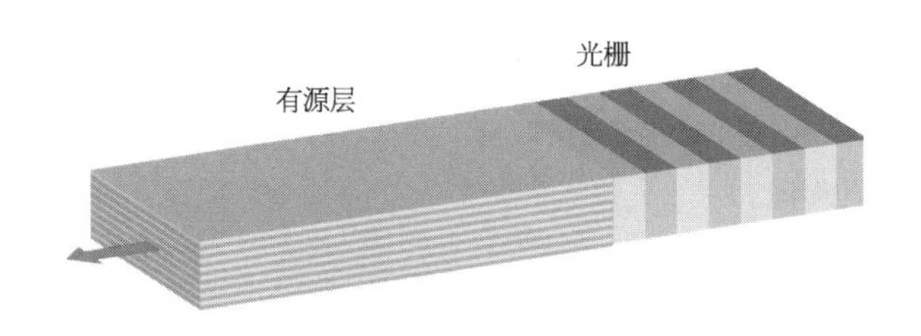

如果光栅是在有源层的上下，叫作 DFB。

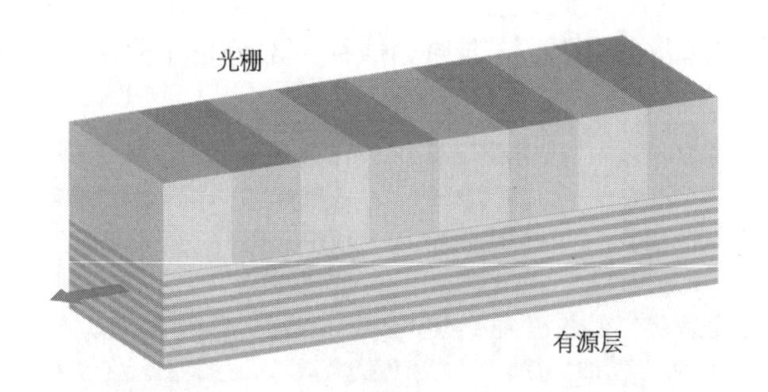

VCSEL 的布拉格光栅是置于有源层的上下方向，DFB 的布拉格光栅也是置于有源层的上方或者下方，但两者很容易区别。

VCSEL 的布拉格光栅折射率周期性变化是垂直方向的，DFB 和 DBR 的布拉格光栅折射率变化是水平方向上的。

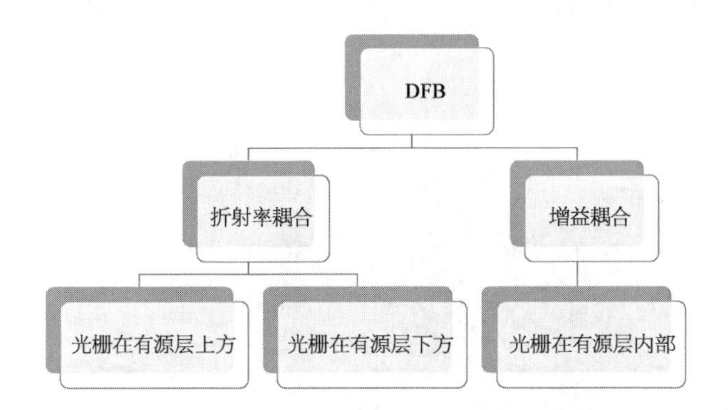

折射率耦合，是有源层的增益不需要变化，只是在有源层上方或下方有一组折射率周期性变化的光栅来做光的反馈。

增益耦合，除了折射率周期性变化，增益也产生周期性变化，这个设计可以降低 DFB 的线宽。

把有源层放大。

因为有源层非常薄,需要精准地刻蚀掉一部分量子阱。

量子阱,也叫有源层,也叫增益层,是光在这一层受激辐射,振荡后可以产生相干,信号放大,输出。

把量子阱这一层的其中一部分,刻蚀,再生长另一折射率材料,就做成光栅。

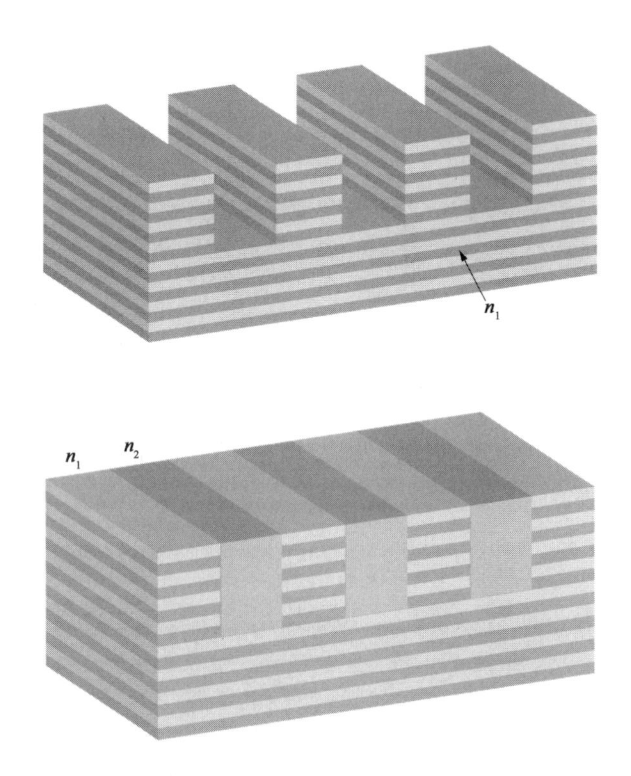

在这里做的光栅,增益有周期性变化,折射率也有周期性变化,而且可以控制折射率大的地方增益小,折射率小的地方增益大。

提高了光栅的耦合效率 k，降低线宽。

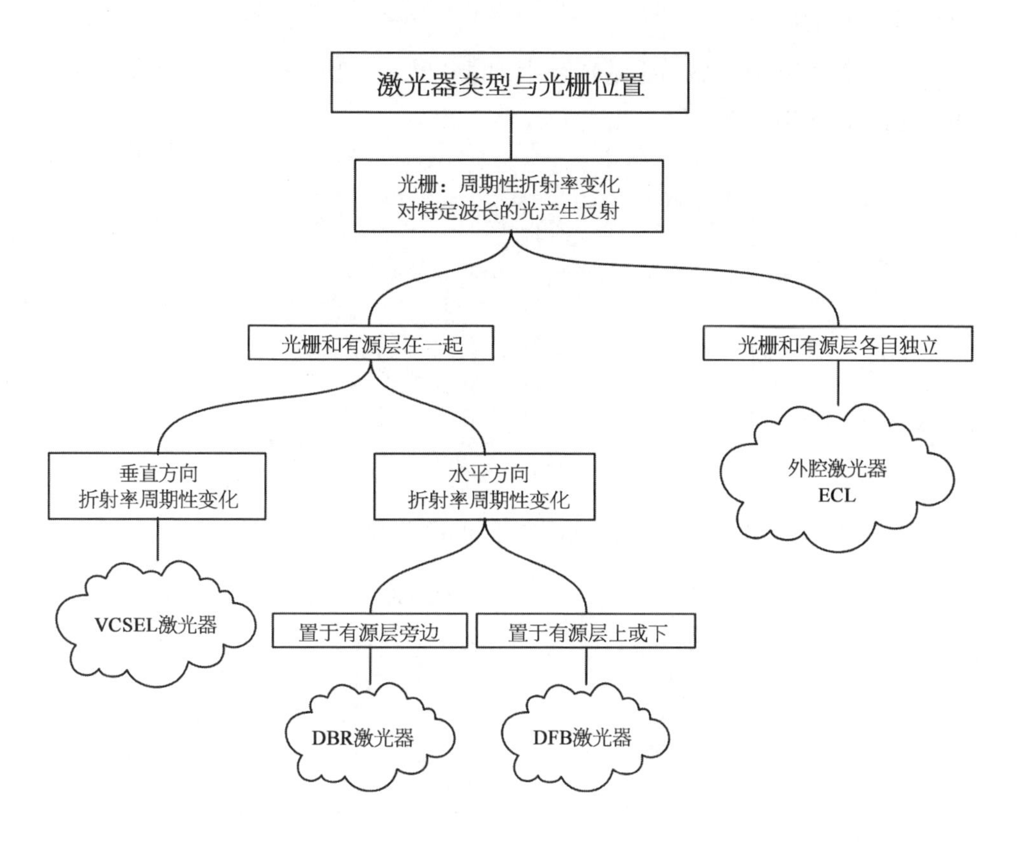

多纵模激光器的传输距离

多纵模激光器的传输距离计算公式：

$$L_D = \frac{1\,000 \cdot \varepsilon}{D \cdot B \cdot \delta\lambda}$$

D：光纤的色散系数。

B：信号的传输速率。

ε：多纵模激光器与色散相关的一个系数，表示在传输距离范围内，色散代价可控制在 2 dB,通常取值是 0.115,有些厂家的取值是 0.1,这个值是激光器厂家给出的。

均方根谱宽,$\sigma\lambda$,多纵模激光器,比如 FP 的光谱脉络是一个高斯曲线,高斯曲线可以求出均方根值。

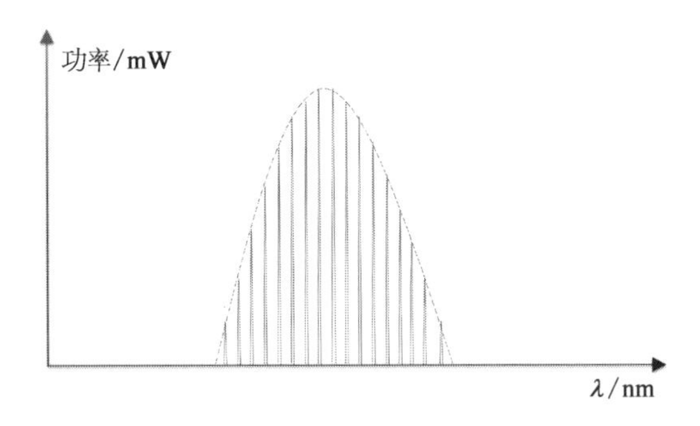

均方根 RMS 谱宽,代表的是纵模之间的离散度。

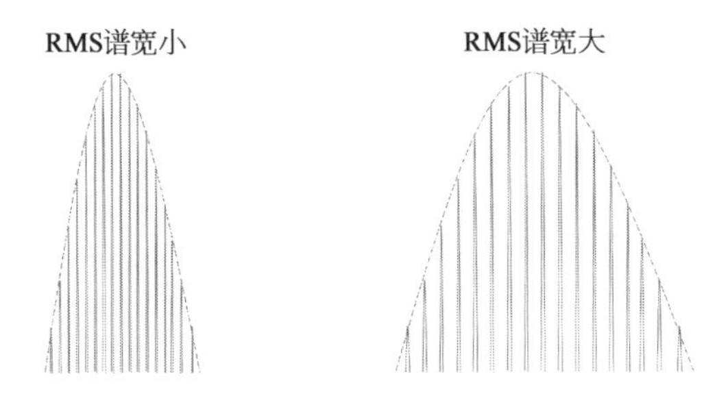

举个例子,EPON ONU 用 FP 激光器,1 310 nm 波长,日本一些厂家的 RMS 谱宽约为 1.7 nm,而有些国内厂家的谱宽控制在 2.5 nm,之间的传输距离有差异。

谱宽对传输距离的影响

波长/nm	色散系数/[ps/(nm·km)]	速率/(Gb/s)	RMS 谱宽	ε	距离/km
1 310	2.27	1.25	2.5	0.115	16.2
1 310	2.27	1.25	1.7	0.115	23.8

继续举例:

速率对传输距离的影响

波长/nm	色散系数/[ps/(nm·km)]	速率/(Gb/s)	RMS 谱宽	ε	距离/km
1 310	2.27	1.25	2.5	0.115	16.2
1 310	2.27	10.3	2.5	0.115	1.97

波长对传输距离的影响

波长/nm	色散系数/[ps/(nm·km)]	速率/(Gb/s)	RMS 谱宽	ε	距离/km
1 310	2.27	1.25	2.5	0.115	16.2
1 550	17	1.25	2.5	0.115	2.16

单纵模激光器的传输距离

DFB,EML 这些个激光器都属于单纵模激光器,因为传输中*激光器的啁啾、展宽与色散*因素。

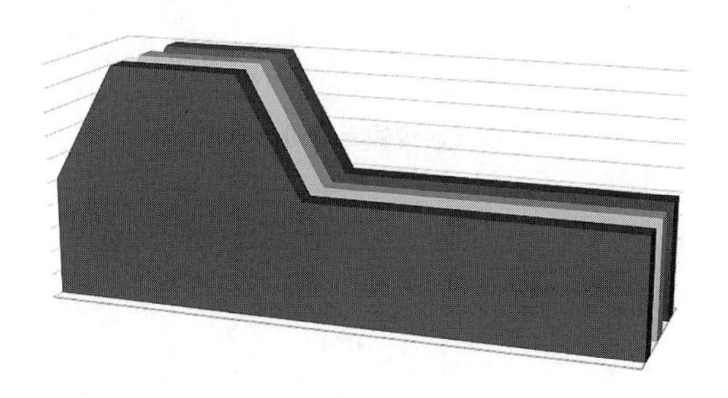

传输后的信号展宽如下页第 1 图所示。

导致距离受限,如果激光器是单纵模,理论上的传输距离如下页第 2 图所示。

激光器中心波长,用光谱仪测试就好。

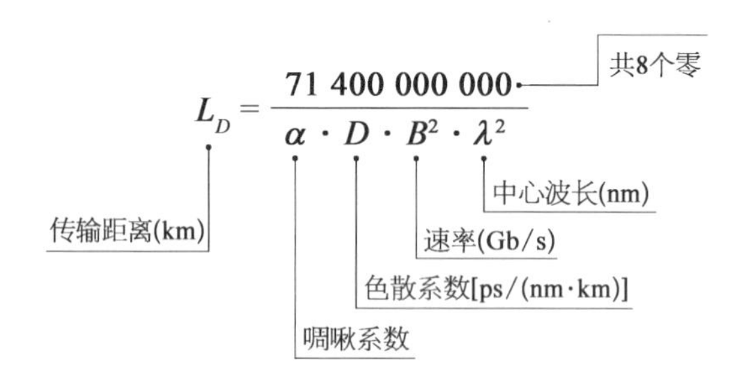

速率，也好说。

色散系数是光纤给出的参数，比如 G.652 的光纤，1 550 nm 波长的色散系数是 17，1 577 nm 的色散系数是 19，查表就好。

啁啾系数，是激光器厂家给出的数据，普通 DFB，多量子阱结构，啁啾系数在 2~4 之间，EML 的啁啾系数很低，都是零点几。

看几个例子：

比如 1 270 nm 10 Gb/s，可以传 20 km，但是 1 550 nm 就传不了这么远。

波长对传输距离的影响

波长/nm	速率/(Gb/s)	色散系数/[ps/(nm·km)]	啁啾	距离/km
1 550	10	17	3	5.83
1 577	10	19	3	5.04
1 270	10	6	3	24.59

速率越高，受色散的影响越大，传输距离就越近。

速率对传输距离的影响

波长/nm	速率/(Gb/s)	色散系数/[ps/(nm·km)]	啁啾	距离/km
1 270	10	6	2	36.89
1 270	40	6	2	2.31

在长距传输时,选择 EML,不选 DML,本质上是因为 EML 的啁啾很小。

啁啾对传输距离的影响

波长/nm	速率/(Gb/s)	色散系数/[ps/(nm·km)]	啁啾	距离/km
1 577	10	19	3	5.04
1 577	10	19	0.5	30.22

DFB的啁啾系数2~4

EML的啁啾系数小于1

FP 与 DFB 的波长温度漂移

为啥 FP,DFB 的波长会随着温度产生漂移?为啥 DFB 的温漂比 FP 小?先聊 FP:

激射出光后,光在两个腔体内反射,产生放大效应。

波峰和波峰叠加放大，入射和反射光的相位（与时间相关）一致才行。

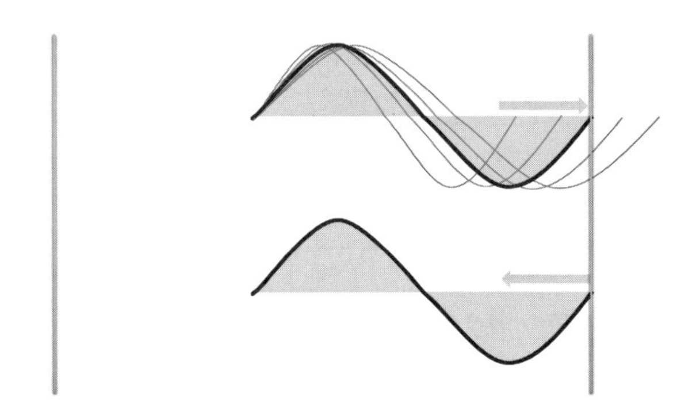

所以，FP 激光器最终能跑出来的放大后的光，是与腔长有关系的。腔长是出射波长的半波整数倍。

所以，咱们看到的光谱是这样的：

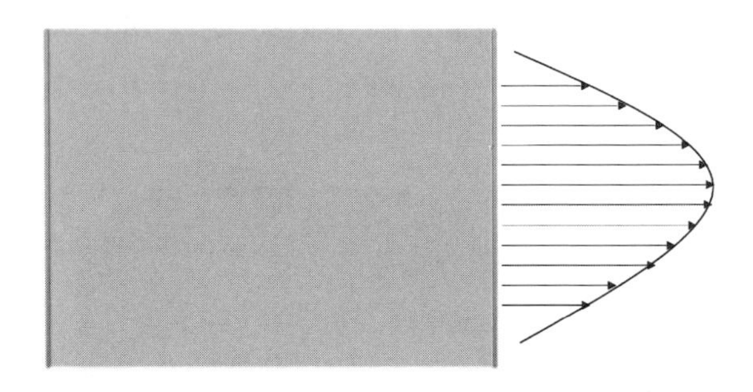

这和温度有啥关系？腔长没变，波长也不会变，你说的，腔长是出射波长的半波整数倍。

举个例子，咱们在一公里的赛道上跑步，冬天这条路冻得硬邦邦的，夏天都是泥,那我们跑起来的时间就不一样的。我还是贤良淑德的我,那为啥夏天跑一圈儿,用的时间多呢？是在我的眼里“夏天的路好像变长了”,这是等效路程变长。

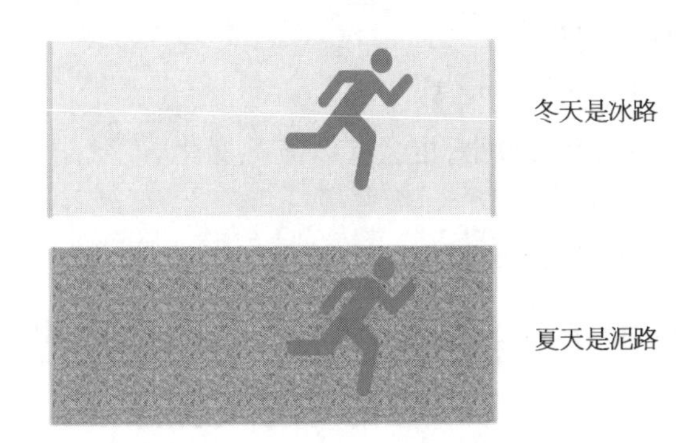

同样,光是在增益物质中往返,温度导致折射率变化,导致等效腔长变化,所以出射波长也就变了。

等效腔长是出射波长的半波整数倍。

等效腔长=折射率×腔长

温度升高,导致增益物质/波导折射率变化,等效腔长变化,原来波长的反射光可以峰峰值对应,产生放大的,现在不放大了。而以前对不上相位的,现在对上了。

看起来就是,温度导致出射波长有漂移。

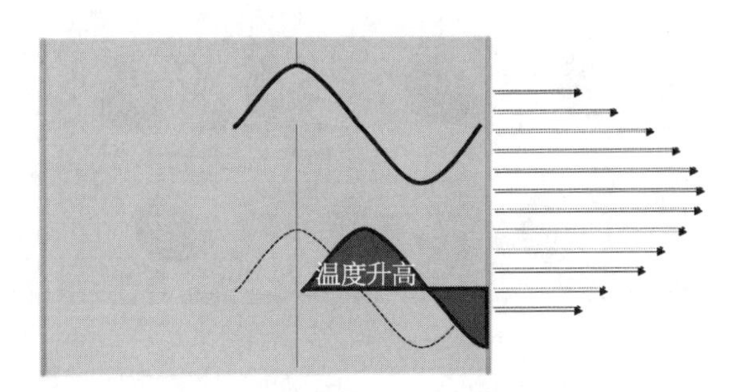

DFB,两条光栅可以看成一个小的 FP 级联,很多光栅是 FP 腔级联,它的等效腔长受温度的影响就小。

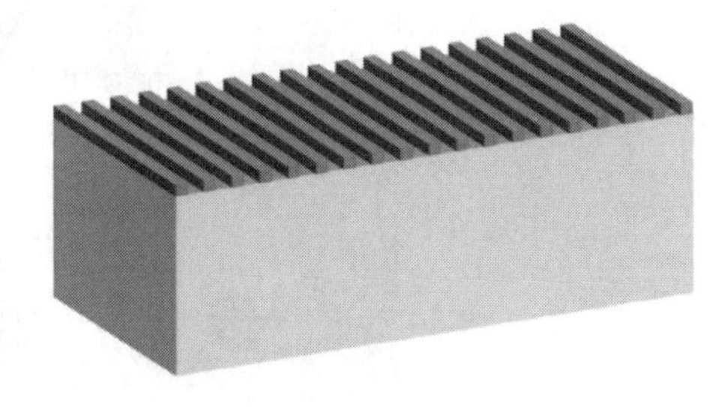

那一大套公式,可以推算等效波长与温度的变化系数,因为各家半导

体公司用的材料体系类似，那他们的折射率变化类似，业内就有一个激光器波长漂移大致的值：

FP 的温漂约：0.5 nm/℃

DFB 的温漂：0.08～0.1 nm/℃

另外，激光器加电流的大小，也会导致波长变化。

区分电光效应、光电效应与电致发光效应

常说调制器多用的是电光效应，探测器是光电效应，激光器是电致发光效应，怎么区别这几个效应呢。

先看下普通材料，里边的电子与空穴，是一个萝卜一个坑。

光电效应

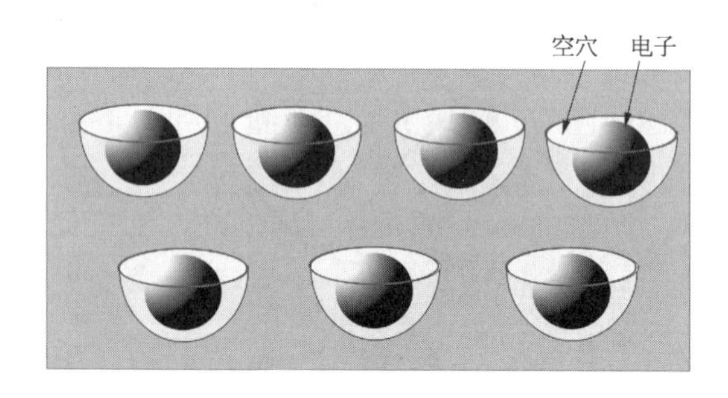

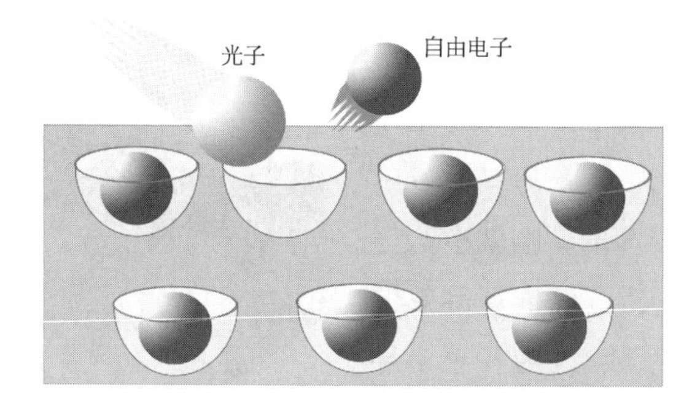

光电效应,比如咱用手电筒照射书桌,就等于用光子轰击了书桌表面,光子是一种能量,它轰击材料后,破坏了人家“一个萝卜一个坑”的一夫一妻夫唱妇随的键合状态,电子跑了,成了自由电子。

这就是光电效应。

如果这个自由电子,跑到了材料外面,那叫作外光电效应,比如咱的 PIN 探测器,光照射探测器后,自由电子们跑出探测器(光生载流子),被咱们收集后用于后续的电路。

如果这个自由电子,只是不安静地与空穴待在一起,但也没跑出材料外面,这些在材料内部的自由电子们,改变了材料的电阻特性,比如光敏电阻。

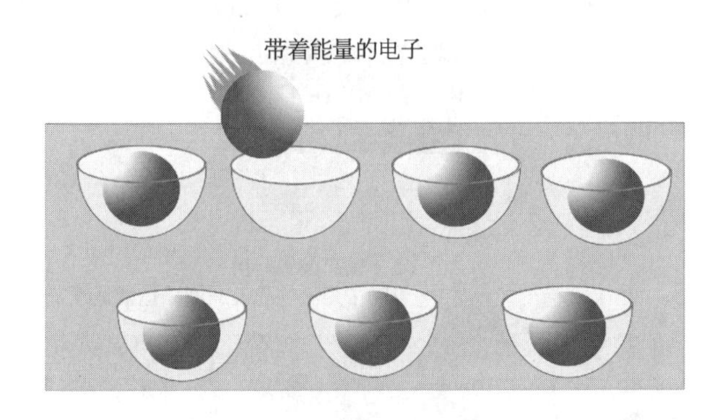

电致发光

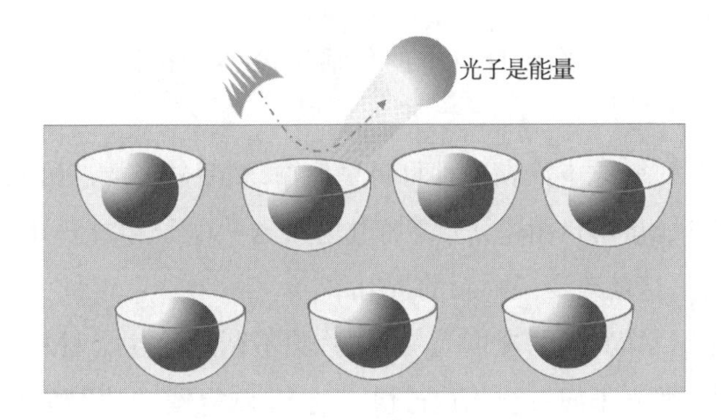

电致发光效应,就是外界给材料加电,这些电子们带着能量飞奔而来,当有能量的电子们,看到空穴,形成电子-空穴对(复合),电子安静下来,静静地

与空穴待在一起，能量还在啊，这些辐射出去的能量（没有质量）就成了光子。

光，是能量，只是能量，没有重量（质量），所以光的特点是，只能动不能停。

光，在不停以波的形式运动，反复运动中产生干涉，这种相干光就是激光。

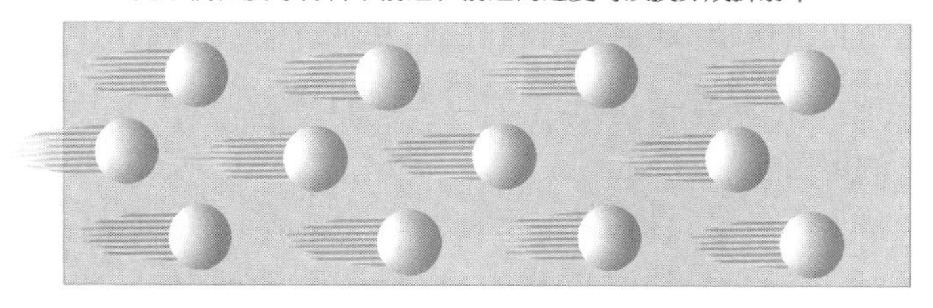

电光效应

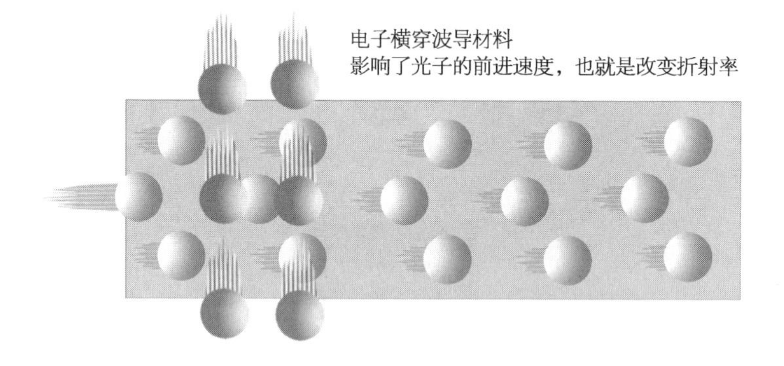

折射率的定义是，光在真空中的传播速度与光在该介质中的传播速度之比。

电光效应就是，原本光在一种材料里传输，然后外界故意给人家送来一些电子，一些带着能量的自由电子（外加电场），这些电子穿过波导材料，影响了光的传输速度。这就改变了材料的折射率。

进入这个材料时，光的速度是一样的，咱不断地给这个材料一会儿加电，一会儿不加电，那光子们一会儿跑得快，一会儿跑得慢，“快”和“慢”就改变了入射光信号的相位，这就是调制器，比如铌酸锂电光调制器。

小结：

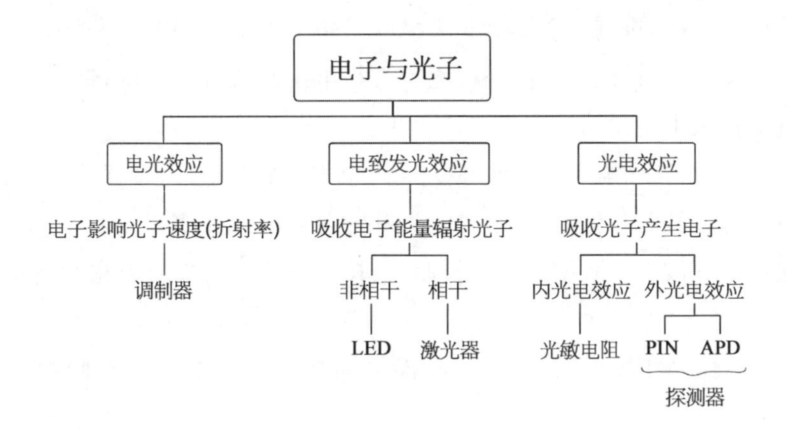

相干通信历程、可调谐光源标准发展史

20 世纪 80 年代，科学家们就开始研究相干。相干的优势很明显：带宽大、灵敏度高（传得远）。

1980—1995 年，大家琢磨怎么在海底、沙漠、星间通信。

1995 年前后，EDFA，WDM 闪亮登场。

EDFA 解决了传得远的问题，普通光源加一个放大器就可以远距离传输啦。

同样的，1 550 波段大功率激光器来源少，为啥，加放大器容易啊，那就没有必要使劲儿提升激光器功率啦。

WDM 解决了光纤传输大带宽的事儿，多波长复用呗。

事情总是一步步发展，大约 2006 年前后，天空劈叉一下子，相干可以检测相位。

这事儿怎么说，传统加大信号带宽，去拓展光的自由度。

波分复用，光的频域（波长），一个维度，每个波各传各的。

偏振复用，光的偏振态，又一个自由度，每个偏振各传各的。

强度复用，光的强度（幅度），再一个自由度，PAM－m，强度上分台阶，NRZ

是 2 个幅度,双二进制是 3 个幅度,PAM4 是 4 个幅度,PAM8 是 8 个幅度。

相位调制,光是波,就有相位,还是一个自由度,在相位上调制。

还有高大上的角动量……

一个符号位上,能调多少就调多少个 bit 呗,就可以提升带宽。

现在可以控制相位啦,那增加一个调制的自由度,是多兴奋。

为啥——波长排队排成了一长溜,快挤不下了。用户对带宽的需求还在继续。

多一个自由度,咱们的调制 bit 能量加强啊。2 的 n 次方,嗖嗖地就上去了。

QPSK,是啥,$Q=4$,16QAM,256QAM……想想就激动。

在相干或者长途传输中,光源也是很重要的,来看光源的标准化历史。

咱聊过 OIF 光互联论坛这个组织,OIF 负责线路侧(含长途传输)标准化。

OIF (Optical Internet working Forum)光互联论坛

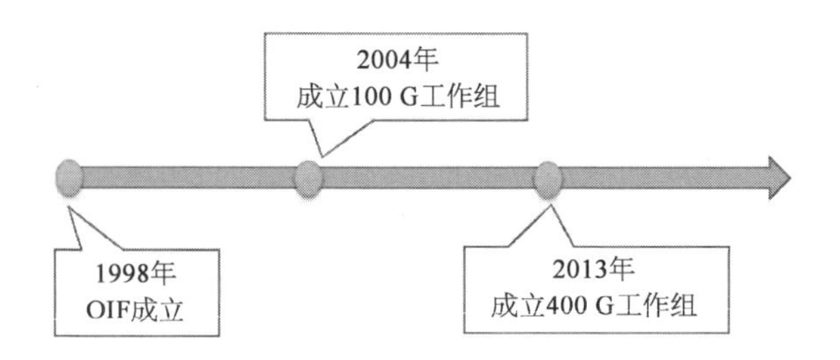

物理层标准，在 PLL 工作组：

PLL 工作组，有 5 个方向：

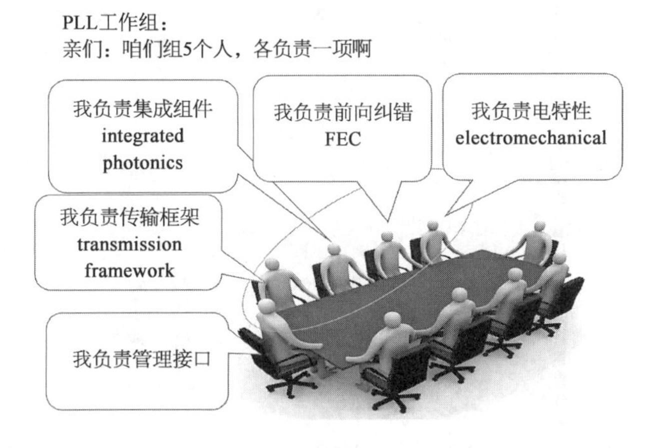

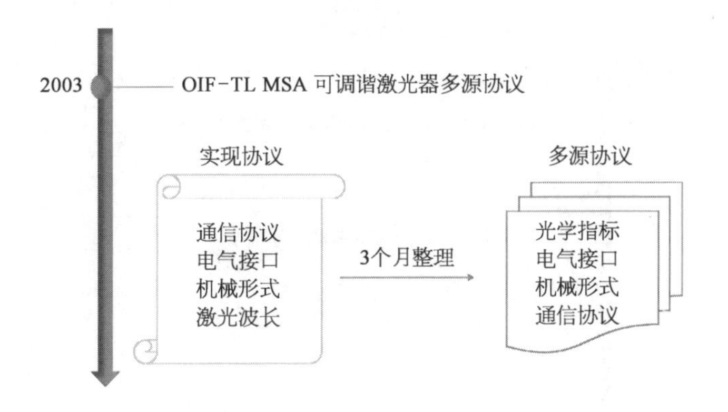

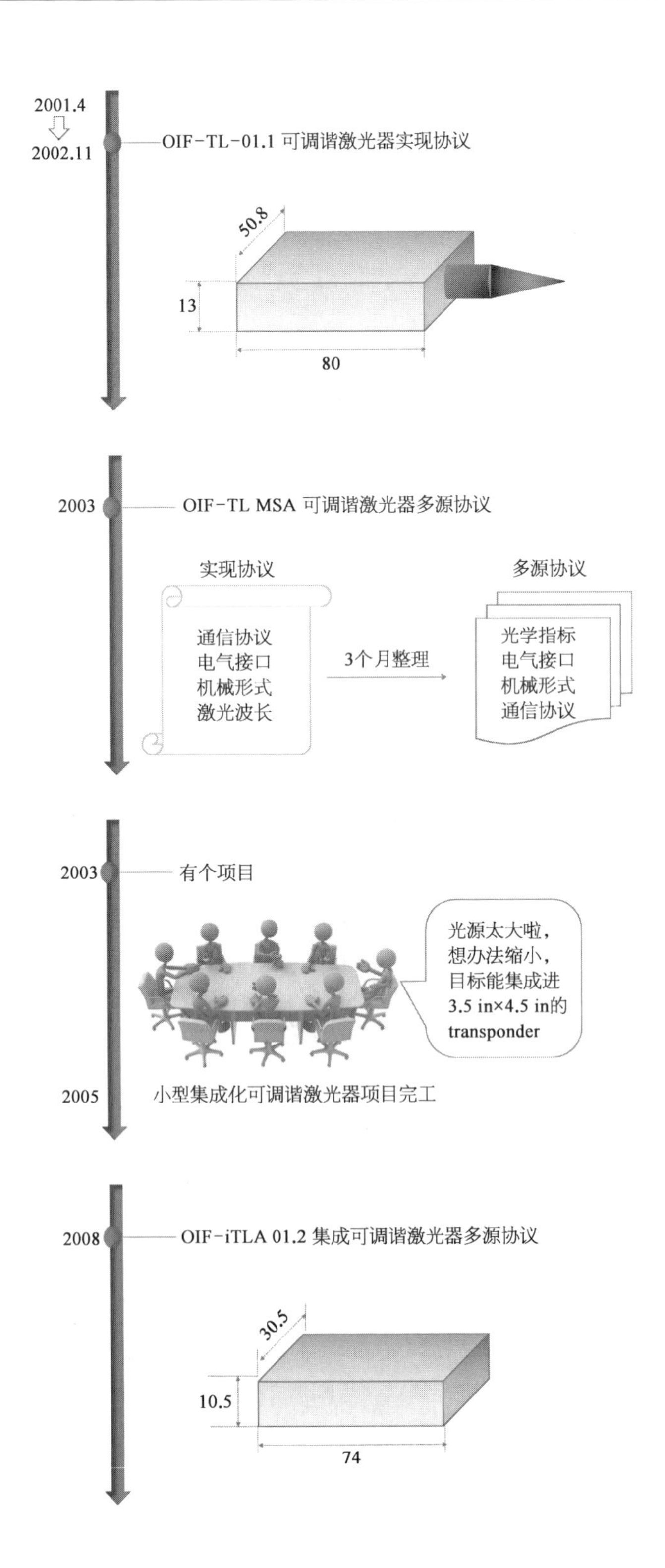
2001.4
2002.11
OIF-TL-01.1 可调谐激光器实现协议
50.8
13
80
2003
OIF-TL MSA 可调谐激光器多源协议
实现协议
通信协议
电气接口
机械形式
激光波长
3个月整理
多源协议
光学指标
电气接口
机械形式
通信协议
2003
有个项目
光源太大啦，
想办法缩小，
目标能集成进
3.5 in×4.5 in的
transponder
2005
小型集成化可调谐激光器项目完工
2008
OIF-iTLA 01.2 集成可调谐激光器多源协议
30.5
10.5
74

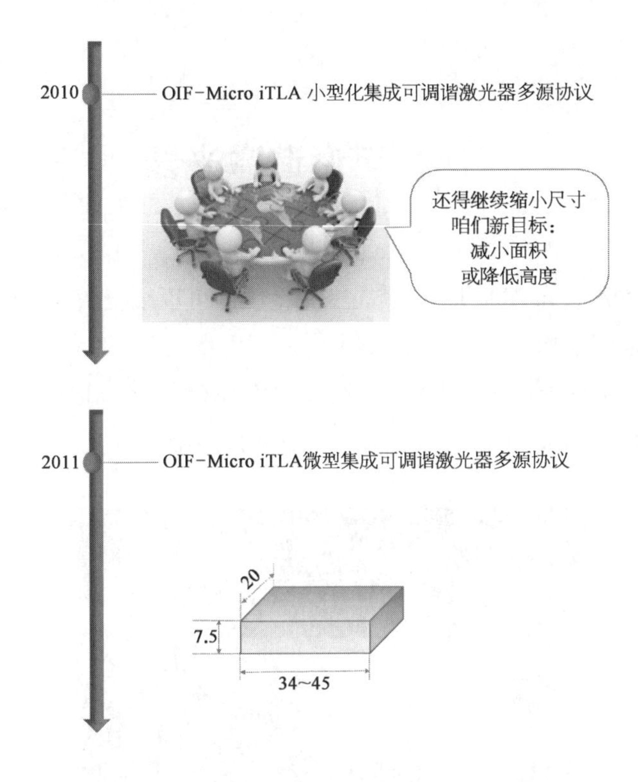

高密度(降低尺寸)、性能提升(大容量、高功率、高精度)、低功耗、低成本是各个领域都在琢磨的事儿。

标准化过程,其实是产业低成本的宏观态,就是流水化作业。

产线流水化,就是拧螺丝钉都是一个专业步骤,专业的人最快最好地做自己的事儿,串起来就低成本、标准化。

产业流水化,也是外壳标准了,几个厂家都能做,波长标准了,激光器厂家能做,硬件接口标准了,电芯片厂家做了卖给谁都行……

小结:

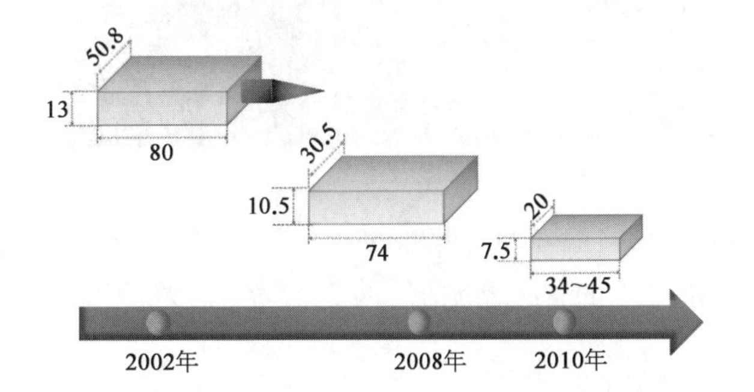

可调谐激光器

可调谐激光器 tunable laser,就是一定范围内可以改变激光输出波长。

聊几种常用结构:

激光器在不同温度下波长会漂移,2003 年 NEC 的可调谐结构,每个激光器可以调整几个纳米,级联起来就有几十个纳米的调谐范围。

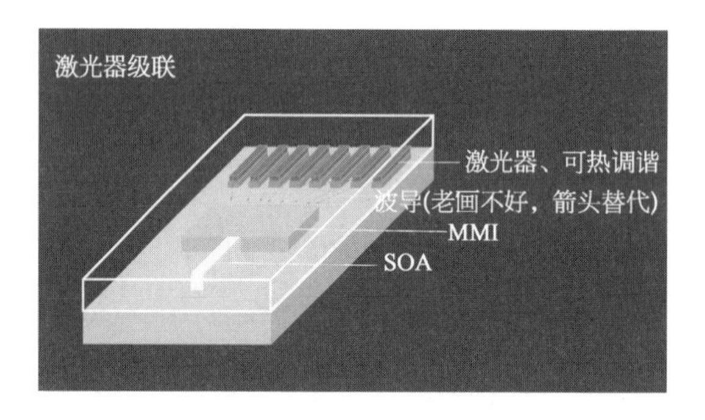

上次聊了 DBR 激光器,加采用光栅的 SG-DBR 也是常用结构,调整光栅区,就能改变波长。

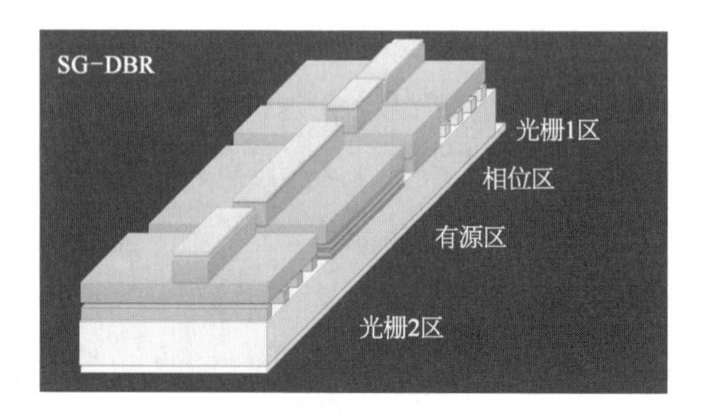

可调谐激光器用得最多的是游标效应。

组成两个事实上的 FP 激光器,两个激光器多纵模的频率组要有些差异。

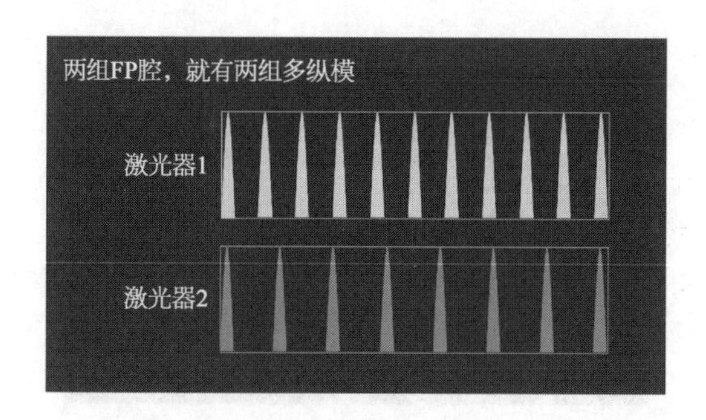

比如这个：

就像游标卡尺一样，两组对得上的，就输出。

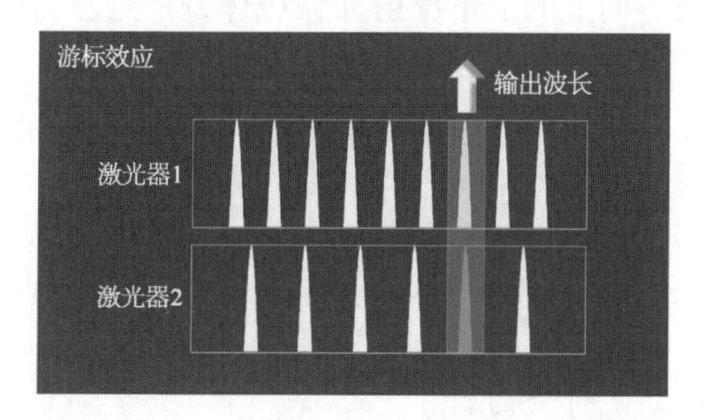

也可以对两组激光器做变形，比如把 FP 腔换成两组光栅。

原理一样，游标效应。

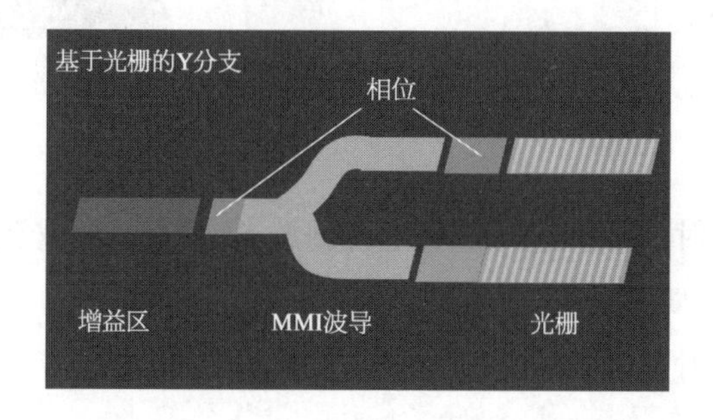

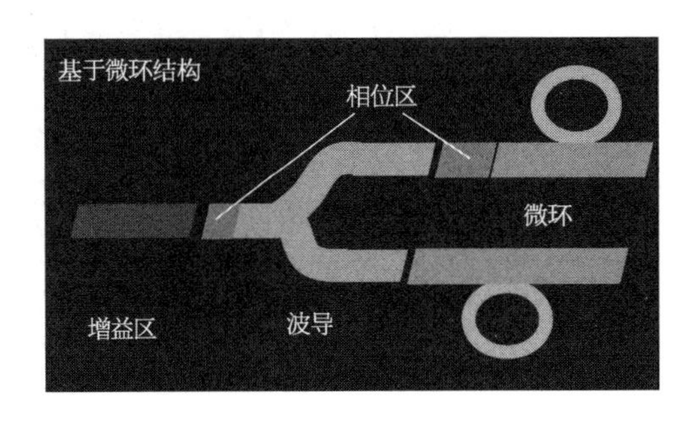

外腔激光器

激光器的腔,本质是形成反射,光来来回回地反射,产生谐振。

一般咱们的半导体激光器,设计的时候,是把腔体一起考虑设计进去的。

VCSEL 是垂直方向上的上下反射面做腔体,FP 是左右腔体,DFB 是光栅分布式的腔。

外腔,是其中一个反射面,是独立放置在外面的。比如常用闪耀光栅做的外腔激光器。

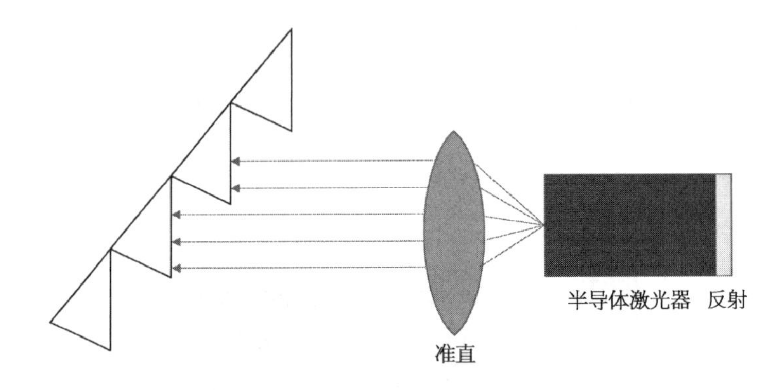

用光栅做反射,原理也很简单,把光栅放大,一般入射光到光栅面,或折射或反射,常用的主要是反射。

入射光与反射光,如下:

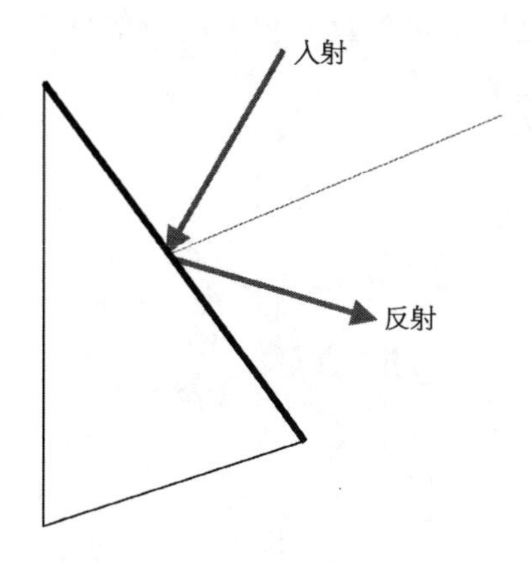

但是,光有衍射现象,指光遇到障碍物后一部分光子偏离路线的物理现象。下图,主要是反射,但也有一些光产生偏离:

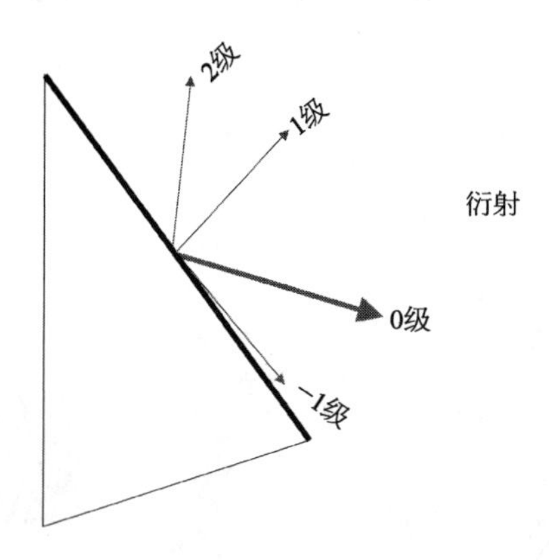

换句话说,入射光,大部分会反射出去,但也有一点点的衍射,会产生与入射光原路返回的现象。

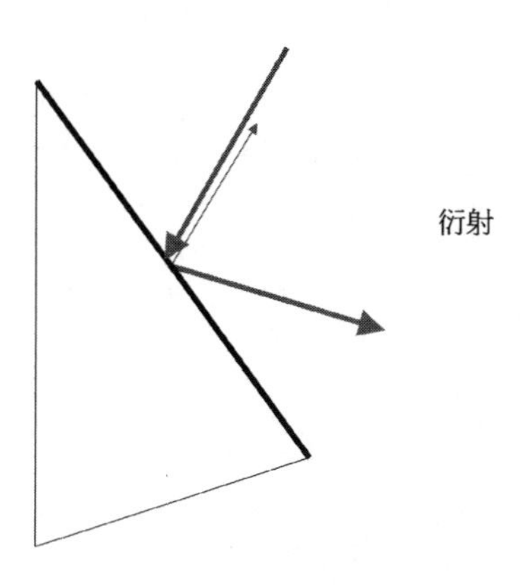

光栅产生与入射光呈 180°的反射现象的衍射现象，是可以计算的。波长与光栅周期以及角度相关。

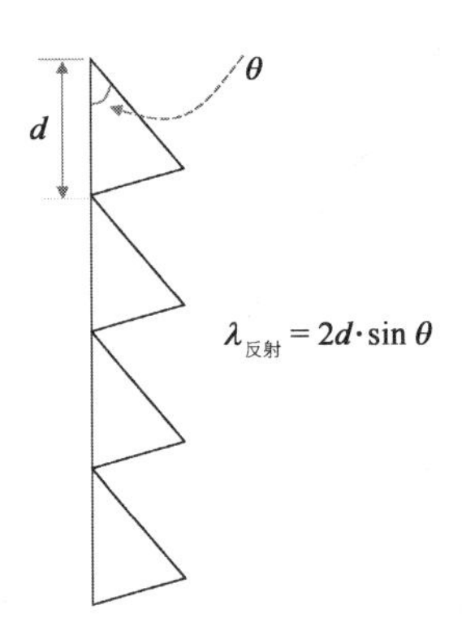

外腔激光器，通过光栅对特定波长才有反射效果，就可以做窄线宽激光器。

如果调整光栅的角度，就可以做窄线宽可调谐激光器。

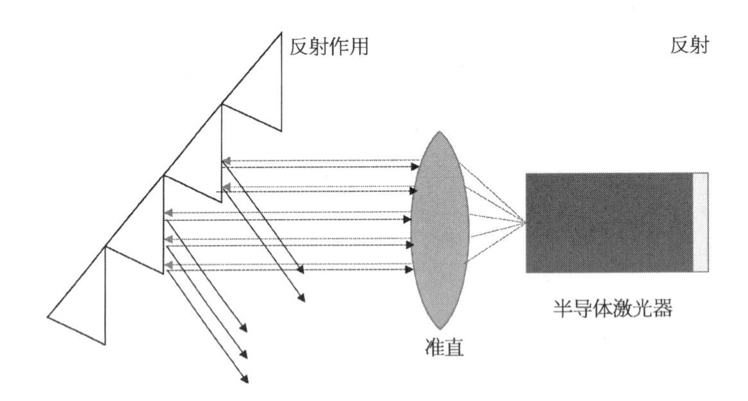

DML 的啁啾与补偿

激光器的啁啾、展宽与色散

光谱每隔 1 nm，传输 1 km，产生时间延迟 x ps，也就是色散。

这是示波器看到的光眼图，大功率为 P_1，小功率是 P_0。

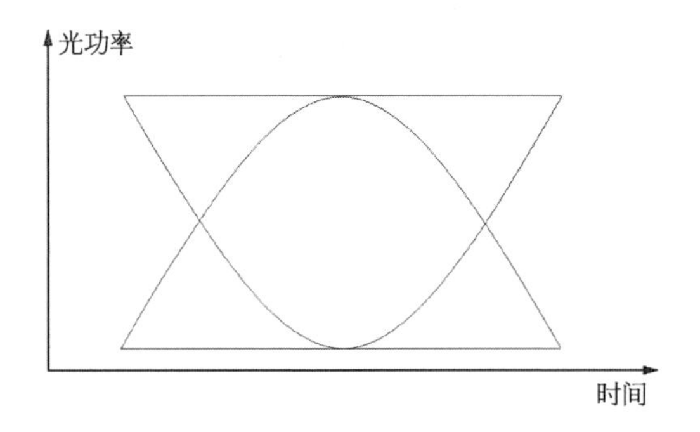

咱看下图 P_1 的光谱，很好。

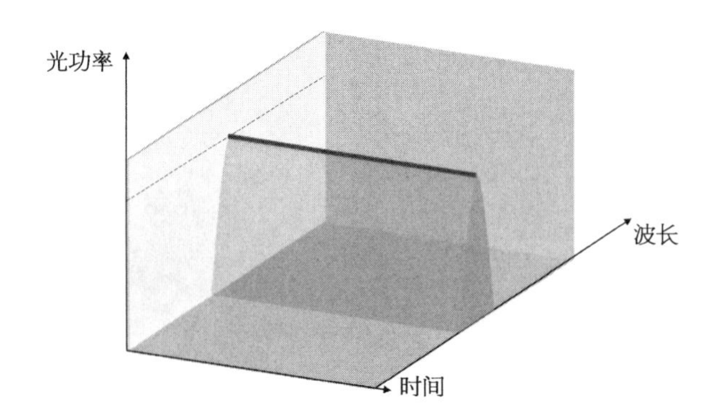

再看 P_0 的光谱，因为载流子浓度变化，载流子就是激光器的驱动电流，导致激光器谐振腔的折射率与增益峰变化，激射波长产生漂移。

P_0 是这样（见下页第 1 图）。

直接调制激光器，在调制信号下，光谱仪测试的谱宽要比直流驱动大，这就是展宽（见下页第 2 图）。

比如直流状态下，−20 dB 谱宽 = 0.2 nm。

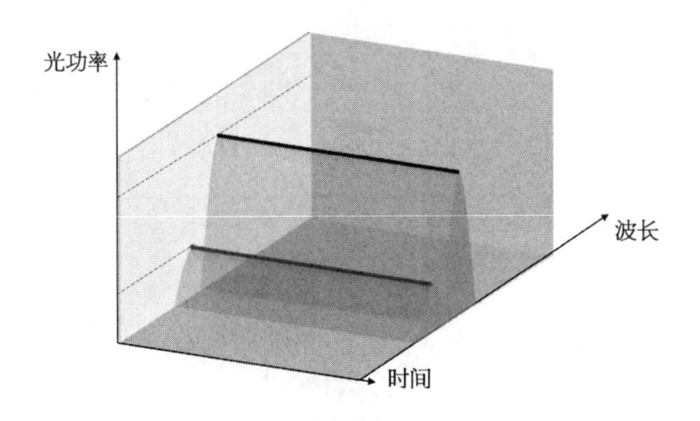

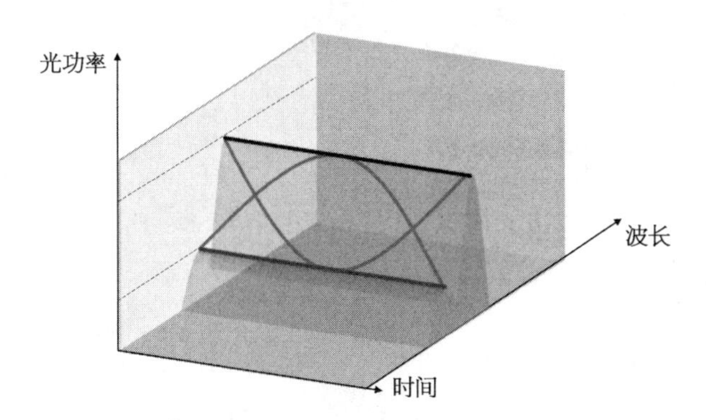

那在调制状态下,-20 dB 谱宽=0.7 nm。

这就是展宽。

色散 x ps/(nm · km),与光谱宽度成正比,那就是展得越宽,则色散越大。

激光器就有一个参数,叫展宽因子。

啁啾公式

展宽因子，与激光器设计相关，常数

$$\nabla\lambda = \frac{\alpha}{2\pi C}\left(P + \frac{\mathrm{d}P}{\mathrm{d}t}\right)$$

光功率

几类激光器的展宽因子:

类　　别	EML	DFB	FP
展宽因子	小	中	大
色散代价	小	中	大
传输距离	远	一般	近

啁 啾

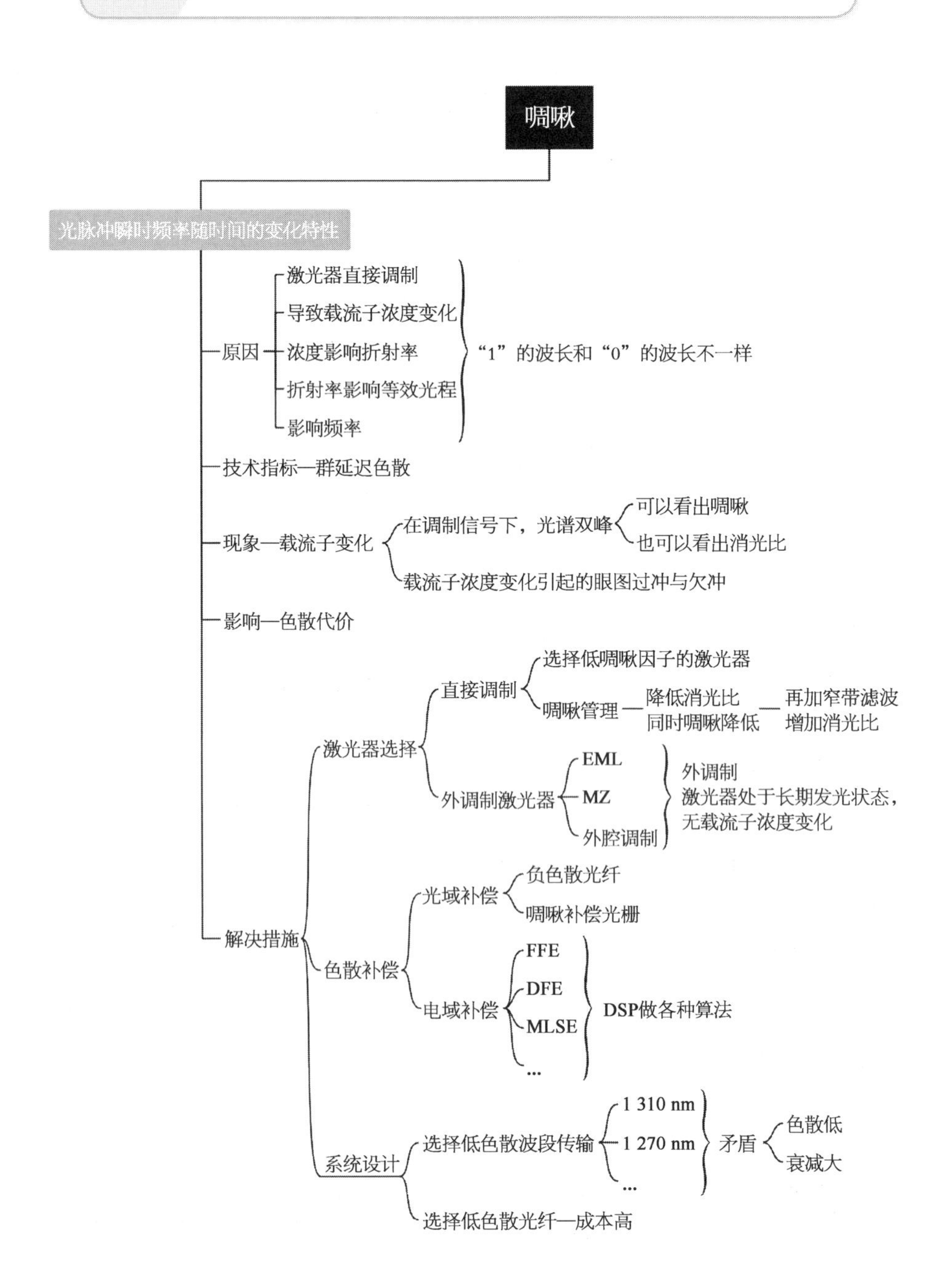

啁啾
光脉冲瞬时频率随时间的变化特性
原因
激光器直接调制
导致载流子浓度变化
浓度影响折射率
折射率影响等效光程
影响频率
“1”的波长和“0”的波长不一样
技术指标—群延迟色散
现象—载流子变化
在调制信号下，光谱双峰
可以看出啁啾
也可以看出消光比
载流子浓度变化引起的眼图过冲与欠冲
影响—色散代价
解决措施
激光器选择
直接调制
选择低啁啾因子的激光器
啁啾管理
降低消光比
同时啁啾降低
再加窄带滤波
增加消光比
外调制激光器
EML
MZ
外腔调制
外调制
激光器处于长期发光状态，
无载流子浓度变化
色散补偿
光域补偿
负色散光纤
啁啾补偿光栅
电域补偿
FFE
DFE
MLSE
...
DSP做各种算法
系统设计
选择低色散波段传输
1 310 nm
1 270 nm
...
矛盾
色散低
衰减大
选择低色散光纤—成本高

1）为什么关注啁啾

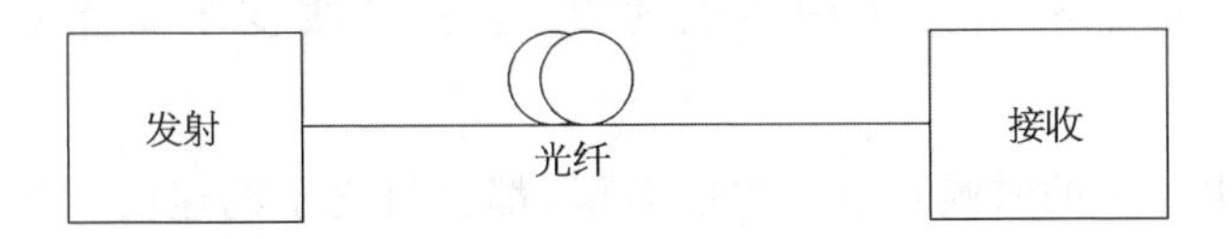

一个最简单的光通信系统，发射信号，光纤传输，接收信号。

光纤，有个特性，不同波长在里边传的速度不一样。

而发射，为了便宜，通常愿意选择直接调制激光器，那直接调制激光器影响波长。

光纤：希望单色波长，不希望波长变化。

便宜的直接调制激光器："1"是一个波长，"0"是一个波长，偏偏会引起波长变化。

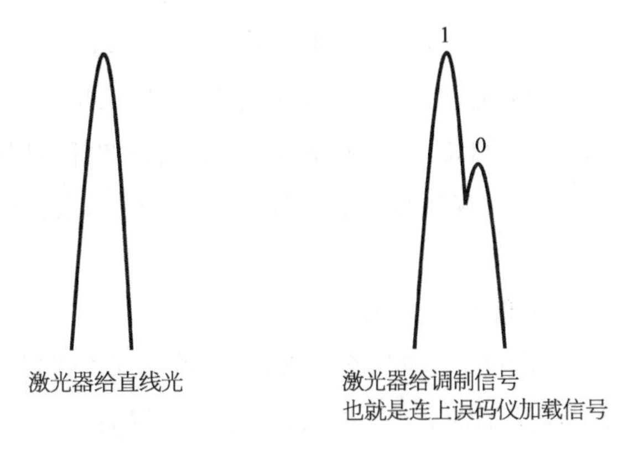

直接调制激光器，1 和 0 的波长不一样，也就是频率有变化，这就是啁啾，啁啾的定义，是光脉冲瞬时频率随时间的变化特性，频率表现在光通信的信号上，就是波长，也就是说光脉冲的波长有变化。

光纤不希望波长变，而便宜激光器偏偏导致波长变化（也可以叫展宽），这就出现了矛盾，也就是咱们关注啁啾的原因。

2）啁啾产生的原因

直接调制激光器。

输入大电流，激光器出现高功率，里边电子浓度高，这是光信号 1。

小电流，低光功率，激光器里边的电子浓度低，这是光信号 0。

电子浓度（载流子浓度），影响折射率。

光子在介质中遇到的阻力，就是折射率，光子要从激光器里往返跑步，如果电子多就影响了光子跑步的速度，也就是改变了激光器介质的折射率。

所以，电子多的时候和电子少的时候，都会对光子的速度产生影响，激光器发出来的光，为 1 和 0 时，输出的中心波长不一样。

3）怎么降低色散代价

啁啾，产生了色散代价，影响咱们的传输距离。如何降低色散代价？

（1）解决源头。

选择低啁啾的激光器，也就是看激光器的啁啾因子哪个更小，或者叫展宽因子哪个更小。

驱动电流差更小，既然激光器的啁啾是工作电流大和小不一样引起的，咱就把 mod 摆动幅度降低，这样啁啾就小了，可是消光比就不够了呗。

啁啾小了，可消光比也小了，那就补充增加消光比，这个 Finisar 最早提出的这个概念，CML，啁啾管理激光器，看前头的连接，后来华为也可劲儿琢磨了几年，加窄带滤波，把“0”的波长（也就是频率）点强制滤掉，就提高了消光比，还不增加啁啾。可但是吧，精准度不容易控制，一不小心，会把不该滤掉的“1”也过滤了。

（2）放弃直接调制激光器，选择外调制。

就是让激光器工作在同一种载流子状态下，外加 MZ 调制啊，外加电吸收调制啊，总之激光器载流子别乱动，中心波长就不会瞎动。

（3）激光器还用便宜的，产生了啁啾就产生了吧，有了色散就有了吧，我们补偿色散，你欠下的，他来还。

补偿色散，可以在光上补，比如 DCF，负色散光纤做补偿；比如加个光栅做啁啾补偿。

也可以在电上补，一般得弄个 DSP，做各种算法，最简单的就是接收芯片的均衡器设计。

（4）光纤系统设计时，避开啁啾和色散的关联，你可以产生啁啾，但我可以选择零色散或者低色散。

让系统工作在常规光纤的低色散波长，比如 G.652 对 O 波段 S 波段色散就小，选择 1 270 啊，1 310 啊、1 330 啊，咱们经常听到的波长，可是这些波长比起 1 550 nm 来说，损耗大，传的距离相对短。

你可以产生啁啾，也可以用低损耗的 1 550 nm 波长，那就要改光纤设计，比如零色散光纤，1 550 的色散给他们降低，可惜就是贵。

直调激光器啁啾管理的几个方案

激光器的啁啾，一直是咱们光通信人心口的一个痛点。

所以在做激光器的选型时，近距离传输一般选直接调制激光器，远距离传输会选 EML，或者更远距离的话选择 MZ－DFB。

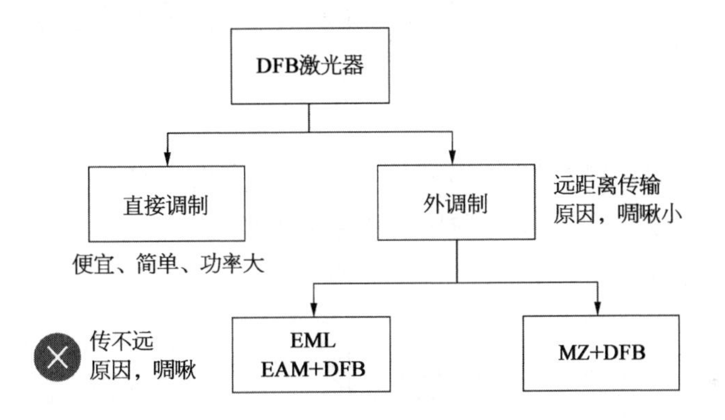

那便宜、简单的直调 DFB，是不是可以降低一些啁啾，让它传得远一些？

可以，做直接调制激光器的啁啾管理。

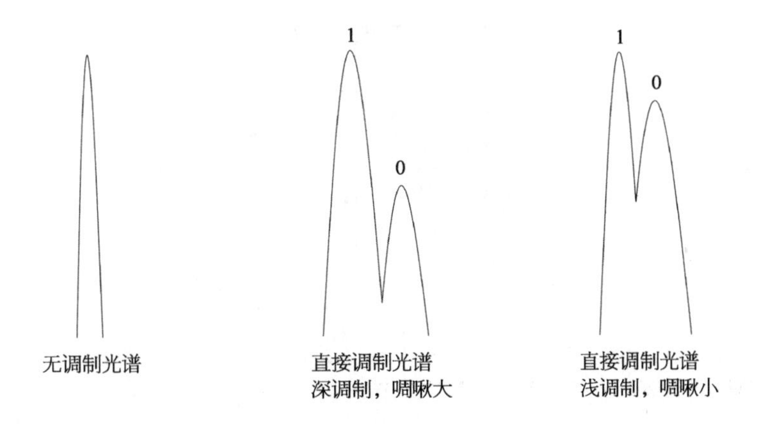

简单易行的啁啾管理,就是给普通的激光器做光谱整形,加一级滤波。

深调制,就是1和0的幅度差异足够大,消光比才能满足需求,光模块的消光比,深调制是我们需要的。

小啁啾,也是我们需要的,这样才能传得远。

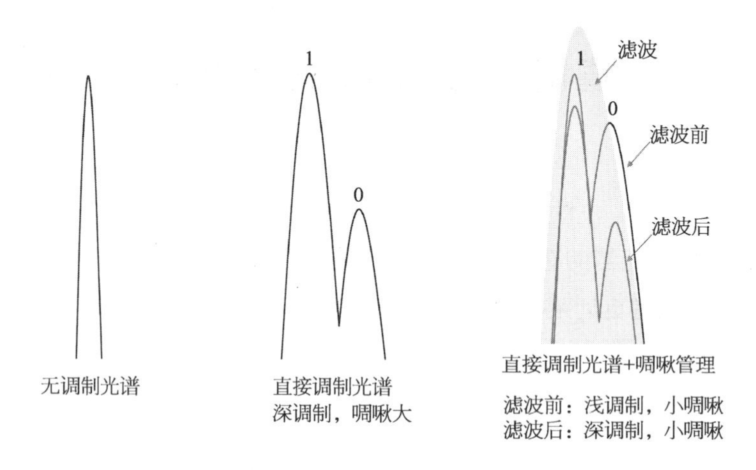

在普通直接调制激光器上做啁啾管理,最简单的方式就是加一级滤波。

Finisar、华为、海信的几个啁啾管理激光器的专利,总的思路是一样,只是处理的模式不同。

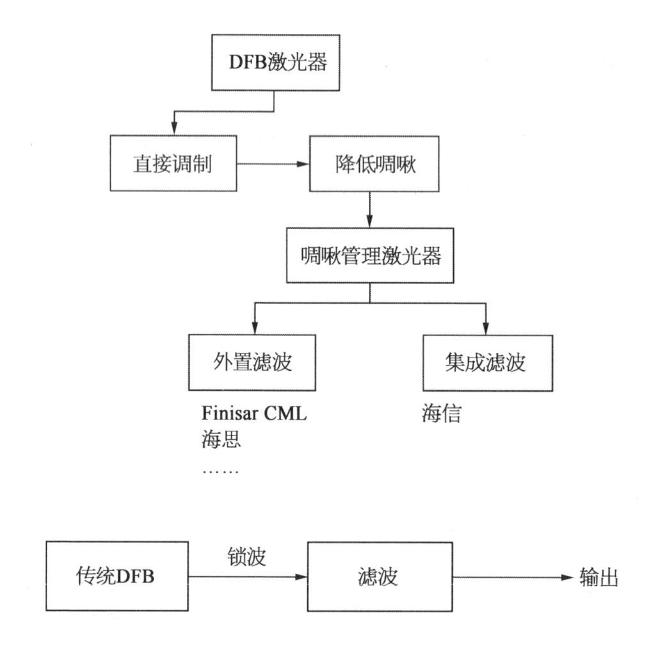

激光器要锁波，需要把调制后 0 信号的光谱对准滤波器的阻带，把 1 的光谱对准滤波器的通带。

通常的处理框图如下，用两个探测器来分别测量滤波前和滤波后的光功率，PD2 的光功率是不变的，那 PD1 和 PD2 就有一个差值曲线，这个差值的变化是滤波器的输入输出谱的对应关系。光谱对得准，那 PD1 的输出功率就大，对得不准 PD1 的输出功率就很小。这是作为波长调整的反馈机制。

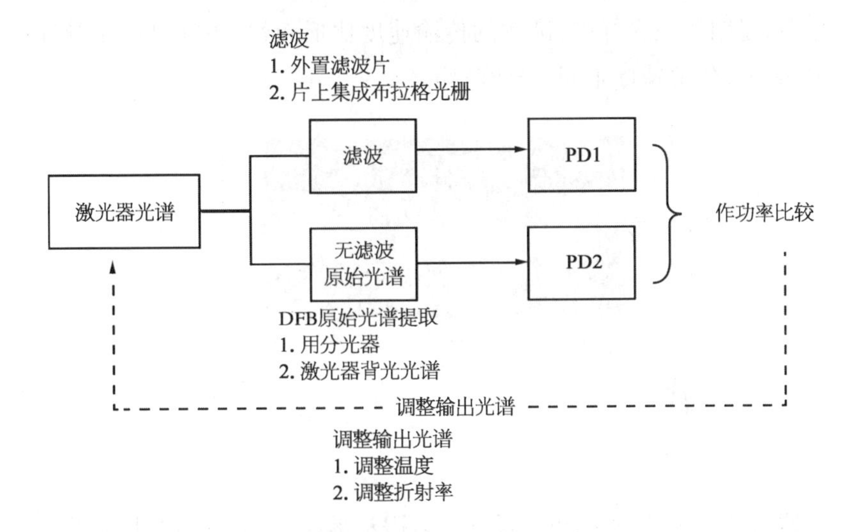

Finisar 与华为，选择的是外置滤波器，海信的思路是选择二阶光栅做滤波，这样可以与 DFB 芯片集成在一起。

提取原始光谱，可以在滤波器前端接一个 1：2 的光分路器，也可以用激光器的背光。

调整激光器光谱输出波长，Finisar 与华为是调整温度，精确控制 TEC，海信是在一阶光栅（DFB 设计需要）和二阶光栅（滤波器）之间加了一段波导，改变波导折射率，等于改变等效腔长，也就是约等于改变输出波长。

啁啾光栅与色散补偿

啁啾光栅，原理很简单，在光纤线路中通过环形器串一段光纤光栅即可。

普通的 G.652 光栅有色散。

色散,是因为在光纤中,高频的传输速度比低频快,也就是一个脉冲中不同的光谱分量传输速度不同,导致脉冲展宽。

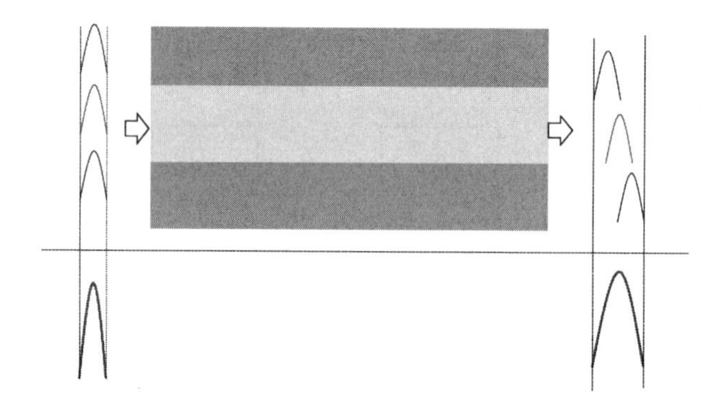

所谓的啁啾光栅,光栅可以设计反射谱和透射谱,而且与波长相关。一个直接调制信号的啁啾,载流子浓度不同导致波长的红移和蓝移。

红移的部分传得慢,

蓝移的部分传得快。

而啁啾光栅,让脉冲从它那里绕一圈,红移的部分路程短,传得快,蓝移的部分路程长,传得慢。

这样正好像是负色散光纤的作用。

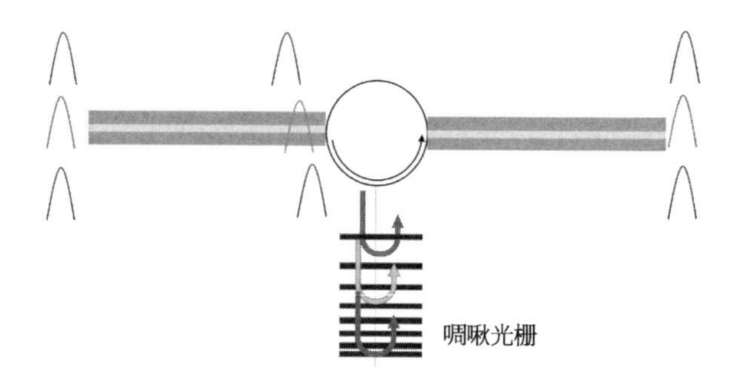

普通 G.652 光栅,传输后啁啾让脉冲展宽。

串一段光纤光栅,让脉冲压缩。

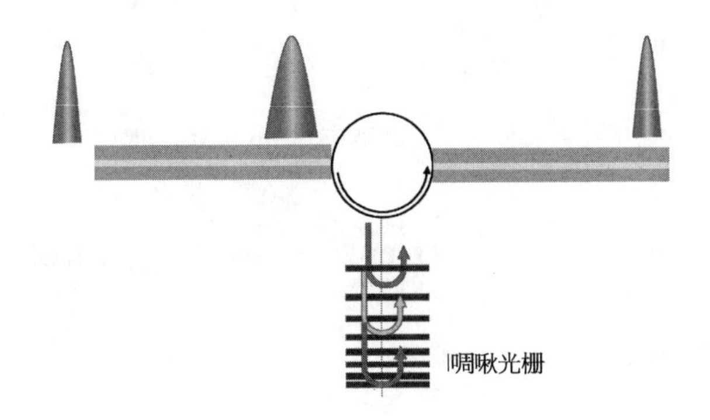

展宽的原因是,红移慢蓝移快,这叫色散。

压缩的原因是,红移快蓝移慢,这叫色散补偿。

利用微环做 DML 的啁啾管理

有一篇法国 III V 实验室的 deadline 文章报道,22.5 G DML 硅基异质集成三五族激光器,采用微环控制啁啾,传输了 2.5 km,它们在 10 Gb/s 可以传 50 km。

- 直接调制激光器
- 采用微环做啁啾管理
- 22.5 Gb/s
- 2.5 km单模传输

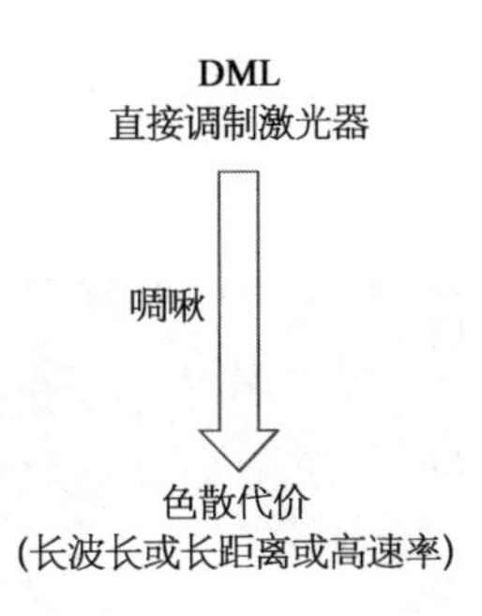

直调激光器的啁啾可以产生较大色散代价。

DML 降低啁啾的几条路见下页图。

0.007 mm^2 的硅基微环,特点是小。

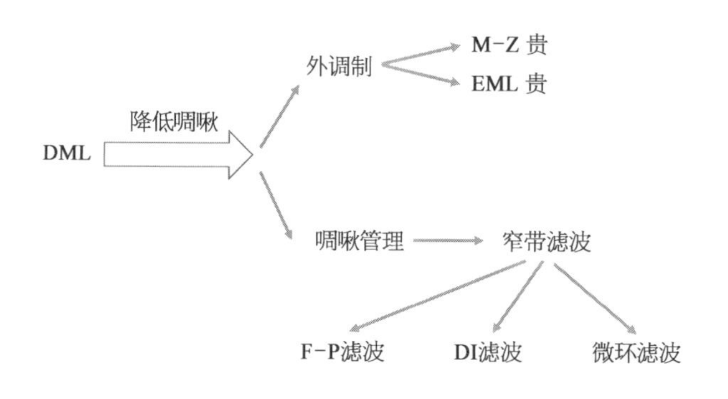

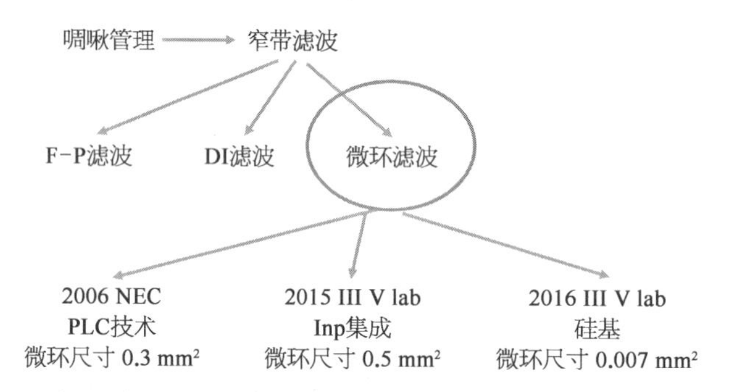

整体结构如下：

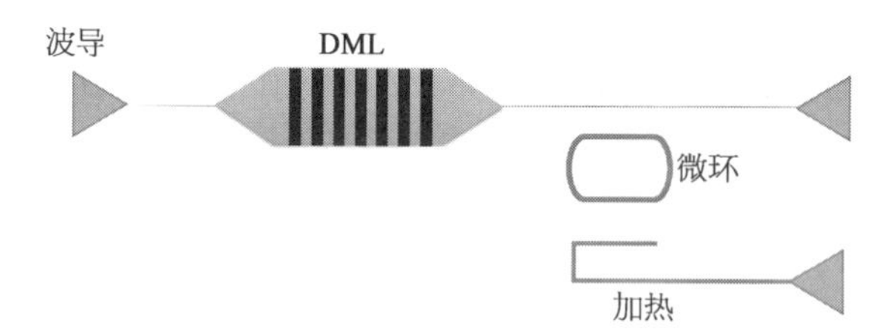

EML 是异质集成：

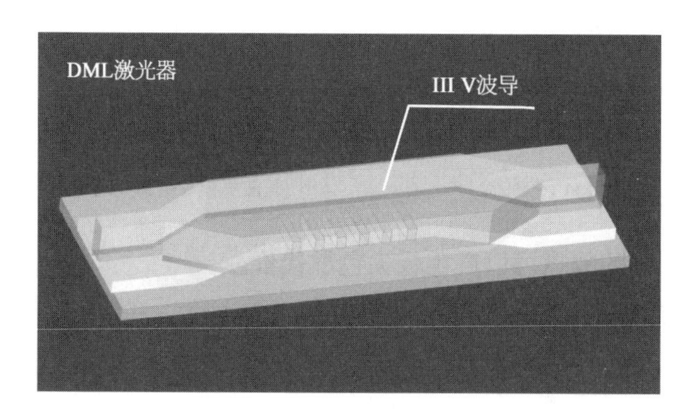

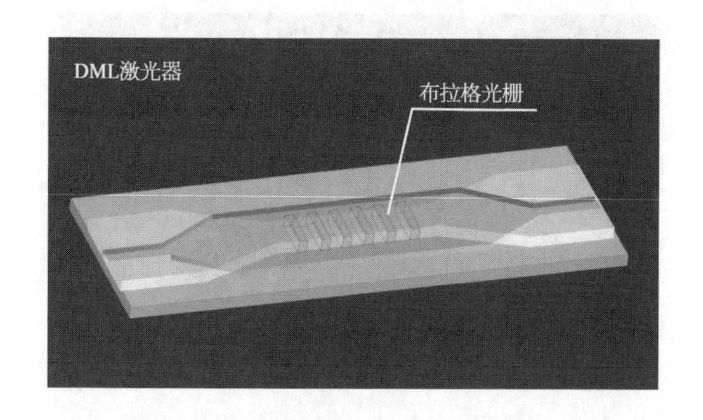

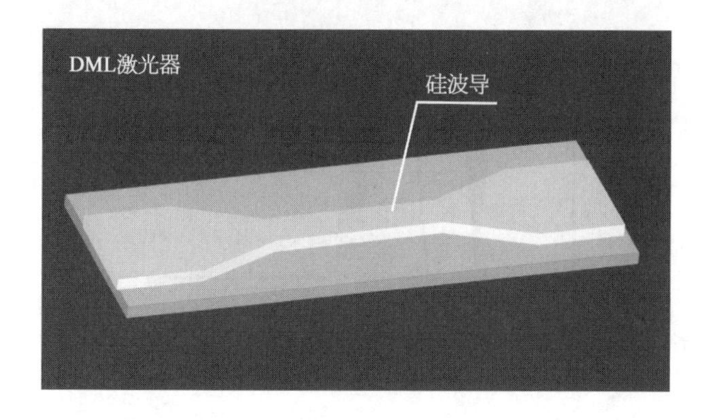

看起来很好用啊，聊过 DML 直接调制，电流不同导致的折射率不同，载流子渡越时间也不同。消光比太大的话，啁啾更大，色散代价大。

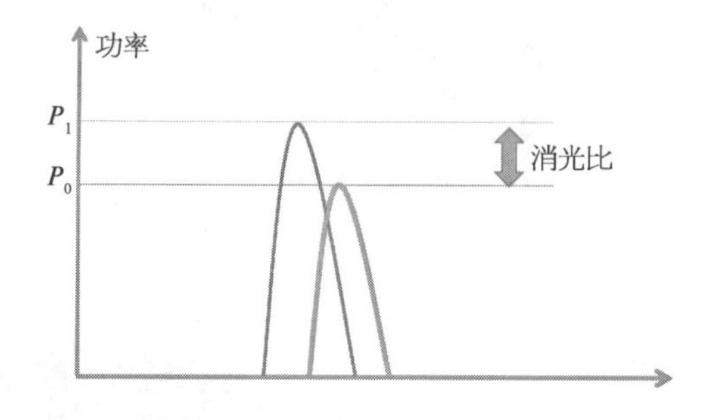

咱们把 DML 的消光比做小一点，然后通过其他方法把消光比增大。

微环是一个选择，它有频梳，一些波，被滤掉了（见下页第 1 图）。

理想情况下，把 P_0 给滤掉，消光比 $=P_1/P_0$，P_0 小，消光比就大（见下页第 2 图）。

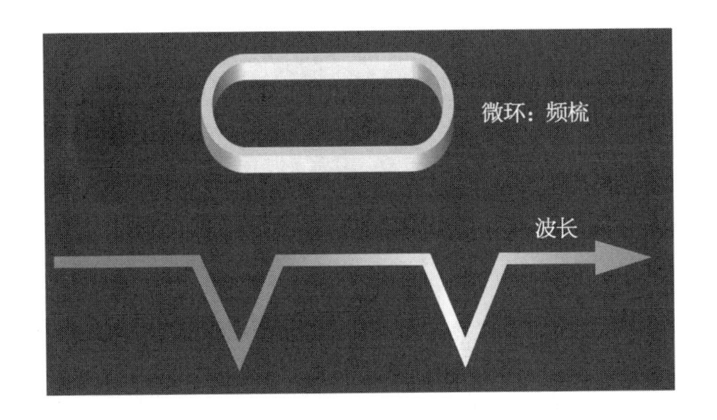

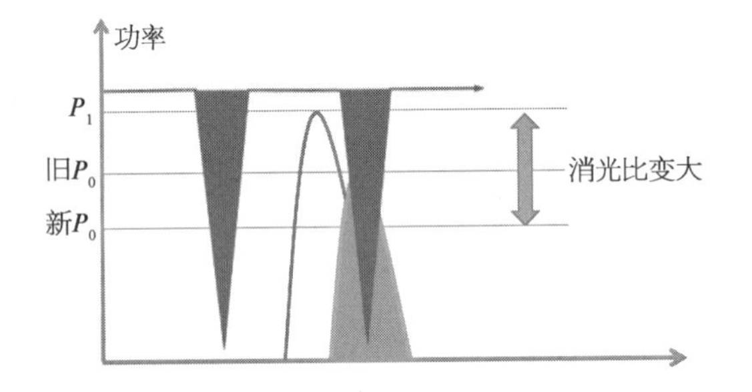

买家秀和卖家秀，万一对不准呢，窄带那么窄。

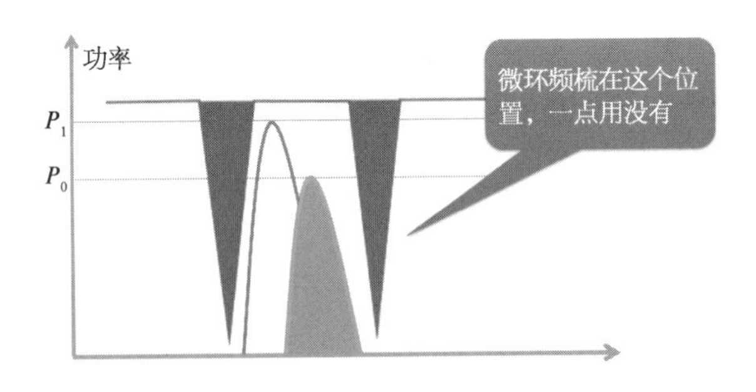

直调激光器的传输并不是距离越长 TDP 就一定越大

TDP，transmitter dispersion penalty，发射机色散代价。

举个例子：比如 10 Gb/s，1 550 nm

EML 传 20 km，TDP≈0.5 dB

DML 传 5 km，TDP≈0.7 dB

DML 传 10 km，TDP≈2.3 dB

DML 传 20 km，TDP≈3.7 dB

咱们就有个直观的概念，DML 激光器传得越远，TDP 越大，因为 DML 啁啾因子大而导致的色散，色散与传输距离相关。

其实不是这样的，也许用这个 DML 传 100 km，反而 TDP 只有 2 dB 呢，这是有可能的。

因为还有个自相位调制的事儿。

色散与自相位调制是两个相反的过程。

啁啾（色散）：光强（频率）的变化导致的脉冲展宽。

自相位调制：光强的变化导致的脉冲收窄。

如果这个展宽与收窄，两效应能刚刚好在咱们需要传输的距离点抵消，那就是光孤子通信。

孤立子，是个啥东西？

船在行进过程里，船头总会激起一个大的浪，这个浪往前传的过程中，慢慢地就散开了的。

咱可以认为这叫“浪散”（见下页第 1 图）。

后来有人发现个现象，就是船在骤停时，有时可以看到一个散不开的波，这个孤零零的波，保持原来的形状往前移动（见下页第 2 图）。

对这个波来说，一个是往前推动激起力量，另一个是骤停的反向效应，这两效应如果刚刚能匹配，就有了个散不开的孤立波，起个名字叫“孤立子”光，

也是波。

光纤传输中,如果色散和自相位调制,这两个相反的效应能刚刚好抵消,就有了一个无展宽的光信号,这样的通信就叫光孤子通信,有文献报道,10 Gb/s光孤子通信,可以传输 106 km。

回到主题,直调激光器,通常咱们测试的结果是传输距离越长,TDP 越大,实际上有些特殊状态下测到的结果是距离越长,TDP 反而会变小。

这不是测试工程师的结果不准,而是自相位调制导致展宽的脉冲又变窄了。

也有激光器的设计人员,想用这种原理,来让 DML 激光器传输更远的距离,不过这种技术还不太成熟。

PT 对称光栅

什么是 PT 对称光栅?

光栅，折射率周期性变化，叫光栅。

PT 对称，PT 是 parity-time，宇称-时间。宇是指空间，宙是时间，宇称是指空间对称。

PT 对称，空间-时间对称的一种概念。

咱们常用的光栅，折射率 n_1 和 n_2 周期性分布，就是个 PT 对称。

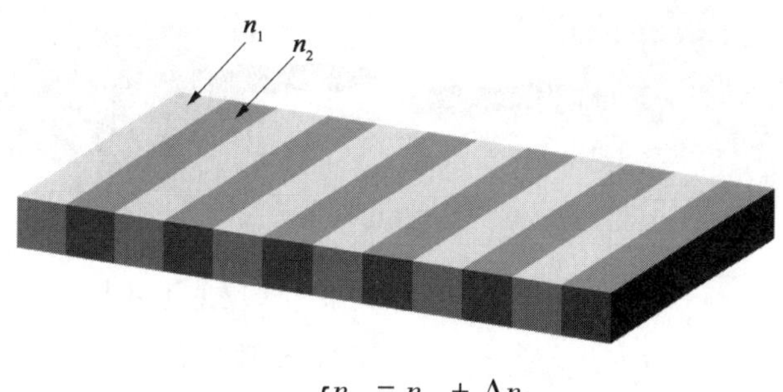

$$n=\begin{cases}n_1=n_0+\Delta n\\ n_2=n_0-\Delta n\end{cases}$$

光栅有它的透射谱和反射谱，DFB 通过周期性光栅做反馈，可以得到一个单纵模。

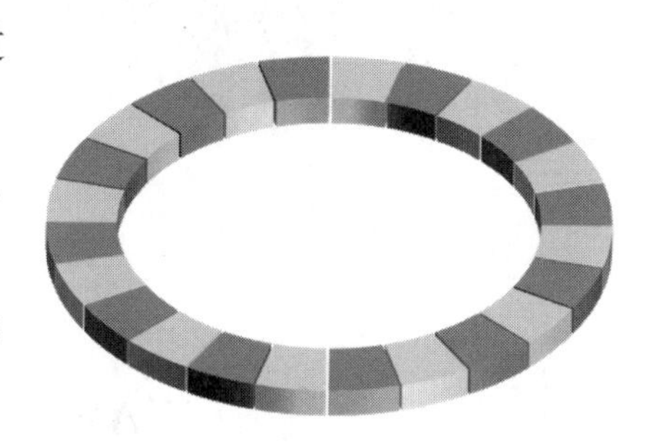

比如，微环谐振腔上做 PT 对称光栅，可以得到单纵模激光器。

下图也是一种更为复杂的 PT 对称光栅，多个折射率的周期性对称分布。

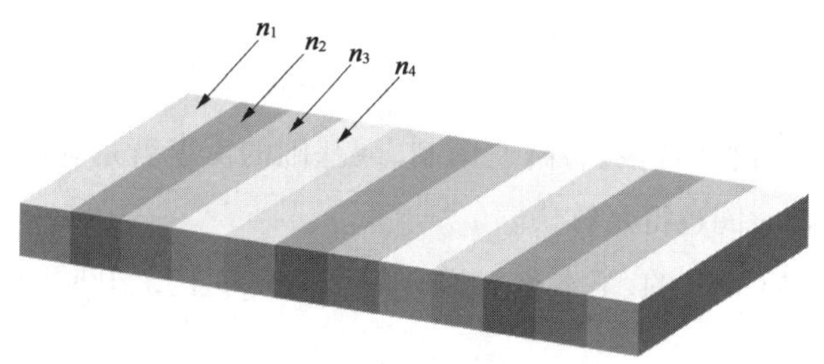

$$n=\begin{cases}n_1=(n_0-\Delta n)-\mathrm{i}\Delta n'\\ n_2=(n_0+\Delta n)-\mathrm{i}\Delta n'\\ n_3=(n_0+\Delta n)+\mathrm{i}\Delta n'\\ n_4=(n_0-\Delta n)+\mathrm{i}\Delta n'\end{cases}$$

$n_1 \sim n_4$，折射率实部是对称分布，虚部也是对称分布。

上式的实部对应的是材料的折射率，虚部对应的是光波导的损耗与透射。

这种 PT 对称的光栅，会出现对不同方向的光的不同性能。比如，光从左到右的透射率，与从右到左的透射率一样。

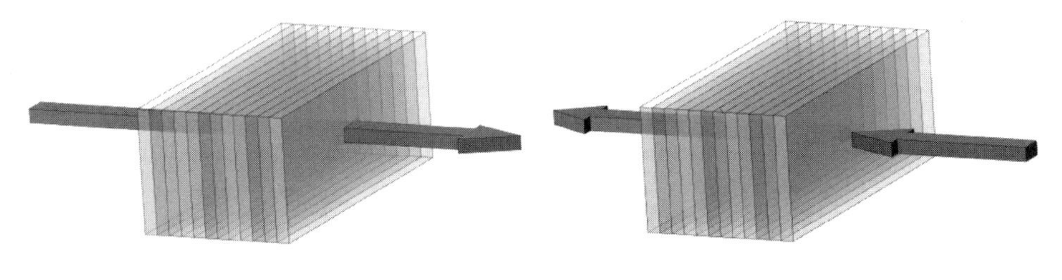

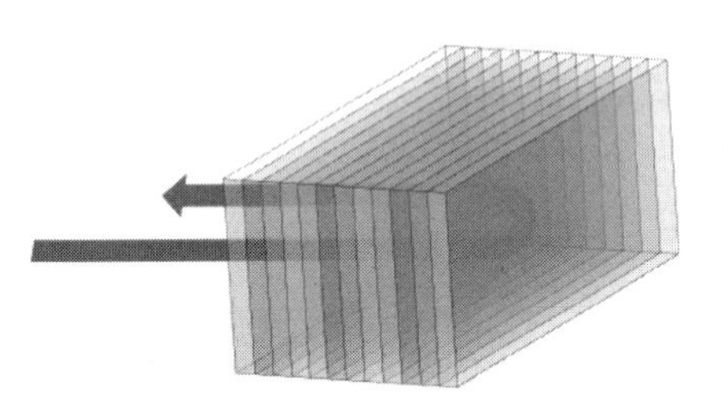

但是，反射率不同。

左入射与右入射，呈现不同的反射率，这天然就是一种隔离器。

用在 DFB 激光器的设计里，可以提高抗反射能力。

用在硅光集成中，就是一个片上集成的小型化隔离器。

Avago 的高速 VCSEL

现在 400 G 讨论得很热，高速调制，最基础的需求就是脉冲信号，上升时间足够快，下降时间也得足够快。

业内用过 VCSEL 的，基本也知道它的下降时间比上升时间要长一些，俗

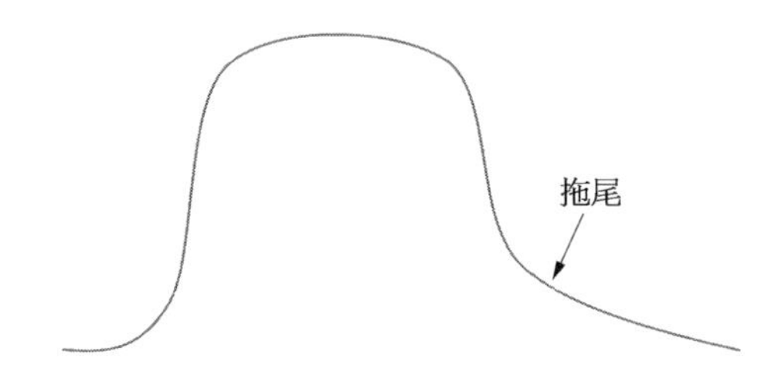

称“拖尾”。

Avago 的 VCSEL 做了特殊处理,解决拖尾,可以用在更高速的场景。

可以直接跳到分割线之后看 Avago 结构,或者也可以聊个前言,先聊激光器和探测器的本质,首先,它们都是 PN 结。

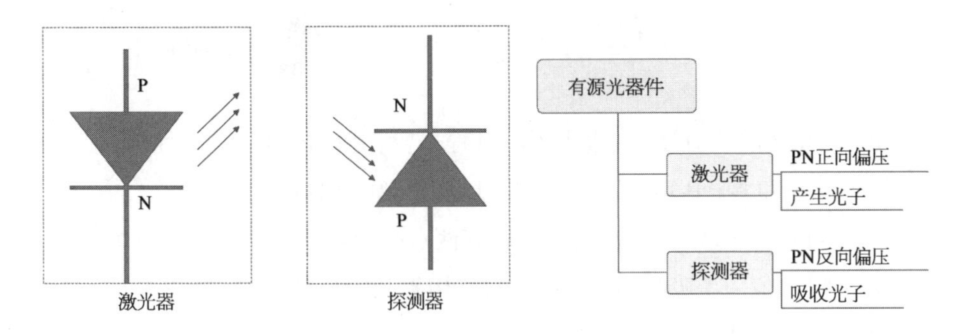

其次,激光器的本质,受激辐射光放大,今天单聊辐射和放大这两个过程。

通常的 VCSEL 是这个样子的:

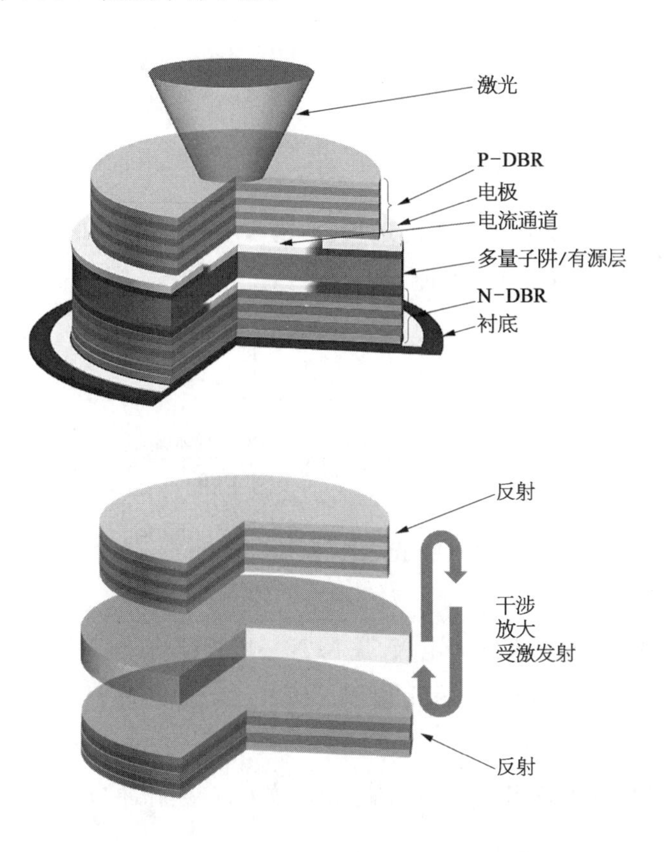

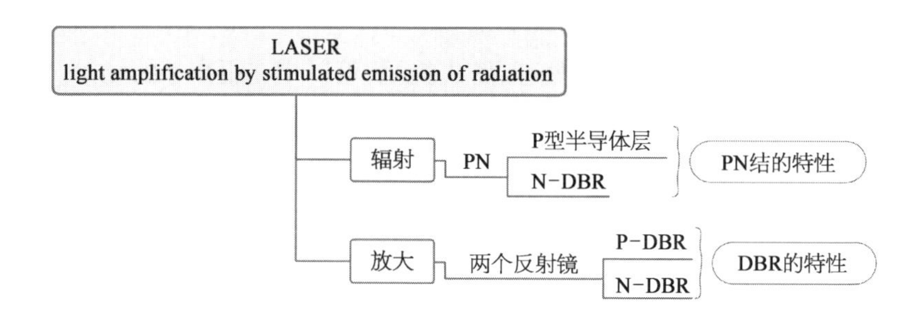

P－DBR 和 N－DBR,产生光子的过程,是利用的 P 和 N 的特性。

P－DBR 和 N－DBR,放大光子的过程,是利用 DBR 的特性。

Avago 的 VCSEL 与传统的相比较,有两点改变。

(1) 增加了一个吸收层(探测器的结构),快速吸收光子,解决拖尾,改善下降沿,脉冲信号的下降时间大大缩短。

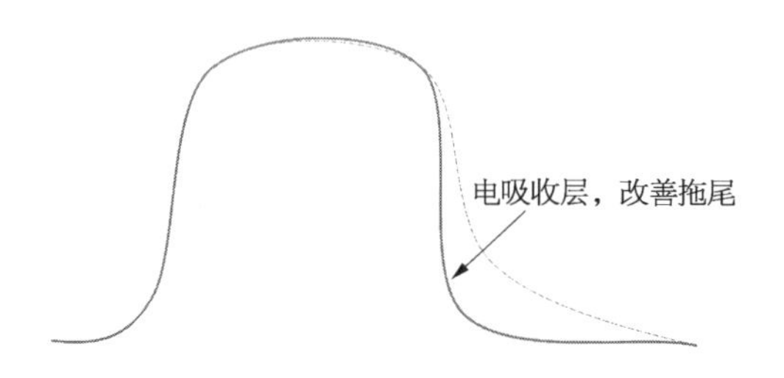

(2) 产生光子和放大光子的过程,不是常用的 P－DBR/N－DBR 一组结构解决两个事情,而是分开处理。

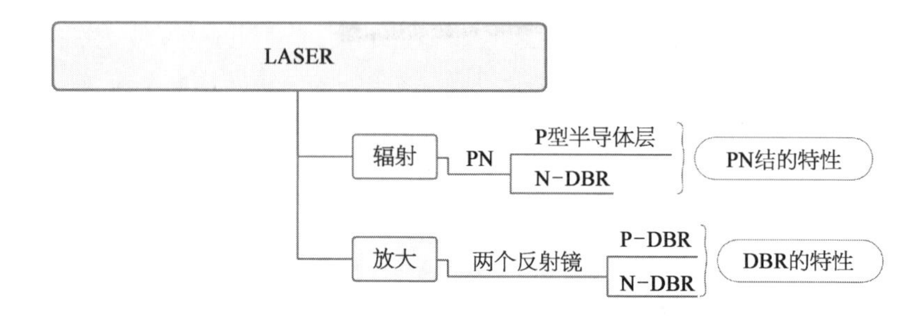

Avago 的 VCSEL,有 3 个电极,是 NPN 三极管结构(见下页图)。

(1) 利用 P 型半导体,和下层 N－DBR,PN 产生光子,这个对应的就是 driver 的 bias 电流。

(2) 再利用两 DBR 的反射功能,相干放大,产生脉冲“1”。

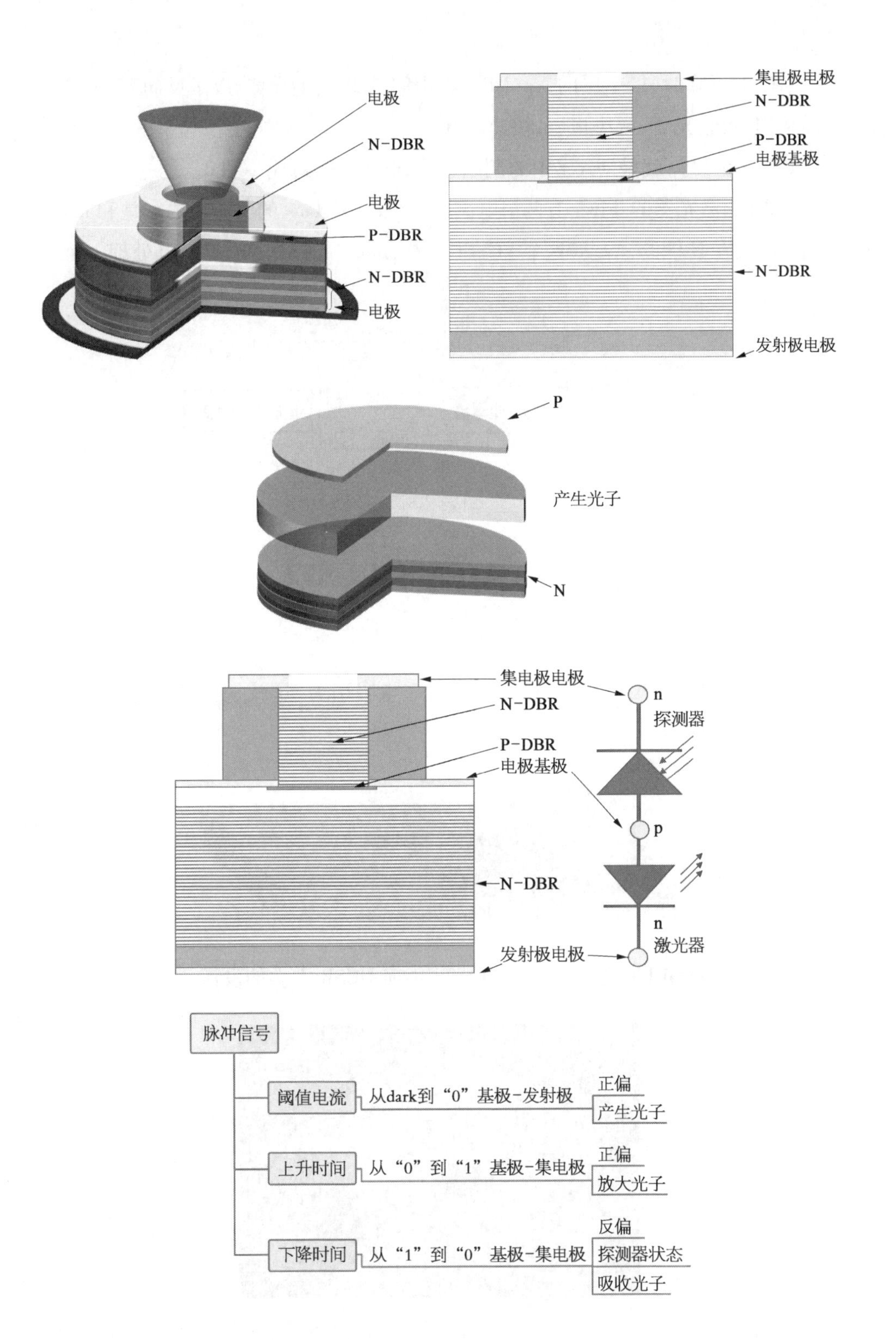
电极
N-DBR
电极
P-DBR
N-DBR
电极
集电极电极
N-DBR
P-DBR
电极基极
N-DBR
发射极电极
P
产生光子
N
集电极电极
N-DBR
P-DBR
电极基极
N-DBR
发射极电极
n
探测器
p
n
激光器
脉冲信号
阈值电流
从dark到“0”基极-发射极
正偏
产生光子
上升时间
从“0”到“1”基极-集电极
正偏
放大光子
下降时间
从“1”到“0”基极-集电极
反偏
探测器状态
吸收光子

(3) 下降时,最上层的 N－DBR 和中间的 P 型半导体,成了反向 PN 探测器结构,吸收光子,解决拖尾,快速到“0”。

(2)和(3),就是 driver 中的调制电流,mod+/-,对应 1 和 0。

以前,激光器的 driver 有两个电流,bias 和 mod,bias 的电流输出端是和 mod 的一端接在 N 侧的,Avago 这个 VCSEL 结构,bias 和 mod+/-三端分开处理。

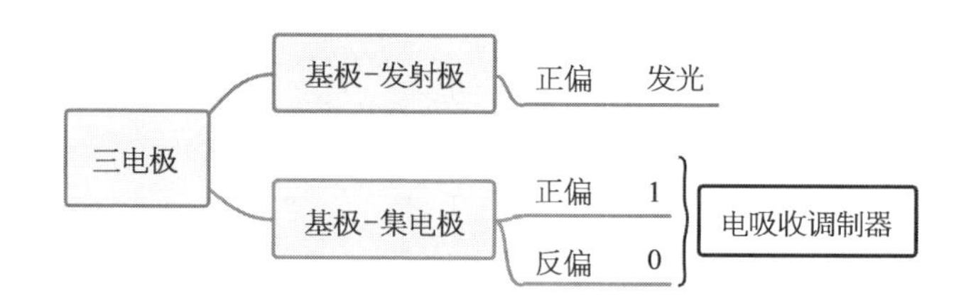

MEMS VCSEL

电磁感应定律,电极上电后,对悬臂产生吸引力,这就是 MEMS 微机械系统的本质原理。

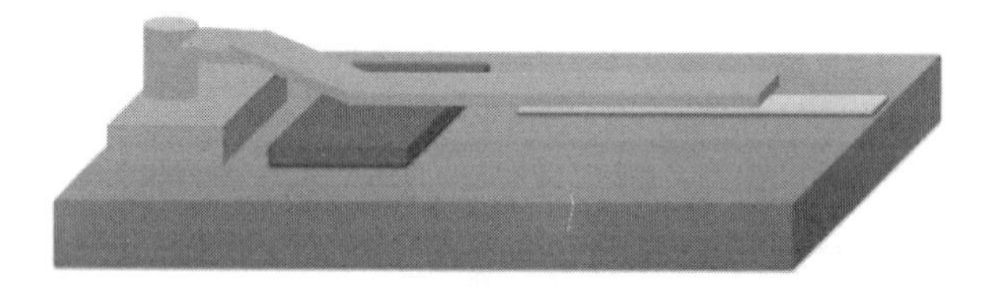

MEMS VCSEL 是啥意思？比如十几年前 UCSB 大学的设计。

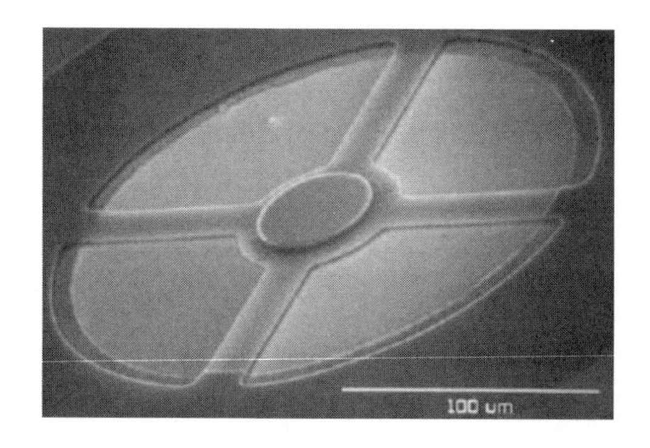

给它 3D 化,其中一个 DBR 是放在 MEMS 的悬臂上。

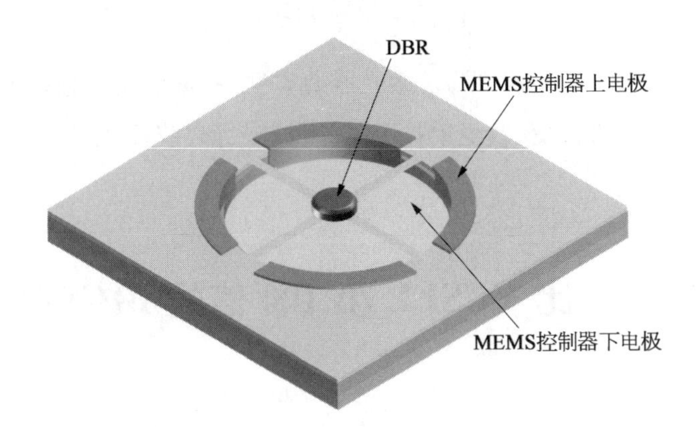

看横剖面:

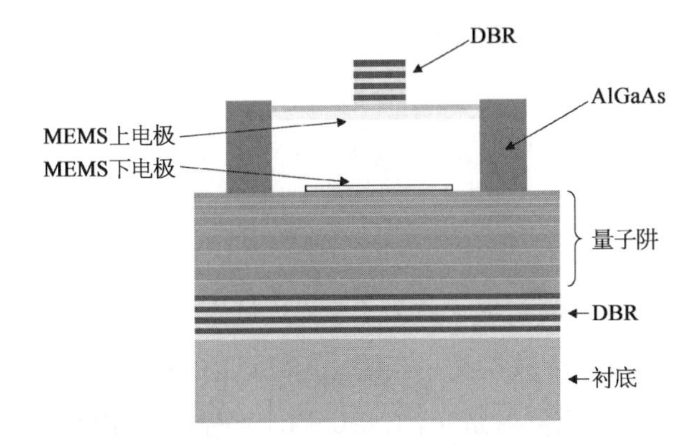

控制 MEMS 电压,对悬臂产生不同的吸引力,也就是改变上下 N 和 P DBR 的谐振腔腔长。

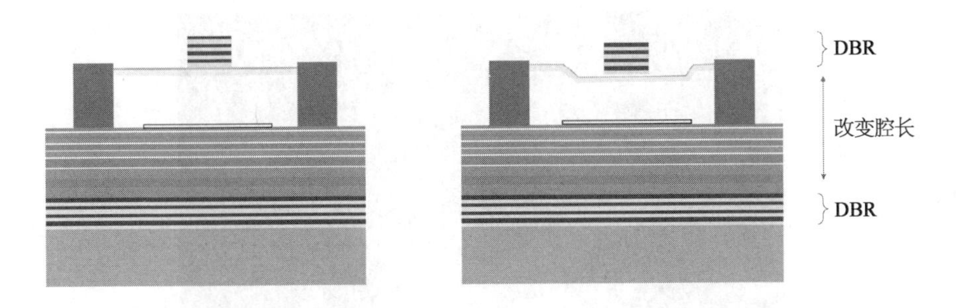

改变腔长,就改变 VCSEL 激光器的波长。

$$\frac{\Delta\lambda_{\text{波长变化量}}}{\lambda_{\text{中心波长}}}=\frac{\Delta L_{\text{腔长变化量}}}{L_{\text{等效腔长}}}$$

MEMS VCSEL,是一款可调谐激光器的类型,各家公司对悬臂的结构设计多种多样,基本原理没变,改变谐振腔的腔长(或等效腔长)。

比 VCSEL 小 100 倍的 BICSEL

2017 年 1 月 12 号,美国加利福尼亚大学圣地亚哥分校(UCSD)在 *Nature* 发表了一篇文章,称研究出一种 BICSEL 的激光器,颠覆了物理常规,还能替代 VCSEL,体积比 VCSEL 小 100 倍。

物理常规是什么?

BIC 是什么?

怎么颠覆物理常规?

新闻是这样的:

UCSD 的研究人员研制出了首个基于光连续束缚态(BICS)非常规物理现象的新型激光器。Kanté 教授说:“当前应用广泛的 VCSEL 激光器将来可能会被光连续区束缚态表面发射激光器(BICSEL)所替代,原因是 BICSEL 激光器设备更小且功耗更低。”

然后给了一张图片:

UCSD 在 3 年前《物理评论快报 B 辑》就提到 BIC 这个词儿，用的是矩形金属波导和光散射陶瓷组成的超材料。

后来他们在 *Nano Letters*，提到六方氮化硼这个材料。

先说什么是物理常规，也就是 VCSEL 用的是基于物理常规现象的激光器。

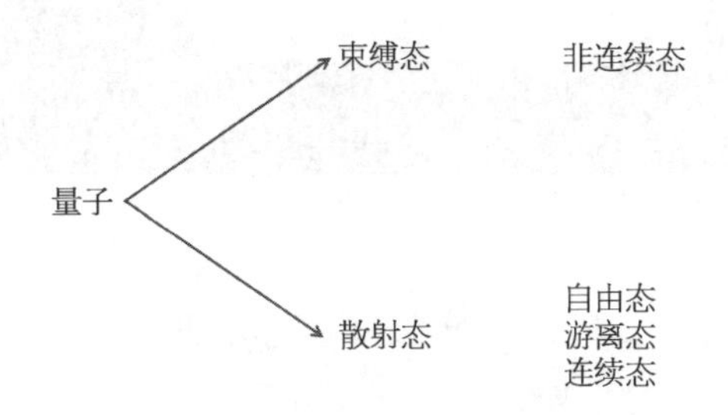

光粒子是一种量子，在量子力学中，要么它处于束缚态，要么处于散射态（或者叫游离态、自由态）。

束缚态：有边界条件，不连续

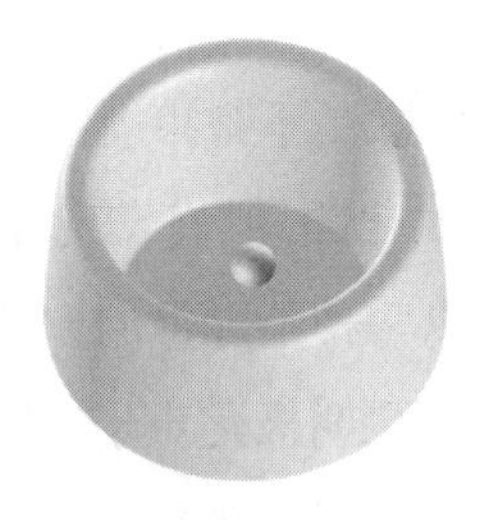

VCSEL 用量子阱，把粒子束缚在一个势阱内。

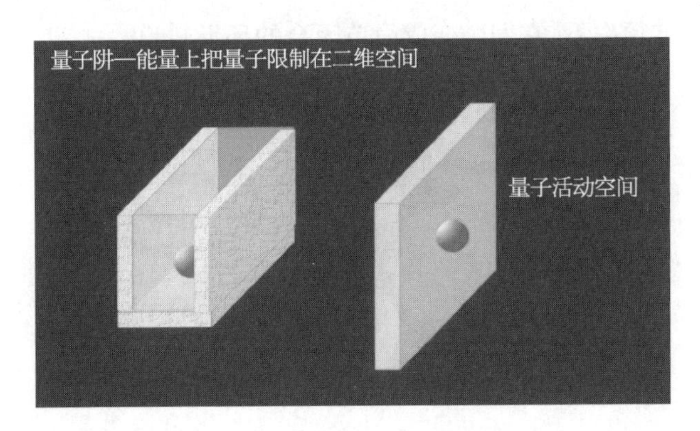

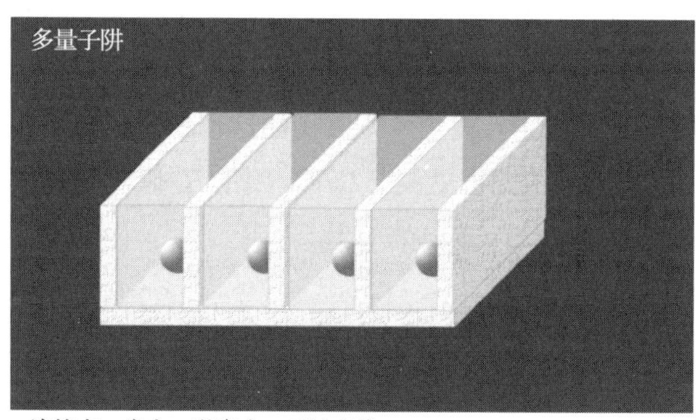

连续态：自由、游离态，不被束缚

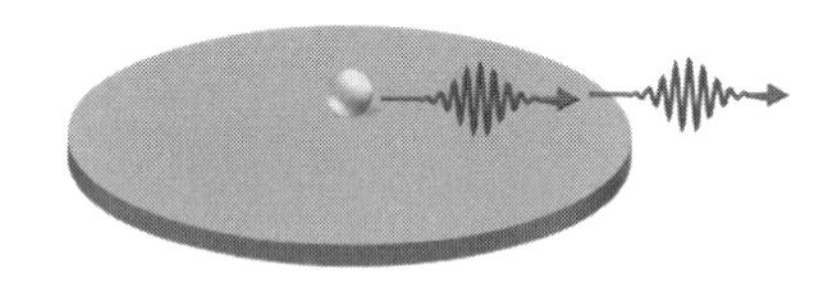

在连续区,光粒子就会逃逸,是不被束缚的。

总结下物理常规:

束缚态是不连续的。

连续区的粒子会逃逸,是不被束缚的。

UCSD 提到了六方氮化硼,他们发现在这个材料里,硼原子和氮原子形成六边形的层状晶格,能以一种不寻常的方式弯曲电磁能量。

光是电磁波,光粒子也叫极化声子,它们在晶体颗粒中反弹时并不遵守标准反射定律,其运动也不随机。光线会按照材料的原子结构沿固定角度路径射出,进而导致有趣的共振。大部分情况下,极化声子光线的轨迹是盘绕回旋的,然而在特定频率下,它们会变成简单闭合的环形轨道。

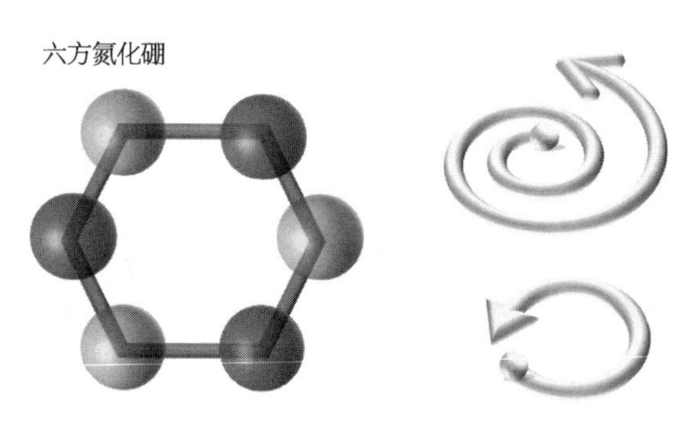

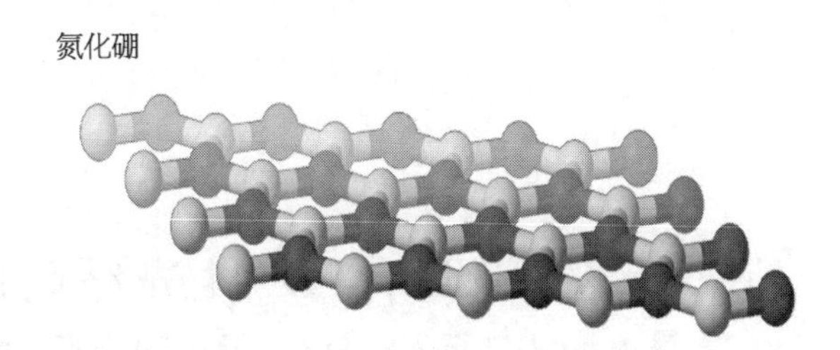

光粒子在某些特定材料下,连续区,让它们跑它们都不跑。

这事儿就像:

普通束缚态,是被强制关在笼子里。

非物理常规的 BIC(bound state in continuum),就是自觉自愿被关在笼子里。

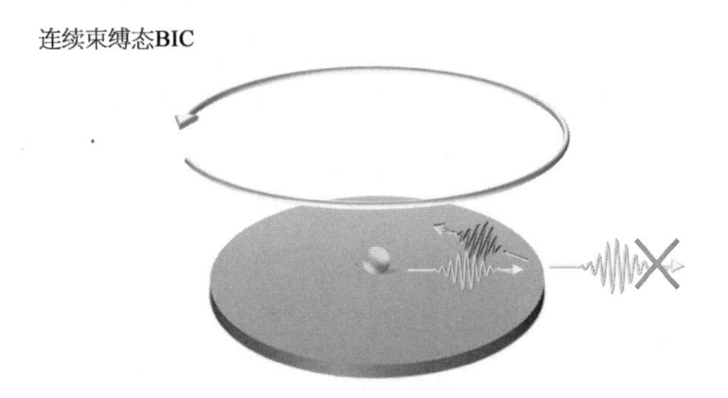

2017 年的研究结果是这样的:

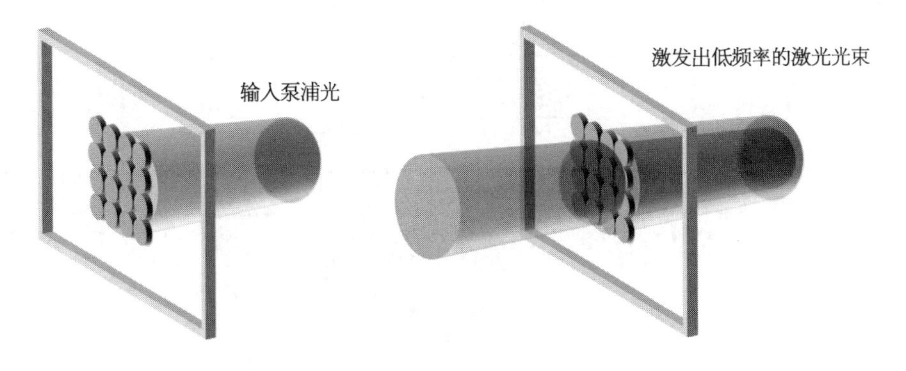

用高频光,激发出通信频段的激光光束,是表面发光激光器。

现在的 VCSEL,是电泵浦,出射激光。

UCSD 的现在状态,还是光泵浦,出射激光。

所以他们下一步的计划是，研究电泵浦 BICSEL，这时候才能替代 VCSEL。

Finisar VCSEL 用 OM4 光纤可传输 2.3 km 的 56 Gb/s PAM4 信号

2018 年 Finisar 在 OFC 发表文章，说他家 VCSEL 可以传 2.3 km。

这有啥好奇的呢？

在 100 G，200 G，400 G 数据中心应用里 100 m 以内的距离，一般用 VCSEL，2 km，就得用 DML（DFB 激光器），DML 比 VCSEL 贵很多很多。

前一段时间，有消息说，可以把 VCSEL 100 m 的传输距离延展到 400 m，可是 2 km 依然还是 DFB 的天下，贵也得用，Finisar 这是准备用低成本 VCSEL 抢占 DFB 的 2 km 市场。

能传 2 km 的 VCSEL 叫模式选择 VCSEL，比传统多模 VCSEL 谱宽要小，但也不是单模。

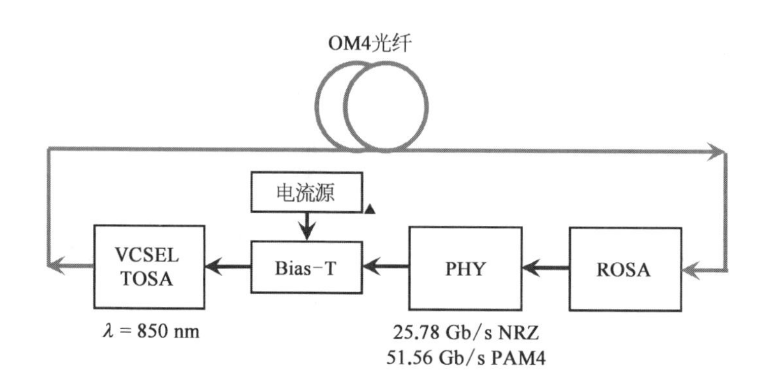

Demo 框图

这颗 PHY 芯片，有 FFE 和 DFE 等电色散均衡，或者叫电色散补偿的功能。

再看 3 dB 带宽，模式选择 VCSEL 比传统的多模 VCSEL 要好很多。

3 dB 带宽

OM4 传输距离	3 dB 带宽		单　位
	MS VCSEL	MM VCSEL	
200 m	>25	18.2	GHz
400 m	>25	8.5	GHz
800 m	20.9		GHz
1.2 km	13.9		GHz
1.6 km	12.6		GHz
2.0 km	9.3		GHz
2.3 km	8.8		GHz

参数对比

参　　数	MS VCSEL	MM VCSEL	单　　位
RIN 相对强度噪声	-145	-142	dB/Hz
3 dB 带宽	16	18	GHz
消 光 比	MS VCSEL	MM VCSEL	单　　位
NRZ	4.2	3.0	dB
PAM4	3.3	2.3	dB

之前也有各种报道说，VCSEL 可以传输 1 km，从实际应用角度讲，在 2 km 这个类别上 PK DML 直接关联产业布局。

超薄激光器

斯坦福和马里兰的一个研究小组说，他们成功地在两个反射镜之间嵌入了银超表面，使得激光器谐振腔可以做到超薄，也就能实现超薄激光器，未来更容易实现光子集成。

从学术想法到产业化实现是一个长期过程，目前无法商业化，并不妨碍科学家们的研究。

激光器有个谐振腔，就是两个能反射光纤的东西，让光在两个腔面之间来回反射、放大、激射出光。

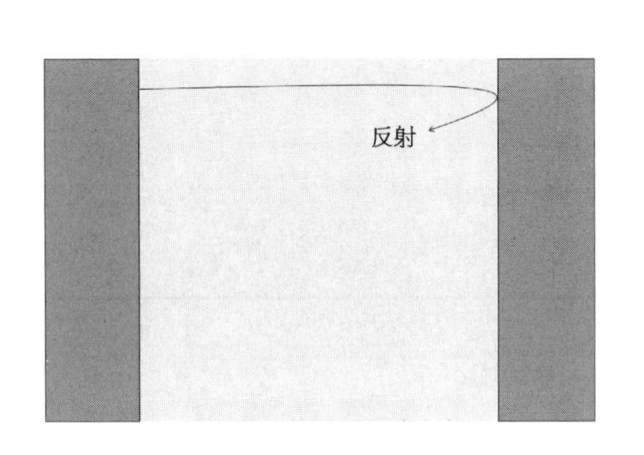

这个研究小组，把两个反射镜之间的材料用银超表面来做，就可以做得很薄很薄，实现小型化激光器的概念（见右上图）。

啥是银超表面？

银：就是一种金属材料，在我们女人眼里，还是一种值钱的金属材料。

超：我们可以理解为比啥啥更强、更大、更牛，可比起“超然”、“超度”这些词儿，我更愿意理解为“脱离不受到束缚与阻碍”。

超表面是超材料的一种。

超材料，比如超导材料，就是电流好，不受到阻碍的那种材料。

光学的超材料，就是折射率为0，甚至是负数的材料。

折射率，有个比喻，就是光在材料中受到了多大的阻碍，就是它的折射率。

光学超材料，就是没有折射率的材料，光不受到阻碍。光学超材料，就等于没材料，银超表面，就是银子做的很薄很薄的一层超材料，就是既可以在物理上对空间隔离，然后又不影响光的传播。

以下文字，纯属发散，瞎聊。

前几天闺女问我“世界上真有隐身衣么？”，确实在研究呢，军事上的战术斗篷，就像哈利·波特的隐身衣，穿上，其他人就看不见你了。

这些东西,用的就是超材料/超表面,因为不反射光。

反射:光在高折射率的材料向低折射率材料传输,才能产生的现象,光纤用的就是全反射原理。本质就是光遇到阻碍产生反射,就像水管子喷到墙上,会溅出水花儿。

超材料,光无阻碍,也就不会反射。

我们眼睛看到的东西,是因为这个物体有光线反射到咱们眼睛里,进而成像。超材料的东西不反射,所以眼睛看不到,这就是隐身。

如今军事上的隐形飞机,也类似原理,不产生电磁波反射,所以你的雷达扫描不到。

也许,神话小说中的隐身术,只是因为现代人变笨,文明回退而不理解这种原理了呢,也是有可能的。没人会说,文明的迭代一定是代代向前发展啊,也有可能是高度文明之后产生的回落,犹如《三体》描述的世界。

如果隐身,有一天用科学可以解释,就像当初科学的解释电磁波一样,那么“鬼”“魅”“神”“仙”“妖”“怪”“灵”“巫”……这些词儿,也就有了具象了吧。

铌酸锂调制器

电光调制器

何为电光调制器？

利用电光效应制作的调制器。

何为电光效应？

晶体在外加电场的作用下，折射率发生改变的现象。

何为折射率？

光在真空中的传播速度与光在该介质中的传播速度之比。

换句话说，电光调制器，是改变光在这个介质中的传播速度，而对信号发生调制的一种器件。

电光调制器中，最常用的就是铌酸锂 MZ 型调制器。

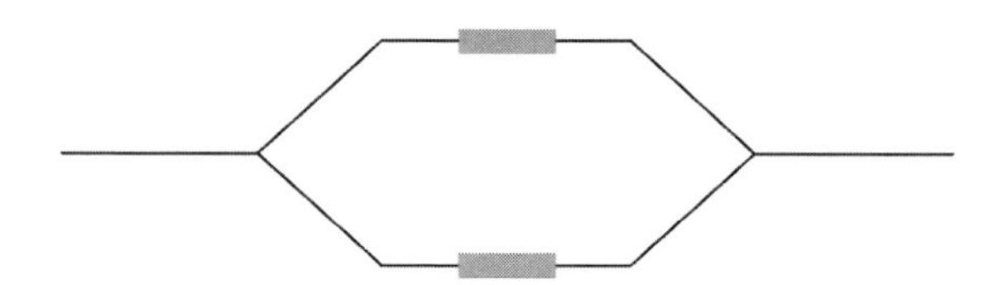

既然改变的是光在波导中的传输速度，那波导就是光的通路。电场可以改变晶体折射率，比如我有外加电场的超能力，手一挥，可以让这条泥巴路迅速冻住，成了冰。也可以手一挥就让冰解冻，还原成泥巴路。

让两个人出发，一人走一边，过完我的地界，他们能拉着手定义为“1”，拉不上手定义为“0”。

我的手一挥，两条路都变成冰，他俩速度相同，出来之后是“1”。

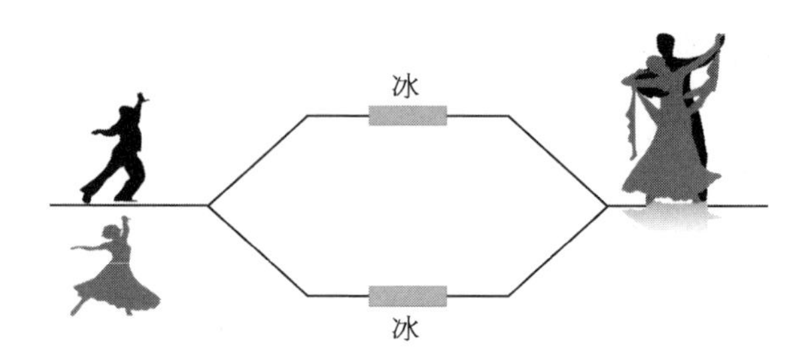

我手再一挥，下边的路变成水泥，路的折射率变了，让女生（光）的行走速度也变了，出来后两人拉不上手，这就是“0”。

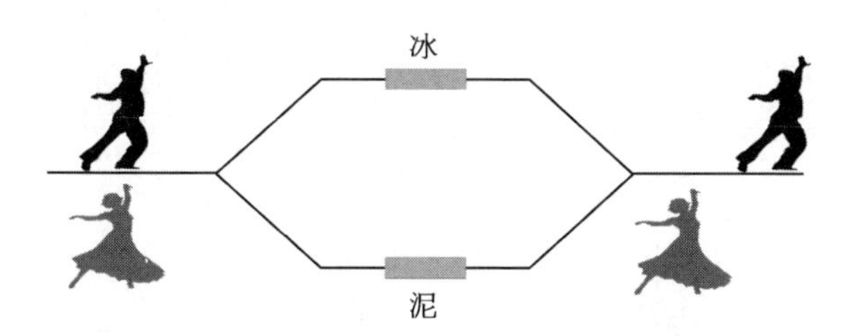

我就是调制信号，决定着路的性质（折射率），间接决定了这两人（两束波导）的行进速度，也就等于控制输出的状态是“1”，还是“0”。

电光调制和电吸收调制，用的原理不同（见下页图）。

铌酸锂调制器

铌酸锂调制器，为什么波导与电极的结构设计会需要特别注意方向？

常用的两种电极设计如下：

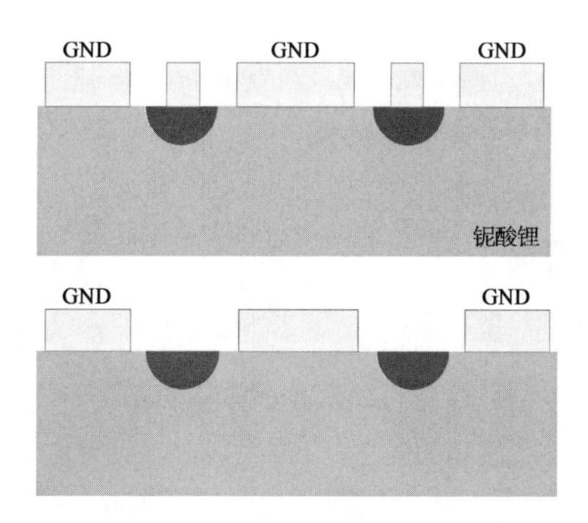

看下电场穿过波导的方向，一个是垂直的，另一个是水平的（见 P143 上图）。什么情况下需要垂直设计，什么情况下需要水平设计？

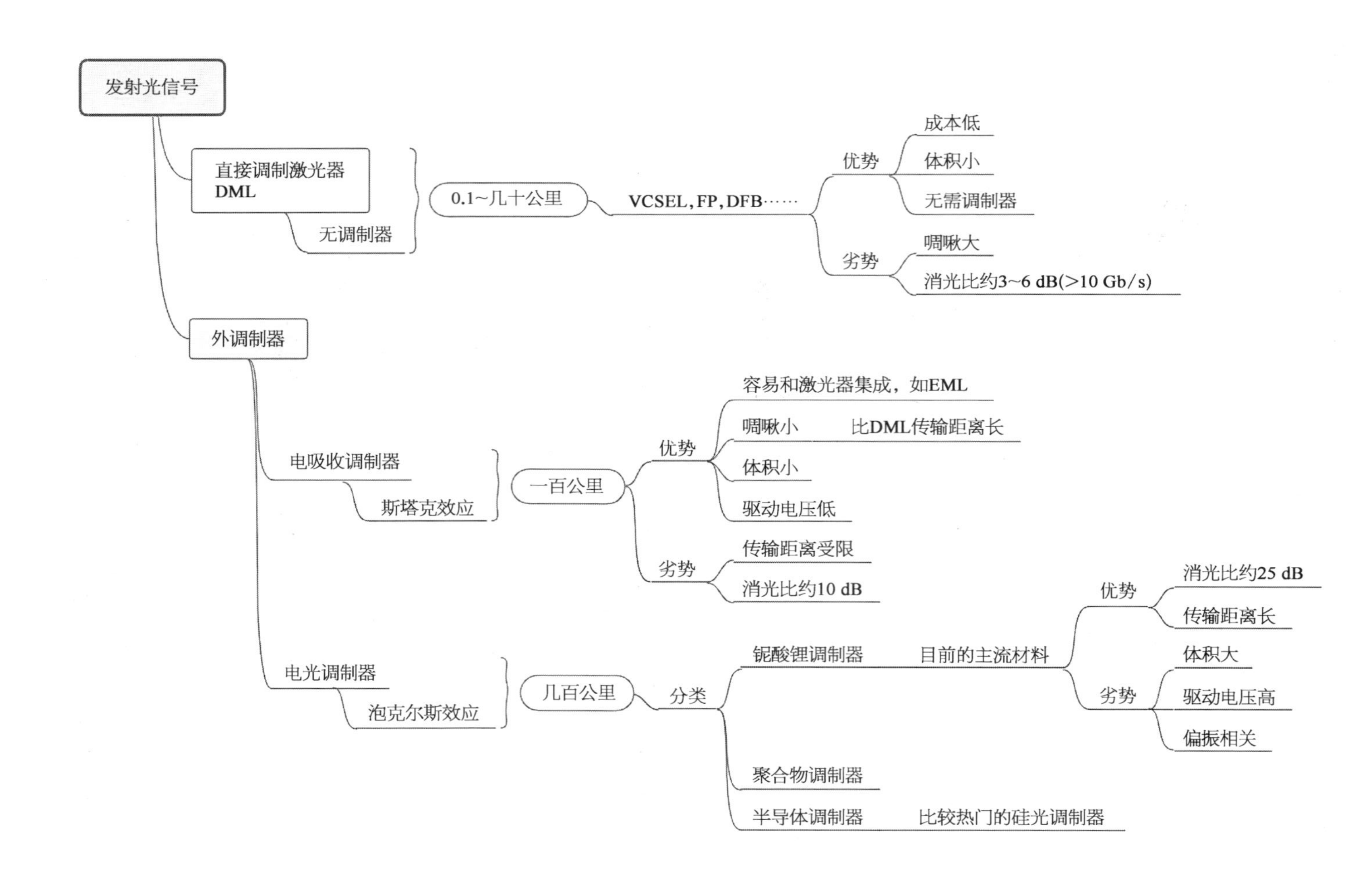
发射光信号
直接调制激光器
DML
无调制器
0.1~几十公里
VCSEL, FP, DFB……
优势
成本低
体积小
无需调制器
劣势
啁啾大
消光比约3~6 dB(>10 Gb/s)
外调制器
电吸收调制器
斯塔克效应
一百公里
优势
容易和激光器集成，如EML
啁啾小
比DML传输距离长
体积小
驱动电压低
劣势
传输距离受限
消光比约10 dB
电光调制器
泡克尔斯效应
几百公里
分类
铌酸锂调制器
目前的主流材料
优势
消光比约25 dB
传输距离长
劣势
体积大
驱动电压高
偏振相关
聚合物调制器
半导体调制器
比较热门的硅光调制器

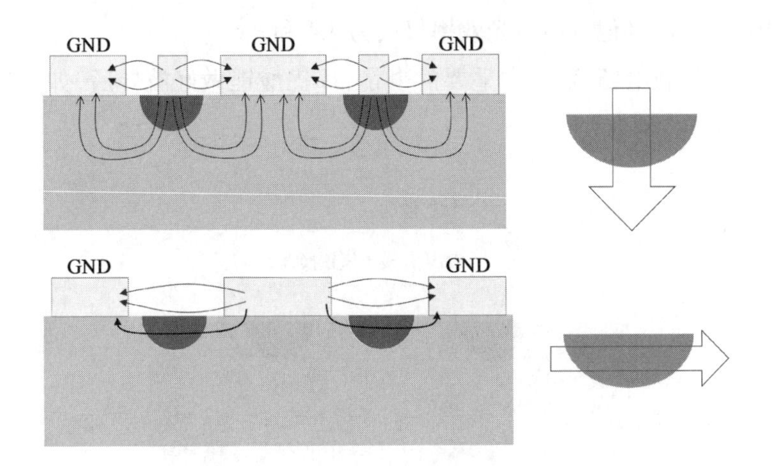

铌酸锂是一种晶体，三方晶系，由铌 Nb、锂 Li 和氧组成，呈现 3 m 对称性，就是沿 z 轴，每旋转 120°，分子结构重叠。

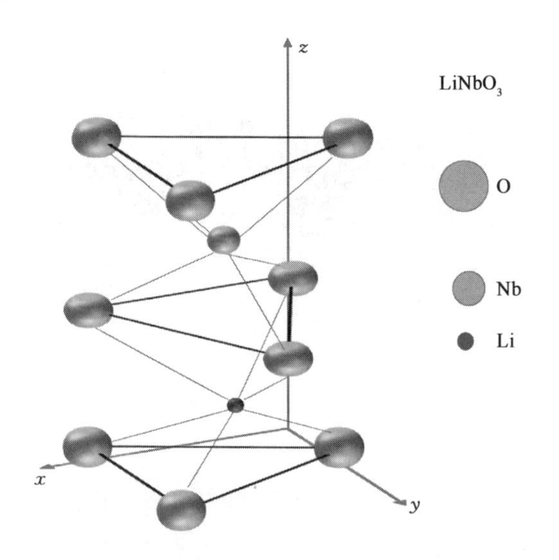

找到这个 z 轴很重要，在这个方向上的电场通过，对 y 轴的光子产生了最大的速度阻碍，也就是折射率改变。

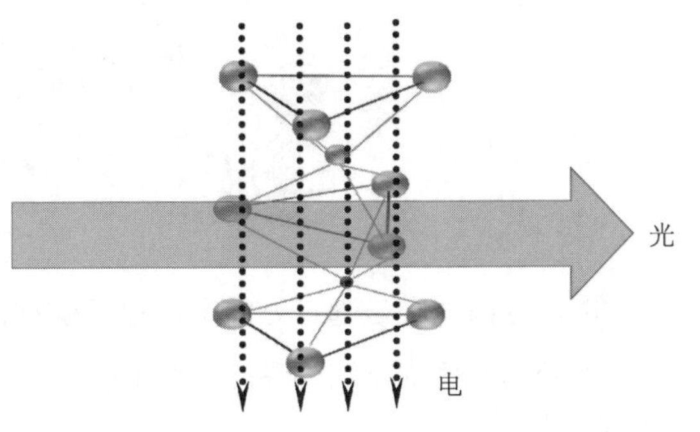

电场对折射率的影响度，量化指标就是电光效率，电场沿 z 轴加载电光效率是 30.8，

单位 10^{-12} m/V，其他方向电光效率仅仅为 3.4 和 8.6。

在 z 轴加载电场，是非常重要的事情，那铌酸锂做好波导后，如何给波导控制电场方向，是个大问题。

一种方式，是铌酸锂沿 z 轴切割，波导的方向与电场方向如下图所示。

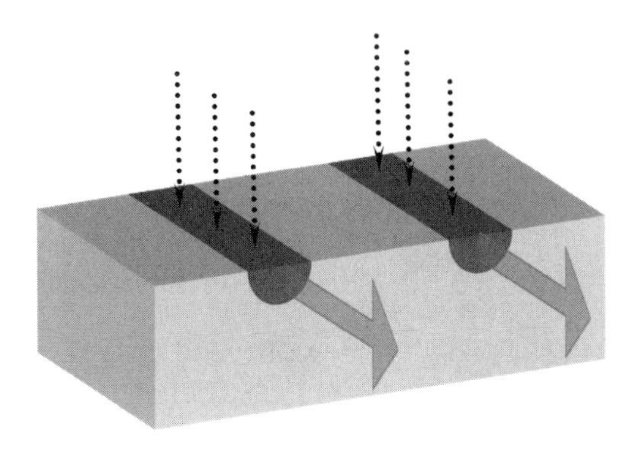

电极的设置：

电场方向几乎是垂直方向上经过铌酸锂波导。

另外一种切割方式，波导方向如下：

电场方向与波导方向：

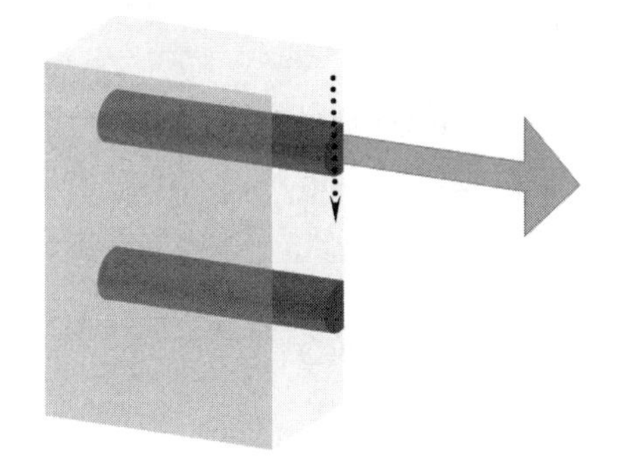

电极可以这么加：

放平后，看电场(见下页上图)。

晶体不同的切割方向，需要不同的电极设计，目的是为了让电场在 z 轴方向上通过铌酸锂晶体，实现最大的电光效应。

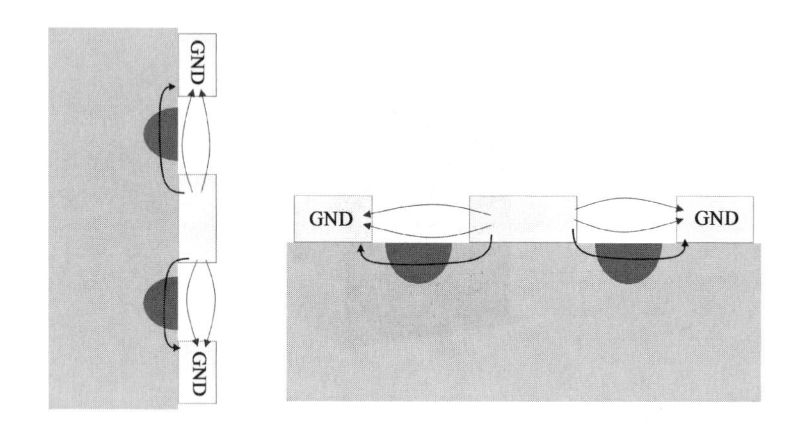

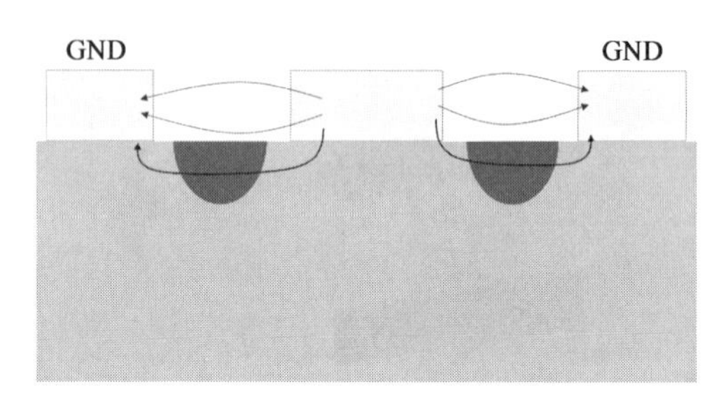

为何铌酸锂调制器那么长

为啥调制器做那么大？

画个图，红色铌酸锂 MZ 调制器的调制臂，调制电压改变折射率，使得输出信号的相位有变化。

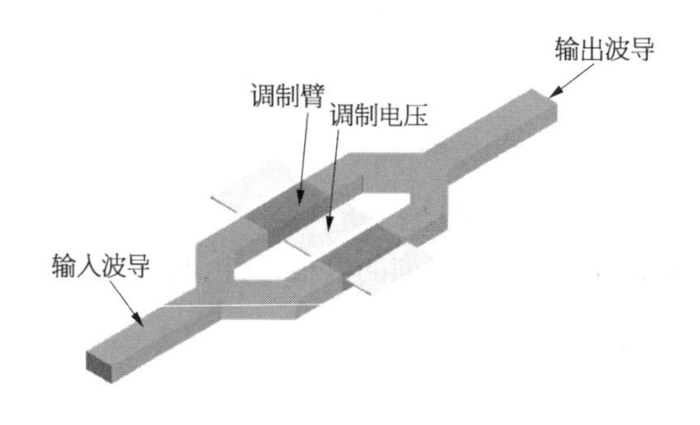

上下调制臂上输出的信号,同相位,则增强,可以理解为“1”(见下左图)。

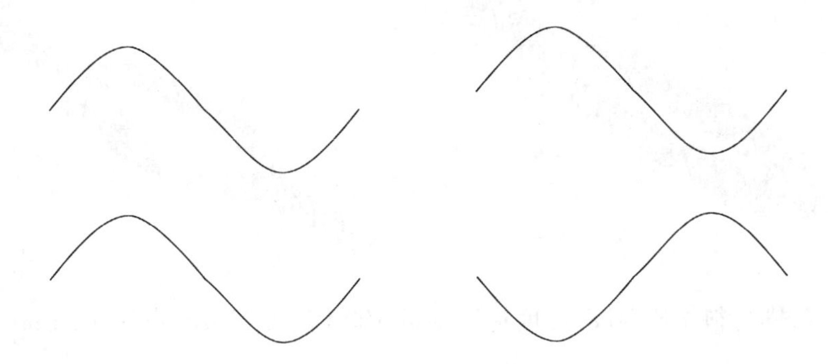

上下调制臂输出的信号,相位相差 π,180°,则峰和谷相消,可以理解为“0”(见上右图)。

调制,与以下几个参数有关:

$$U_{\pi} = \frac{\lambda}{2\eta^3\gamma} \cdot \frac{d}{L}$$

波长 厚度
长度
折射率
电光效率

折射率、电光效应、波长,在选定材料和方案时,就成了常数。

那么,半波电压,或者叫调制电压、调制臂长度、厚度,决定了铌酸锂调制器的结构大小。

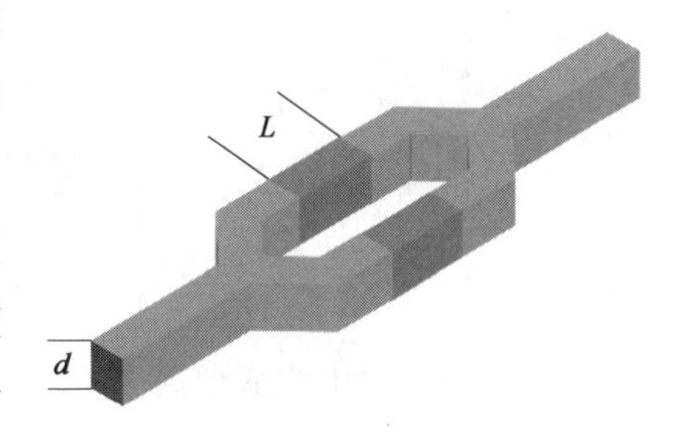

有些文献的调制电压已经到了几百伏,对光通信模块来说,几伏电压是比较合适的,了不起也是十几伏,咱们当然希望调制电压越低越好,那就需要降低厚度或者加长调制臂长度。

铌酸锂材料,怎么降低厚度,这是工艺条件决定的,早些年只能做到毫米厚度,后来有日本厂家可以做到几十个微米,这在很长一段时间,就是个极限。

那厚度没办法降低,那么就只能加长。调制电压与长度之间找一个平衡点,电压别那么大,长度也别长到不可忍受(见下页左上图)。

这就是为什么铌酸锂调制器总是那么长的原因。

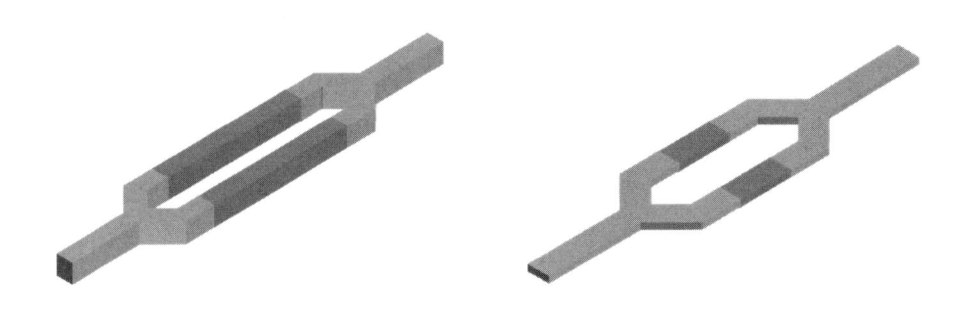

铌酸锂材料做成薄膜,厚度可以降低 100 倍,从 20 μm 降到 0.2 μm(见上右图)。

厚度降低,那长度也可以降低,调制电压也可以降低,这就是把铌酸锂调制器的结构做到很小,容易光电集成。

小结:

传统的铌酸锂调制器很长,是因为工艺限制无法做到很薄,只能加大驱动电压以及加长调制臂。

现在想要铌酸锂的优良性能,还要做小才能与其他光电器件集成,比如硅基波导是 0.2 μm 厚,0.5 μm 宽。有好些研究机构(比如哈佛大学)开始做超薄的铌酸锂结构,也是 0.2 μm 厚,0.5 μm 宽,同时长度也成比例缩小。

铌酸锂薄膜制备

在晶圆上切出铌酸锂薄膜:

用的技术是离子注入,官方解释是这样:离子注入是指当真空中有一束离子束射向一块固体材料时,受到固体材料的抵抗而速度慢慢减低下来,并最终停留在固体材料中的现象。

这次的固体材料是铌酸锂晶体,天天说晶体的晶格结构,可把它想象成铁丝网格(见下页第 1 图)。

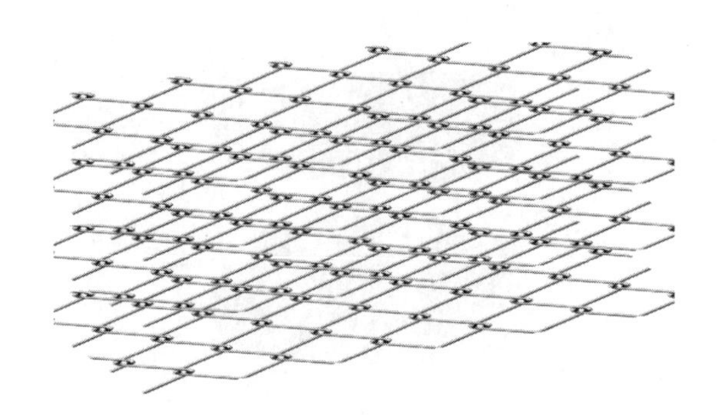

离子束发射时有能量的,用弹弓打你们家玻璃也有能量。离子穿透铌酸锂晶格,慢慢减速,最后停留在一个位置。

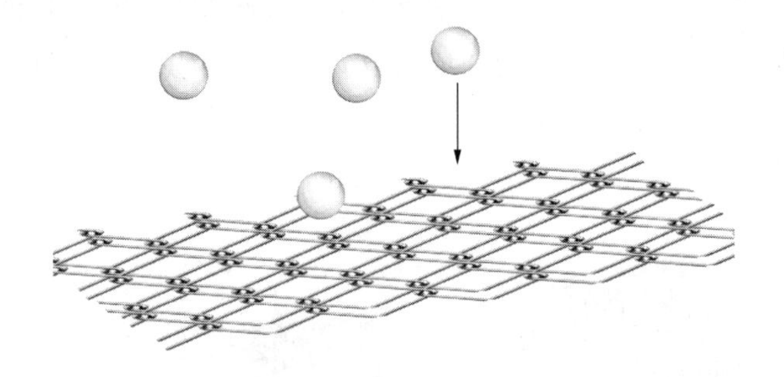

离子停留的位置,就是调制器设计需要的厚度。

假定需要 0.2 μm,控制注入的力道,让离子停留在距离表面 0.2 μm 的地方。

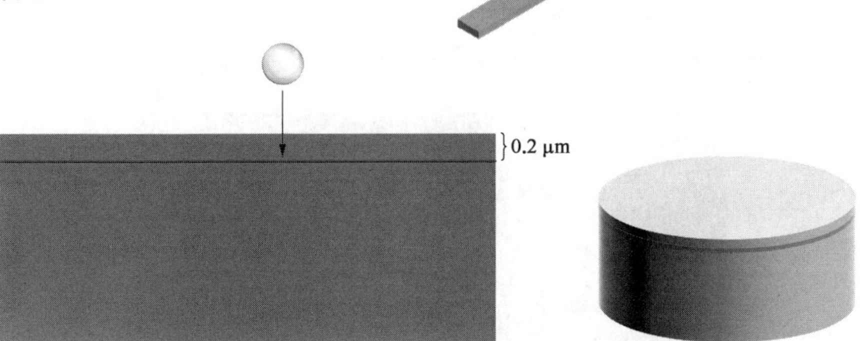

完成注入后,把铌酸锂 wafer 倒扣在其他衬底上,这个衬底,可以是硅、SOI……

做真空键合。

啥叫真空键合？就是两片 wafer 紧密贴合，那些原子分子会直接结合，原子分子是豆子的话，就是在一个装白豆的玻璃瓶里，又倒入一层红豆。在这两层豆子界面，他们是互相融掺的。键合后的 wafer 就成了一体。

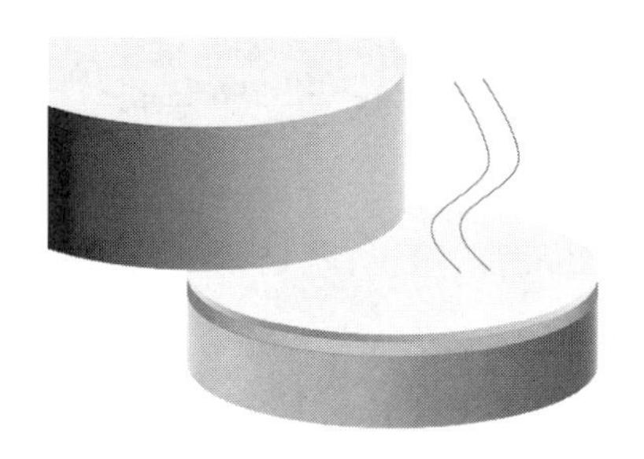

wafer 键合后，加热，注入的离子是氦离子，加热后成为氦气，气体已飘走，下面一层就可以完美剥离（见上右图）。

理想很丰满，现实很骨感，很薄的很脆的片型，容易碎。

早些年真有厂家把碎片卖给客户,当然也能用,在其中大一点的碎片上,也能做好些个调制器呢。现在工艺发展,碎片率很低了的。

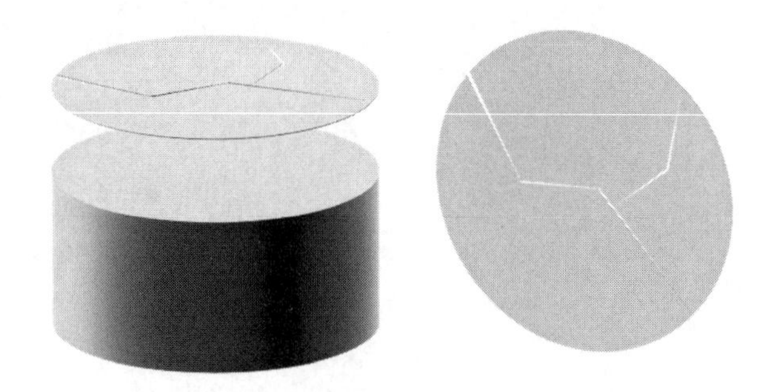

用离子注入做薄膜剥离,还会引起另一个问题,就是晶格损伤,注入前的晶格:

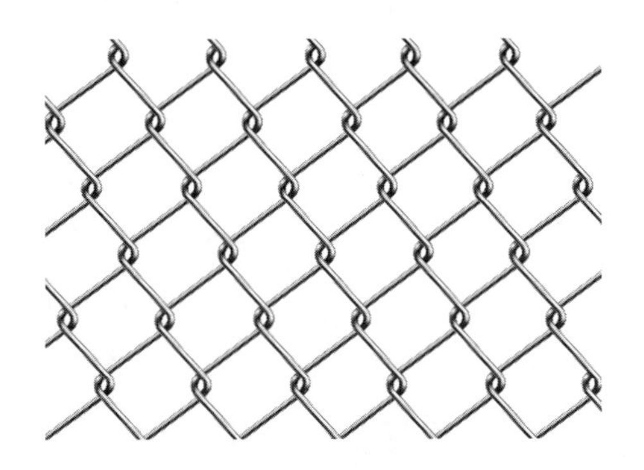

注入的过程,就是离子不断地穿过表层晶格,进入中间的某一层,那穿越的过程,经常就把人家的晶格破坏了,注入后:

还得有个过程,是修补晶格。比如退火的工艺就是其中一种修补工作。

电吸收调制器

EAM 电吸收调制器等效模型

电吸收调制器 EAM,electro－absorption modulator,之前我的理解就是个挡光板,把光挡住就是“0”,让光通过就是“1”。

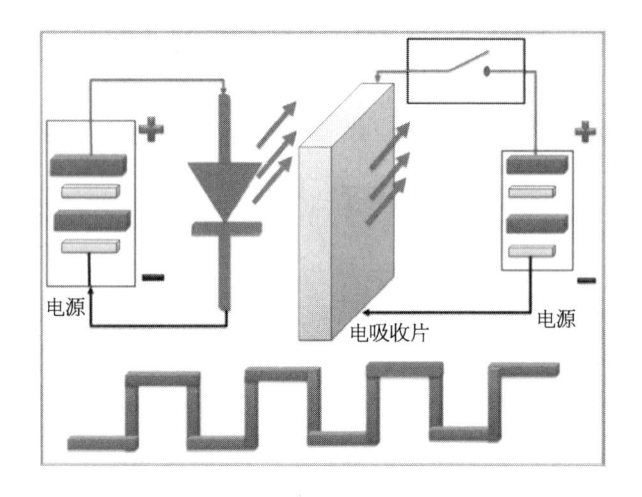

后来有人问,把光挡住,那光去哪里了?

咱们继续看 EAM 的结构:

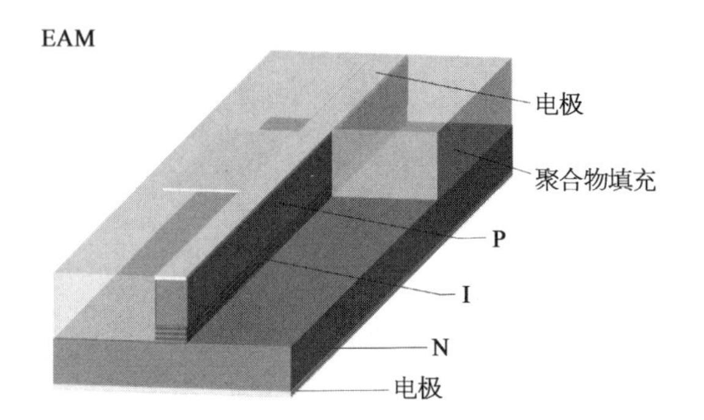

它的有源部分其实就是 PIN 结构,就是探测器,如果给 EAM 加电压,光就转成了电。

如果不加电压,则光就直接通过了。

只不过 PIN 的 I(本征),是多量子阱结构。

光的通断,由电压控制,有电压是 PIN 探测器,光转成电。没有反偏电压就是波导。

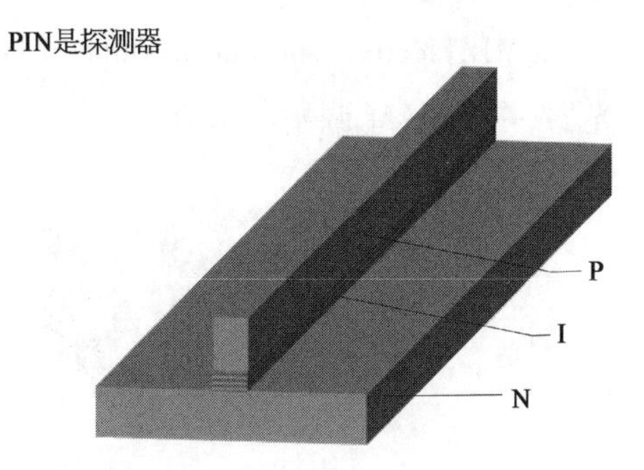

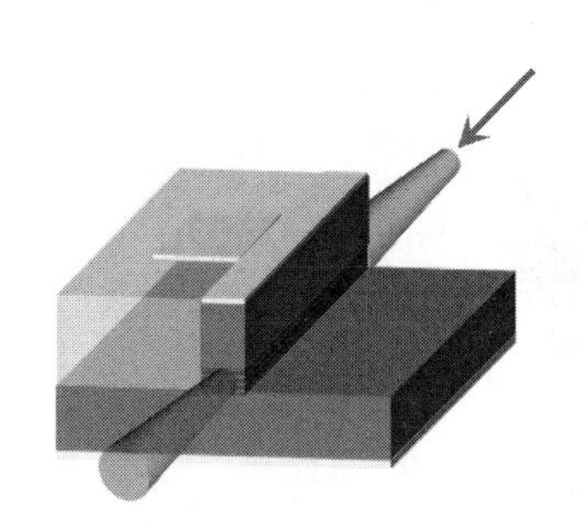

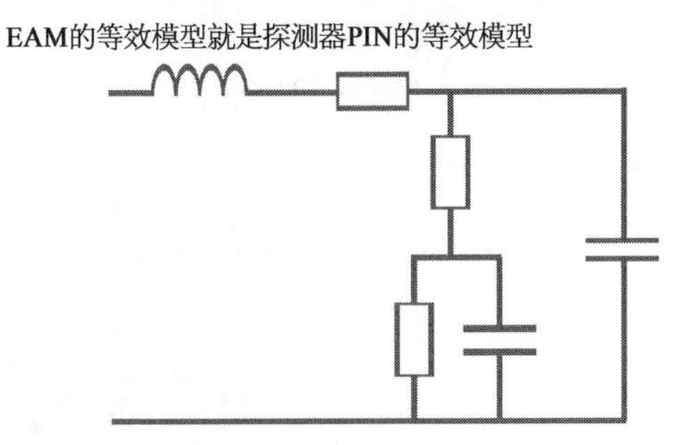

同样,EAM 作为一个单独器件,可以贴在载体上,chip on carrier。

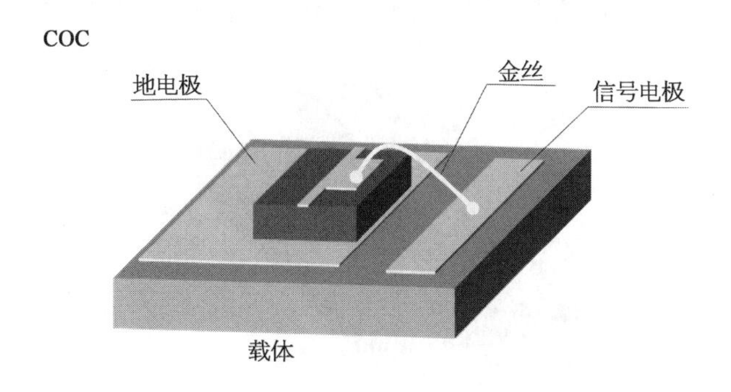

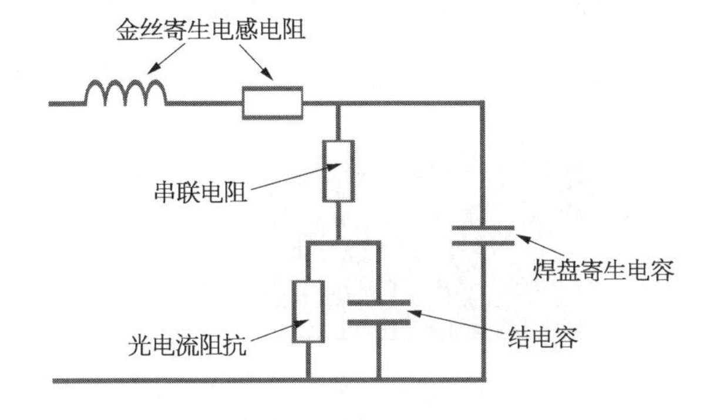

EML,electroabsorption modulated laser,电吸收调制激光器,由一个 DFB 激光器、一个 EAM 调制器组成。

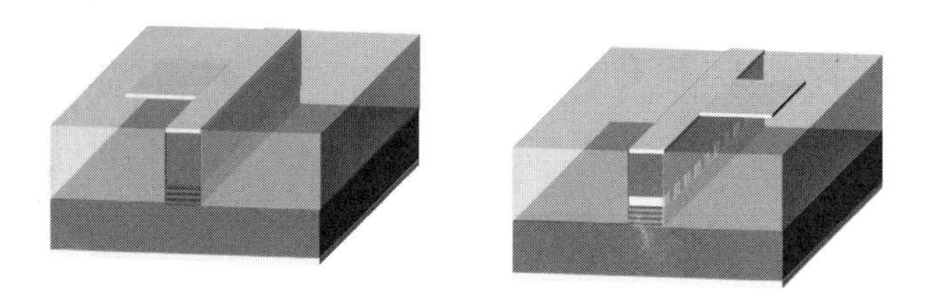

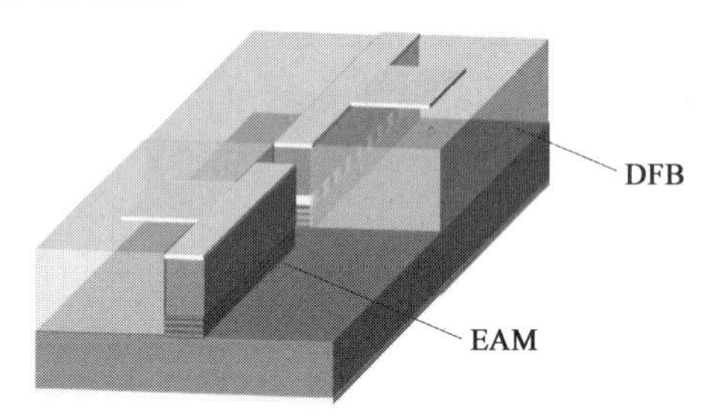

虽然 EML 是 DFB 和 EAM 的集成,在光路上它们还需要隔离处理。

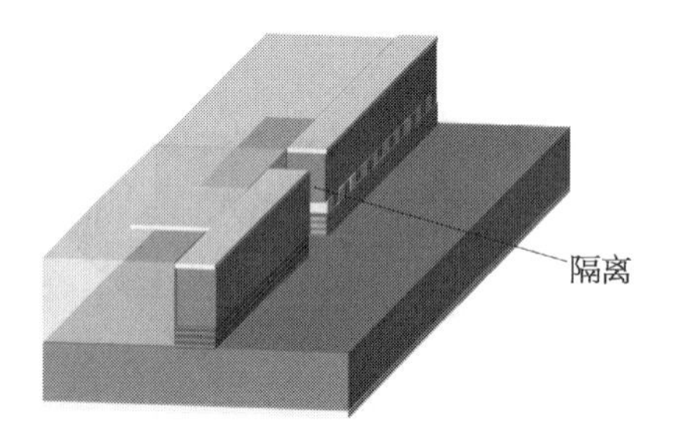

有隔离,不可避免地引入光反射,这是 EML 集成器件设计时需要考虑的问题。

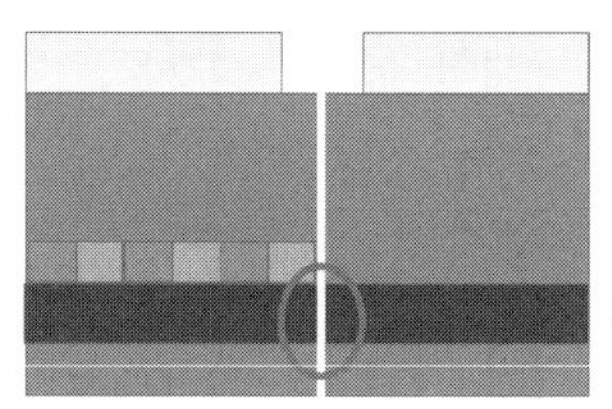

EML 中 DFB 与 EAM 共用地电极,就成了一个三端口器件,其仿真模型也是两者组合。

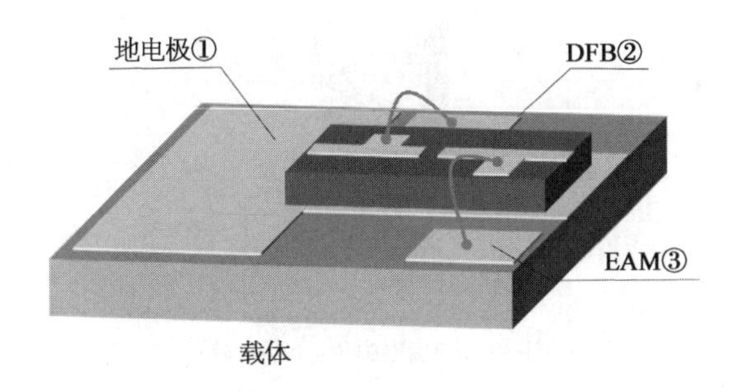

为何探测器和电吸收调制器,加反电压,而不是正电压

探测器为何加"反向偏压"?

电吸收调制器,为何加"负电压"?

这两个问题,合并起来就是一个问题。

探测器的结构是 PIN,作用是吸收光子,产生电流。咱们看中的是产生的电流量。

PIN 的 I 是本征层,可以看作是 PN 结的延长体,把 P 和 N 之间拉长,不是 PN 结,而是"PN"结,延长的那些区域,是让材料更多地吸收光,产生自由电子。

电吸收调制器也是个 PIN 型,加电压则吸收光子(顺道也产生自由电子),不加电压则不吸收。粗浅的理解,电吸收调制器的吸收态就是一个探测器。

探测器的反向偏压,就是 N 级接光模块的 3.3 V,P 级接 GND。结果就是"N 的电压比 P 高"。

电吸收调制器的负电压,N 接 GND,P 接负电压,结果也是,N 的电压比 P 高。

合并后的问题,就是在吸收光子的状态下,为什么 PN 结要反向偏置?

一个 P 型半导体和一个 N 型半导体,就是 PN 结,中间加一层本征层,就是 P－N 结,正向偏压,直接就能导通。

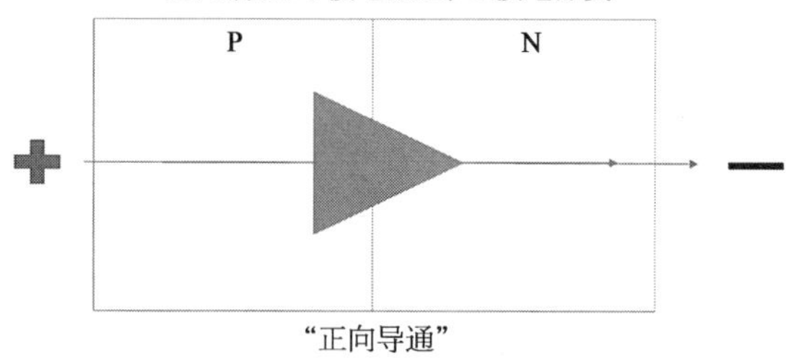

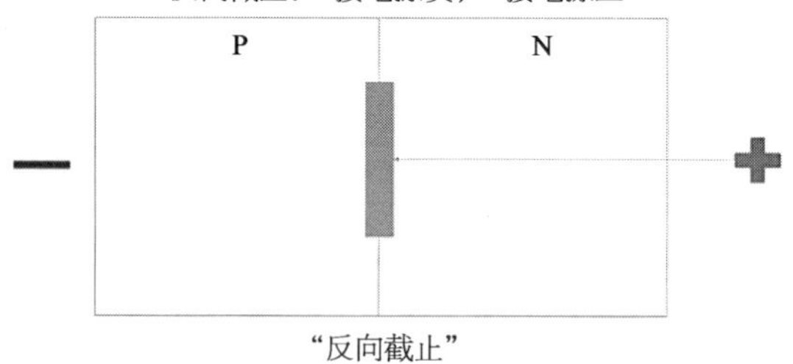

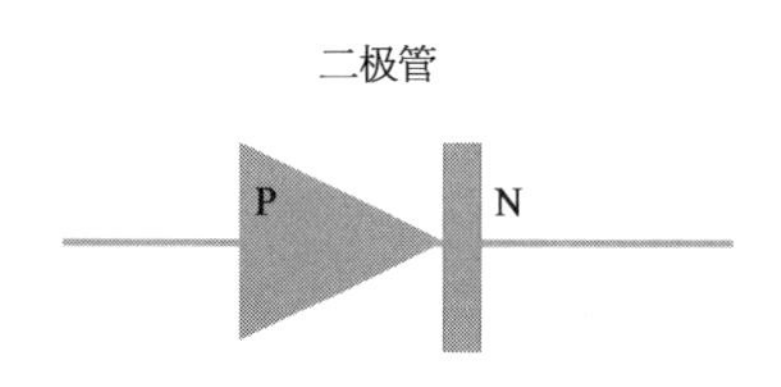

所以合在一起,二极管的图标就告诉咱们,它的特点是正向导通反向截止。

有些材料,吸收光的能量,破坏了电子空穴对的键合,材料里就蹦出来自由电子,叫光电效应,是电吸收调制器和接收端探测器都用到的一个物理现象(电吸收调制器会更复杂一些,基本原理没动)。

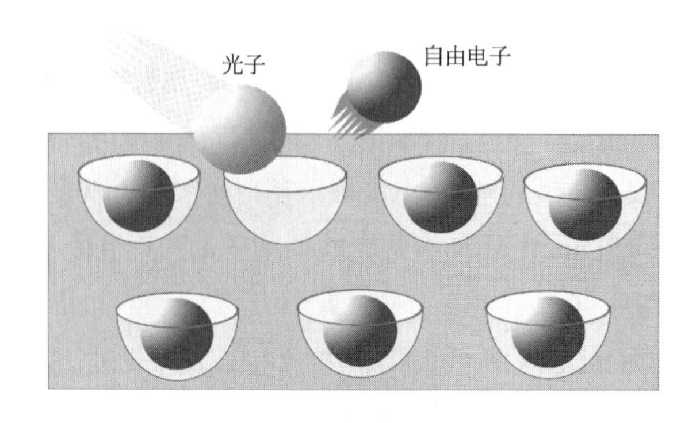

光电效应

对用了特殊材料的 PN 结,能吸收光的能量,产生自由电子。

如果正向导通,好么,你自己先产生了一万亿个流动的自由电子(正向导通),那有光照在 PN 材料上,也产生了几颗电子,嗯呐,你要在几万亿个自由电子里输出来新增的几颗"光生载流子",呵呵,肯定能检测出来,只是检测的代价得多大,请自行估算。

如果反向截止状态,咱 PN 结只有几颗散兵游勇的自由电子(反向漏电流),那有光照在 PN 结上,还是产生了一些自由电子,好么,点兵点将,就知道有多少是"光"生出来的"载流子",好计算。反向漏电流,在光模块探测器行业,俗称"暗电流",没光 & 反向偏压下的漏电流。

所以,为了计算光生载流子更方便,通常光电二极管用"反向偏压"。

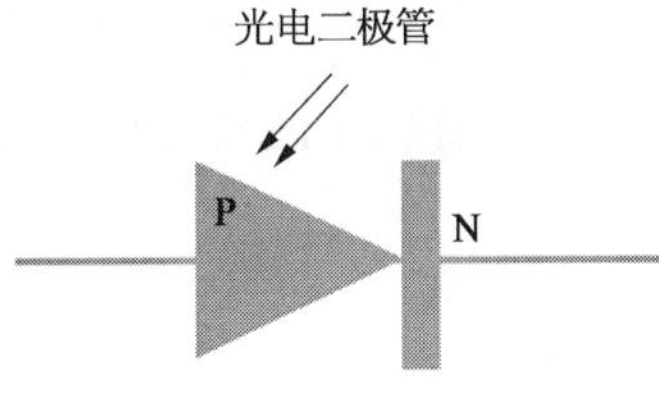

延伸的一个问题,一个光电二极管,我既不用正向偏压,也不用反向偏压,能行吗?

能。

那就是太阳能电池的原理。

电吸收调制器的吸收波长红移

光子,也叫光量子,指的是光能量的最小度量值。

不同光波长,可以叫它"一颗"光子啦,一颗光子的能量不同,公式如下:

普朗克常数 $6.63\times10^{-34}\ \mathrm{J\cdot s}$

常数 $1.6\times10^{-19}\ \mathrm{J/eV}$

光速

$$E=\frac{hkC}{\lambda}=\frac{1\,240}{\lambda}$$

波长

一颗光子含有的能量E

$$E=\frac{1\,240}{\lambda}$$

波长越长,也就是单颗光子的能量越小。

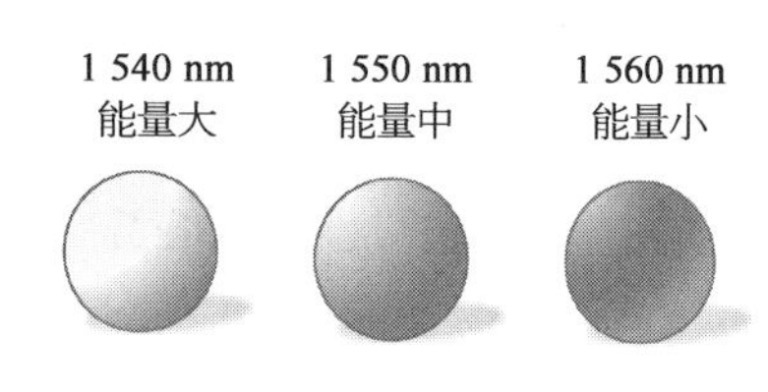

波长/nm

能量小,有的场合,就属于没用的光子。比如在光吸收领域,有些材料,可以吸收光能量,让处于键合状态的价电子,成为自由电子。

价电子，键合状态的外层电子

价电子如果吸收一颗光子的能量，就能变成自由电子，也就是科学家们说的，从价带进入导带

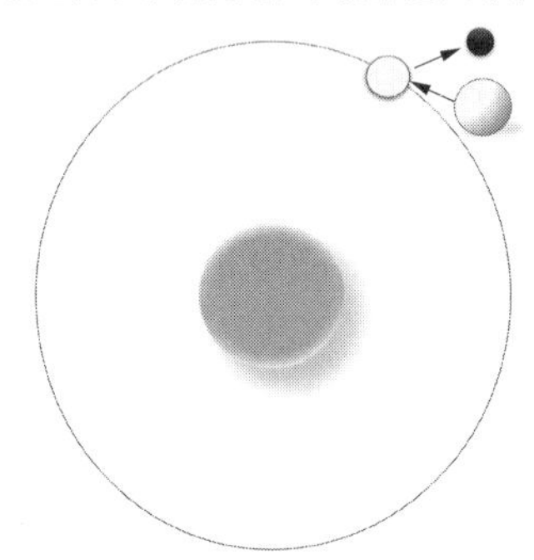

对一种固定的材料而言,它的吸收波长带是一定的,因为那些能量太小的光子,不足以让价电子摆脱束缚。

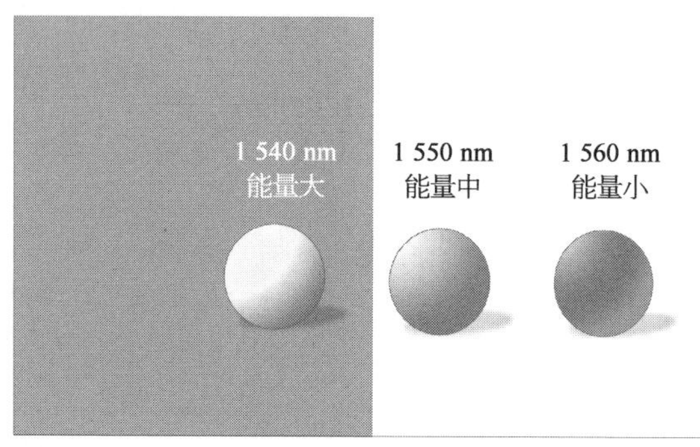

要吸收大能量的光子，价电子才能摆脱键合状态

波长/nm

但是给这个材料，加个外力，外加电场，让这些分子对价电子的束缚力降低，那能量略小一些的光子，也能被价电子吸收了放飞自我。

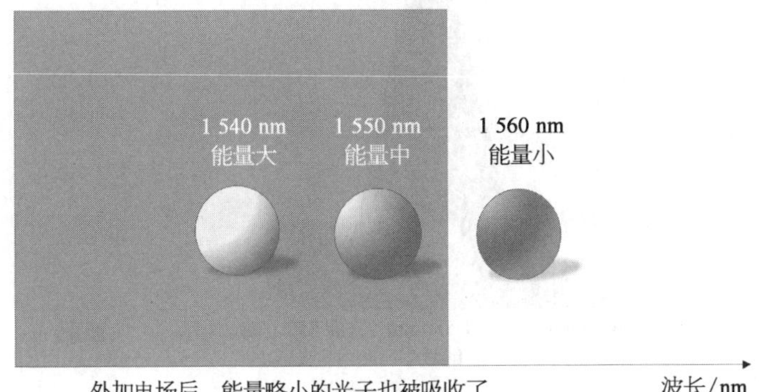

电吸收调制器，就是设计的这么一种材料，I 层，用量子阱来设计。

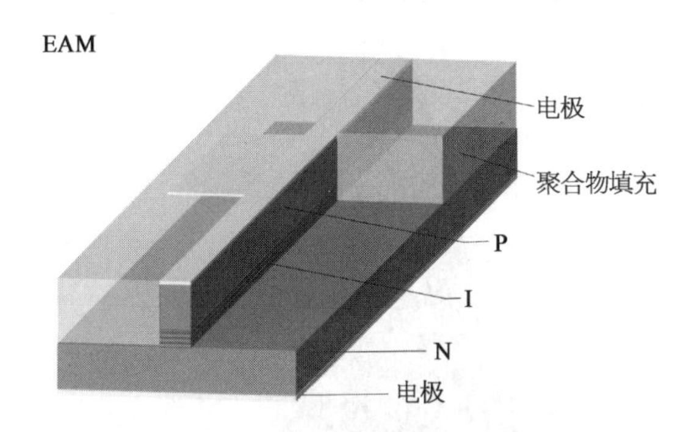

我切一片出来，解释吸收原理，EAM 和 DFB 常常集成在一起，DFB 出射激光，进入 EAM。

假定，这个 DFB 的激光波长是 1 550 nm。

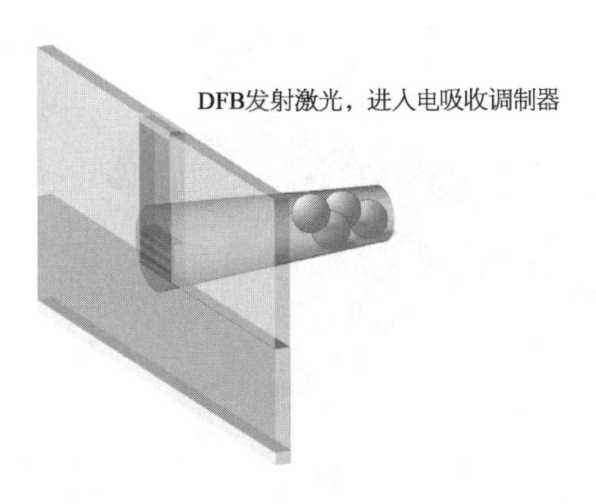

是吧，用光谱仪可以测个光谱图。

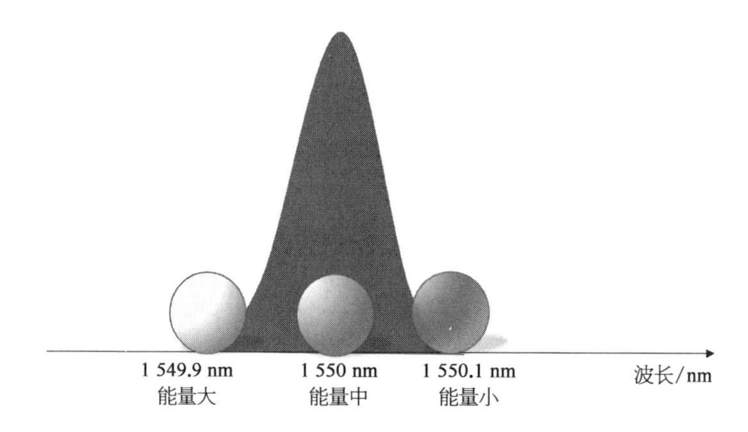

通常状态下，EAM 中的 I 层材料，价电子要吸收 1 549.9 nm 那么大的能量才能跑走，那 1 550 nm 的光就被透射过去。

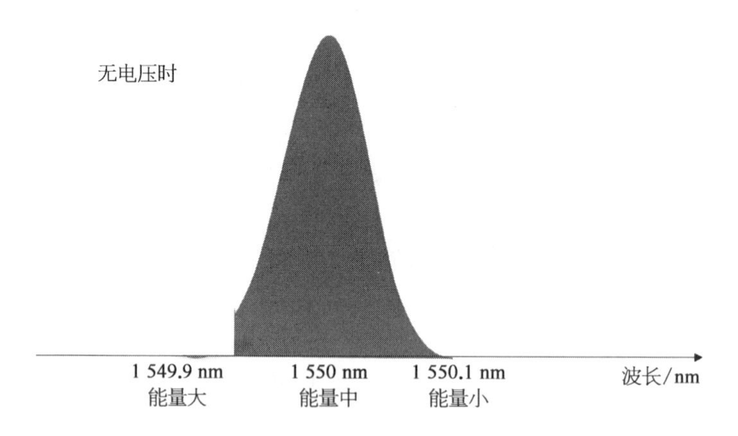

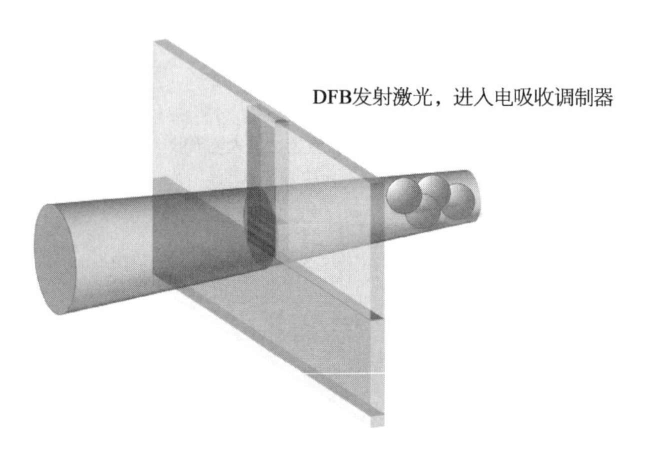

如果外加偏压,I层材料里价电子只需一点能量,就能摆脱键合态。光就被吸收。

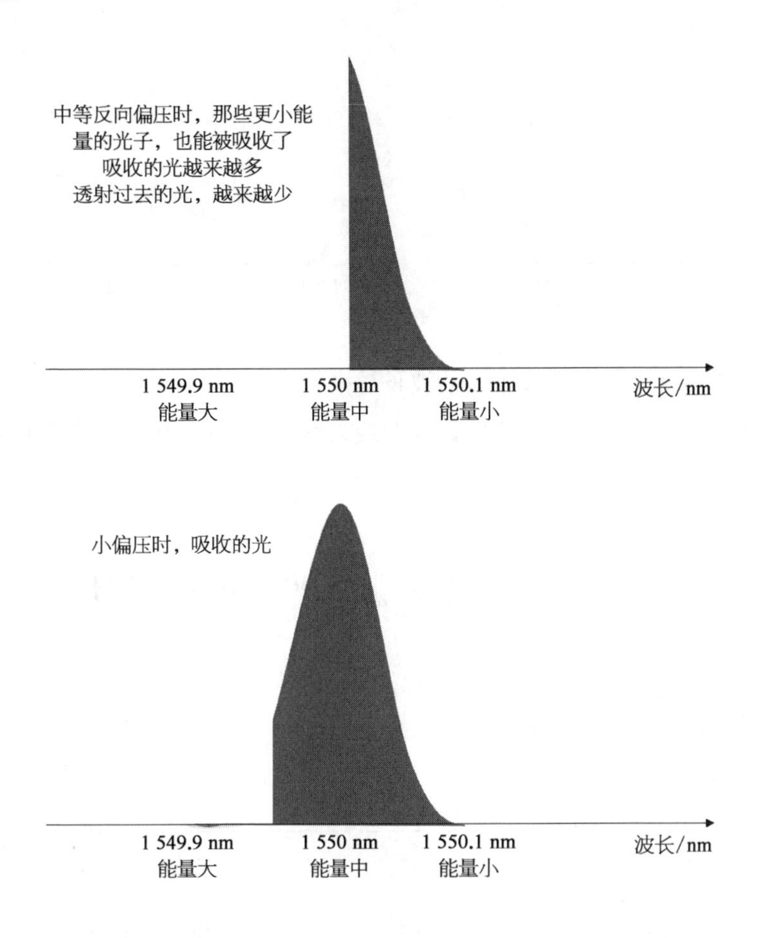

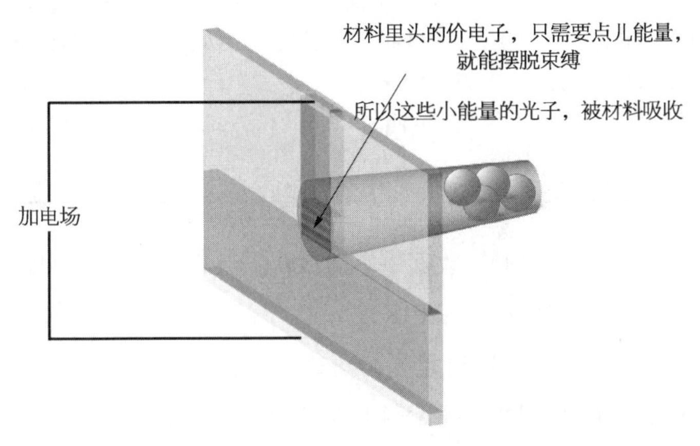

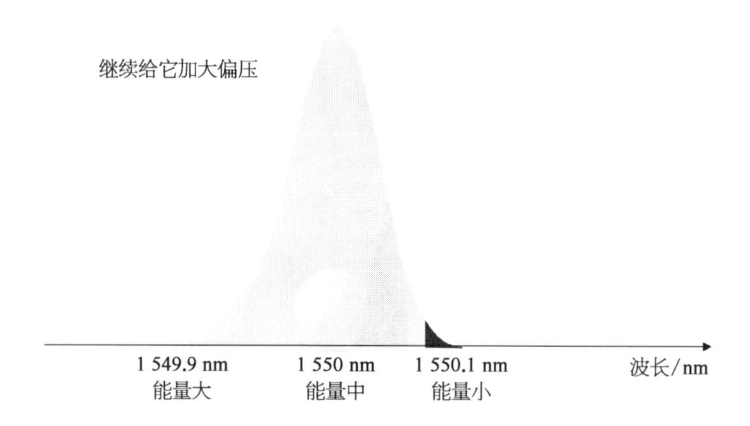

吸收带红移,就是说吸收光的波长越来越长。

咱经常看到的那个 EAM 的调制曲线,就是一个电压和透射功率的曲线。

非制冷单波 100 Gb/s EML

2018 年 ECOC 上单波 100 G(或 4×100 的 400 G 模块)的演示主要集中在 DR 和 FR,还没有 LR 的 demo。

单波 100 G 类别	距　离	演示样品提供商
100 G - DR	500 m	旭创、AOI、索尔思
100 G - FR	2 km	AOI、住友、奥兰若(Lumentum)
100 G - LR	10 km	无
400 G - DR4	500 m	旭创
400 G - FR4	2 km	无

目测 2019 OFC 会有 LR,数据中心的 100 G - LR/400 G - LR4,主要的需求点是低功耗、小封装(本节写于 2018 年)。

Oclaro 新发的一篇文章,就是在解决这个问题,

带宽到 42 GHz,可以支持 PAM4 单波 100 G 信号。

EML 取消 TEC,降低模块功耗。

EML 驱动电压摆幅降低至 1Vp－p,可以直接 DSP 控制,无需 driver,降低模块功耗。

先看提升带宽的处理,基本的 DFB 和 EA 结构做好后,刻蚀成台面。

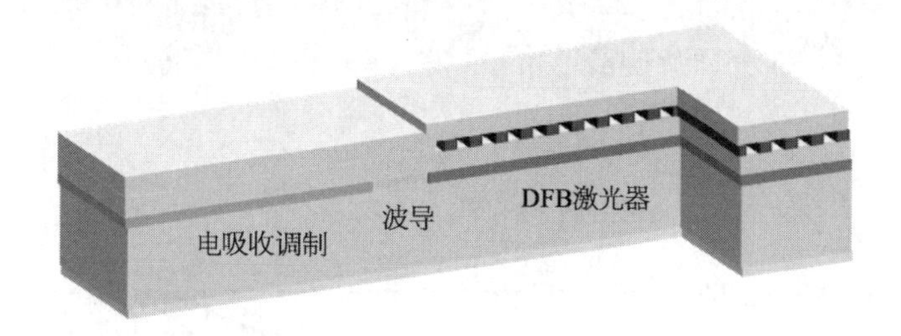

EML 的有源层用半绝缘 InP 材料约束成台面结构,可以提高载流子的运行速度,降低寄生电容,使得 EML 带宽到 42 GHz。

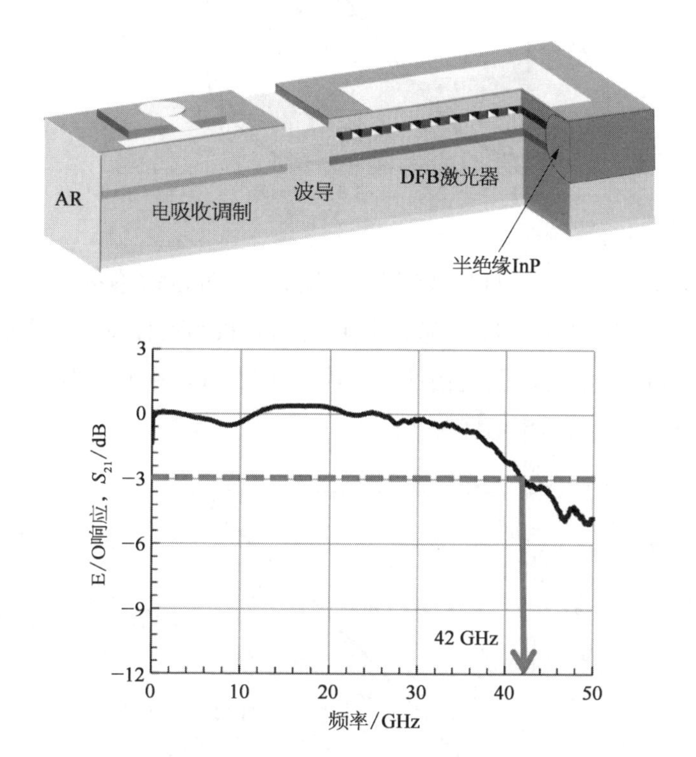

EA 的低电压摆动幅度降低,是通过控制 EA 结构长度来实现的,控制长度就要优化有源层设计,达到一个好的吸收效果和消光比。

另外 EA 的电极下加了绝缘垫，可以降低寄生电容，提高 PAM4 眼图质量。

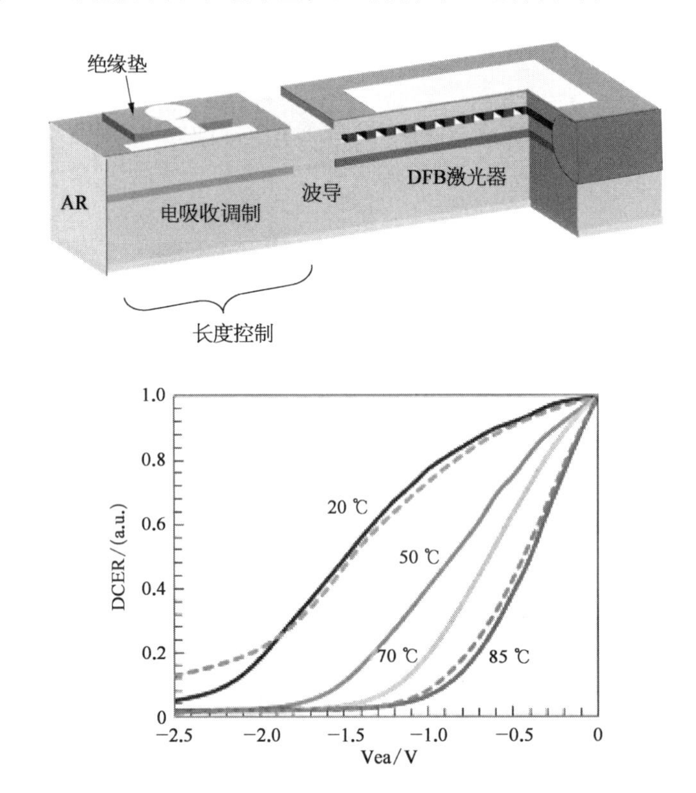

通常 EML 会有一个 TEC 来配合，一是 EA 是温度敏感器件，二是 DFB 也是温度敏感器件，要取消 TEC，降低功耗，那就要权衡牺牲掉一些技术指标。

从 Oclaro 的论文里看，它牺牲了光功率，好在数据中心的整个链路需要的功率预算不太苛刻，功率牺牲一些也罢。

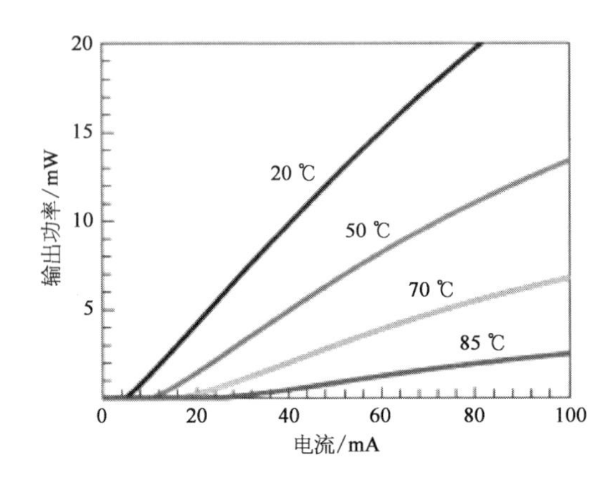

50 ℃时，EML 的效率比 20 ℃时降低 40%，70 ℃时，效率降低 70%。

85 ℃，效率只有 20 ℃的 10%，降低了 90%，我的看法是取消 TEC 会比较危险。

温度/℃	阈值电流/mA	功率/mW@60 mA	斜效率/(mW/mA)
20	4.2	15	0.27
50	10	8.2	0.16
70	18	4	0.1
85	28	1	0.03

他家的低电压驱动、高信号带宽、非制冷低功耗的 EML 激光器设计，看未来会不会有市场吧。

EML 更容易实现更大的消光比

电吸收调制原理，是低电场，吸收波长较短，高电场吸收的波长较长，这与单份光的能量有关。

写 EML 的另外两个特点，一个是：EML ER 消光比容易做大，传统的 DML 的 ER 相对较小。

DML，是电流驱动，消光比和啁啾有关系，消光比大，啁啾就大，导致色散传不远。所以，一般会控制在 ER 和啁啾（导致的 TDP）之间，取得一个平衡，所以 ER 一般是够用即可。

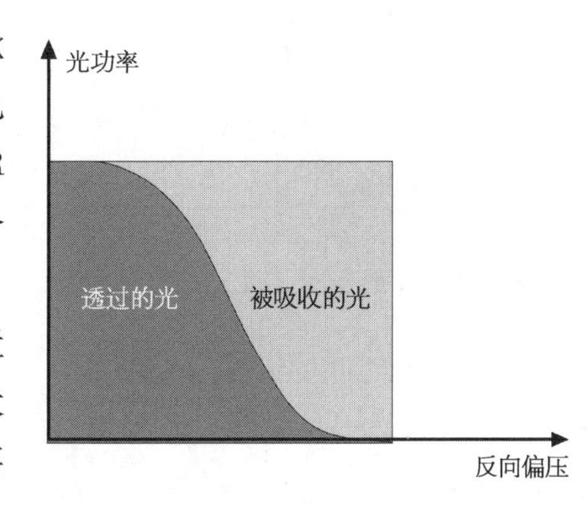

EML，是电压驱动，消光比的设置与啁啾几乎无关，理论上，只要加大电压的摆幅，就可以得到咱们想要

的值。

$ER = P_1/P_0$，换算成 dB 的话，就是 P_1 与 P_0 的 dB 之差，选一个合适的电压摆幅，就可以按照调制曲线推算出来 ER。

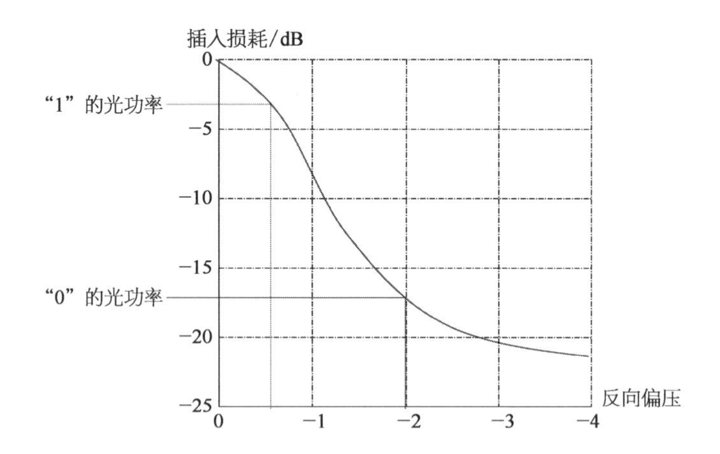

EML 的 ER 做到 10 dB 以上，还是比较容易的，ER 增加，接收端的灵敏度会好，整体提升传输链路质量。当然，消光比太大也没有意义，在调制曲线上会进入饱和区，导致码型失真，眼图交叉点变化。

EML 的另外一个特点，是温度敏感，电吸收区域是和吸收波长以及温度相关的，而激光器的出射波长也与温度相关，温度变化会导致调好的光眼图快速变化，一般在用到 EML 的光模块里，会配置一个 TEC。

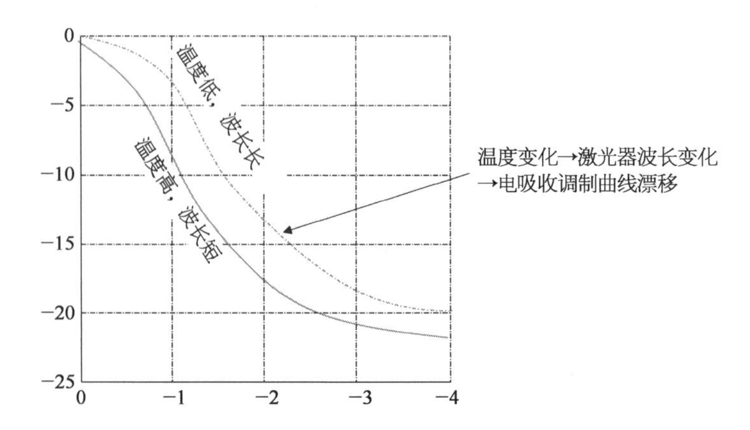

电吸收调制激光器 EML

EML,电吸收调制激光器=电吸收调制器+激光器。

VCSEL 激光器,加了一个电吸收层,反过来读,就是一个电吸收调制器加一个 VCSEL 激光器,是吧。

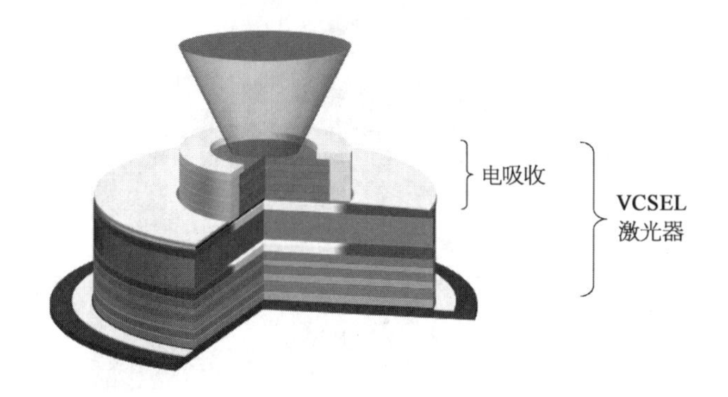

咱们常见的 EML,是下图这样式儿的电吸收+激光器,电吸收加的是一个 DFB 激光器,边发射。

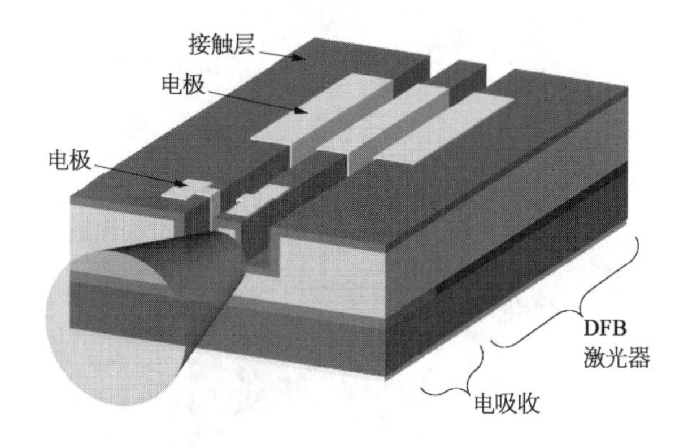

之前说过用探测器结构来实现光吸收(见下页第 1 图)。

其实咱们常用的 EML,把电吸收层仔细切开一看,也是探测器。下图是三菱 EML 的吸收层的分布状态,我把他们堆一下看,也是个 PIN 探测器结构呗,是吧(见下页第 2 图)。

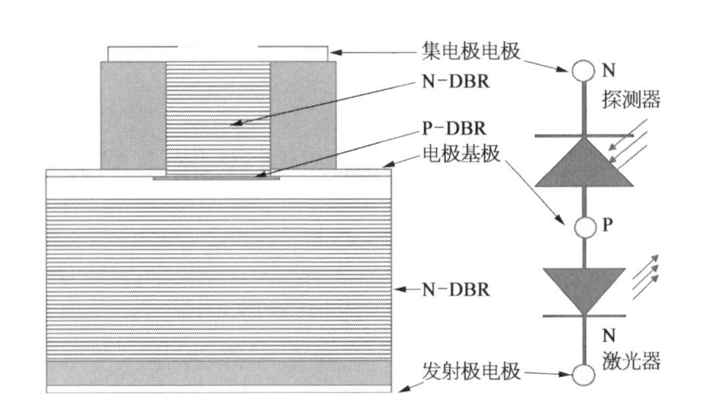

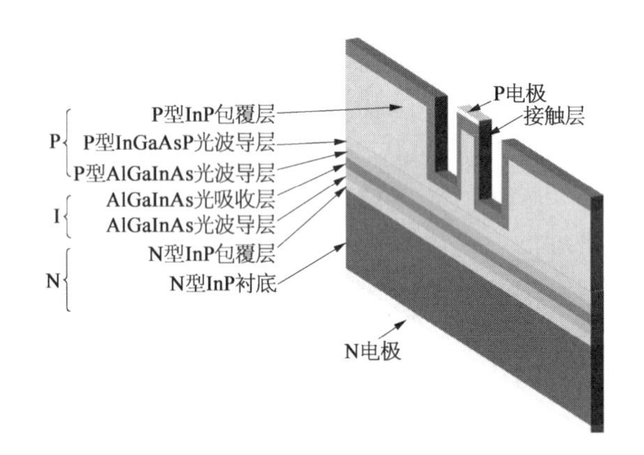

这个 PIN 不工作时,右侧 DFB 激光器的光就穿过探测器,这是“1”。

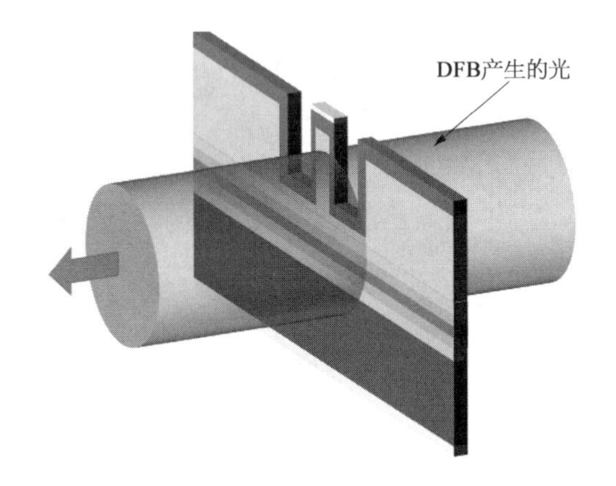

给这个 PIN 加反偏电压,有源层开始吸收光子能量,以前的电子空穴对,心思不安稳,就像山贼抢了过路光子的钱,带钱就能各自逃跑,过路的光子就阵亡在这一层了,对 EML 来说就是“0”(见下页第 1 图)。

万变不离其宗的发吞吐光子原理,难倒一大堆科学家的超难工艺,再起一大把五彩缤纷的名字,就闪瞎人的眼。

小结一下,EML,叫个电吸收调制激光器。

这个电吸收调制器,本质是个探测器,可以是PN结探测器,或者PIN探测器。加的这个激光器,可以是面发射的VCSEL,也可以是边发射的DFB。

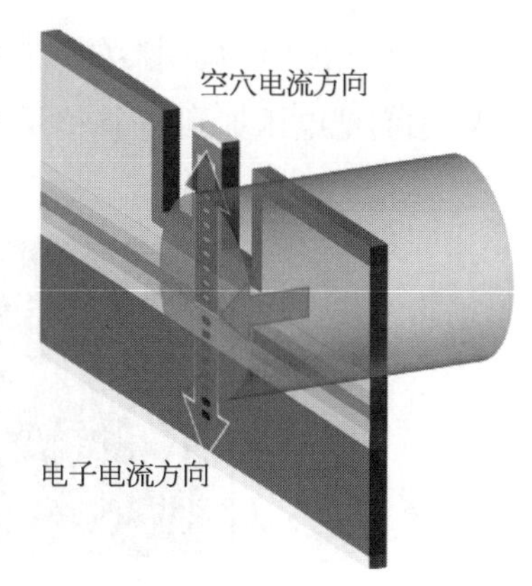

为什么 EML 要加一个 TEC

EML 电吸收调制器,是两个器件的集成,一个是激光器,一个是调制器。激光器,一直发光,波长和幅度咱下图看得挺多了。

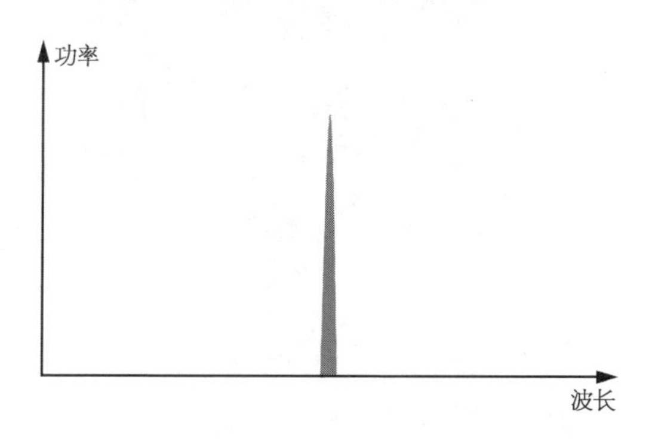

电吸收调制器,吸收与透光的区域,和波长关系是这样的:

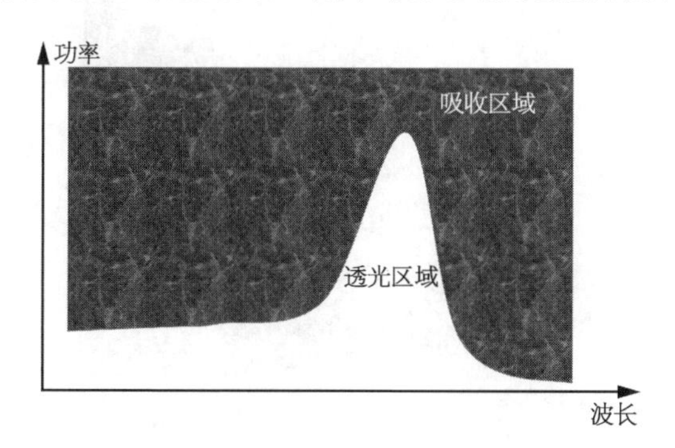

而且,电吸收调制器的吸收波长,会随着电压的变化而变化,上图如果是0 V,咱们把电压加到一个-3 V,吸收波长就成下图那样的了。

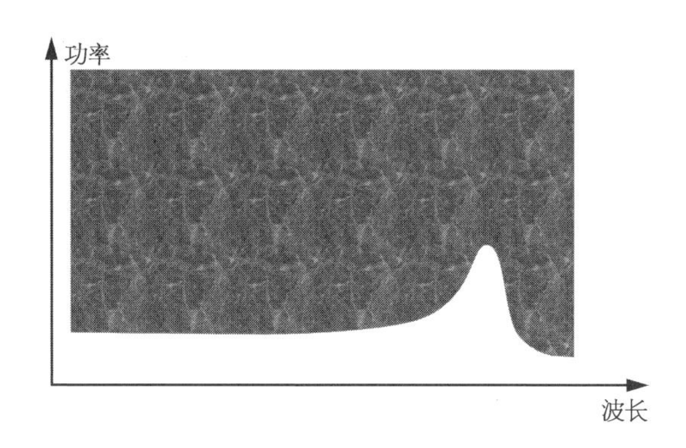

把位置、幅度和波长,做成三维就是下图这样,左侧是 DFB 激光器的出光波长,右侧是电吸收区域。

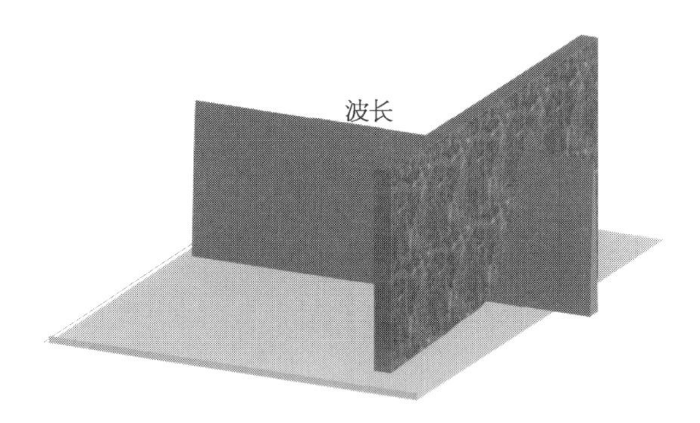

电吸收调制器无偏压(0 V),两个器件设计时激光器的出光波长和调制器的透过波长吻合的话,就有光透过。

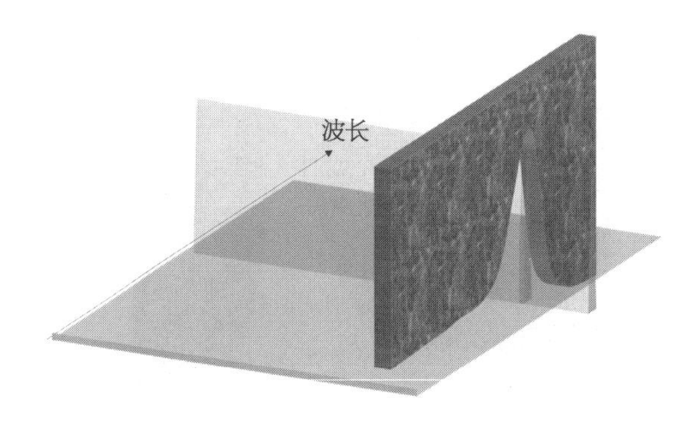

其他条件都不变,只改变调制器电压,原来的透光波长,现在成了吸收区域了。只出来一点点光而已。这是信号 0 的光功率(很小,但不是没有)。

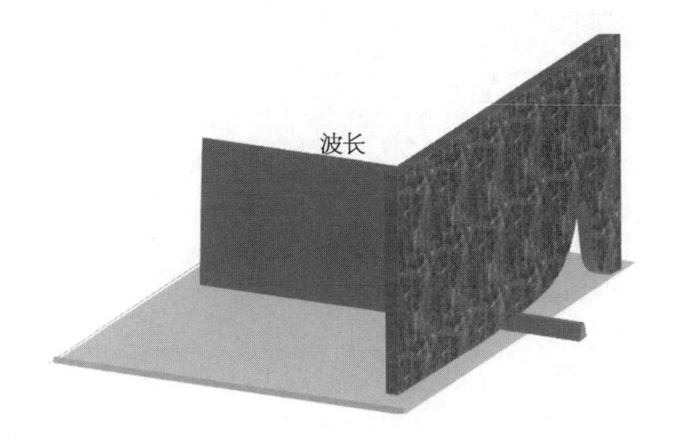

调制器的消光比,就是信号 1 和信号 0 的光功率之比。

电吸收调制器的吸收和透光波长变化与两个条件相关:电压与温度。

与电压相关联,这是咱们需要的,控制两个电压,就能控制光的输出与否,这就是调制。

与温度相关,这是咱们不需要的,好么,咱的 EML 在大武汉工作得妥妥的,拿到哈尔滨去,瞎了,给不给电压都没光输出。

俗称电吸收调制器是温度敏感的,再搭上另一个温度敏感的 DFB 器件,敏感的节奏还不一致,这样就过不下去了。

所以需要控制温度,就是不管外界的天气如何,EML 的工作温度点都在一个很小的范围内(比如 40~55 ℃)。

当然,也有厂家很乐意设计非制冷单波 100 Gb/s EML,只是目前的技术条件下,很难实现罢了。

回到题目,在现有的绝大多数技术条件下,EML 激光器需要加一个 TEC,来确保调制指标符合指标。

半导体调制器

热 光 调 制

电流可以改变晶体的折射率,温度也是可以改变折射率的。

折射率是光子被介质中的分子们阻挡前进速度的一个参数。

折射率是光在真空速度与介质中的速度之比
折射率，就是光阻

$$n=\frac{v_0}{v_1}$$

光子进入介质,介质中的分子对光有阻挡,光跑的速度降低。

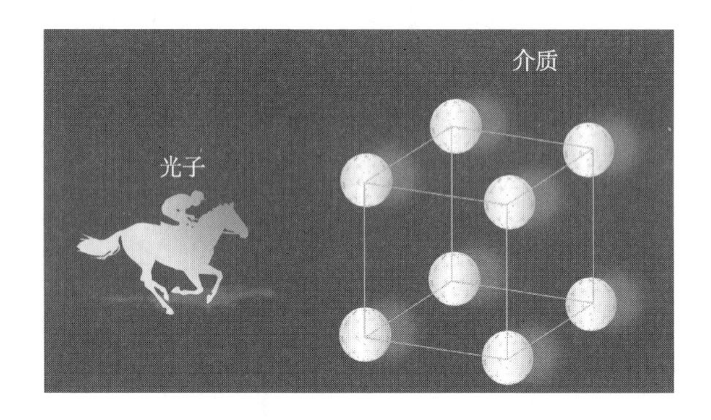

温度和速度有啥关联? 温度升高,分子们的距离增加了,俗称“热膨胀”,咱看到的就是材料膨胀了(见下页第 1 图)。

没膨胀的晶体,叫个“光密介质”。

膨胀了的晶体,分子们的排列间距增加,叫个光疏介质,对光的阻碍没那么大。

折射率降低,速度变快。

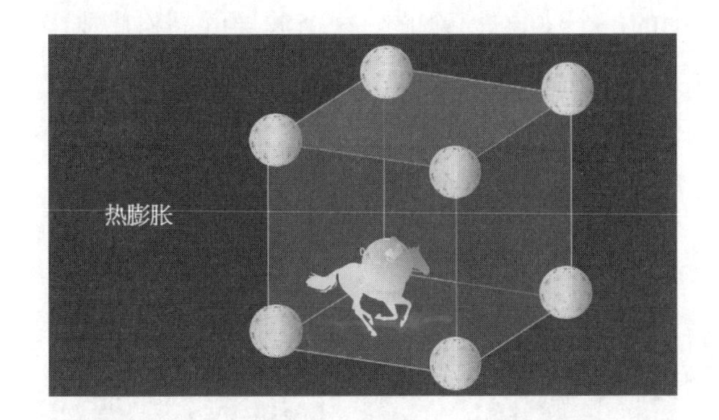

这种折射率的变化,要是放在不合适的场合,比如 DFB 的激光器设计中,这就导致咱们的波长漂移,不好,不好。

可要放在合适的场合,就能发挥作用。比如光开关。

一束光信号,咱先把它分成两队,同时进入波导,在一段距离后(右侧)汇合叠加。

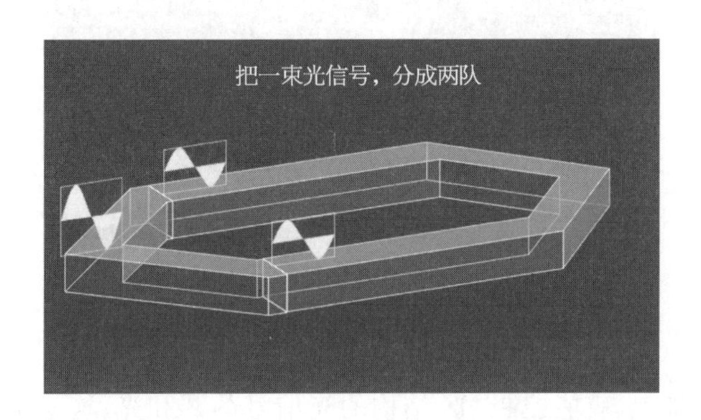

如果两侧温度相同,那光的速度也相同,叠加后的信号幅度增加,这是“通过”。

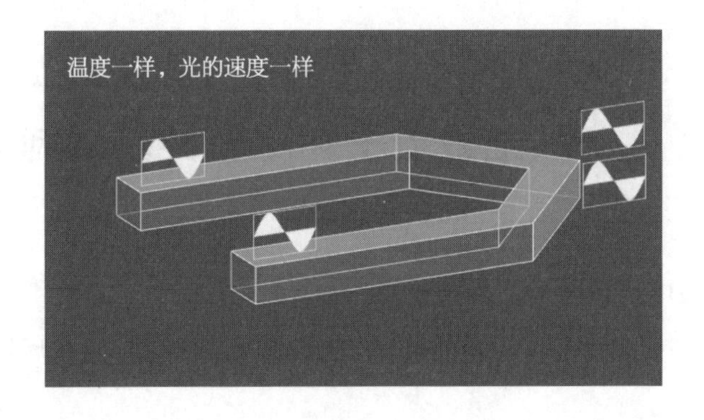

如果给其中的一个波导进行加热,这个波导的晶格膨胀啦,分子们散开,对光的阻碍力度降低,光的速度增加。

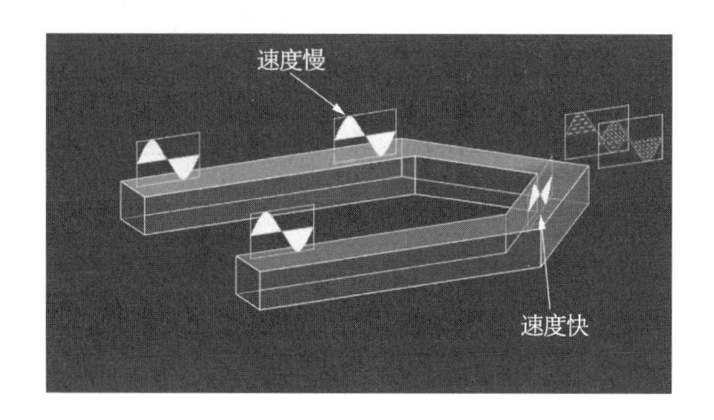

两侧信号,一快一慢,控制得当时,相位差 180°,峰和谷叠加,光信号就“消失”。

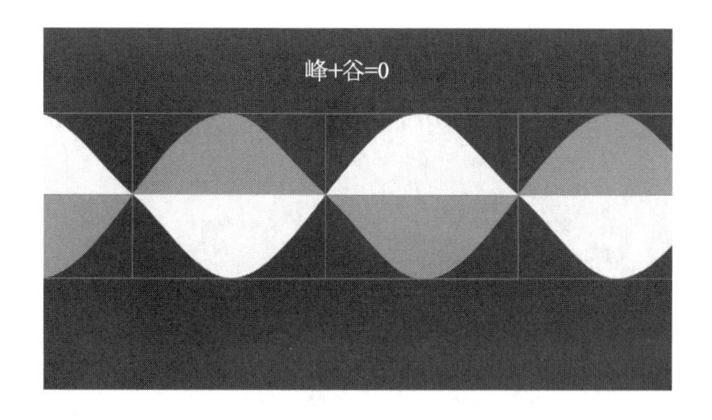

加热/不加热,就能控制 MZ 结构的光信号的开和光,这就是热光开关的原理。

当然,热光效应,用得好,可以做很多很多的东西。

PN 结载流子耗尽型硅基调制器

载流子浓度可以改变波导折射率。

改变折射率就可以改变光的输出,比如微环调制器,光在环形里跑圈儿,产生谐振,改变折射率就是改变谐振条件。

环波导的折射率不同,输出(特定波长)的功率产生高低变化,这就是光的调制。

怎么改变环形波导的折射率?

在环形波导下面做个 PN 结,利用 PN 结来控制载流子浓度,间接控制折射率。

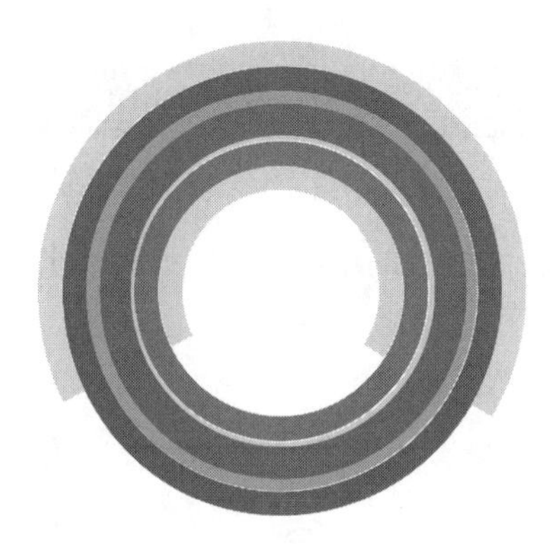

PN 结示意图,咱们截取一块儿。

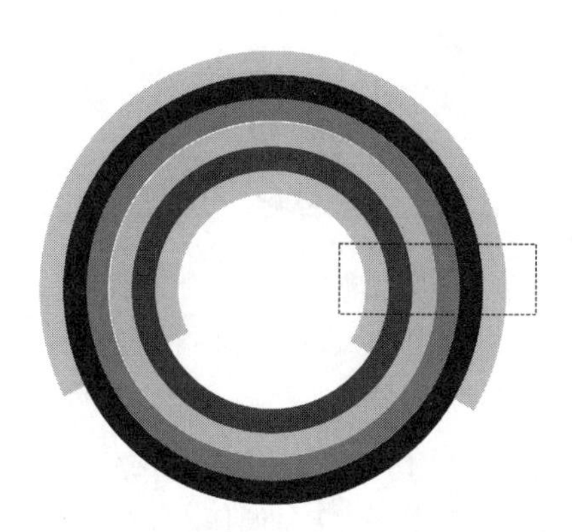

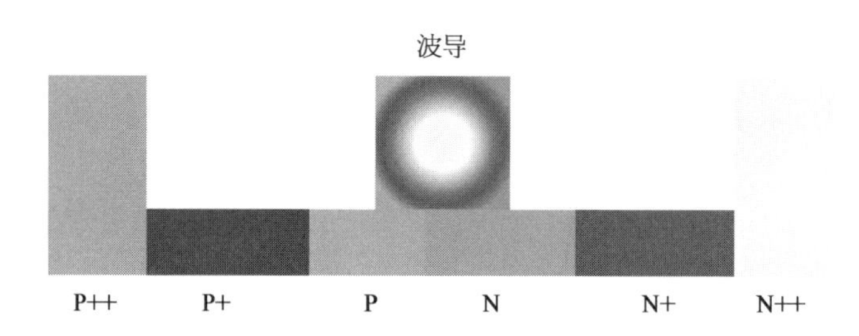

正常状态下,P 和 N 之间只有薄薄的一层结,载流子是正常流动的。

加反向偏压后(二极管就是一个 PN 结,正向导通,反向截止),PN 结厚度增加,载流子浓度降低(就是截止的意思),就改变了波导折射率。

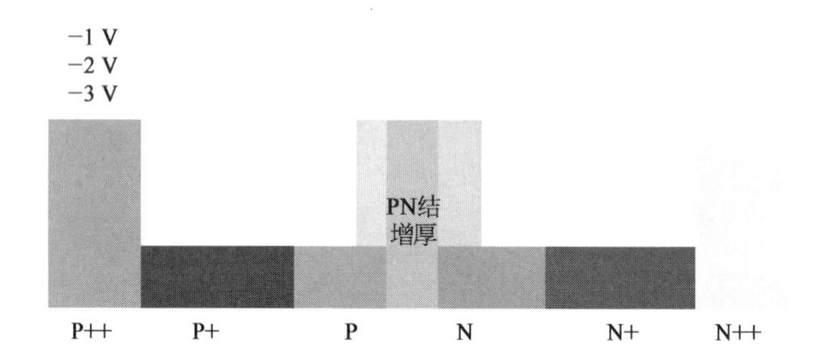

给阳极加反向偏压,做信号的电调制端,不断让 PN 结处于导通和截止状态,就成了调制器。

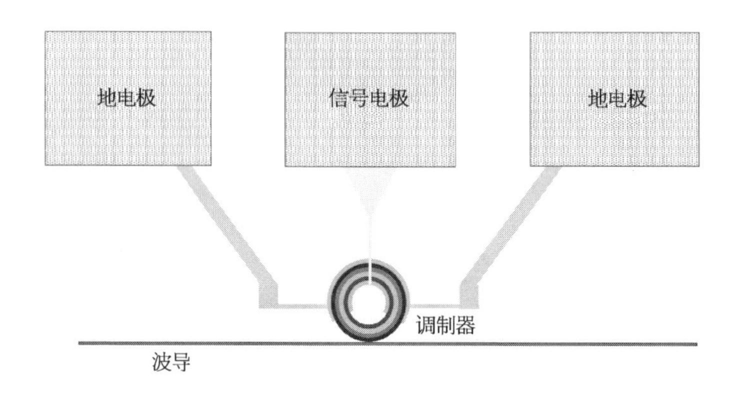

小结:

载流子可以改变光波导折射率。

载流子耗尽型调制器,平时有载流子,加电则载流子很少。

PN 结可以做到平时有载流子,反向偏压截止时,载流子很少。

硅基半导体工艺,做 PN 结,很容易。

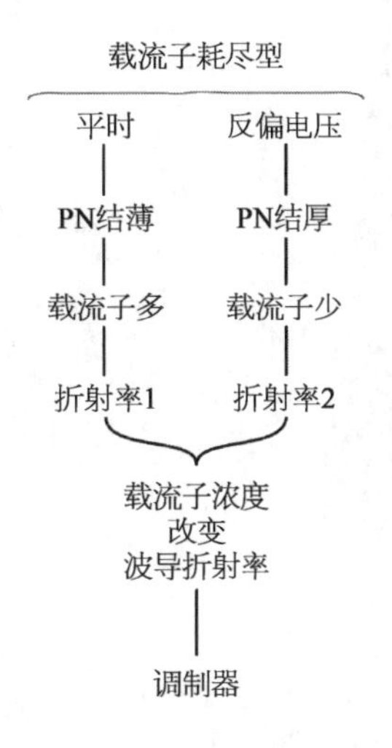

光调制器的载流子耗尽型与注入型的区别

调制器,比如 MZ 调制,是通过电极上加电压,改变折射率,达到调制目的。

调制器分为载流子注入型调制器和载流子耗尽型调制器。这两种很容易区别。

打个比方,公路就是介质,运动员是光子,光子在公路上跑步的速度与折射率是反比关系。

同一种介质,也可以有不同的折射率,也就是可以有两种跑步的速度,这是由载流子改变的,载流子就是自由电子。

如果这些自由电子们在波导中穿梭,那就会影响光子在马路上跑步的速度(见下页图)。

在光波导的两侧,分别做成 N 型和 P 型半导体,N 型半导体有自由电子,P 型半导体有空穴。P 电极和 N 电极加电压,载流子就会从 N 到 P。

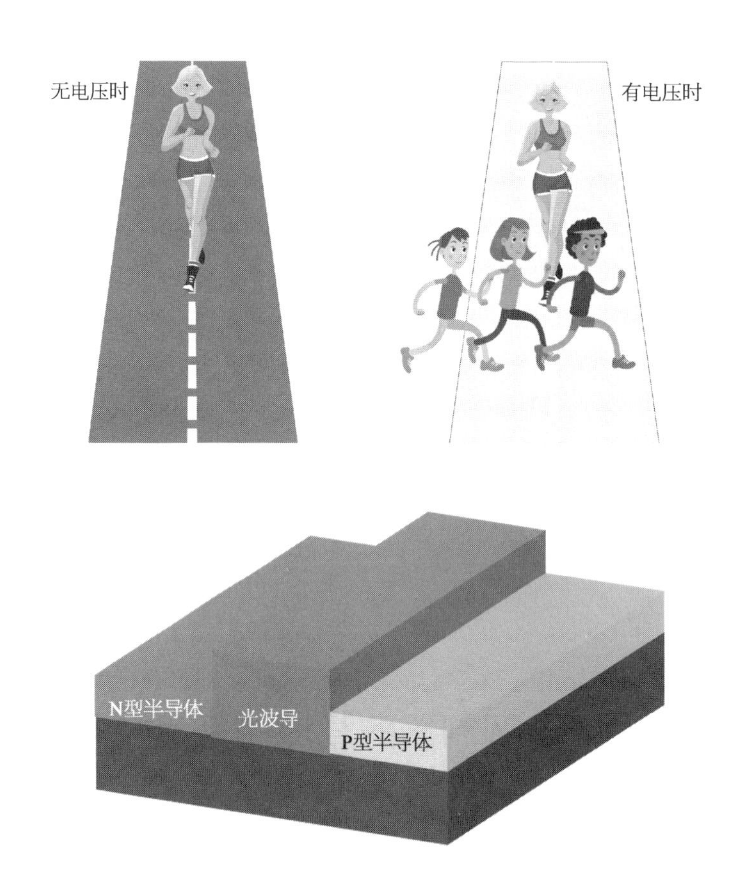

N 和 P 之间,有载流子穿过波导,影响了光子在这个介质中的传播速度,也就是改变了折射率。

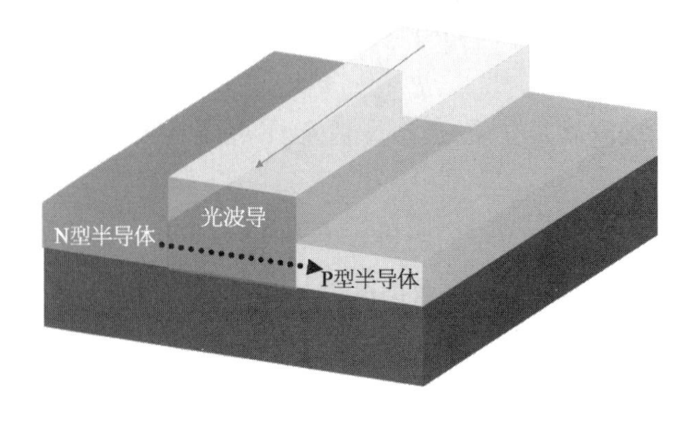

载流子注入型:

平常的时候,没有载流子,光的速度大,折射率小。

有电压时,一声令下,载流子过马路,改变光的速度。

载流子耗尽型:

平常载流子们自由活动,电压一声令下,公路清场,载流子们被撵出去,这就叫耗尽。

咱们电路中,像增强型场效应管,耗尽型场效应管,也是这意思。

光 探 测 器

探　测　器

1）探测器分类

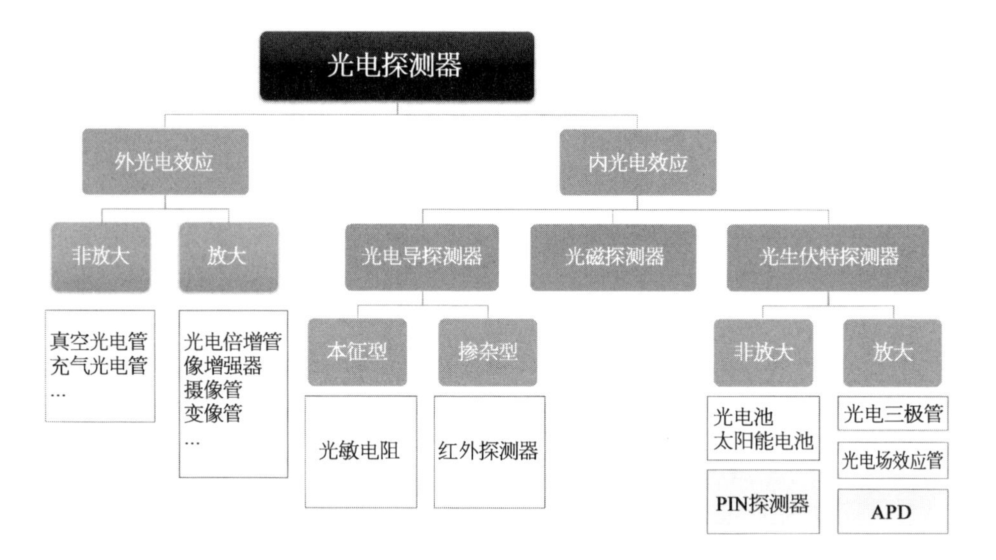

咱们光模块中用的探测器，属于光生伏特型，光输入/电压输出。

最常用的两类，一类是 PIN 型，另一类是 APD 型。

2）内光电效应与外光电效应

光电效应：有光输入，产生其他参数变化。

内光电效应：电子不外溢，比如光电阻，光照产生半导体内部电阻变化。

外光电效应：电子外溢，比如探测器，有光照在探测器上，电流要输出来的。

3）PIN 与 APD 的区别

PIN：就是 P 型半导体和 N 型半导体之间放一层本征半导体，就叫 PIN 型光电探测器（见下页第 1 图）。

P 型半导体：空穴比自由电子多的半导体，也就是正电荷可自由流动。

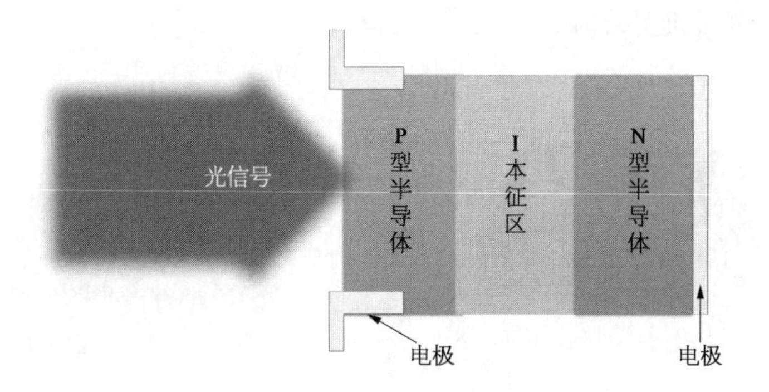

N 型半导体：自由电子比空穴多的半导体，也就是负电荷可自由流动。

本征半导体：不含杂质的纯净半导体，也就是既没有（可流动的）正电荷也没有（可流动的）负电荷。

APD 型探测器：比 PIN 多一层倍增层，也就是雪崩层，APD 叫雪崩光电二极管。

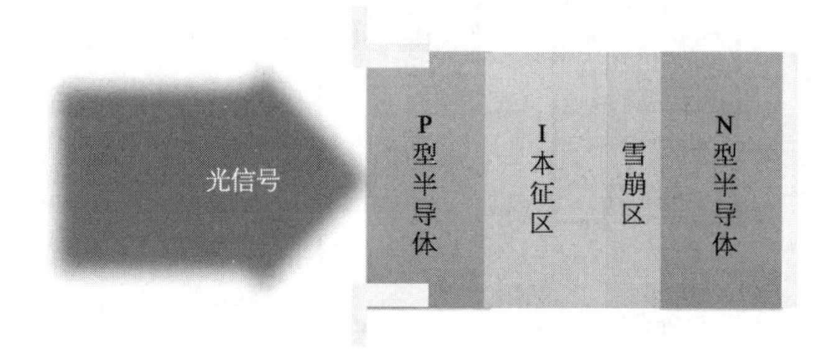

倍增，雪崩，或者放大，它的原理就像泥石流/雪崩……

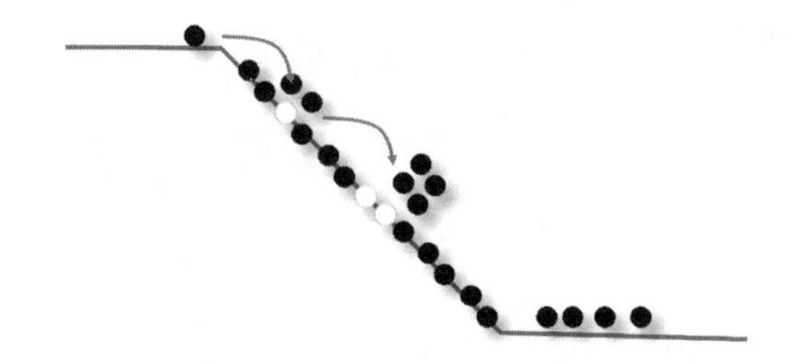

PIN 一个光子最多产生一个电子。

倍增，就是 PIN 产生的那个电子，在电场下坡的途中，不断碰撞坡上的雪/石头/电子，碰出来就增加一倍，1 生 2，2 生 4……

4）探测器典型结构

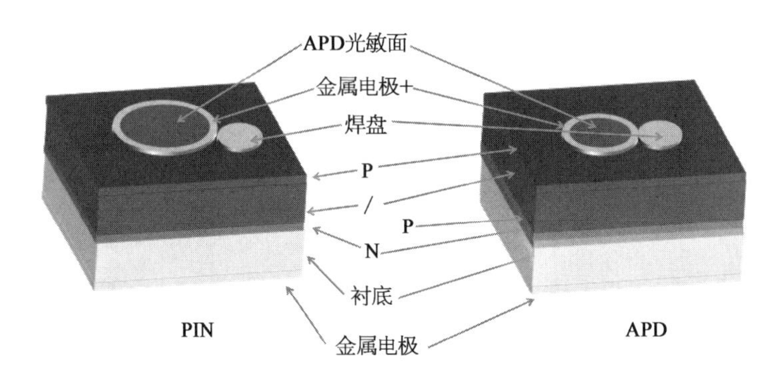

APD 要产生倍增,需要高电场。

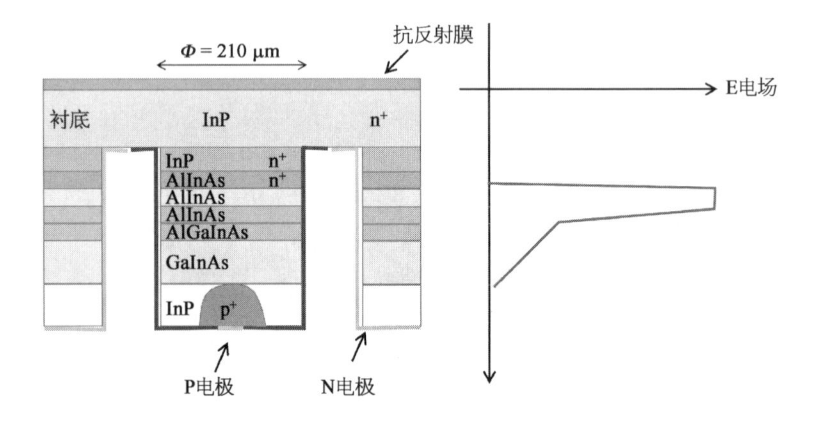

APD 反向电压与光电流的典型关系。

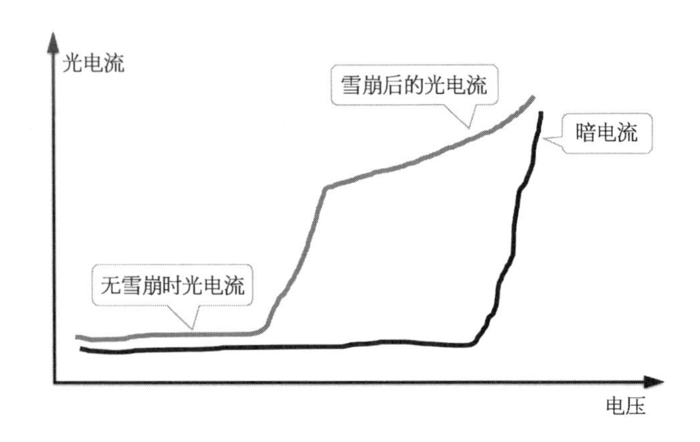

5）正入射与背入射

光敏面在探测器上方，是正入射。

光敏面在下方是背入射。

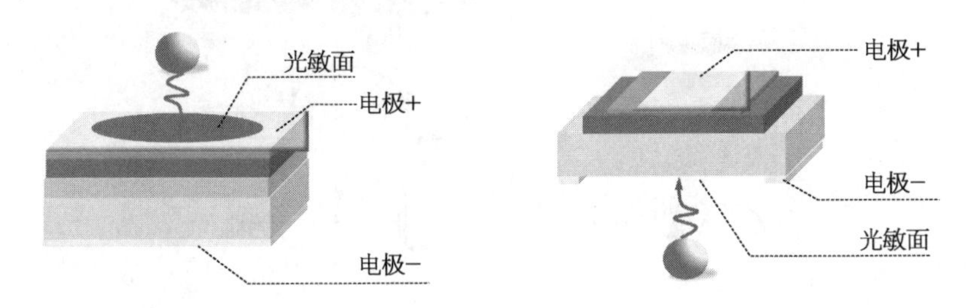

高速率选择背入射方案的越来越多，两原因：一是可以降低结电容，也就是提高速率；二是能增加光敏面积。

甚至可以在衬底上刻蚀透镜，间接等于增加光敏面。

6）探测器参数之响应度

叫量子效率也好，叫响应度也好，在光模块端表征的都与灵敏度相关。量子效率就是输入多少光子，产生多少电子，P 是输入光功率，I 是电流。

$$\eta = \frac{I_p/e}{P_{oi}/h\nu} \quad \begin{matrix}\text{产生的电子数}\\ \text{吸收的光子数}\end{matrix}$$

量子效率

$$R = \overset{\text{量子效率}}{\frac{e\eta}{h\nu}}\lambda$$

响应度

7）探测器参数之响应速度

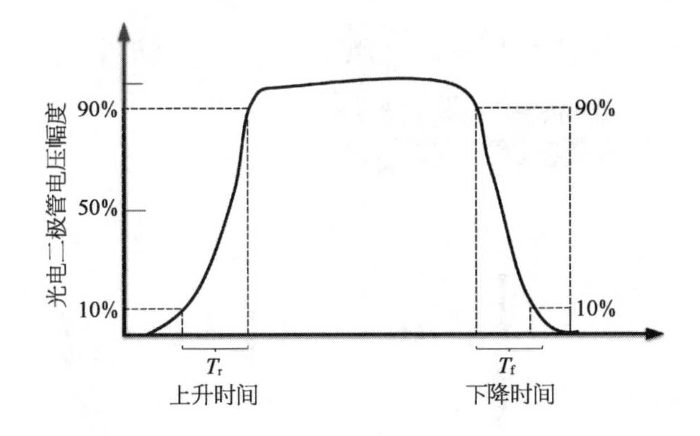

响应速度与结电容相关。

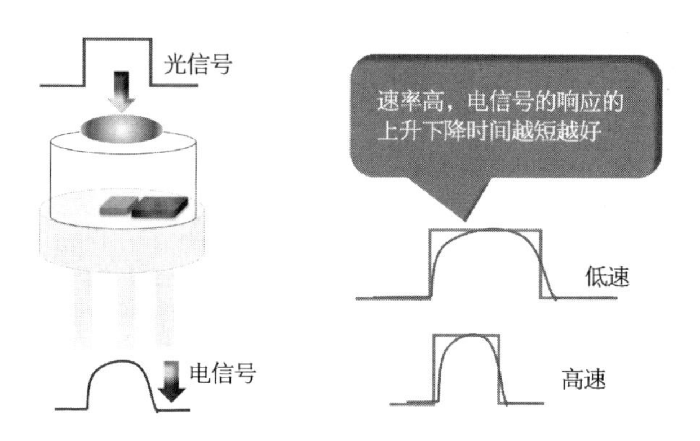

提高速率,降低结电容。

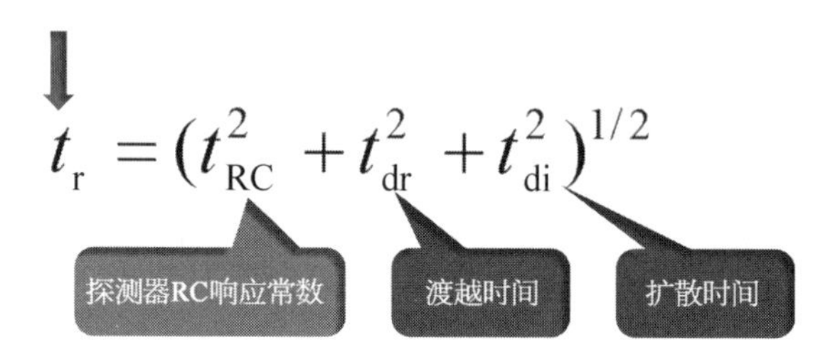

从公式上看,设计上有矛盾。

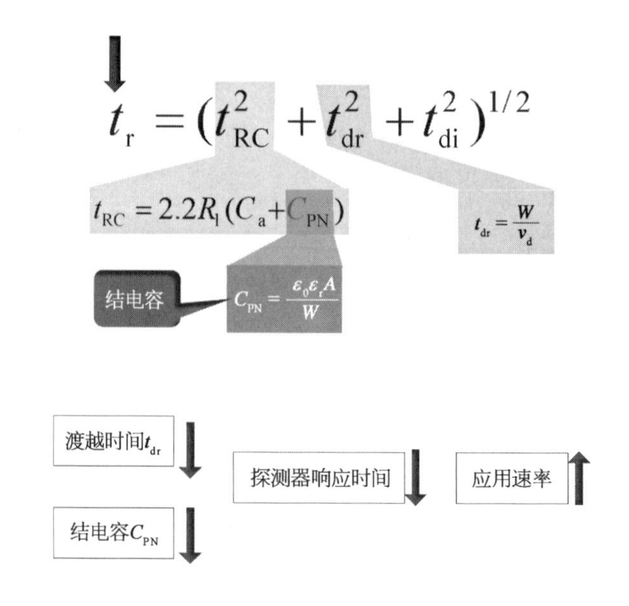

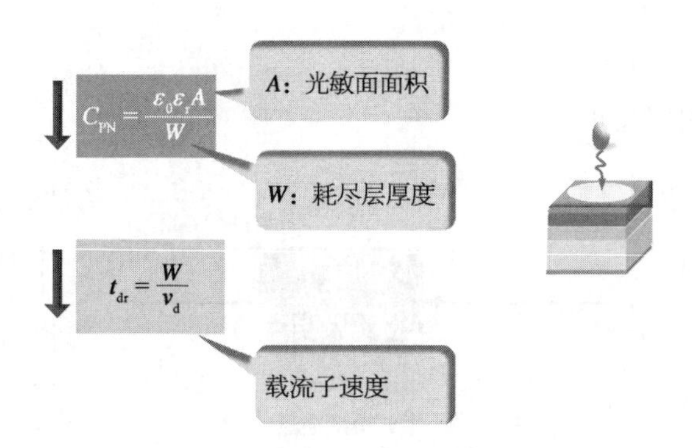

如果增加耗尽层厚度，可以降低 T_r，T_f，但是又增加了结电容，也就是 T_r，T_f 又大了。这是矛盾。

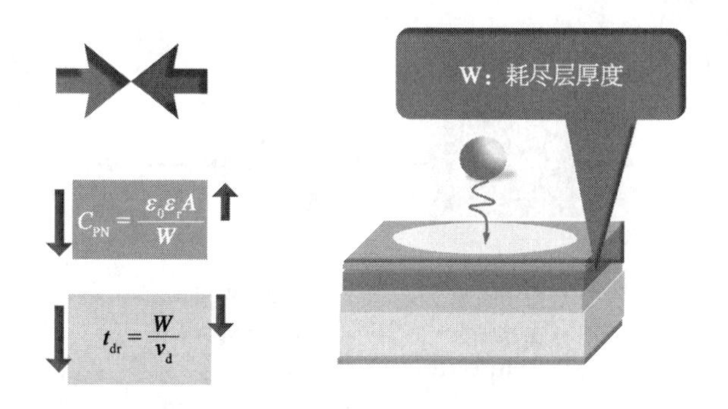

速率增加，需要降低光敏面面积，而工艺上是光敏面越大则越容易生产。

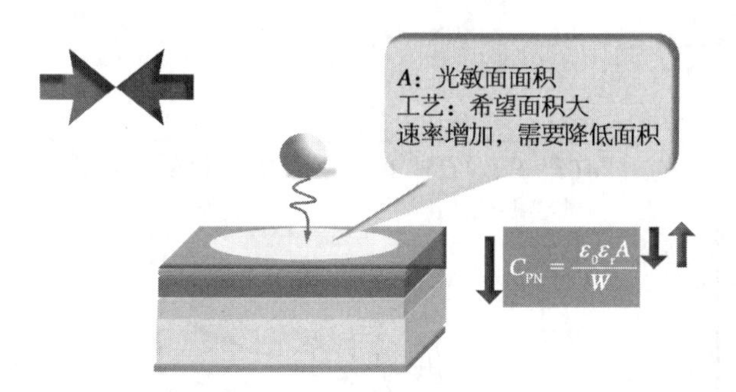

前面提到高速器件选用背入射，就是既可以降低结电容，又可以增加光敏面，缓解常规正入射带来的矛盾点。

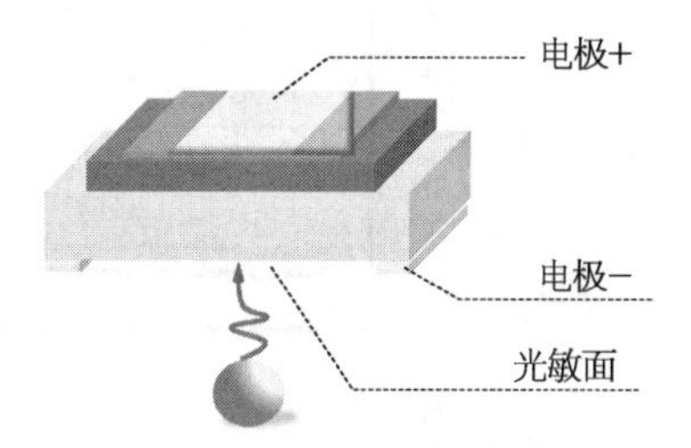

背入射需要倒装焊，比正入射要啰唆一些。

8）探测器参数之噪声

PIN 型探测器噪声：

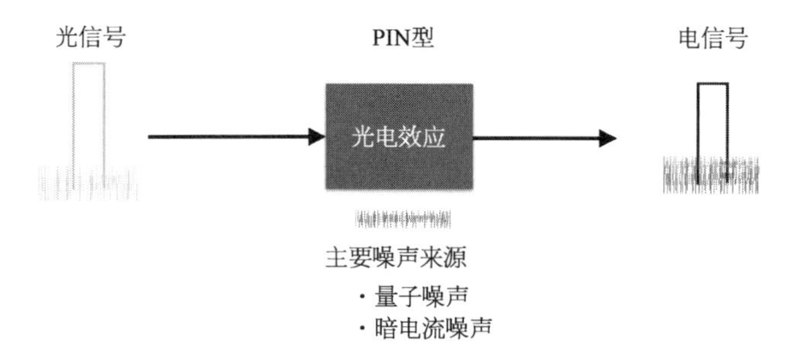

APD 型探测器噪声：

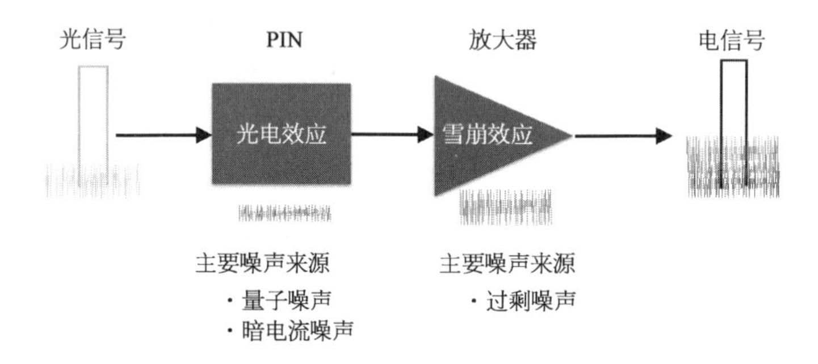

灵敏度好，也就是信噪比要大。

APD 信噪比：

$$\frac{S}{N}=\frac{i_{\text{in}}^{2}\cdot M^{2}}{2q(i_{\text{p}}+i_{\text{d}})BM^{2}F+2qI_{\text{L}}B+\text{TIA 热噪声}}$$

光电流
雪崩后的光电流
暗电流
1
无雪崩时光电流
2
电压

简单说,就是上图曲线 1 越高越好,曲线 2 越低越好。对 APD 来说,电压(M 倍增因子)并不是越大越好,它是有一个优选区域的。

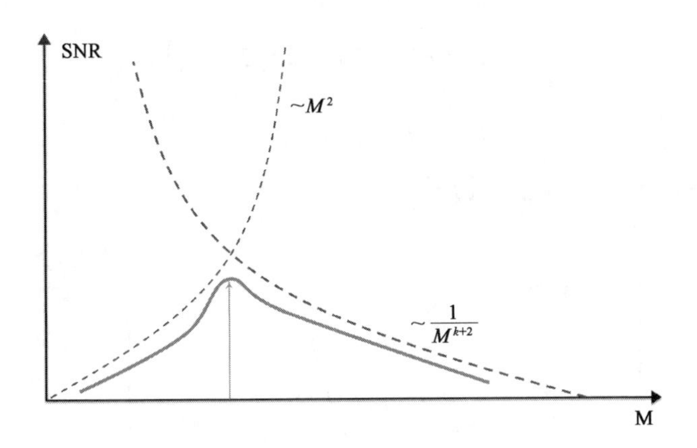

推导过程,可以跳过。

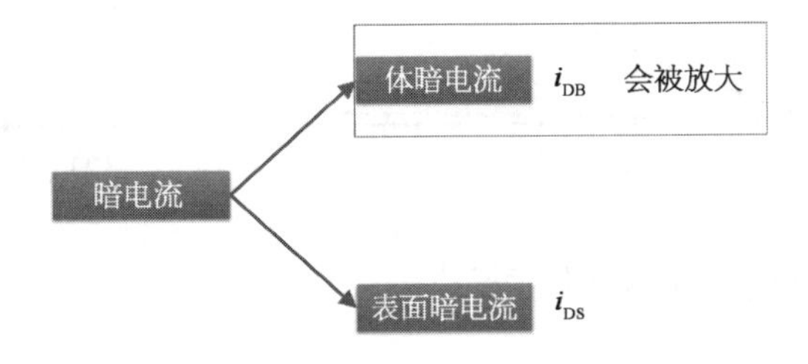

PIN 的暗电流噪声均方根:

$$i_{DB} = \sqrt{2q \cdot I_D B}$$

无信号时的暗电流

噪声放大:

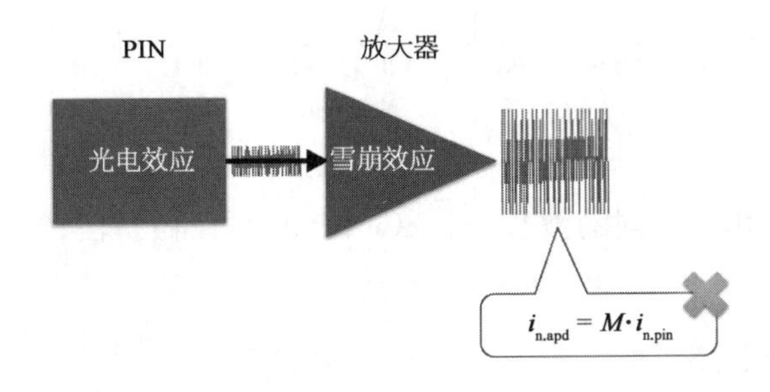

放大器的噪声系数：

$$F = M^{x}$$

$$F = kM + (1 - k)\left(2 - \frac{1}{M}\right)$$

$$F \approx M^{k}$$

降低电离系数 k,可降低噪声。

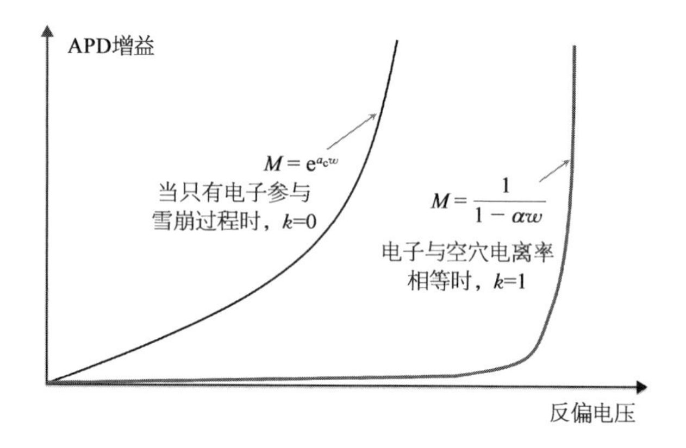

9）探测器材料选择与波长关系

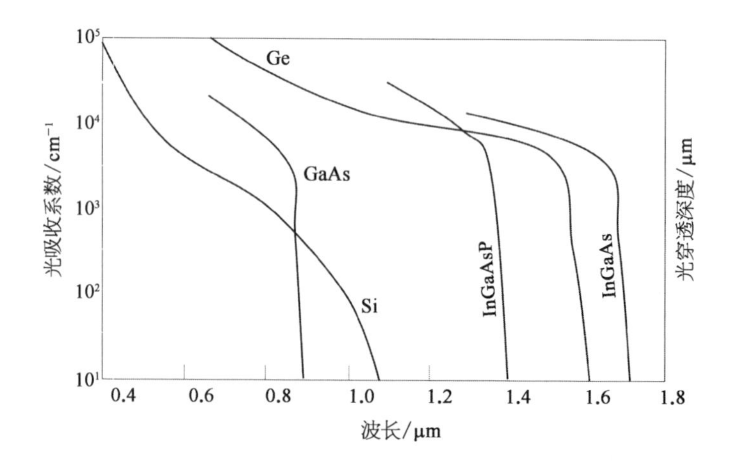

不同材料,用于不同的波长,对 SiGe 来说,可以做探测器,这也是硅光集成的一个方向。

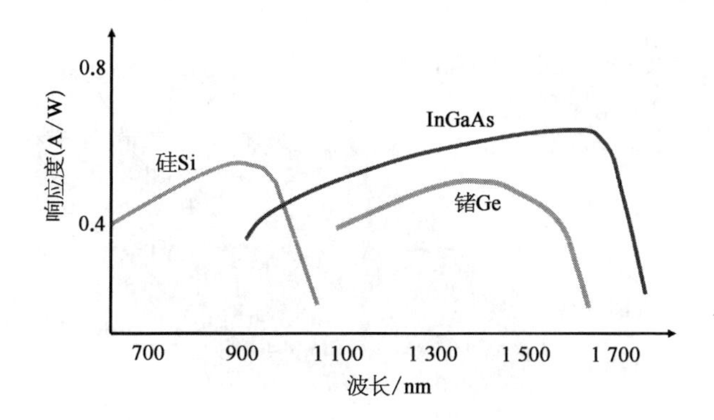
0.8
0.4
响应度(A/W)
InGaAs
硅Si
锗Ge
700
900
1 100
1 300
1 500
1 700
波长/nm

几种锗硅探测器：

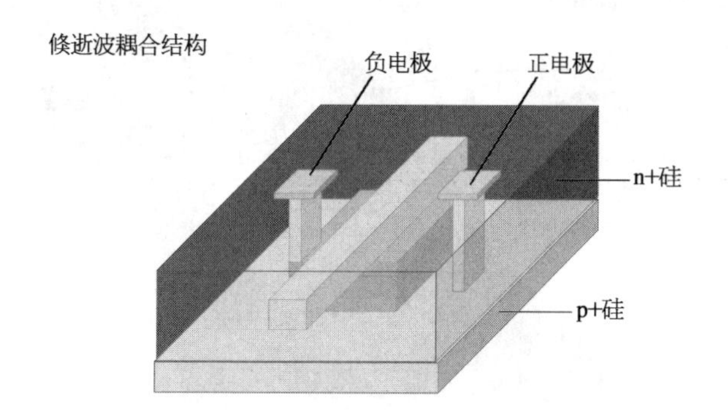
倏逝波耦合结构
负电极
正电极
n+硅
p+硅

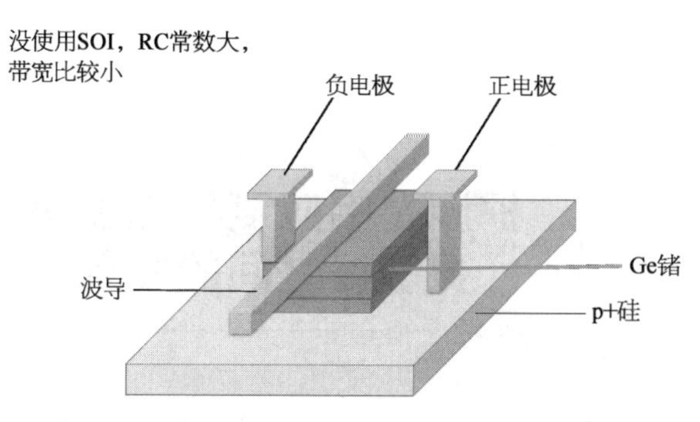
没使用SOI，RC常数大，
带宽比较小
负电极
正电极
Ge锗
波导
p+硅

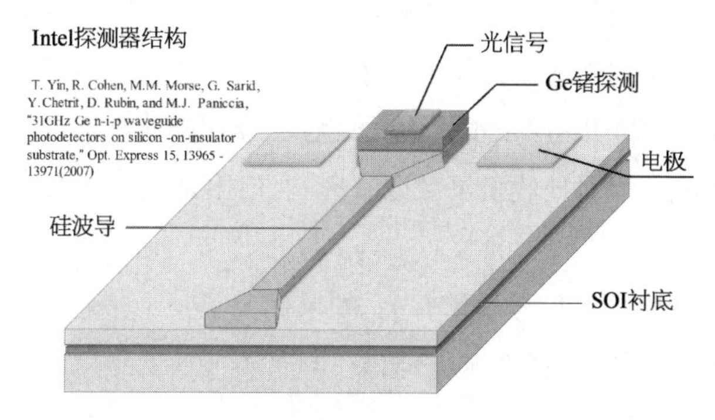
Intel探测器结构
T. Yin, R. Cohen, M.M. Morse, G. Sarid,
Y. Chetrit, D. Rubin, and M.J. Paniccia,
"31GHz Ge n-i-p waveguide
photodetectors on silicon -on-insulator
substrate," Opt. Express 15, 13965 -
13971(2007)
光信号
Ge锗探测
电极
硅波导
SOI衬底

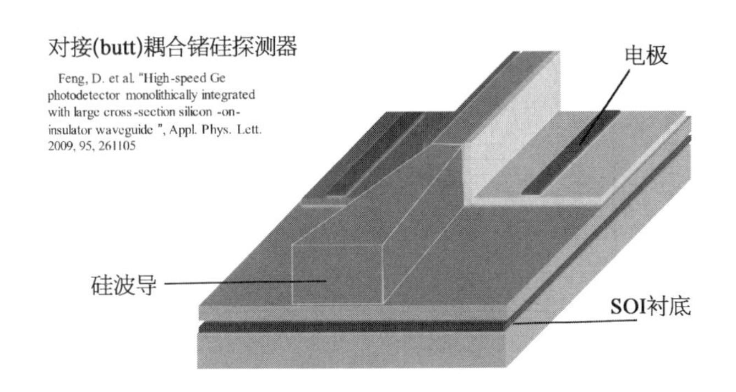

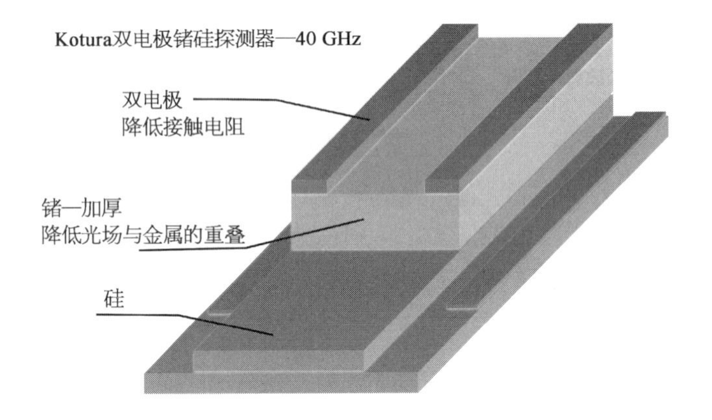

探测器响应度与光模块灵敏度之间的关系

我们一直说，要提高探测器的响应度，因为响应度与灵敏度直接相关，下面定量来说灵敏度与响应度之间的关系。

灵敏度，接收端可以分辨的最小信号，也就是灵敏度越小越好（见下页上图）。

探测器的响应度对接收机灵敏度有影响，但不是唯一的影响因素（见下页下图）。

灵敏度与发射端的信号质量有关，如果你发了一个很烂的眼图，那灵敏度就不好。眼图烂不烂，与抖动、噪声相关。

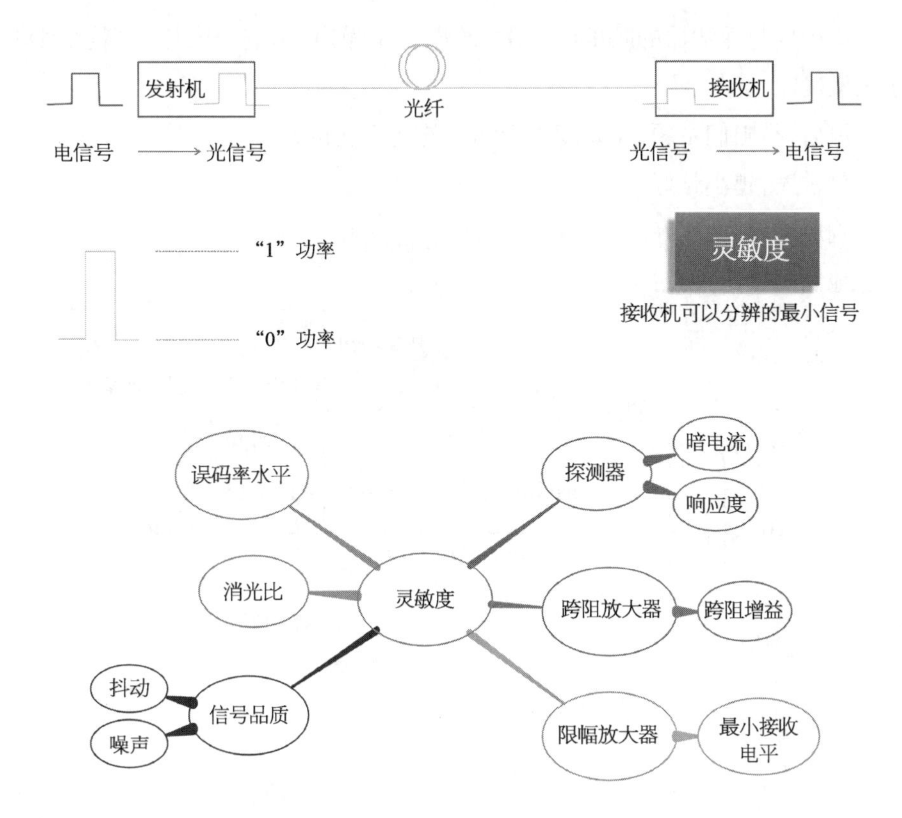

灵敏度与信号的消光比有关,选择一个适中的消光比,也是能影响到灵敏度的。消光比并不是越大越好,也不是越小越好。

灵敏度与误码率水平相关,咱看标准,有按照 10^{-10} 做误码率要求,也有-3次方、-4 次方、-12 次方等,这条线的选取,是与灵敏度的量化值相关的,这只是标注灵敏度具体值的一个条件。

光模块灵敏度是-28 dBm@ 10^{-3} BER,这种标注条件很常见吧。

为什么特意提一句误码率的事儿,我见过一个承担国家项目的研究人员,在表述自家成果的时候,用了这么一句话"我们的样品,经过优化后,误码率从 10^{-2} 提升到 10^{-10},具备了国内先进、国际持平的优势",再一细问,发现压根他们是在接近 0 dBm 如此大的光功率下测试的误码率指标,这都啥跟啥呀。

灵敏度与限幅放大区的最小接收电平有关,这不用说。

灵敏度与跨阻放大器的跨阻增益有关,跨阻增益不能太小,否则无法对小信号做处理,定量分析灵敏度值,与跨阻增益相关。

灵敏度与探测器的暗电流相关，暗电流是噪声，影响信噪比，也就是影响了灵敏度。

最后，是咱们主题，灵敏度与探测器的响应度相关。

灵敏度，越小越好。

响应度，越大越好。

他俩是反比关系：

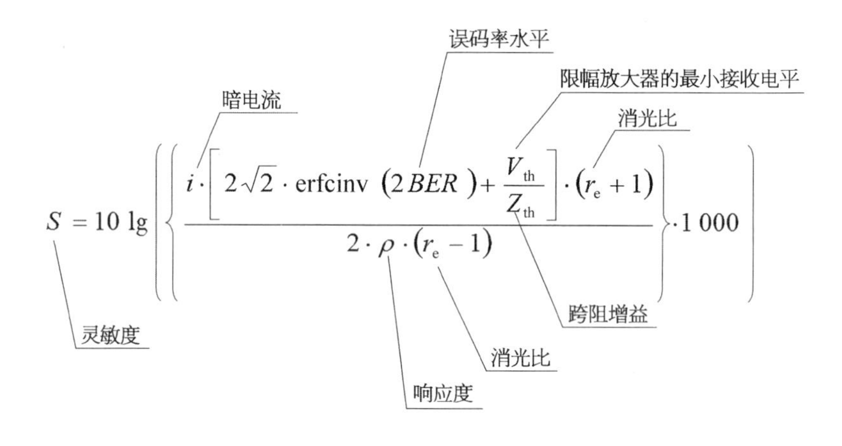

几种探测器的结构

探测器做得好不好，一是要看选什么材料，是三五族还是四族？三五族是很好的光电材料，性能很好，四族材料的硅和锗，是常用电芯片材料，容易光电集成，也就是为啥硅光集成总是个热门话题。

二是要看设计结构，本节的主题如下页第 1 图所示。

探测器，叫作光电二极管，它的本质是个二极管，金属与半导体可以做二极管，这种二极管就是肖特基二极管，用半导体代替金属，也可以做二极管，这就是咱们常听到的 PN 结(见下页第 2 图)。

光，入射到二极管，在耗尽层被吸收，产生光电流。整个光电转换过程约为 3 步：

(1) 光能量被材料吸收。

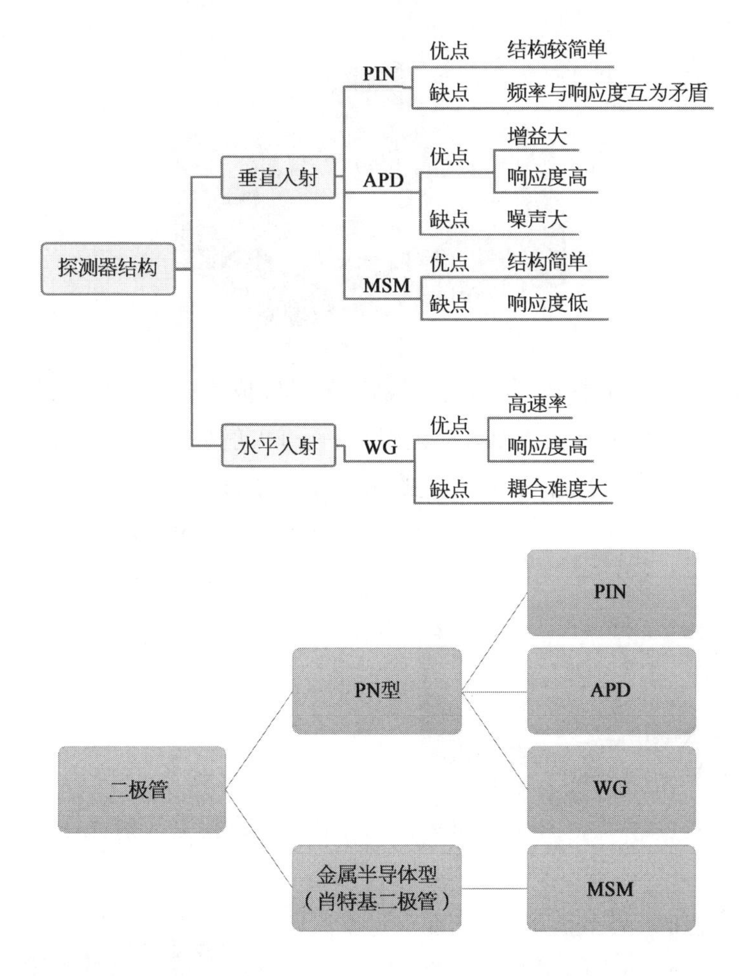

（2）吸收的能量，让内层电子脱离束缚，成为自由电子，原来的轨道留下一个空穴。

（3）自由电子被电极收集并导出，就成为电流。

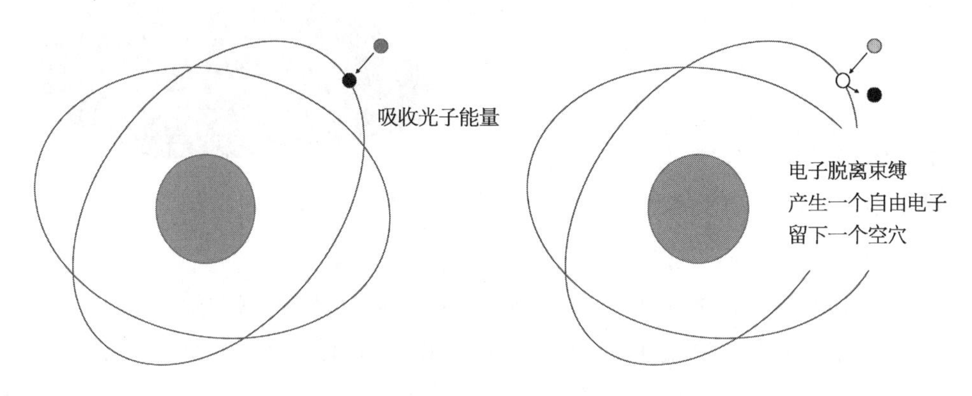

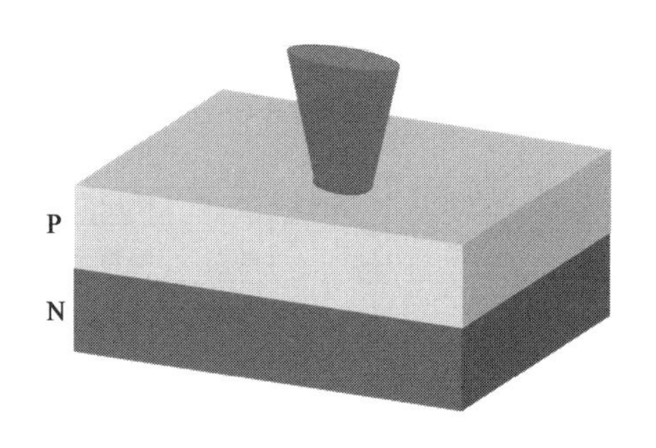

一个二极管，比如 PN 结做的二极管，就可以成为一个光电探测器。光可以从上面入射，也可以从背面入射，这都叫垂直入射型。也可以从左右入射，这叫水平入射型。无论什么入射方式，只要能让二极管来吸收能量就 OK。

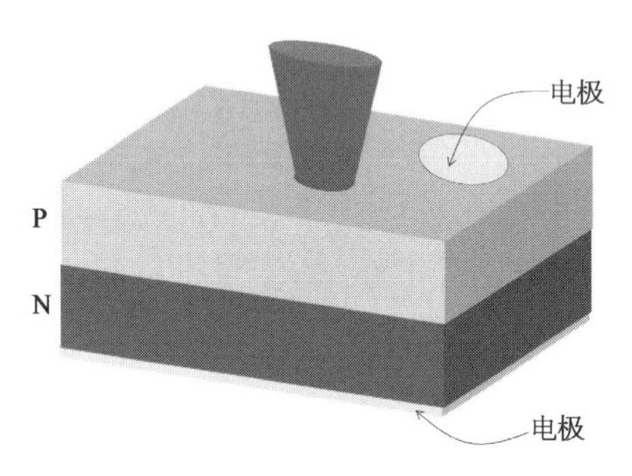

然后得有电极，来收集自由电子和空穴，产生电流，这就是正负电极的作用。电极也可以制作到上下面，或者同一面，主要看应用怎么方便。

PIN：

PIN 型的来历，是因为 PN 结太短了，来不及吸收完入射光子，光就跑出去了。

后来就加一层本征层，让光在里边多跑一会儿，为的是能多吸收它的能量，制造更多的自由电子。本征的意思，这个半导体不掺杂，而 P 和 N 半导体是需要掺杂。

光，在 I 这一个本征层多跑一会儿，响应度提高了，可是自由电子的回收路径也变长了，信号的速度就上不去。这是 PIN 的缺点。

APD：

APD，雪崩二极管，在 PIN 的基础上，加了一层放大层，目的是把 PIN 产生的自由电子，在反向高偏压下，产生雪崩作用，一个电子可以产生几个或者几十个电子,这就等于提升了响应度,也就是灵敏度。

可是,放大,不仅仅放大信号,也同时放大噪声,所以选择一个合适的增益区间是 APD 的难题,如何选取 APD 增益 M 值。

MSM:

metal-semiconductor-metal,金属半导体金属,其实就是两肖特基二极管,同样也是吸收光能量,释放自由电子。

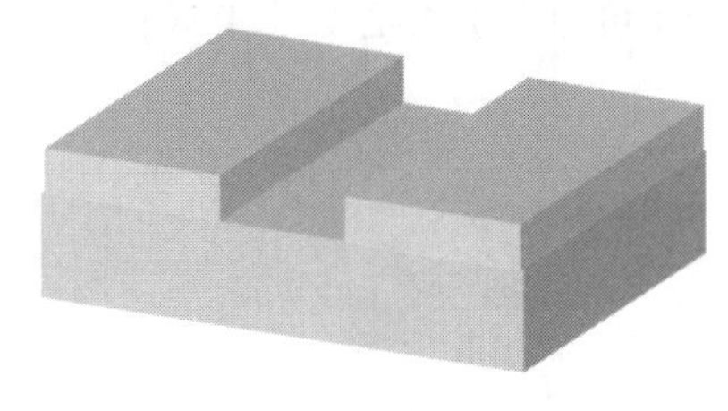

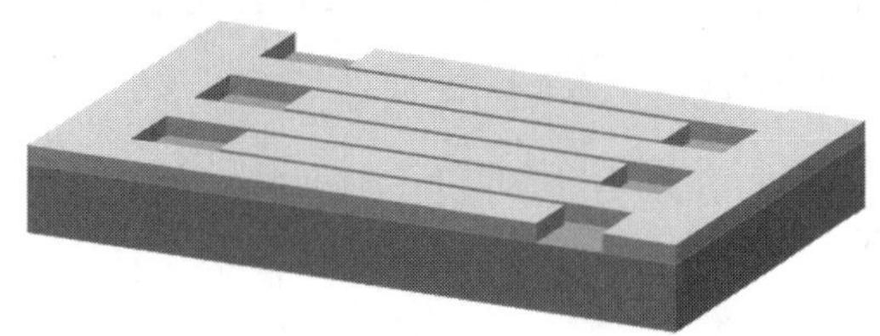

为了更大面积的金属,通常会做成指插型,MSM 是结构最简单的探测器,可是灵敏度不高,在现如今的通信上用得少(见上右图)。

WG:

waveguide,波导型,这是现在高速探测器常讨论的结构,侧面入光,相比于 PIN 的垂直入射,WG 探测器器件可以做长,有了吸收光的足够时间,响应度提高。产生的电子是上下移动到电极上的,可以快速收集。也就是既可以有很好的响应度,也可以做到高速率。

缺点就是光波导对准,有点难。

垂直型与波导型 PIN

PIN,光电探测器的一种。

先说什么是光电探测器？就是把光信号转为电信号的一种器件,再进一步说,就是吸收光子,释放电子的器件。

PIN,是探测器的一种结构,P 是 P 型半导体,空穴型,也就是有自由流动的正电荷,N 是 N 型半导体,有自由流动的电子(负电荷),I 是本征半导体,呈现电中性。

举个例子,假如男生是正电荷,女生是负电荷,那本征半导体就是一对对儿情侣。

吸收光子,一颗光子来到探测器,光子有能量,这颗带能量的光子就打散了本征层里的情侣。

然后,男生来到 P 层,女生来到 N 层,就完成了吸收光子,释放电子的过程。

这些正电荷、负电荷,咱把他们引出来就是电流,光电流。

所谓垂直 PIN,就是光从上面照射,或者从下面照射,光子进入本征层去破坏一对对儿的情侣,目的就是收集足够多的单身(光电流)。

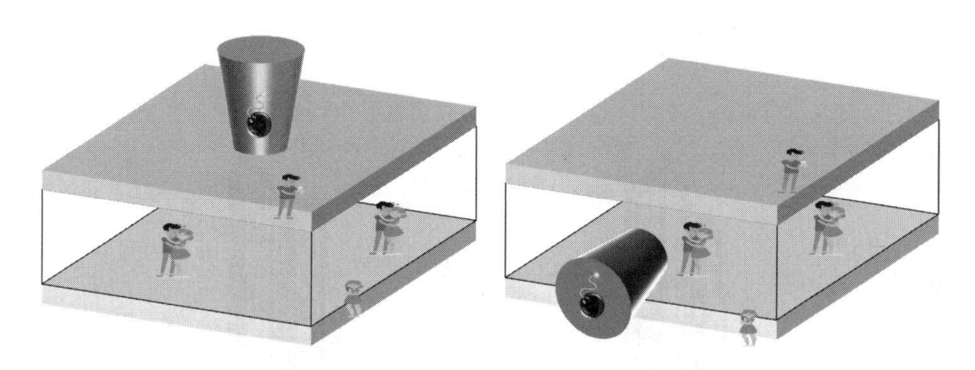

所谓的波导型 PIN,就是光从侧面入射,干的事儿是一样的(见上右图)。

垂直入射 PIN 的需求:

本征层要足够厚,才能让光子更多地发挥作用,收集光电流,这就是响应度/灵敏度的概念。

本征层要足够薄,才能让男生女生更快地到达 P 层和 N 层,速度越快,就是探测器速率越高,这就是响应时间/带宽的概念。

这既厚又薄,薛定谔的猫,是成了设计师的矛盾,厚薄之间难以抉择。

波导型 PIN 需求:

本征层要足够长,才能让光子更多地发挥作用,收集光电流,这就是响应

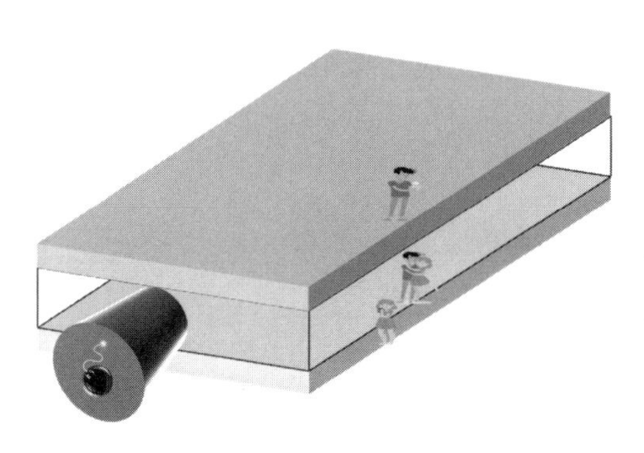

度/灵敏度的概念。

本征层要足够薄，才能让男生女生更快地到达P层和N层，速度越快，就是探测器速率越高，这就是响应时间/带宽的概念。

这既长又薄，不用抉择，做呗。

这就是一些高速探测器提出的波导型PIN的优势。

平衡探测器

探测器，我们都知道，何为"平衡"？

衡，意为"平"，所谓平衡，就是两力或多个力相消，使得物体相对静止。下图，也是：

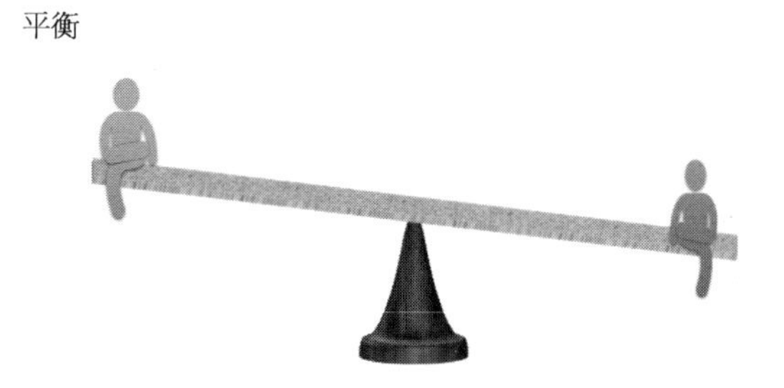

两图类似,都是左起,则右落,右起则左落。

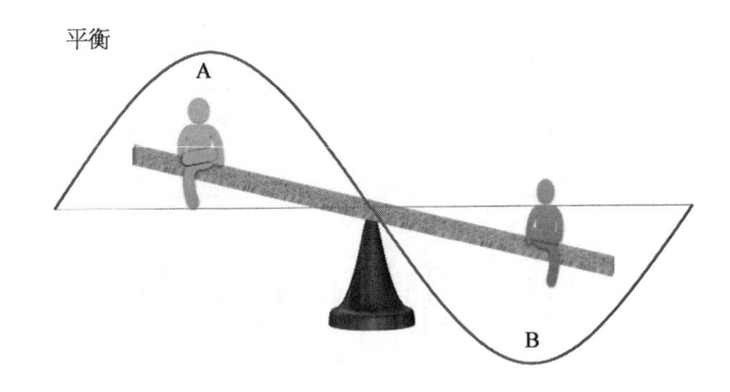

用公式表达,$A+B=0$,起落之间可相消。可若是$A-B$,则加倍。

$$B=-A$$

$$A+B=0$$

$$A-B=2$$

继续,一般的信号,都有噪声。SNR 信噪比,信号除以噪声。

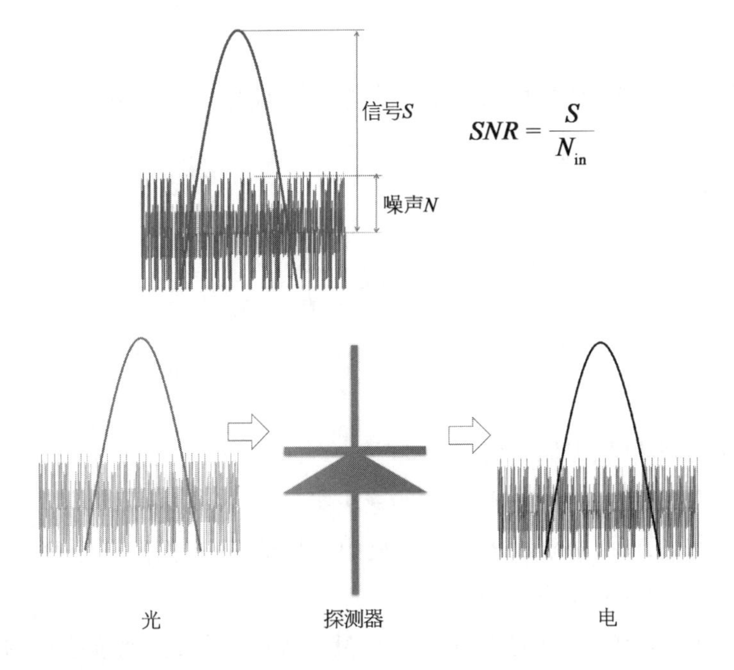

那普通探测器,把光信号转换成电信号,同样也把光噪声转成了电噪声,还附加了探测器本身噪声。

如果咱们把信号放在跷跷板上。

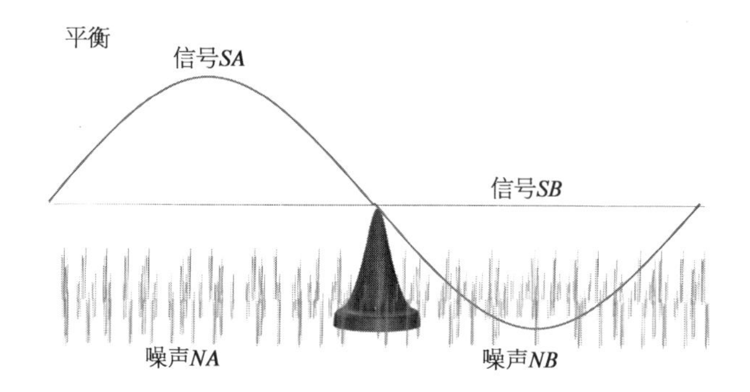

噪声是一样的，地上的杂草，跷跷板两端都是一样。

信号	噪声
$S_A=-S_B$	$N_A=N_B$
$S_A+S_B=0$	$N_A+N_B=2$
$S_A-S_B=2$	$N_A-N_B=0$

最后一项多霸气。

跷跷板上，如果两端可以做减法的话，信号就是 2 倍，噪声几乎抵消。

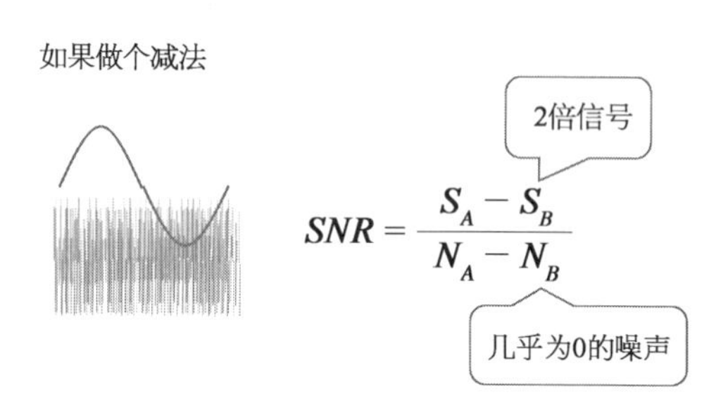

怎么做减法呀，万能运放，差分呗。

差分 TIA，两端输入信号，自然的减法器。

那就好办，两端分别输入相位相反的信号即可，咱把信号处理一下，第二端做个延迟就行（见下页上图）。

所谓平衡探测器，就是两探测器尽量一样的性能，类似跷跷板的左右两臂，长、宽、高、重量得一样才行。

经过减法之后的信号加倍，噪声铲除，直流分量消失。信噪比大大的好。

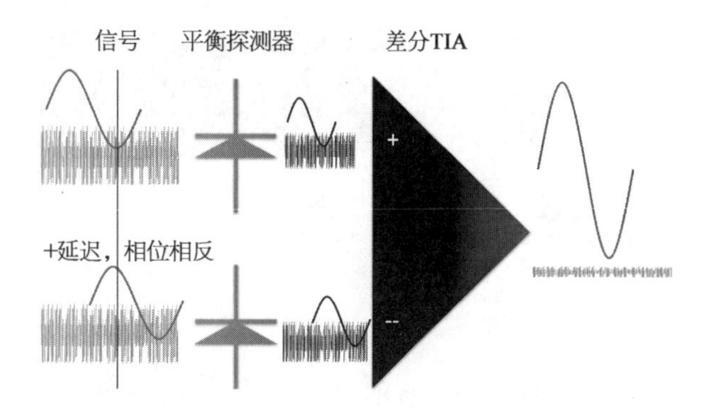

平衡探测器经常用于相干通信。可平衡是平衡，相干是相干，这是两个概念。

探测器速率与结电容

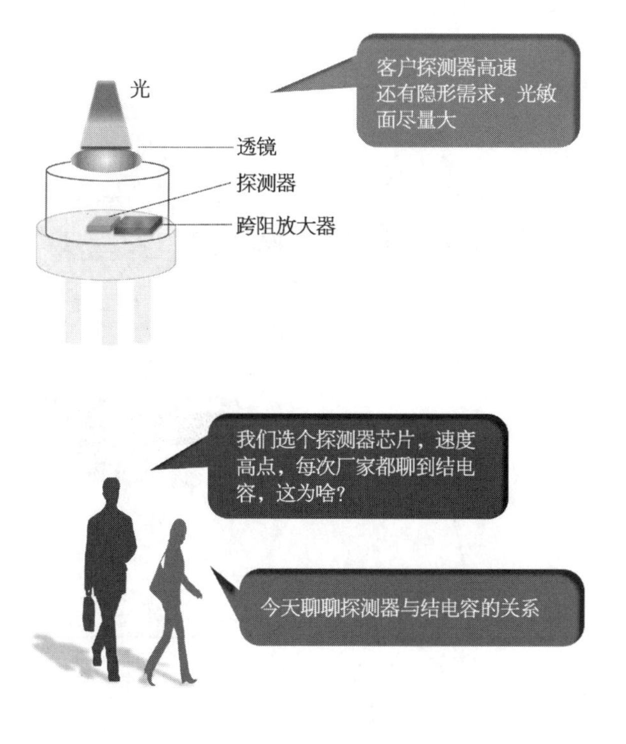

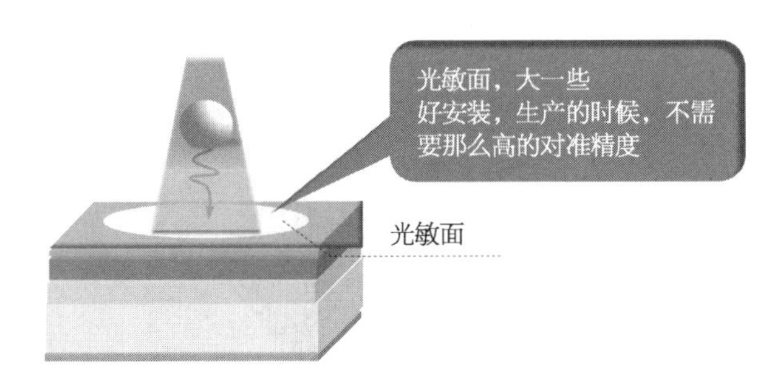

光敏面大一些,贴装探测器芯片时,就不太纠结。

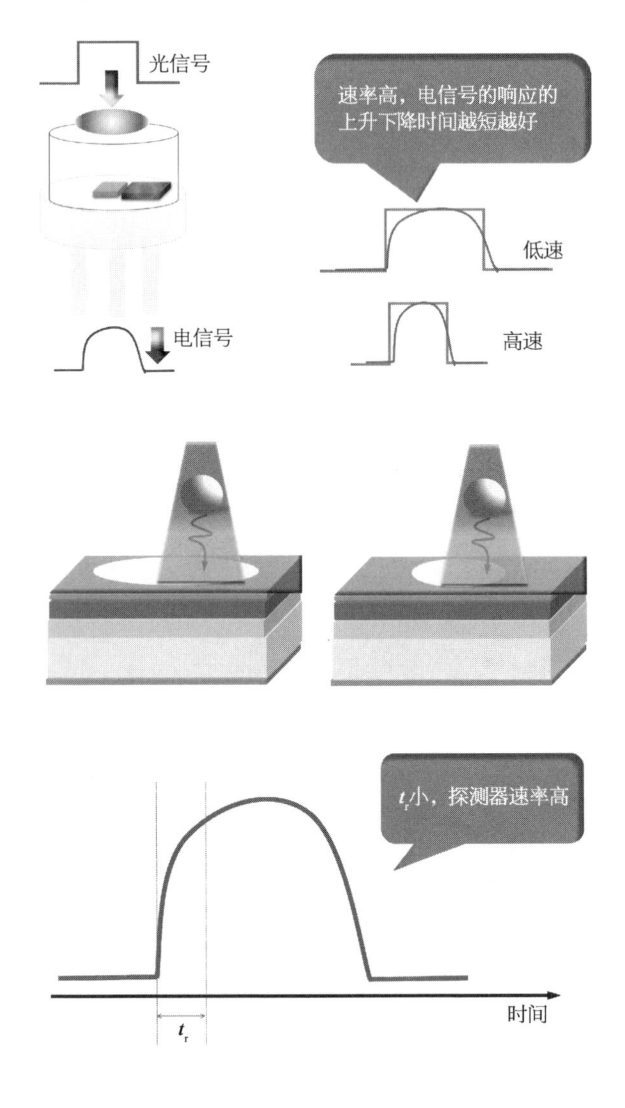

要想降低 t_r,那就和 RC 响应常数、渡越时间、扩散时间相关。这都是啥?

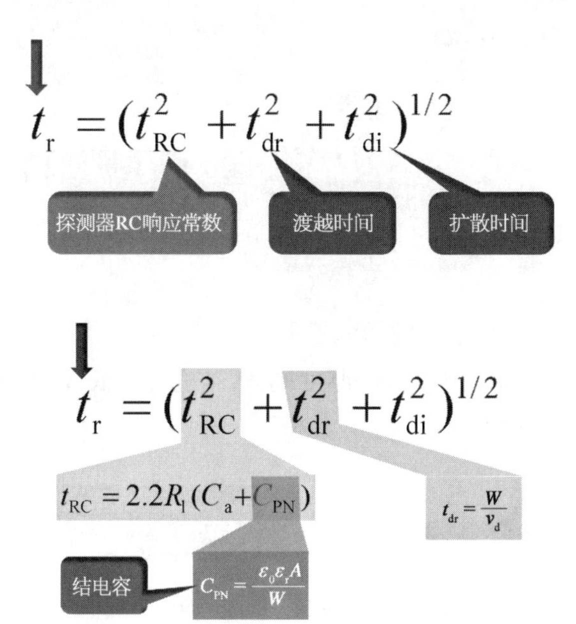

看到了结电容。

结电容与渡越时间,都需要降低,那它们和什么相关?

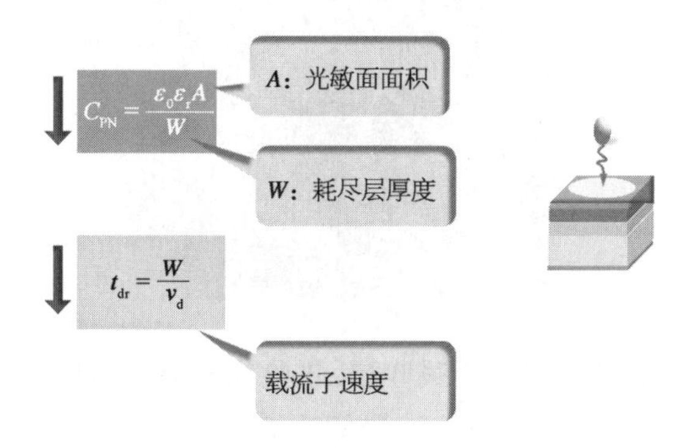

上图,有两个矛盾,一是光敏面面积。

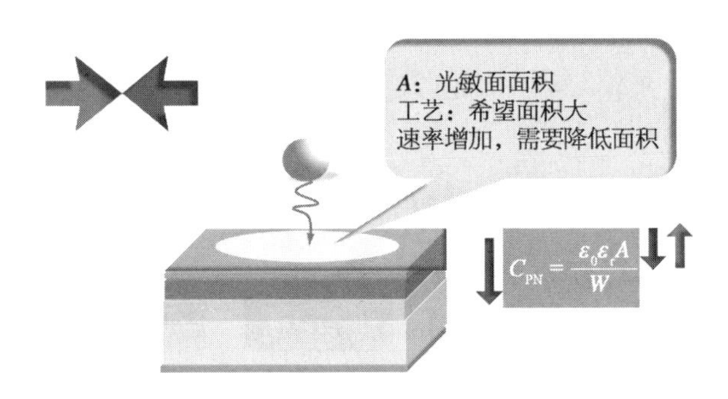

实际上，速率越高，芯片的面积越小。

另一个矛盾，是耗尽层厚度，厚度减薄，结电容降低，速率提升，厚度增加渡越时间加长速率降低。

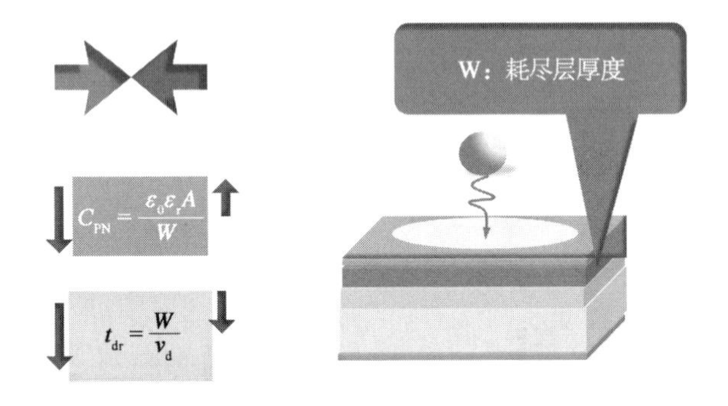

怎么理解耗尽层？

光子在耗尽层，耗尽层属于吸收层，吸收光子能量破坏电子空穴对，形成光电流（见下页图）。

后来，有人发现，正面入射还受限于电极，光敏面不大。背面入射，也很好。

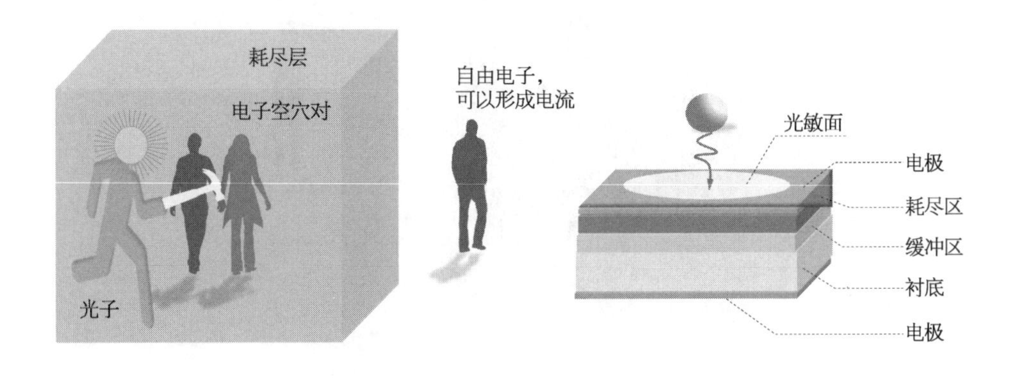

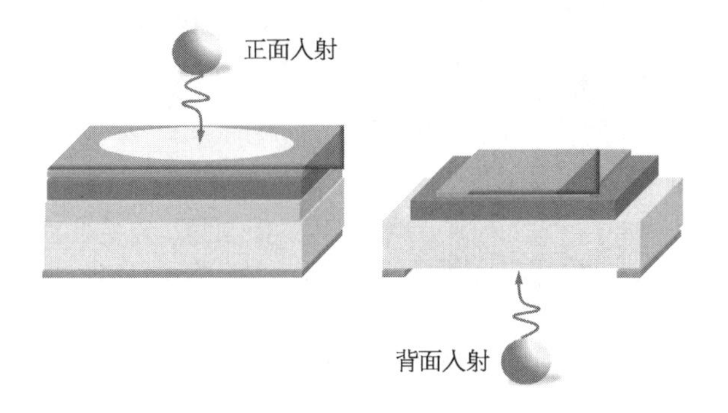

光敏面增加,提升速率,而且不涉及耗尽层厚度这个矛盾点。

工艺上需要倒装焊。

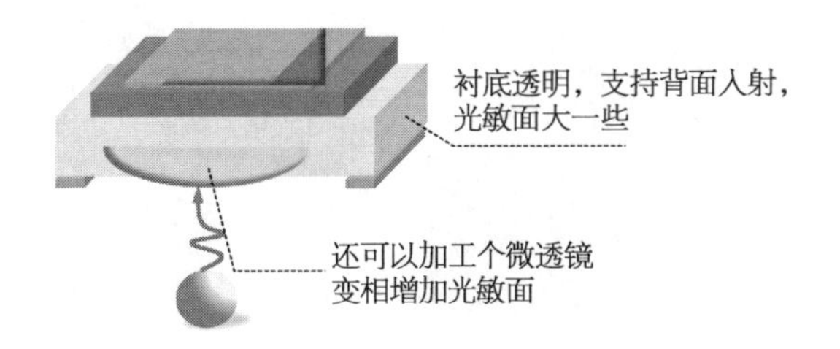

探测器结构与响应度、灵敏度

探测器吸收光子,光子的能量破开电子空穴对,形成自由电子,光生载流子。

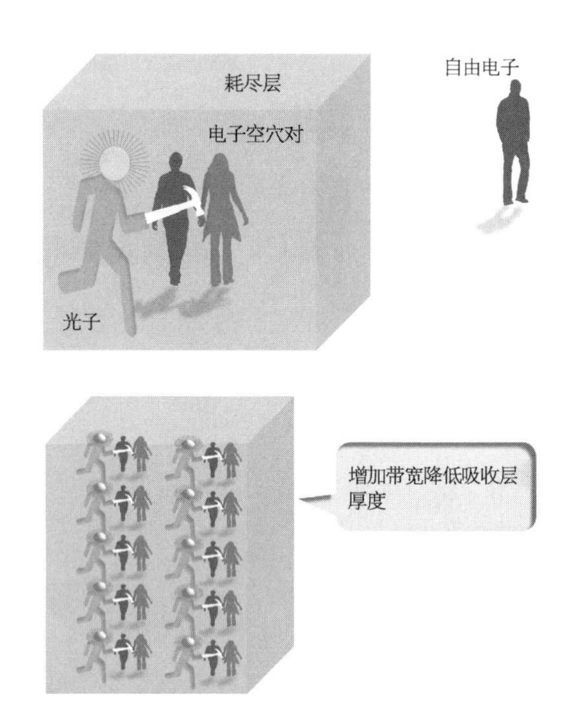

提升信号转换速度，就希望降低吸收层厚度（耗尽层），但是有些光子“嗖嗖”地跑了，没破开电子空穴，就跑了。

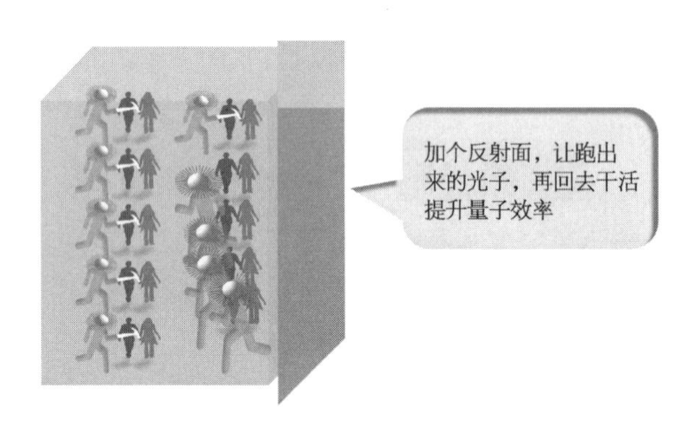

量子效率：吸收多少光子，产生多少自由电子

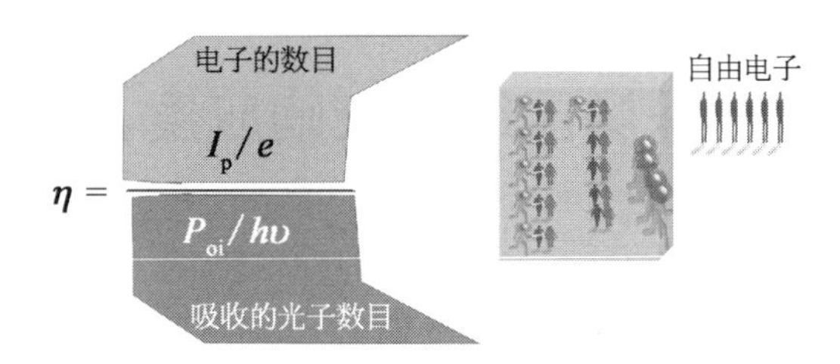

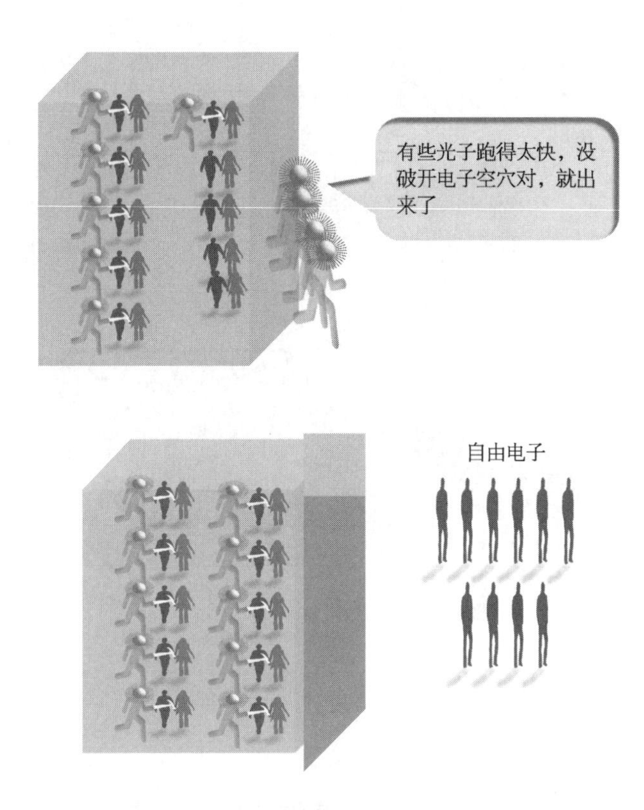

量子效率高了,响应度就高,灵敏度那就很好啊。

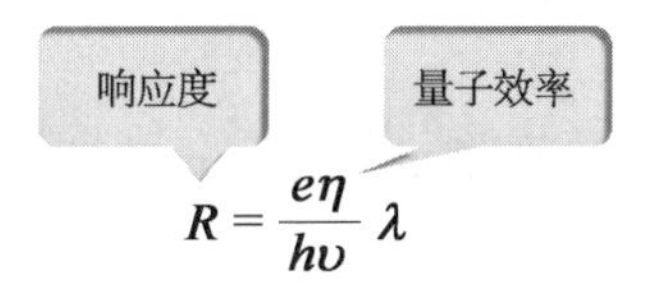

$$R = \frac{e\eta}{h\upsilon}\lambda$$

正面入射,可以加反射面,容易碎。

加光栅也行,费点钱和功夫。

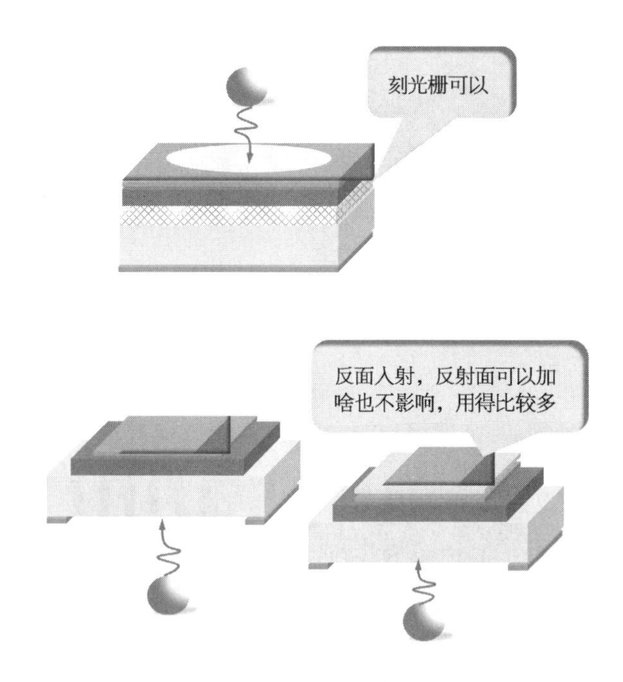

探测器材料与截止波长

探测器，通常会标注一个截止波长，这个截止波长与探测器的材料有关。

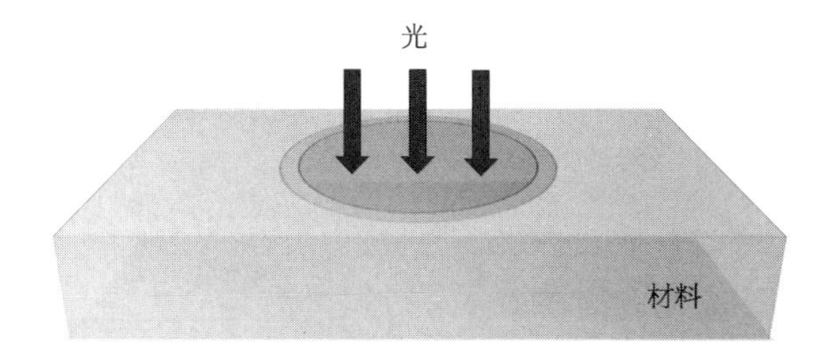

探测器最简单的理解，就是，一个光子的能量，破坏一个电子空穴对儿，产生一个自由电子。

吸收光子，产生可移动的电子（载流子），就是探测器。

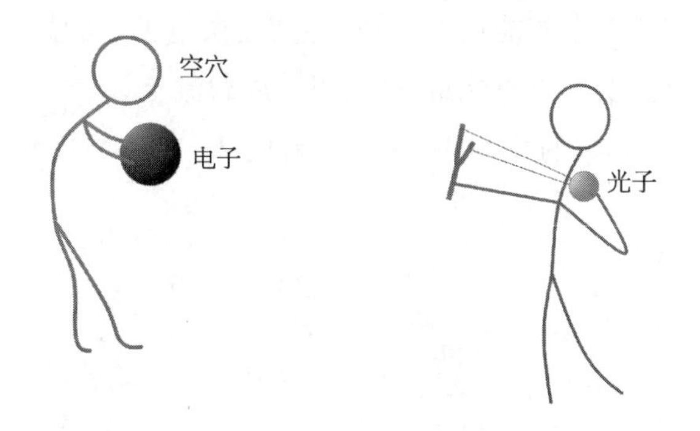

光子的能量,与波长相关。

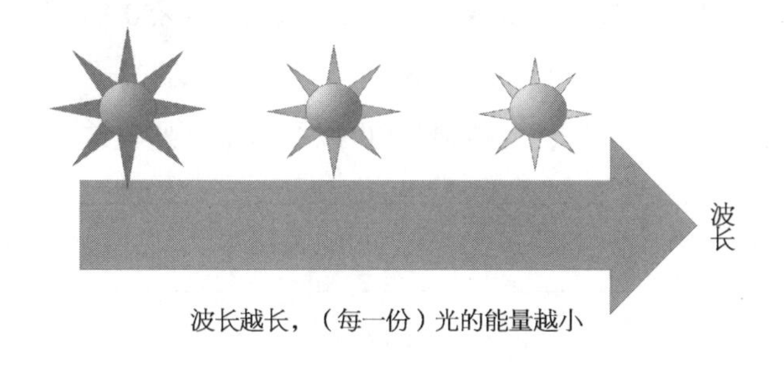

波长越长,(每一份)光的能量越小

光子,也叫光量子,最小的不可继续切割的能量。不妨叫它“一颗光子”。

一颗光子和另一颗光子,所携带的能量不一定相同,要看波长,如果是长波长,一颗光子携带的能量就小,短波长的光子携带的能量大。

带隙能量,或者叫禁带宽度,E_g,从价带到导带的能量差。

价电子,就是被束缚在原子轨道中的电子。

自由电子,可以形成导体的电子,自由电子的能量带,叫作导带。

E_g 的意思,就是外界来 xx 能量,就能将这颗电子从价电子变成自由电子。

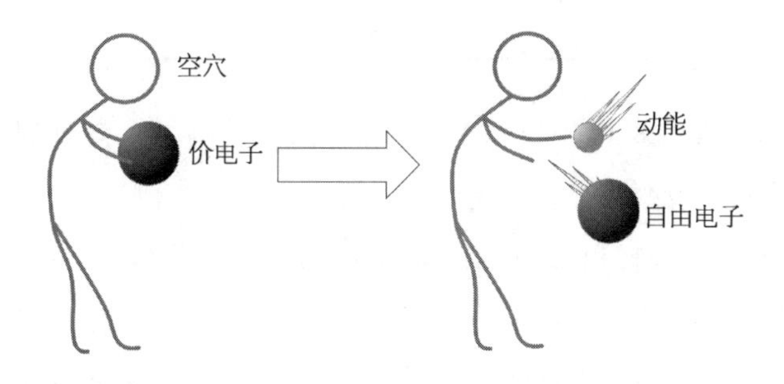

不同材料的 E_g 是不同的。

有些材料,需要更大的能量 E_g,才能生成自由电子,也就是载流子。

有些材料,只需要一点点能量,就可以生成载流子。

光的波长,与光子的能量相关。材料的 E_g 越小,探测器的截止波长越长。

$$\underset{\text{光的截止波长}}{\lambda_{min}} = \underset{\text{材料的带隙能量}}{\frac{1.24}{E_g}}$$

硅光集成技术里的探测器,为什么经常会用锗硅探测器?

硅材料做探测器,截止波长是 1.1 μm,可以用在 850 nm 上,但不能用在 1 260~1 650 nm。

锗材料的截止波长很长,硅掺锗,就可以覆盖整个通信波段了。

探测器材料	E_g/eV	截止波长/nm
硅	1.12	1 107
锗	0.67	1 851

为什么 VCSEL 的通信波段选 850 nm?

VCSEL 多用 GaAs 材料,它的截止波长约为 870 nm,所以选 850 nm 做短距多模传输波长。

探测器材料	E_g/eV	截止波长/nm
GaAs	1.42	873

现在用量最大的材料是 InGaAs(铟镓砷),在规格书上会看到一个 1 260~1 650 nm 的宽波长接收范围。

InGaAs 是用两种材料形成的三元化合物,InAs 和 GaAs 可以按不同的比例做 InGaAs。

InAs 的 E_g 是 0.35 eV,GaAs 的 E_g 是 1.42 eV,所以 InGaAs 的 E_g 就在 0.35~1.42 eV 之间,按照不同的材料配比,就有不同的截止波长。

探测器材料	E_g/eV	截止波长/nm
InGaAs	0.35~1.42	870~3 542

探测器材料之 Si，GeSi，GaAs

写 Si,GeSi,GaAs 用在电芯片上的差异,有人问,那为什么 GaAs 可以做探测器,而 Si 不能?

其实,Si,GeSi,GaAs 这 3 种材料都可以做探测器。

Si,当然可以做探测器啊,探测器的原理是吸收光,输出自由电子。

咱们的太阳能电池,就是探测器,吸收光,输出电。完成光电转换,Si 和 GaAs 都可以做太阳能电池。

但是,Si 做不了咱们通信用的探测器,InP 可以,GaAs 也可以做短波长的,GeSi 也勉强可以做。

原因很简单,材料与吸收的能量大小有关。

光的波长不同,太阳光的红橙黄绿青蓝紫七色彩虹光,是光不同波长被眼睛这颗探测器吸收后体现的不同特点。太阳光的红橙黄绿青蓝紫波长分布在 380~780 nm。

光通信的波长有 3 个窗口,短波长在 850 nm、长波长在 1 310,1 550 nm 两个波段,这是光纤的低损耗窗口。

组成光的最小单位是光子,是能量的最小单位。

1 550 nm 的光子,能量最弱。

380 nm 的光子,能量最强。

前提已经说完了。

InP,可以吸收很弱很弱的光子,可以应用于 1 550 nm。

GaAs,可以吸收较弱的光子,可以应用于 850 nm。

Si,得吸收很强的光子才能激发出电子,可以应用于可见光区域做太阳能电池(380~780 nm)。

人们很想实现硅基的光电集成,而 Si 又不能用于通信波段,用 SiGe 合金来做探测器。

SiGe 合金用在咱们通信波段,与 InP/GaAs 等材料比起来,噪声较大。噪声在探测器中一般用“暗电流”来表示。

小结:

在电芯片的应用中,Si,SiGe,GaAs,InP 都可以做,他们的材料特性中的禁带宽度,与射频性能的很多具体指标相关联,用在 TIA 上,与噪声与灵敏度相关。

在探测器的应用中,Si,SiGe,GaAs,InP 都可以做,他们的禁带宽度不同,与光学的波长范围、噪声、灵敏度相关。

探测器响应度下降原因

在光通信波段咱们常用的一种探测器材料是 InGaAs,也经常看到它的响应度曲线:

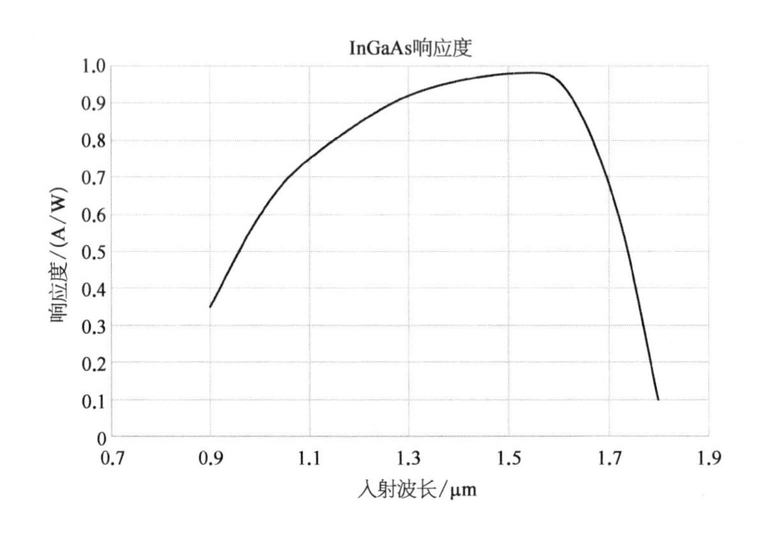

波长太短，响应度不高；波长太长，响应度也不高，这两种影响度下降的原因是不一样的。

入射波长太长，InGaAs 材料响应度很低，这是因为光子的能量太弱引起的。

光的波长越长，能量越小，一颗光子的能量太小的话，就不足以破坏电子空穴对，就没办法成为一颗自由电子。

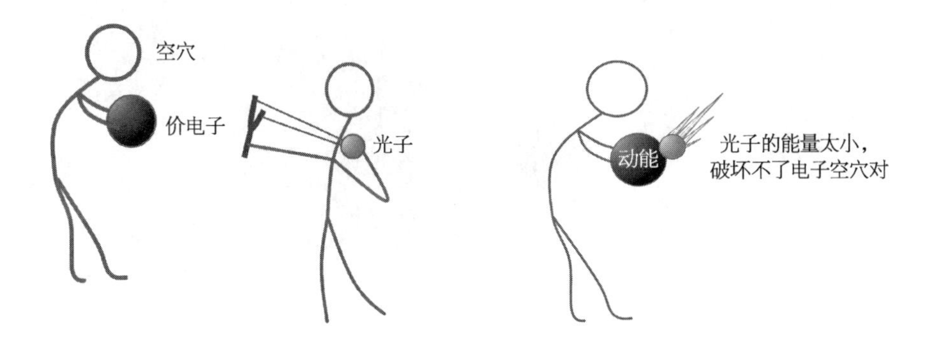

光的入射波长太短，光子能量很强，响应度也会降低。

光子破坏了电子空穴对，产生自由电子，这些自由电子们要被抽运出来才算数啊。电源通过电极在不断等着这些自由电子出来，形成电流。

可是，吸收的能量太大了，这些大能量的电子，又找到空穴，复合后，成了价电子，不动了。

产生不了电流，这些个吸收复合就属于内耗，对外看起来响应度就低。

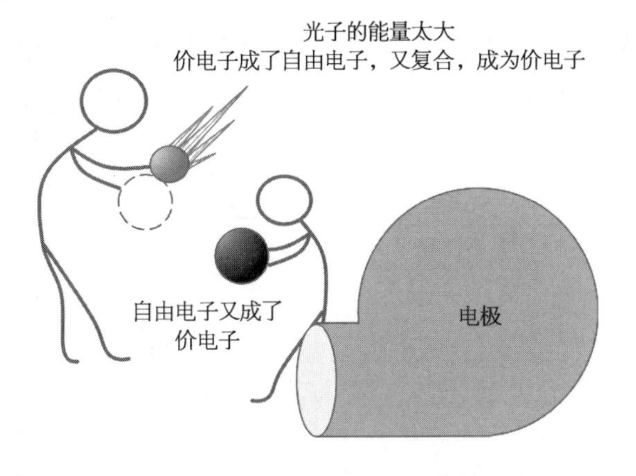

理想的情况就是，一个合适的波长范围，光的能量要大到有能力破坏电子空穴对，使得价电子成为自由电子，自由电子可以渡越到电极，被抽出来，形成

电流。光的能量也不能太大,否则,在自由电子还没有走到电极那里,就找到了另一个空穴,然后,不动了。

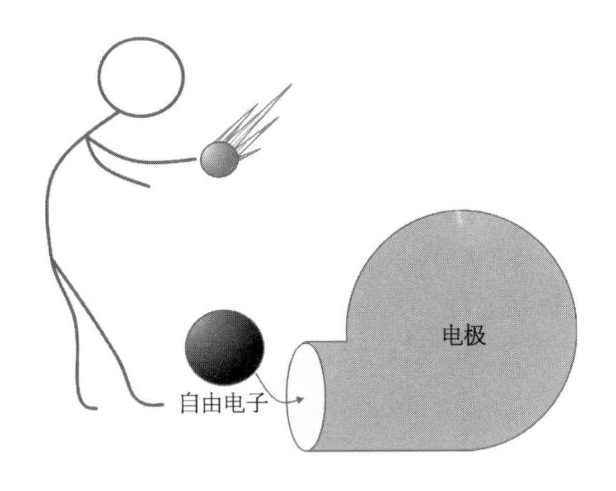

APD的盖革模式

普通探测器,比如PIN,就是吸收光子,产生自由电子。

APD,比PIN多一层雪崩层,就是在反向偏压很高时,原来吸收光子产生的那个自由电子,会碰撞出来更多电子,换句话说,就是有更好的光电响应效率。

一般,专家们都是千叮咛万嘱咐,千万不要让APD的反向偏压超过击穿电压,不要让APD击穿。

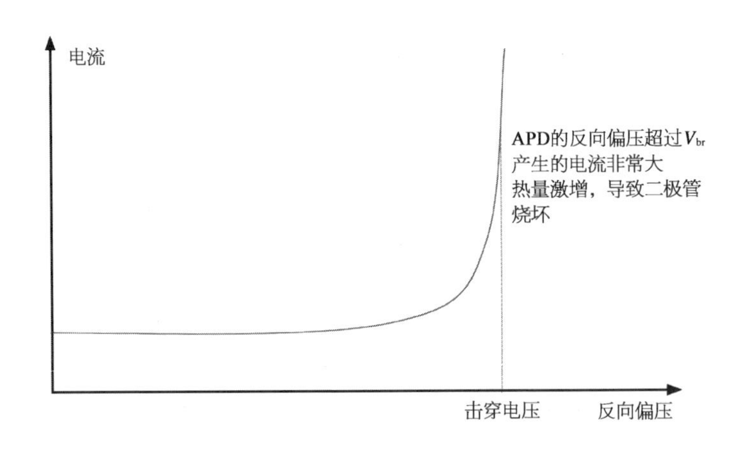

为什么不能让 APD 电压超过击穿电压呢?

因为,大于这个电压值,同样的光子入射,会产生非常大的自由电子流,积累的热量,"酷嚓"就能把 APD 给烧了。

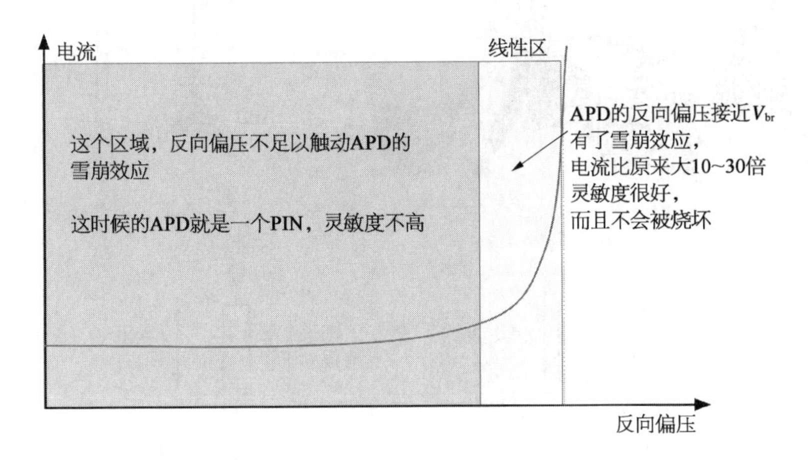

回归正题,APD 的盖革模式,就是故意让 APD 反偏电压比击穿电压还大。

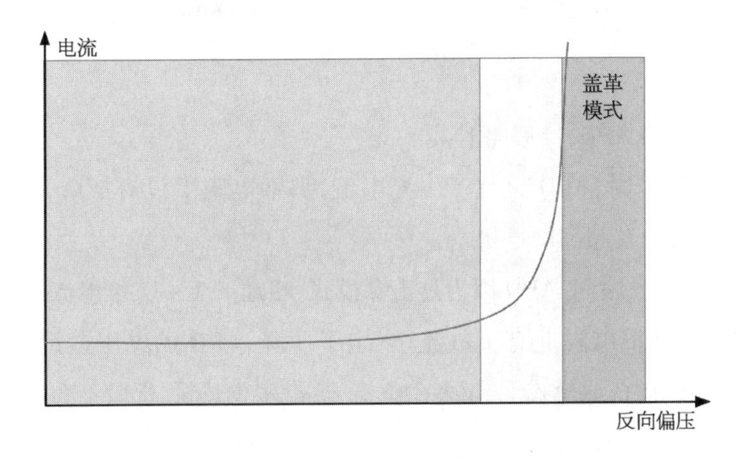

那这盖革模式,不就是分分钟让 APD 给烧坏了呗……别急。

盖革模式下,反偏电压很大时,超过击穿电压:

坏处:热量迅速积累,会烧坏 APD。

好处:就是电流很大啊。

在 APD 的设计上,加一个淬灭过程,就可以实现以下过程。

加淬灭电阻,热量虽然有积累,但是让它迅速降温,这样就不会烧坏二极管。

那个电阻,就是炼铁师傅旁边的水桶。

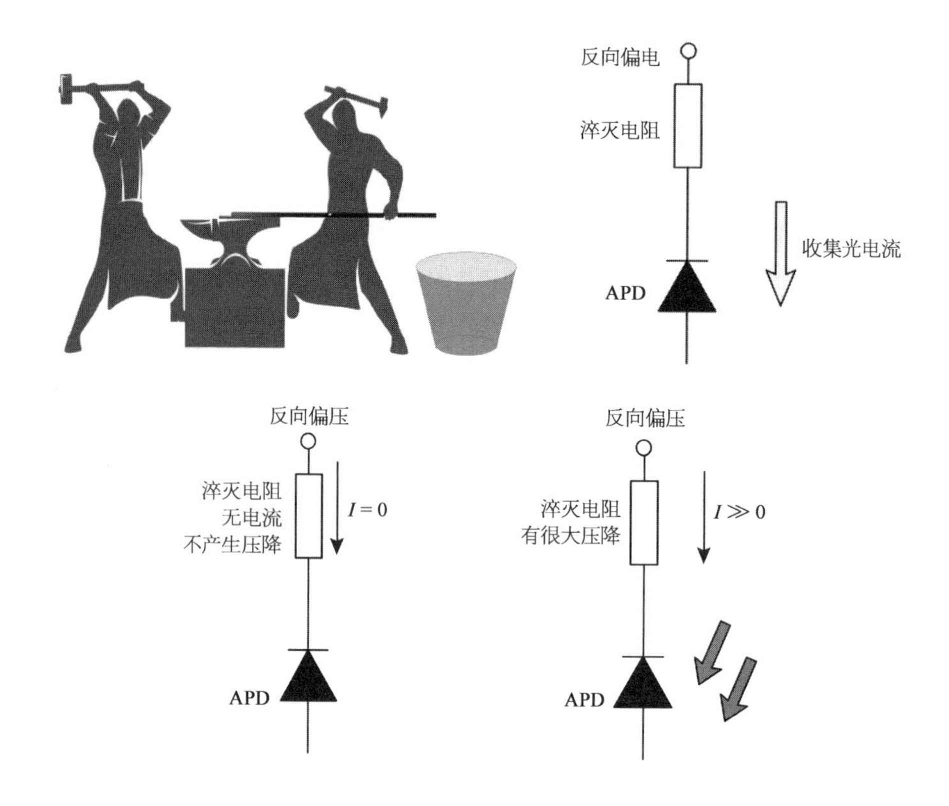

盖革模式的 APD,过程如下:

没有光信号时,APD 也就产生光电流,那颗电阻上没有压降,APD 的电压$=V_{cc}$,很高,处在超高增益状态。

光,入射的一瞬间,APD 因为是击穿模式,嗖地产生一大堆电流。

光继续入射,电阻上有了电流,产生了压降,APD 的电压远远小于 V_{cc},APD 只能工作在普通模式下,没多少电流,也没多少热量,那就不会烧掉。

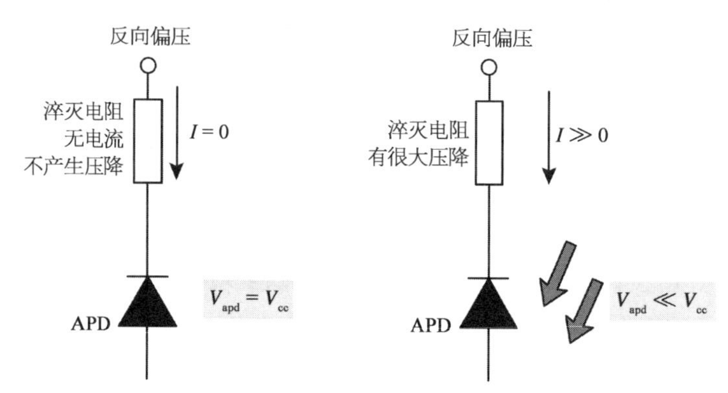

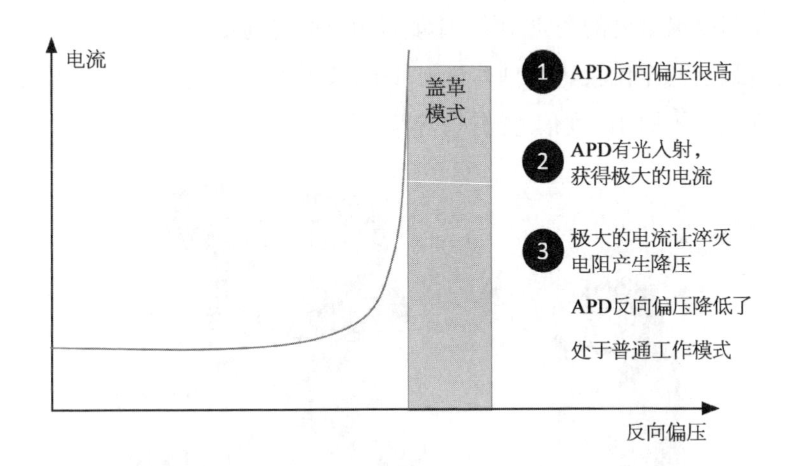

同一个光脉冲,PIN 的响应电流较小,APD 在高的反偏电压下响应电流比 PIN 高很多。

APD 反偏电压小于击穿电压时,是线性模式,不会导致二极管击穿。

APD 反偏电压大于击穿电压时,是盖革模式,可以获得很高的电流,但是不能时间长,否则就会烧坏二极管,一般皮秒级时间,所以盖革模式下的 APD 需要一个淬灭电路,来及时让 APD 反偏电压降下来。

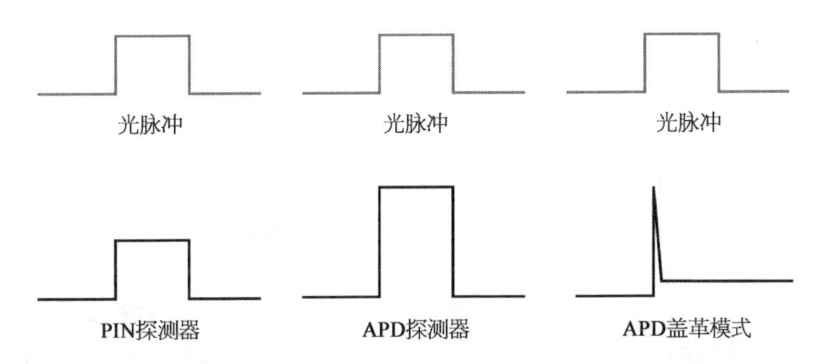

这种盖革模式,经常用在高灵敏度的场合,比如单光子探测、LiDAR 激光雷达。

APD 盖革模式的应用

盖革模式下的 APD 灵敏度超高,它的应用可以是通信,或者其他。

用于超高灵敏度的场景很多,比如自由空间光通信。

还有最近两年比较热的自动驾驶,LiDAR 激光雷达的反射光测试,比如现在手机 3D 摄像头的深度信息测试,等等。

原因有三:

第一,发射光不能太大,因为是在自由空间内的发射,有激光安全性的考虑,不能伤人,不能伤眼……简单的理解就是,功率不能太大。

第二,空气对激光功率的损耗很大,常说的"刮风减半,下雨全无"的那种神奇的衰减效应。

第三,物体对光的反射率是有限的,咱又不是一面行走的镜子,可以高反射。

这就让探测器的地位很尴尬,需要超高的灵敏度,哪怕个位数的光子到来,也能接收到。咱把可以用于盖革模式的 APD 俗称单光子 APD,SAPD。

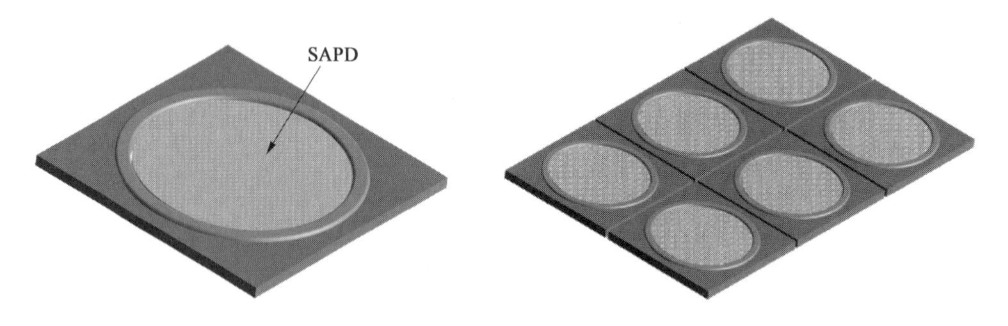

如果这样接收的灵敏度还不行,就用阵列,并联模式下的 SAPD(见上右图)。

比如手机3D传感常用的TOF飞行时间来测量深度的传感器，包括一个VCSEL阵列，一个参考的SAPD阵列和一个接收的SAPD阵列。

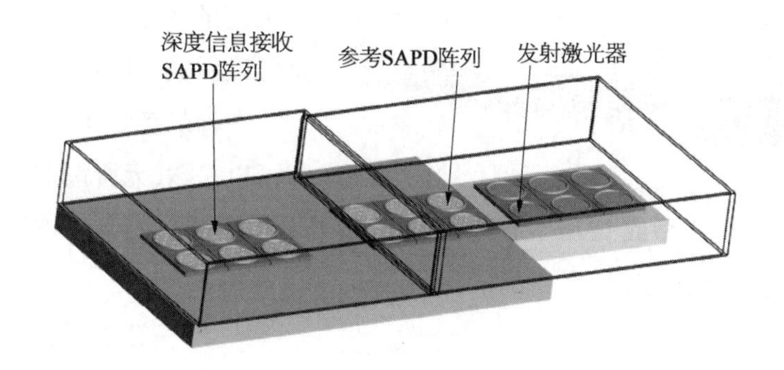

参考SAPD，用于接收内部的反射光脉冲。

另一个SAPD，用于接收外部物体测量的反射光脉冲。

两者的时间差，就能换算出空间距离，毕竟光是有速度的，速度、时间和距离，当然可以互相求解。

光电二极管台面结构

要求探测器是mesa结构，也就是俗称的台面结构。

为什么需要这种台面，与光电探测器这几个字关联性不强，与二极管关联

性大。

这里头涉及的是一个半导体工艺的弊端，咱们以为 PN 结是可以做成平面的。

一种颜色是 P，另一种颜色就可以是 N，无所谓谁在上面。

但实际上 P 型或 N 型半导体要掺杂，是外头需要一层层做，还需要对非掺杂的区域做隔离阻挡。

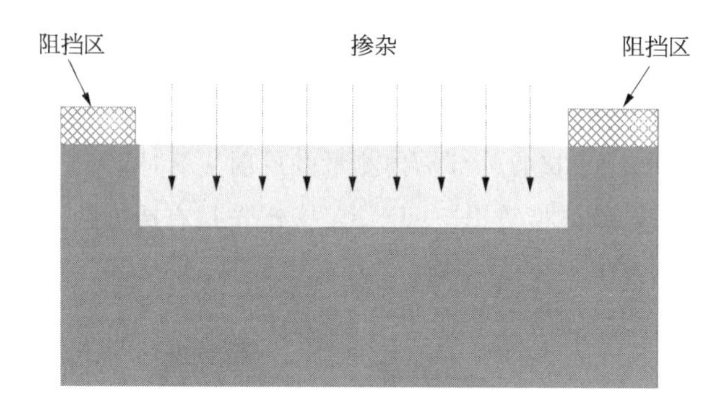

实际上的掺杂区，有球面或者柱面区。

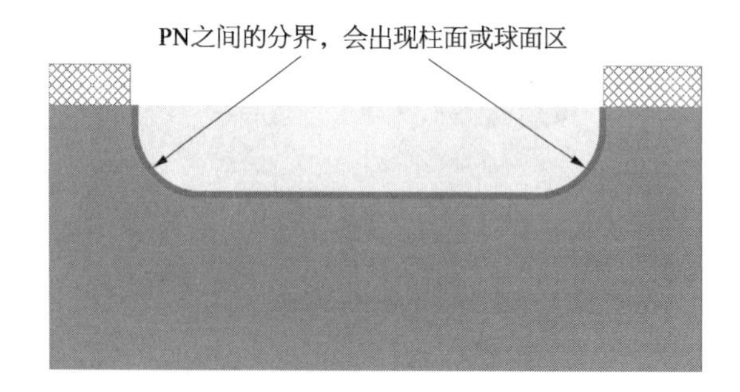

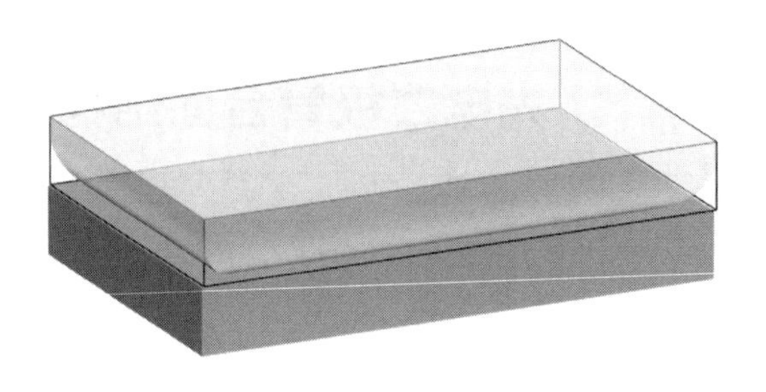

这个全去的地方 PN 结,如果要过电流,界面上内弯的地方会出现载流子密度大的现象。

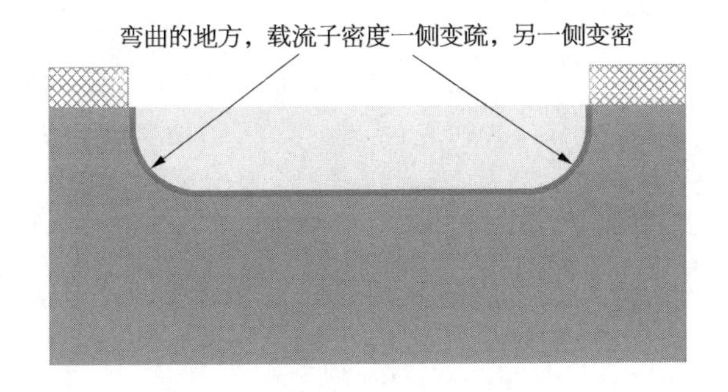

也就是说,两侧弯曲位置比中间位置的载流子密度高,更容易导致击穿。

为了改善这种工艺缺陷,在上图做完之后,把周边会有球面 PN 结的地方,都铲掉腐蚀掉。

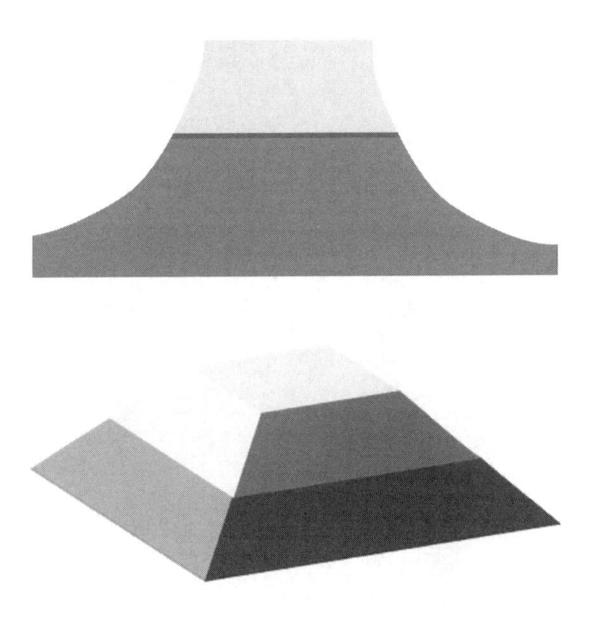

铲完之后,PN 结是个平面的,被击穿的风险就降低了,当然在光电探测器的应用里不影响信号转换效率,还能降低暗电流。

这就是台面结构。

普通二极管有台面结构,光电二极管也有台面结构,就是把 PN 或者是 PIN 的结,去除掉弯曲,保留平面。

半导体工艺

GaAs 衬底

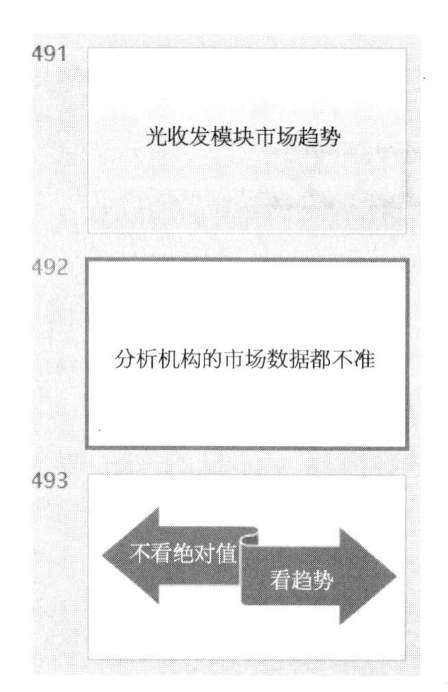

看市场主要是看趋势和比例,而不是绝对值,如果要看绝对值,这么说吧,没有一家分析机构的数据是准确的。看很多家的分析,绝对值的差异是很大的,可趋势是可以作出判断的(见左图)。

InP 的激光器基本上用于通信,GaAs 的激光器则 13%左右用于通信,87%是用于其他领域的(见下图、下页第 1 图)。

对于 GaAs 衬底来说,激光器只是其中的一个应用。

比如咱们熟悉的手机功率放大器芯片,不是光芯片,更不是激光芯片,用 GaAs 的很多(见下页表)。

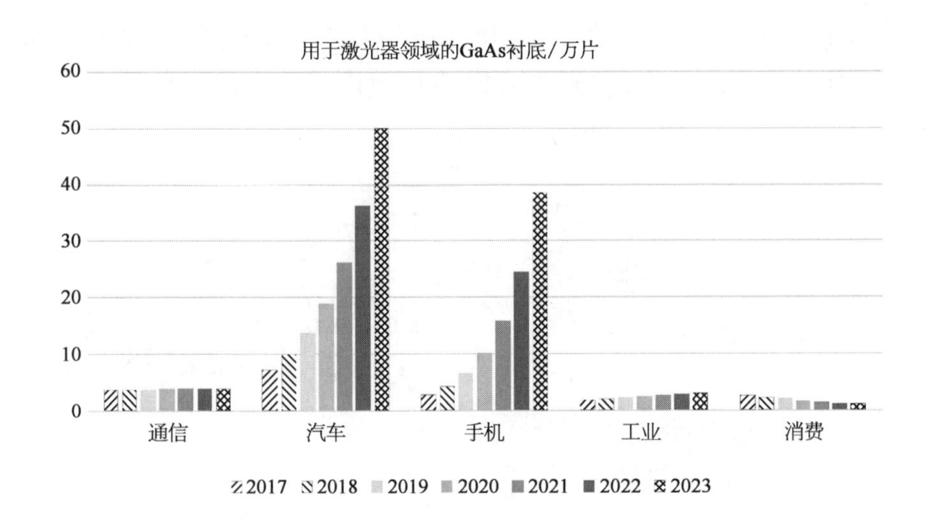

手机功率放大器(PA)		材　　料
第一代 1G		
第二代 2G		Si(CMOS)
第三代 3G		GaAs 较多,CMOS 较少
第四代 4G		GaAs
第五代 5G	频段小于 6 GHz	GaAs
	频段在 28 GHz	? 也许重新回归四族

比如各种射频器件,GaAs 也是其中的一种材料选择。

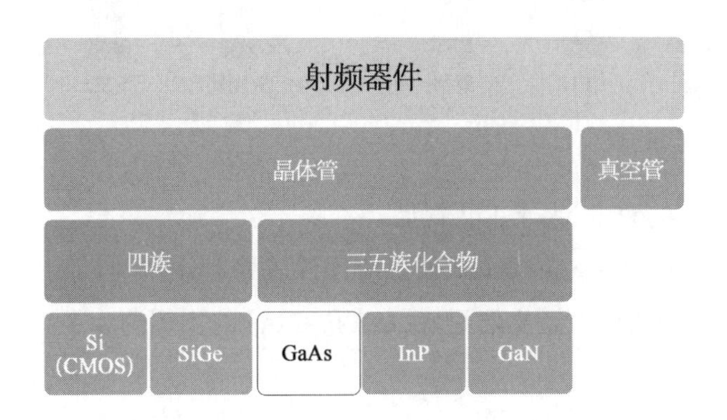

最早 GaAs 是用在 LED 上的，LED 叫半导体发光二极管，这是发光元件，但不是激光元件，发光之后能够相干振荡放大的器件才叫作激光器。

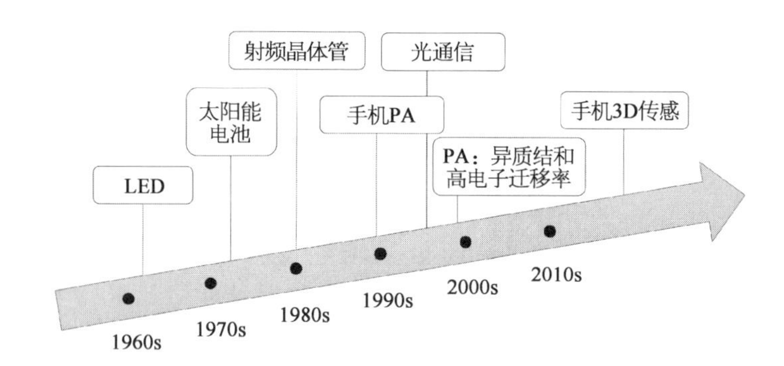

看一下，用于 LED 的衬底发货量(折合成 6 in 片的等效数量)很大，但市场重量并不突出，那是因为能用于激光器的 GaAs 衬底要求很高，价格是 LED 的 2~3 倍。

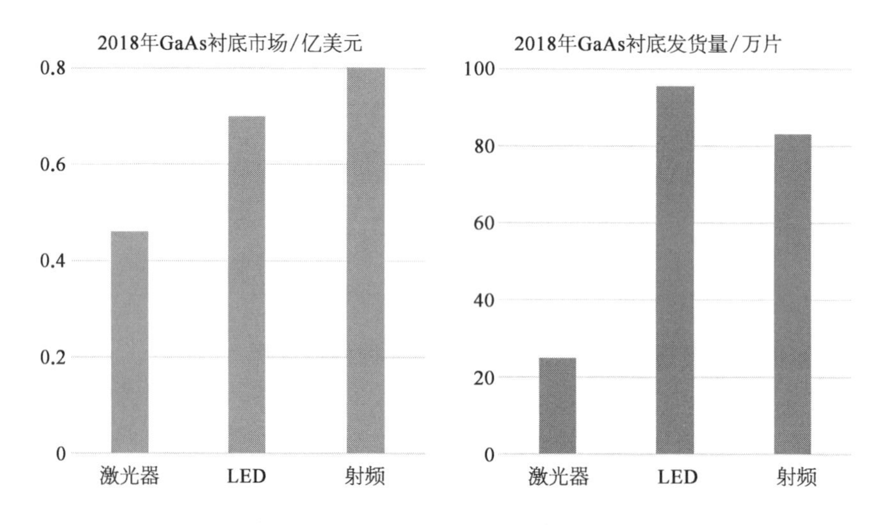

小结：

GaAs 衬底的总量，大于 InP 衬底。

下图是 2019 年 GaAs 与 InP 衬底应用领域的划分。

仅仅针对光通信中激光器衬底，InP 与 GaAs 的比例约为 7∶1。

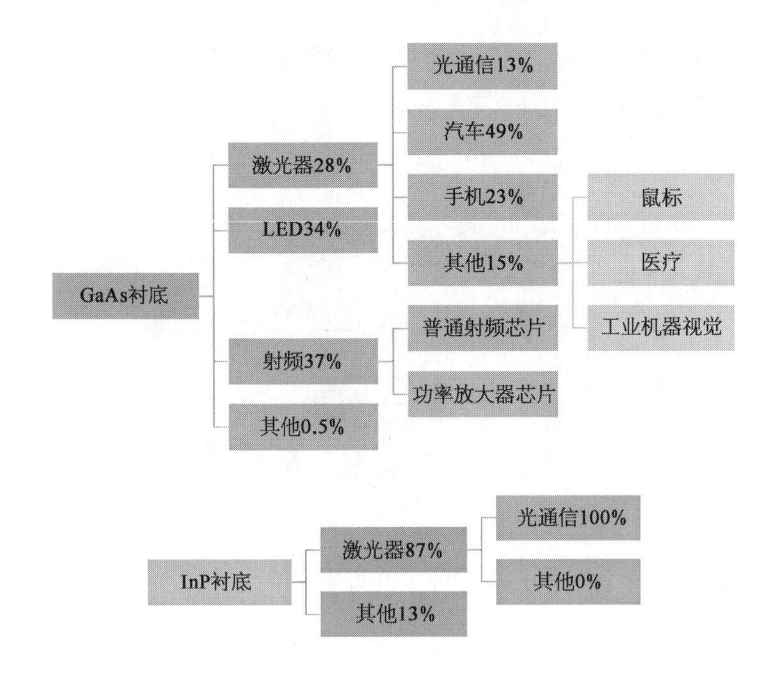

激光器衬底——InP 单晶

激光器的工艺路线，大致如下：

衬底 → 晶圆生长 → 晶圆制造 → 芯片制程

衬底
- 单晶晶锭制造
- 切割晶圆
- 标定晶向
  - 解理面
  - 生长面

晶圆生长
- 量子阱外延生长

晶圆制造
- 光刻
- 氧化
- 腐蚀
- 结构设计
- 金属接触

芯片制程
- 解理
- 镀膜
- 切割
- 测试

激光器短波长用 GaAs 单晶衬底，长波长用 InP 的单晶衬底。

什么是单晶？

非晶体是说固体材料中的原子，排列不规则。

晶体是指固体材料中的原子呈现规则排列的现象。

单晶和多晶都是晶体，多晶的意思是，这个固体材料有一些区域，小区域内的原子是规则排列的。

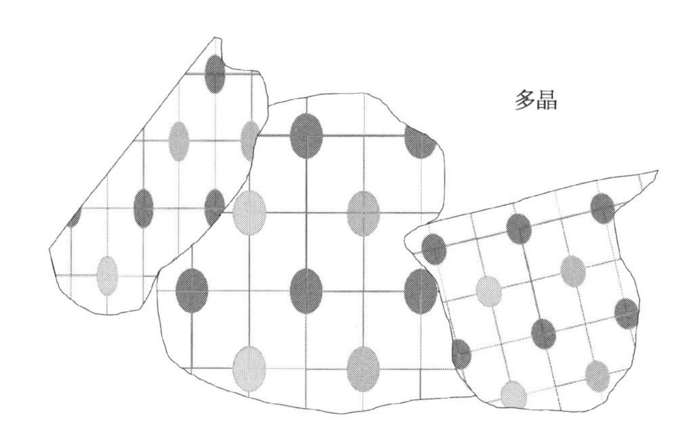

单晶是指，这个材料中只有一种排列规则。

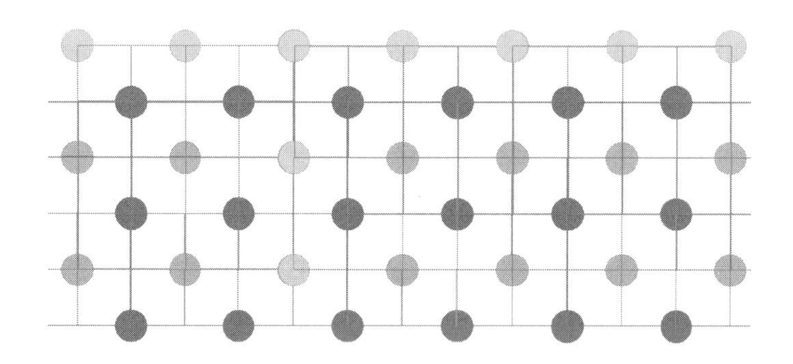

InP 是把铟和磷两种材料熔融，然后让原子们规则排列形成单晶。InP 一般用垂直布里奇曼法进行晶锭的制作。它的位错很小。

	水平布里奇曼法	液封直拉法	垂直布里奇曼法
炉子成本	低	高	低
晶体形状	矩形、半圆形	圆形	圆形
晶体直径	小	大	大
位错密度	低	高	非常低
机械强度	高	低	高
生长速度	低	高	低

布里奇曼是个物理学家，这种方法用他的名字来命名，简单理解就是加热InP熔融，然后慢慢选择提拉棒，让In和P交错地分布在籽晶边缘，形成单晶的晶锭。直径大约是2 in或者3 in。

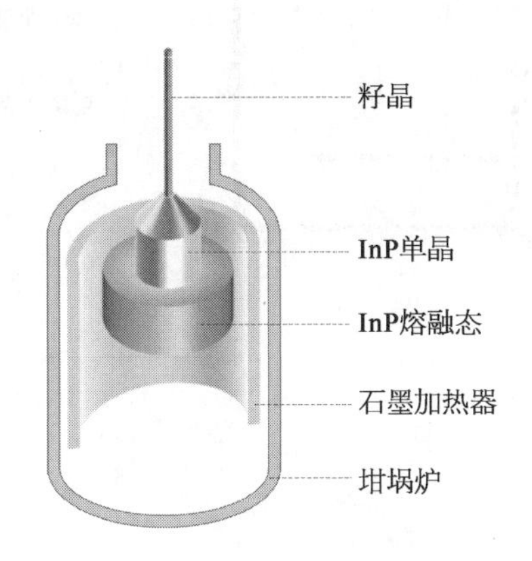

拉出来后，要切片，形成晶圆，单晶体的圆片。

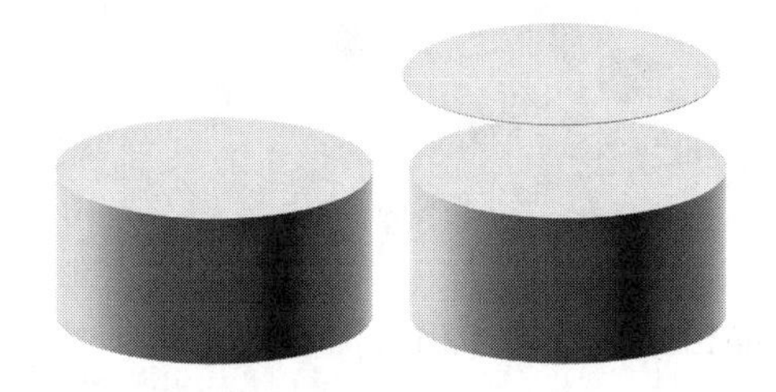

晶圆要给出晶向，晶体的方向，可以让后边做工艺的人知道，哪些方向能做外延生长，哪些方向可以做解理(裂片)。

再看一次In和P交错排列，这是俯视图。

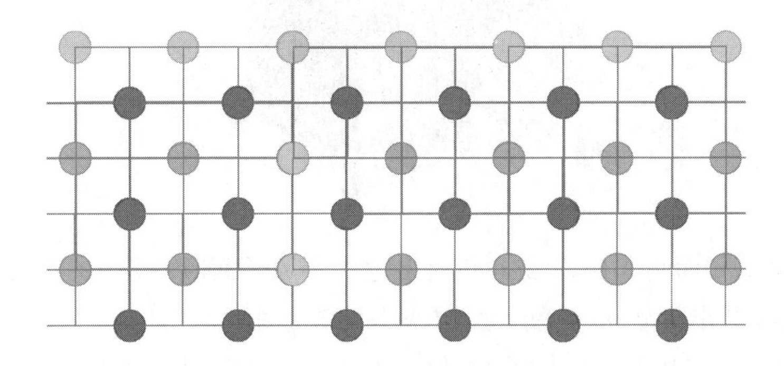

把上图画个粗线框，拆分出一组晶体结构。

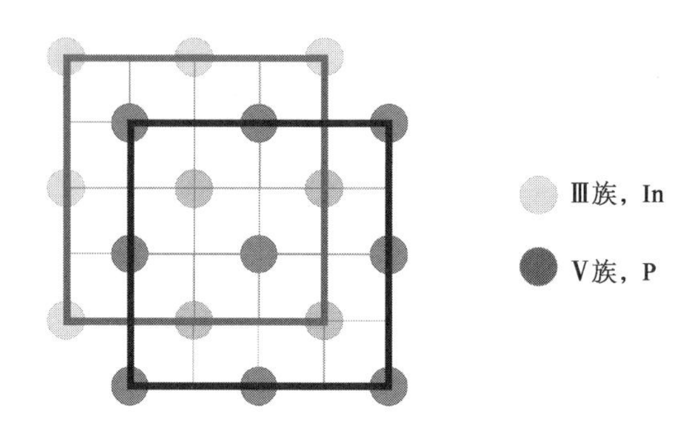

立体图是这样的

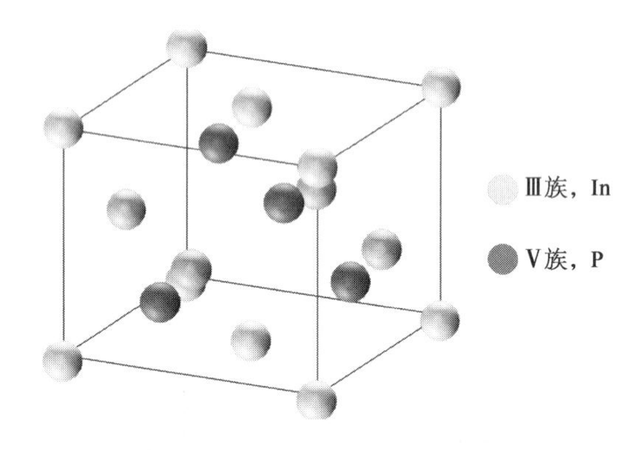

做一个 4×4 的晶格来标定原子相对位置。

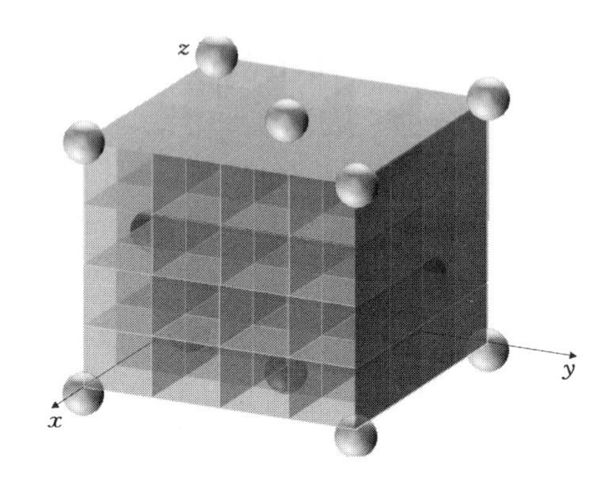

Ⅲ族原子面叫 A 面，Ⅴ族也就是 P 这一层原子面叫 B 层，在 B 层上做外延，更容易长出单晶，位错密度也小(见下页第 1 图)。

解理面是 110 面，110 的意思是 $x = 1$，$y = 1$，$z = 0$，从 000 到 110 点画一条线。因为这个面的Ⅲ族和Ⅴ族均匀分布。

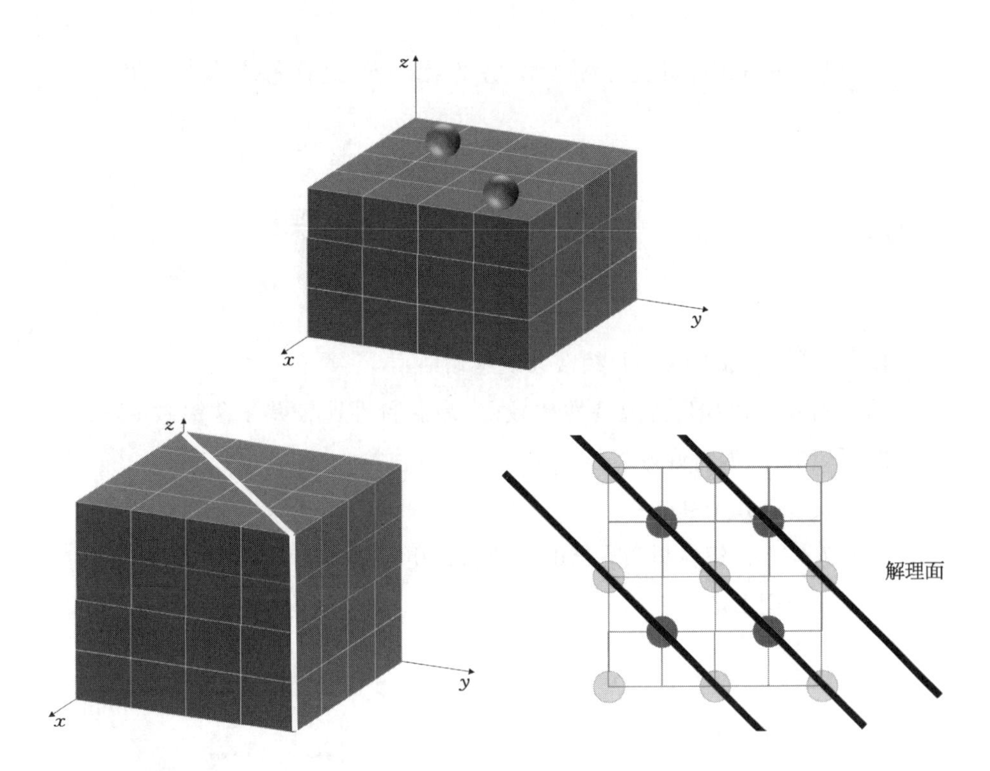

交错的 In 和 P 是呈现正负电荷现象的，加错分布产生库仑力，所以这个方向上的原子们结合得更紧密。

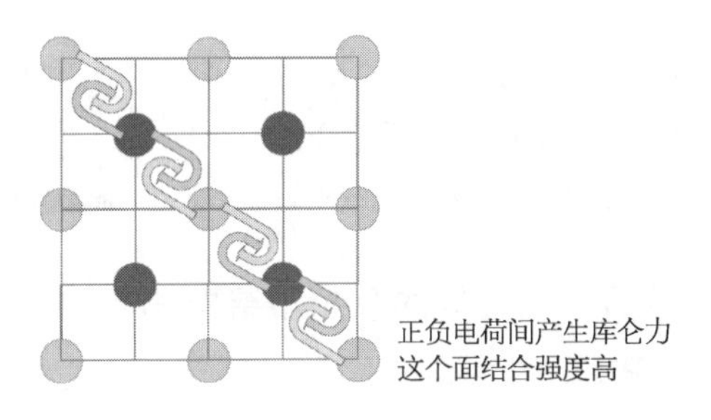

110 面和面之间，反而作用力比较小，很容易就被裂开了。

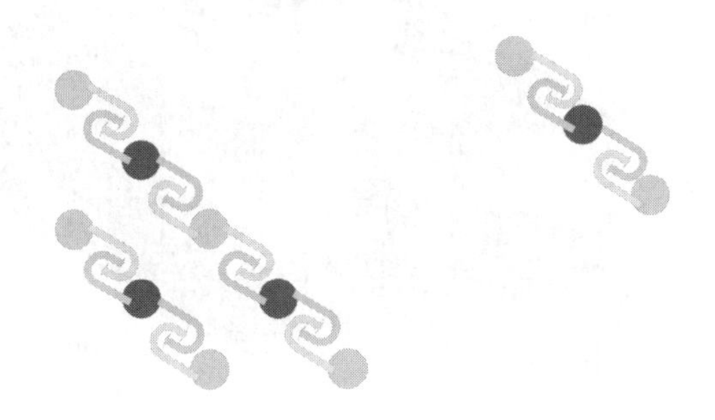

制作单晶的晶锭，切割成晶圆，抛光，给出晶向，这就完成了衬底的制作。

激光器中含铝材料

在激光器领域的专家们，经常会说这句话：

不含铝可以做 BH，常温特性比较好，高温特性比较差。含铝做 RWG，常温特性不突出，高温特性好。

一般人会有几个疑问：

(1) 为什么含铝材料激光器的高温特性更好？

专家们会用下图来表示 AlGaInAs 的量子阱能量结构，比 InGaAsP 要好。

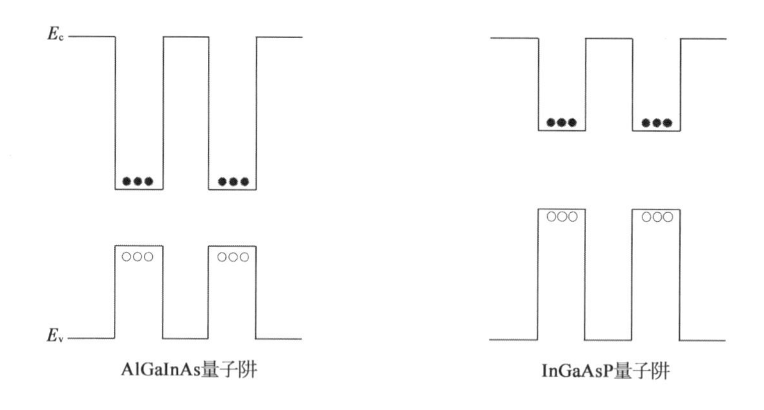

咱们抛开上图，先看一个常规的激光器结构，所谓的边发射激光器，在电路图中会表示成一个 PN 结的二极管形式。

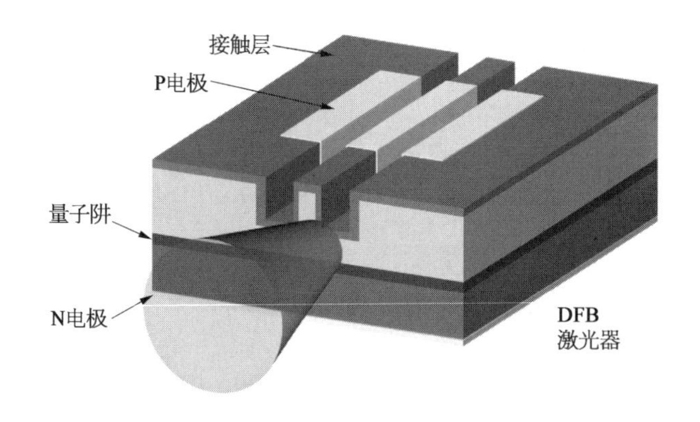

切片看一下,它还真就是个 PN,二极管。二极管的电流方向从 P 到 N,从正到负。

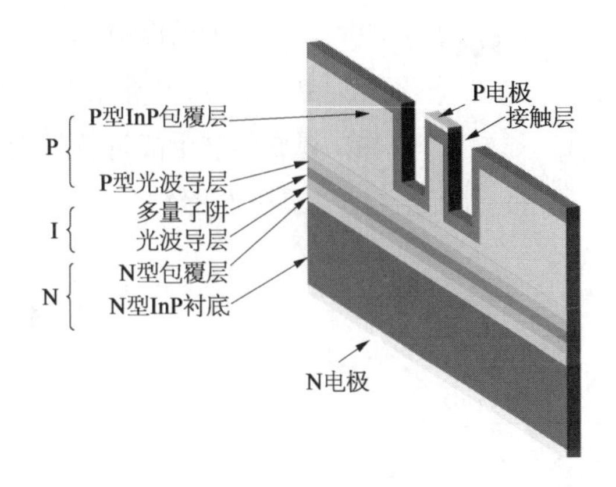

把激光器放倒,电子是负电荷,空穴是正电荷,他们的方向如下:

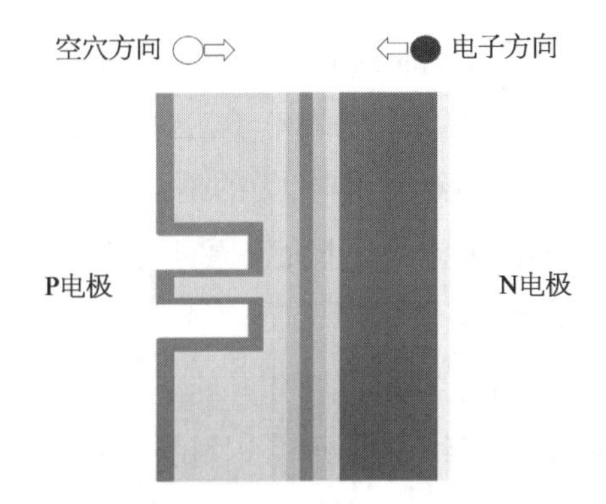

把激光器的结构放大,看量子阱,是一层层的薄膜。

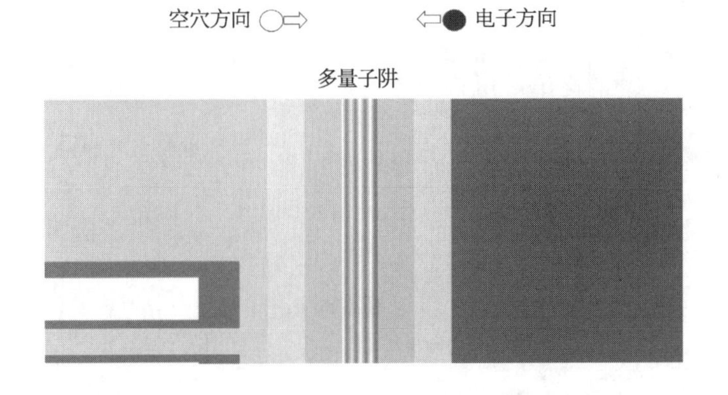

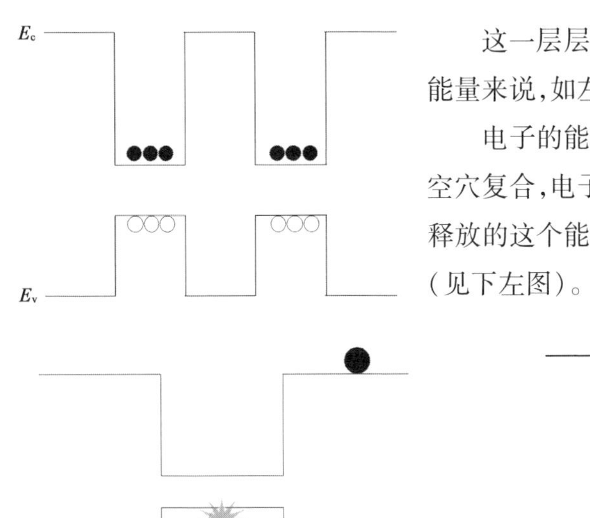

这一层层的薄膜，对电子和空穴的能量来说，如左图所示。

电子的能量降低后，在量子阱中，与空穴复合，电子原来的动能释放出来了，释放的这个能量就是光。这叫辐射复合（见下左图）。

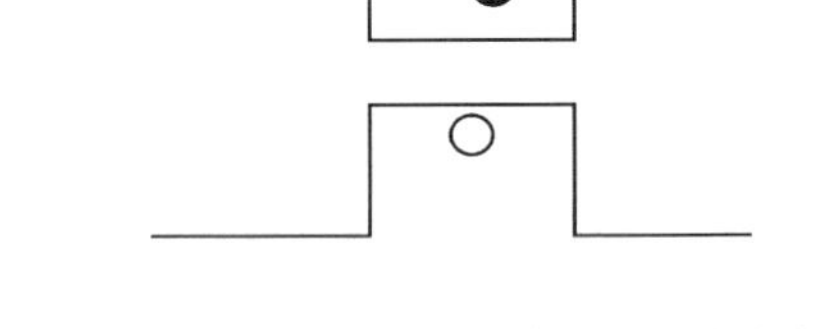

看重点，并不是所有电子，都会和空穴复合，释放出光子。有的电子很调皮，它的能量释放了，可用来撞击另一颗电子，这叫俄歇复合（见上右图）。

对一个激光器来说，咱们给它供电，为的是让这些电子们去和空穴复合，产生光子，而不是让电子们去撞击一下人家原有的外层电子，这没用。

辐射复合是我们需要的。

俄歇复合是我们嫌弃的。

再来看这个能带图，外界给了电子，含铝材料，AlGaInAs 的上边比较深，外边来的电子很难去产生俄歇复合，而是更多的来做辐射复合。

高温时，这些材料中的原子周边的电子们本身就很躁动，是自带一些动能的。

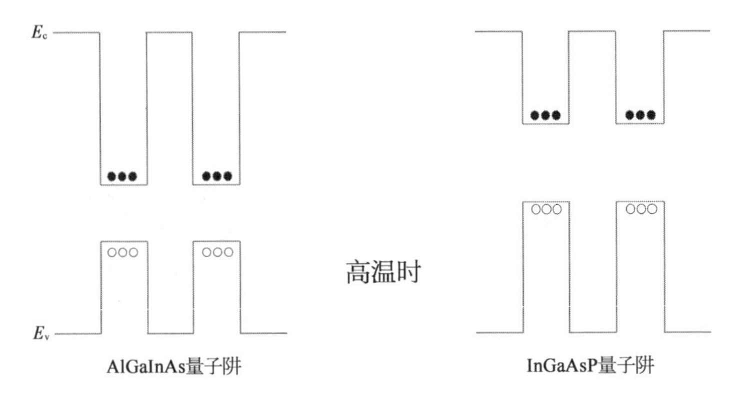

这意思就是，激光器在高温时，由于自身电子本身动能更强烈，更容易产生俄歇复合，相对的辐射复合将减小，这是高温激光器斜效率下降的原因（电转为光的效率降低了）。

不含铝的材料，InGaAsP，高温下太容易产生俄歇复合了。相比较而言，因为含铝材料的 E_c 台阶比较大，高温下就算是电子有些动能，也跳不出这个坑。高温下的斜效率下降得不那么狠。

这是第一条的答案，含铝材料的高温特性更好（俄歇复合少，辐射复合多）。

补充一个图，激光器的发光波长，与材料的能带带隙相关。

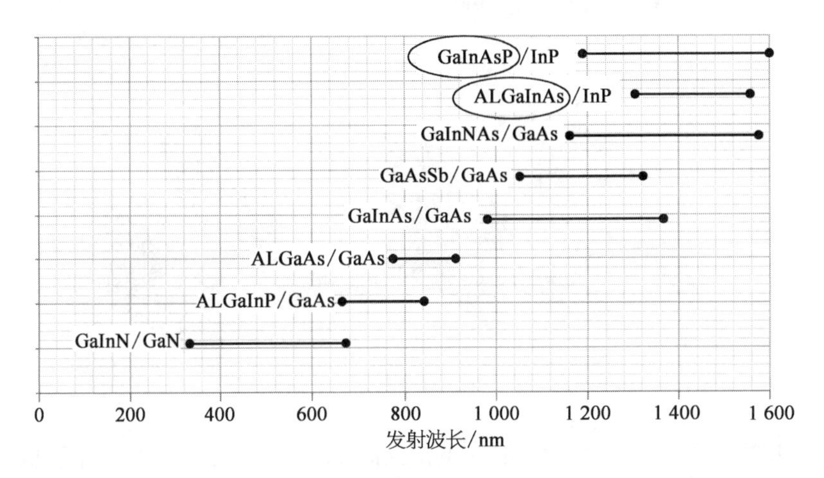

在光通信波长 1 310，1 550 nm 两个光纤的低损耗窗口，基于 InP 衬底的 GaInAsP 和 ALGaInAs 两类量子阱材料是半导体光通信激光器的通常选项。

（2）为什么 BH 结构比 RWG 结构的常温特性好？

激光器外延生长材料。

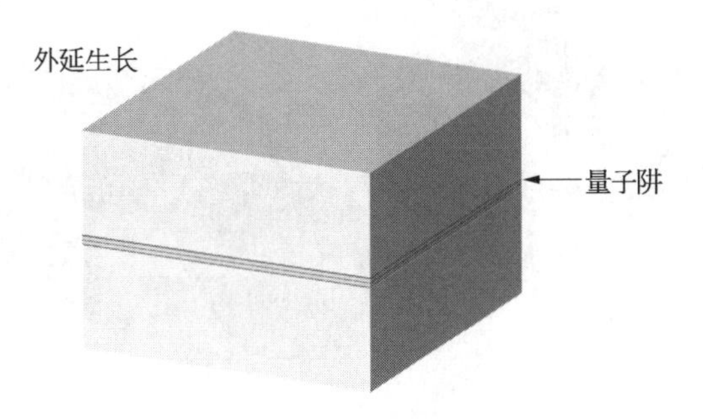

长完之后直接切割、镀电极也能发光,但如果刻蚀出一个脊型波导(ridge waveguide),就可以把这种方形的出光丝状的非单横模的形式,压缩成一个椭圆形。

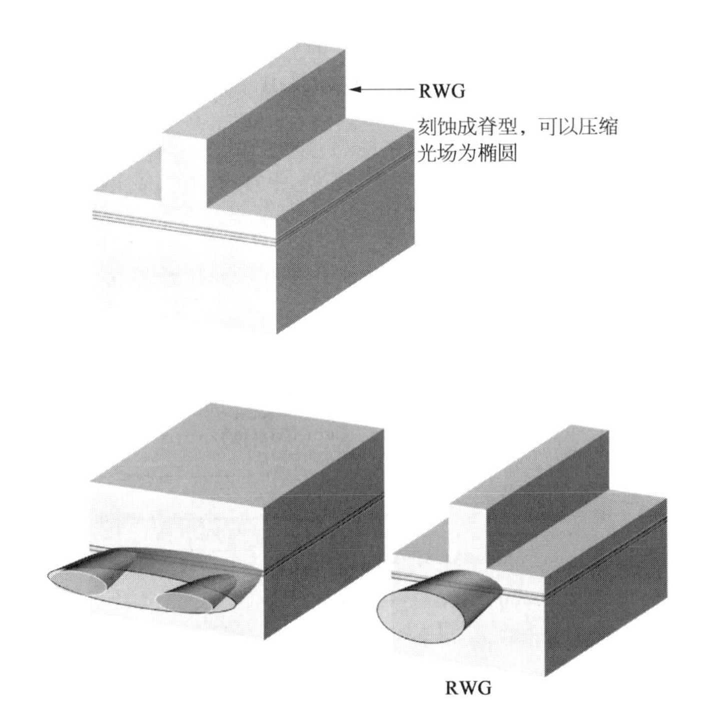

BH 叫作异质掩埋结构(bury heterogeneous),就是把量子阱有源层也给它刻出来,之后再去回炉生长两层反向 PN 结,这个反向 PN 结有两个作用,一是限制光场,二是限制电流。所以 BH 结构的光斑更圆,阈值电流更小,斜效率更好(此处特指 RWG 和 BH 用同样的有源层材料)。

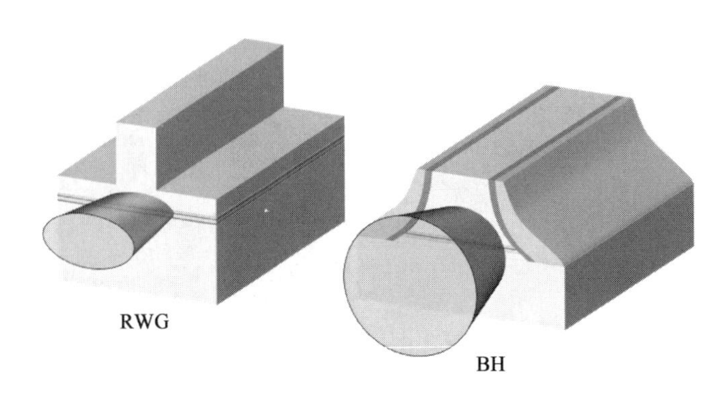

(3) 那带来一个新问题,既然含铝材料的高温特性好,BH 结构对光场和斜效率更好,为什么不能 BH 结构+含铝材料,让激光器特性各方面都做得更好呢?

这是与工艺相关的。

RWG 结构,生长之后,刻蚀波导,不会回炉了。

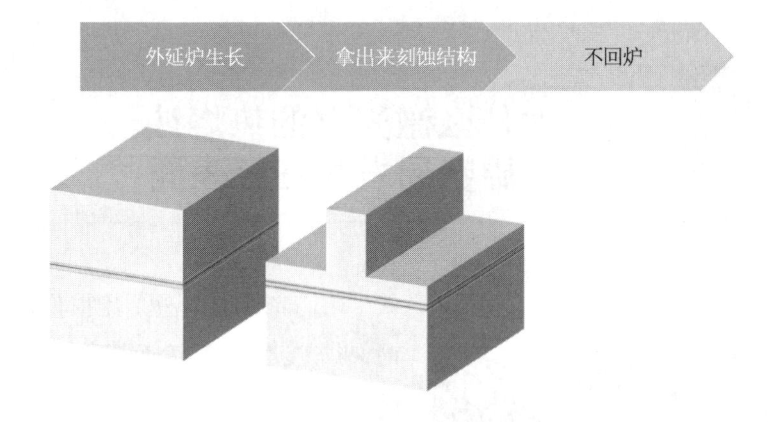

BH 激光器,刻蚀结构后,需要回炉再生长两层材料,这个拿出炉和回炉之间的这个过程,含铝的材料是受不了的,原因是铝非常容易氧化。

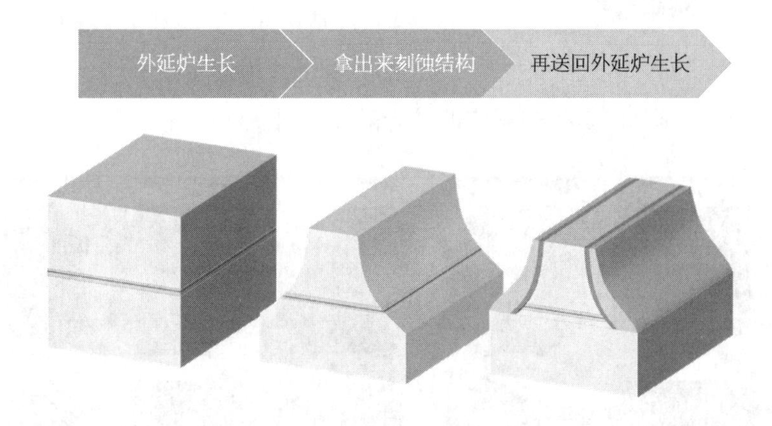

小结:

不含铝可以做 BH,常温特性比较好,高温特性比较差。含铝做 RWG,常温特性不突出,高温特性好。

BH 是结构上的设计,它的特性比使用了同样材料的 RWG 要好。

WG,可以使用高温效果更好的含铝材料,而 BH 由于工艺上的特殊性,很难使用含铝的材料。

这就形成了一种平衡。

BH 不含铝,体现的效果是常温特性好(因为高温劣化得太严重)。

RWG 含铝,体现的效果是常温特性虽然不好,但高温不怎么劣化,反而高温看起来比不含铝的 BH 要好一些。

为什么激光器的热烧蚀,更容易发生在腔表面

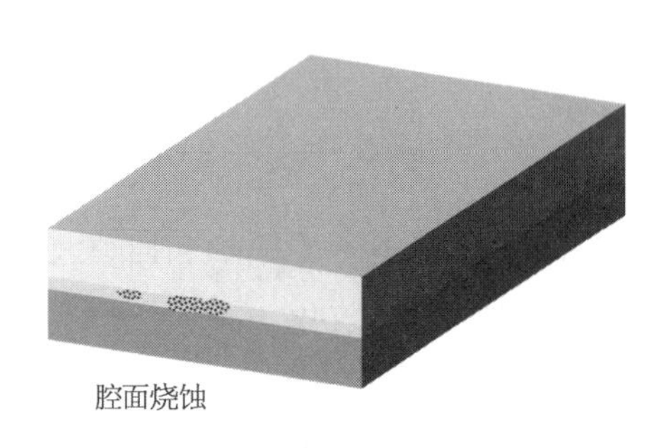

腔面烧蚀

咱们光模块中激光器损伤,有一个词,叫灾变性光学镜面损伤,其实就是激光器表面烧蚀被损坏。

咱们的半导体激光器,三五族化合物,会形成稳定的晶格结构,下图中的黑点,是电子,三族和五族的原子之间的分子键共用外层电子。

一格一格,很好,是我们需要的发光晶体材料。

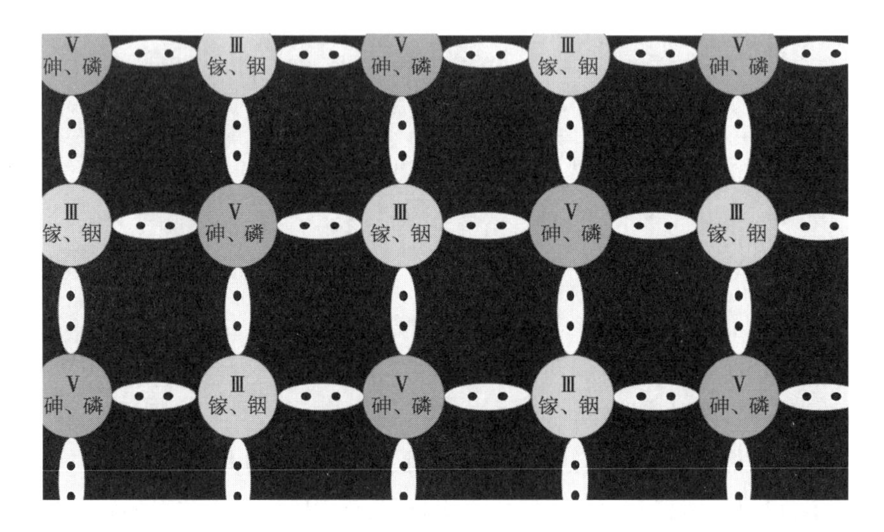

可是,任何芯片,都不是一个无限延伸的材料体,它总有一个停止的面,在材料的表面,会出现悬挂键。

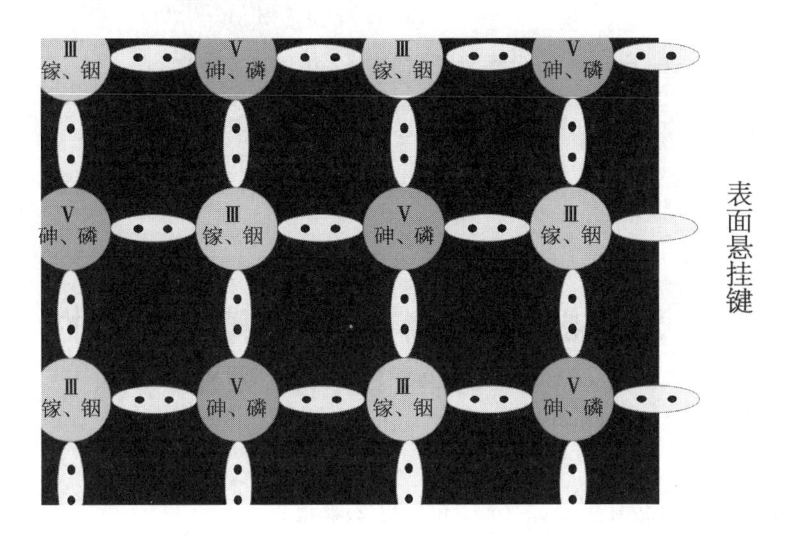

这些表面的悬挂键,已经不再是我们那个发光的材料了,它变了。

而且,这些悬空键,还会希望找到其他原子来产生新的原子键,这就是材料表面会吸附杂质,或者产生氧化。

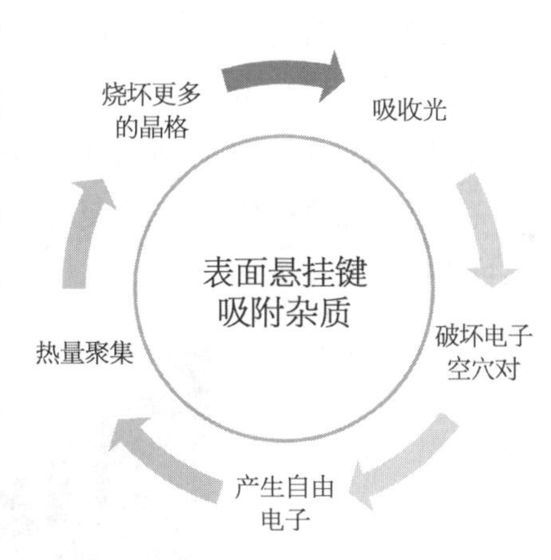

这些吸附杂质后新的键合,不仅不再是辐射发光的那个材料,而且深深地伤害了我们的发光材料。

毕竟咱们的激光器就算是把它做了气密封装,但也不是超真空,还是有一些其他游离的离子存在的。

这些表面悬挂键吸附杂质,不发光,还会吸收附近人家激光器已经发的光,吸收光的能量后,破坏电子空穴对,产生了自由电子,这些个电子们聚集产生热量,破坏更多晶格,吸收更多光,产生更多热,破坏更多……

啪,烧了。

灾变性光学镜面损伤,其中的一个主要原因,就是表面复合产生的副作用。

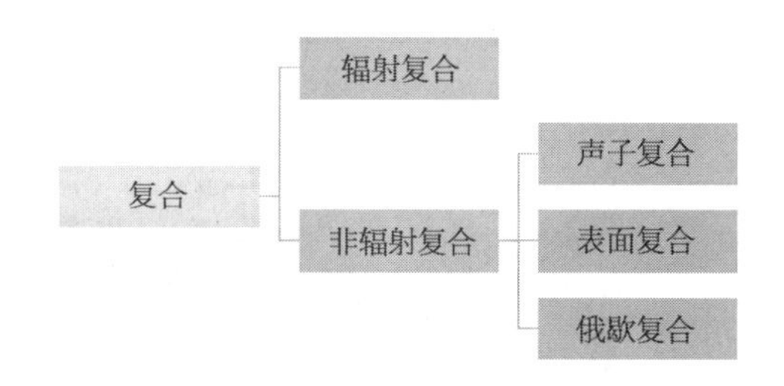

激光器有源材料晶格缺陷与可靠性，GaAs 比 InP 更难

书上说激光器有源层晶格缺陷时，这么表述：

由于晶格缺陷，会引入非辐射复合，产生的能量会传给其他带电粒子和声子，引起俄歇复合和晶格振动，并且这种振动会促使缺陷发生滑移，而导致缺陷增强。

有源区材料的禁带宽度越大，这种退化的机理就越强。

GaAs（如 VCSEL 850 nm）材料的禁带宽比 InP 材料（如 1 310，1 550 nm 的 FP，DFB）的激光器大，GaAs 材料比 InP 材料更容易引起可靠性问题。

正常的晶格结构，那辐射复合就是坐在晶格键合后钢梁结构上迸火花，迸出可燎原的星星之火。

给激光器的电流，就在咱挥起来的小锤子，外来的自由电子，带有动能。

吸收这些能量后，释放光子，这是辐射复合，辐射出星星之火，加上谐振腔的反馈，成燎原之势。

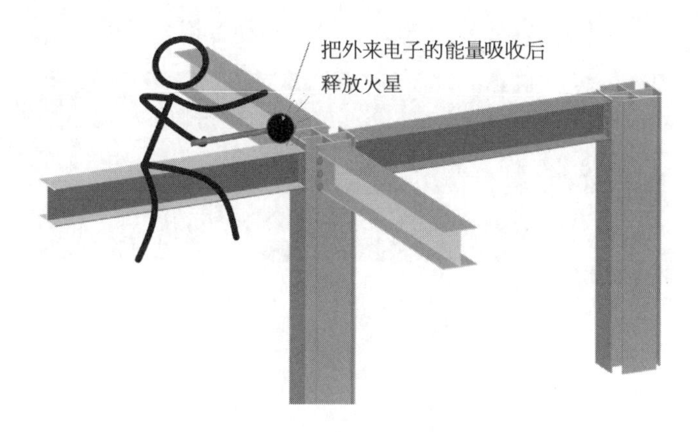

所谓禁带宽度，就是挥榔头的劲儿，使劲儿才能有火花儿，这叫禁带宽度大，比如 GaAs。轻松抡一下，就能擦出火花儿，禁带宽度小，比如 InP。

晶体生长，暗格，就是某一个原子没有按规矩结合好。

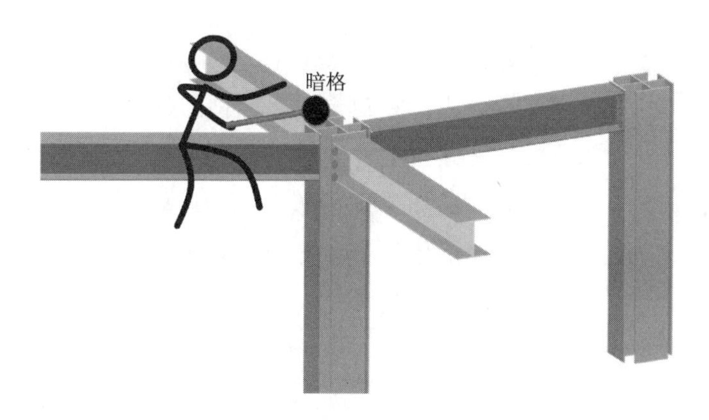

这样的缺陷，首先是没有辐射复合了，也就是不出火花儿。

其次是咱们挥榔头的能量还在，要不就是破坏了其他的铆钉(外层电子)，这叫俄歇复合，是非辐射复合，要不就是传递给声子，简单理解就是落下来的榔头让另外的钢梁开始震颤，也就是晶格振动。

这种暗格，导致钢梁振动，或者螺钉松动，那就会引起二次破坏，一格一格的晶体就塌陷，出现可靠性问题。

晶体暗格-可靠性问题

禁带宽度越大，可靠性隐患越大

GaAs禁带宽度大 | InP禁带宽度小

850 nm等短波长 | 1 260~1 550 nm长波长

可靠性更难实现 | FP | DFB | EML

激光器晶格缺陷之线位错

晶格出现位错,会导致可靠性问题。

位错,如果是个点位错,已经很难了,但还有线位错。

课本描述:线缺陷是指晶体中二维尺度方向很小但在第三维尺度方向上较大的一种缺陷,当外加载荷达到一定值时,晶体内的位错还会发生两种运动方式:滑移和攀移。

咱系扣子是日常功夫,无位错是左图。

点位错是下左图,一个系错了,但其他的正常。

线位错,是一步错,步步错的典型解释(见上右图)。

激光器晶格材料的线位错,就如脚手架钢结构模型,晶格是这样的:

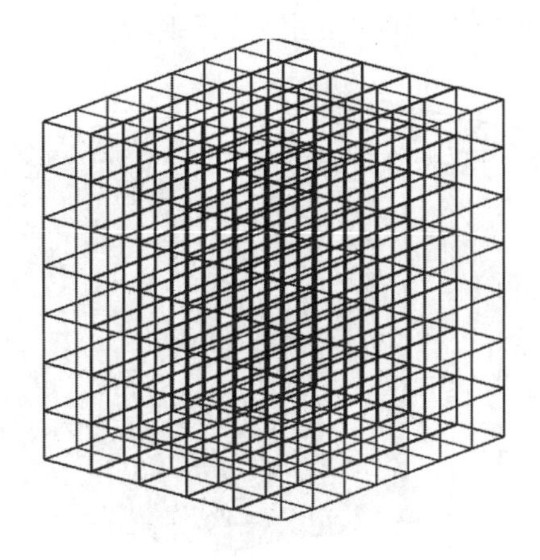

下图这样的就出现线位错：

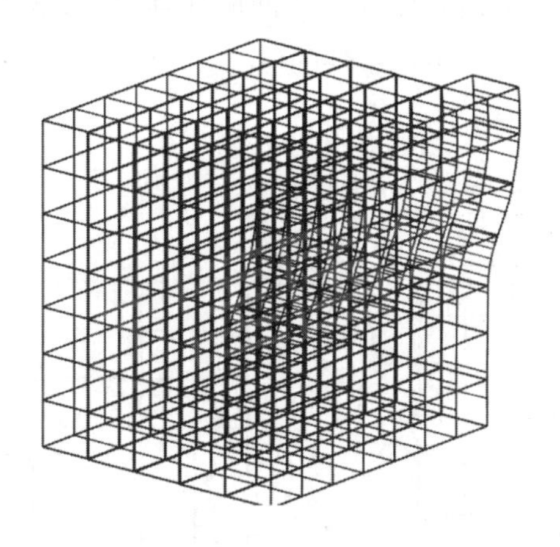

出现了一格之差,晶体就一步步地跟着错位：

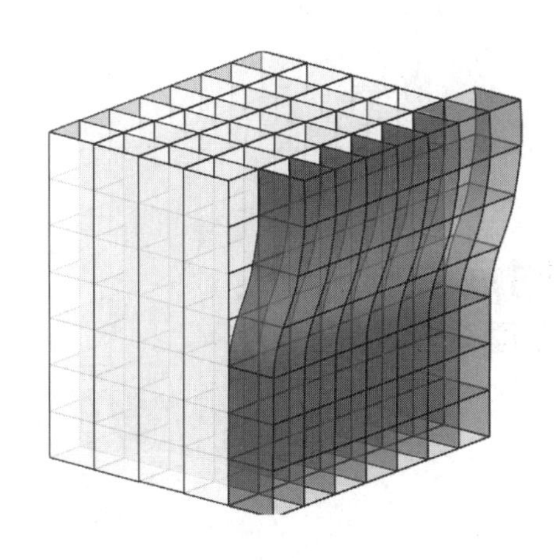

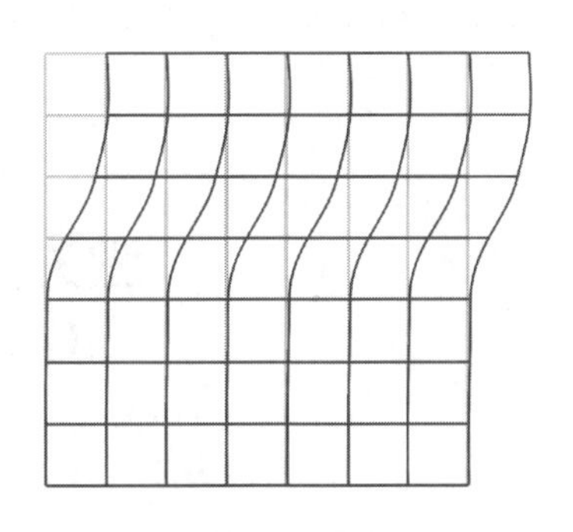

看下图就很容易理解“二维尺度很小，三维尺度很大”这句话。

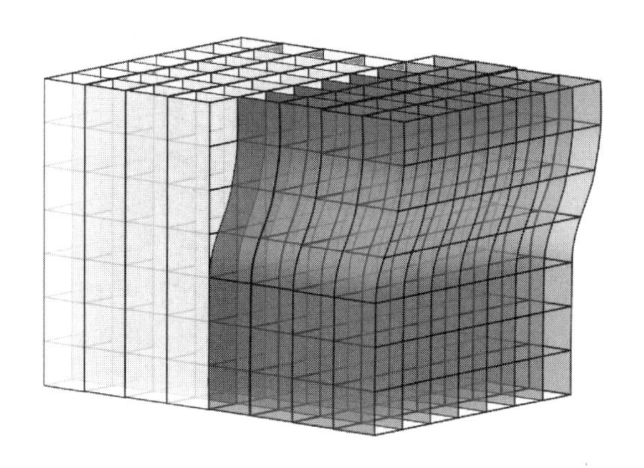

滑移与攀移的区别，滑移是左右方向的移动，攀移是上下方向的移动，线位错会随着时间的增加，产生持续性的位移。

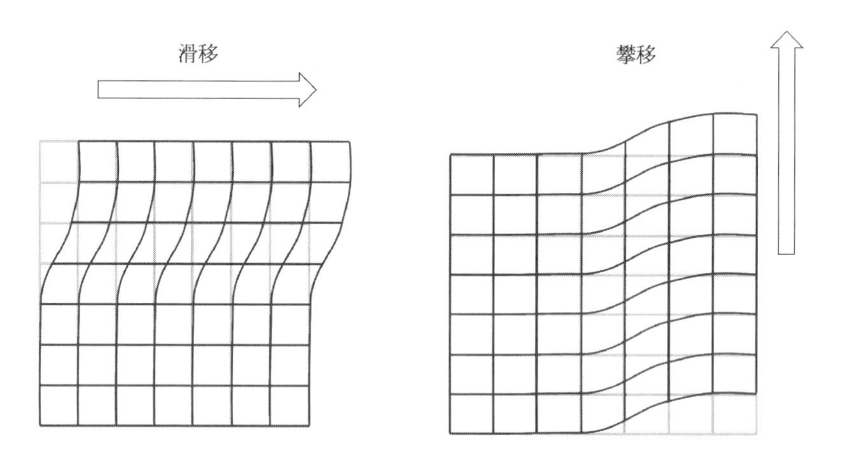

这种现象对激光器来说，就是比昨天更大的灾难。

激光器衬底生长技术：VGF 垂直梯度凝固法

3 种衬底长晶方法：

	水平布里奇曼法	液封直拉法	垂直布里奇曼法
炉子成本	低	高	低
晶体形状	矩形、半圆形	圆形	圆形
晶体直径	小	大	大
位错密度	低	高	非常低
机械强度	高	低	高
生长速度	低	高	低

水平长晶,出来的是船型,晶锭不是圆的,要重新加工成圆形,现在用得少。

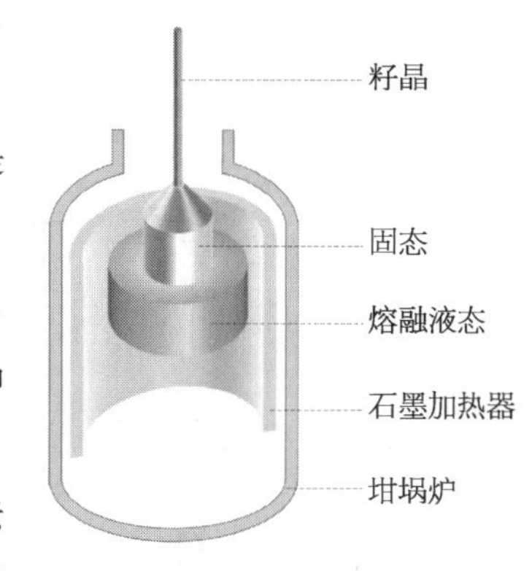

液封直拉,在激光器的衬底中用得很少,是因为位错密度高。

位错密度高,是因为提拉棒从液体上拉时,液体会有运动,那就产生了湍流,湍流会导致晶体位错。

垂直布里奇曼法,也叫垂直梯度凝固法(vertical gradient freeze method,VGF)。InP 或者 GaAs 加热后,就不再动了,没有特定运动产生的湍流,也就能长低位错的晶体。

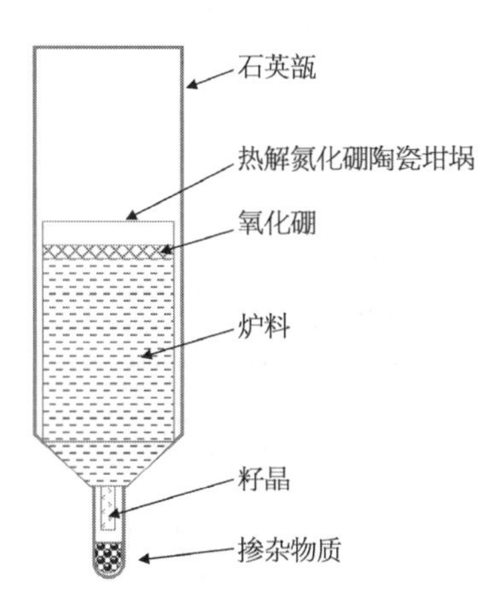

VGF 的方法,是美国 AXT 宣称的独有技术,当然也和住友打了很多年专利官司,查过他们的公告,发现也给住友付过一些专利使用费。

AXT 的专利,垂直梯度凝固法,是把石墨块、坩埚放到石英瓿中(瓿就是瓦罐的意思)。

坩埚,用的是陶瓷料,热解氮化硼,这种陶瓷有两个特点,一是导热系数很高,二是耐高温,甚至 1 800 ℃时的陶瓷强度比室温大两倍。

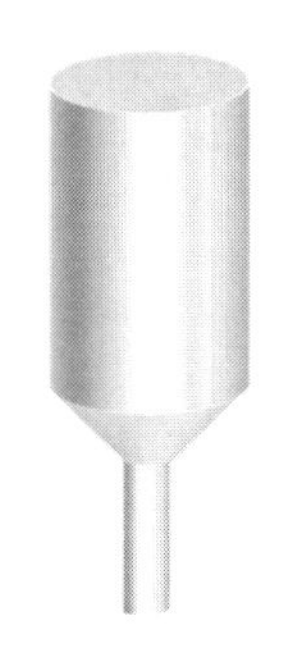

底部放置要掺杂的物质,坩埚内部的顶层是氧化硼,两者产生氧化反应,控制衬底的电阻率。

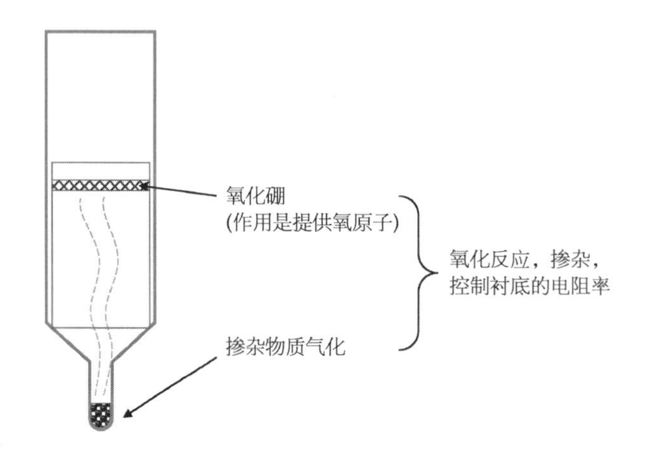

衬底,一般会标注为半导体衬底,或者半绝缘衬底,这是说的电阻率。

分　　类	电阻率/Ω · cm
导体	10^{-8} ~ 10^{-4}
半导体	10^{-3} ~ 10^{7}
半绝缘	10^{7} ~ 10^{10}
绝缘体	10^{10} ~ 10^{18}

借用 AXT 上市公司材料中的一些分类,咱们激光器用的 GaAs,InP 是半导体衬底,而手机功率放大器用的是半绝缘衬底。

衬 底	晶圆直径/in	应 用
InP	2,3,4	通信长波长激光器
GaAs -半绝缘	1,2,3,4,5,6	功率放大器
GaAs -半导体	1,2,3,4,5,6	3D 感测 通信短距 VCSEL

所谓的梯度凝固，就是控制坩埚温度，在液态与固态的分界面梯度上升，材料逐步固化。

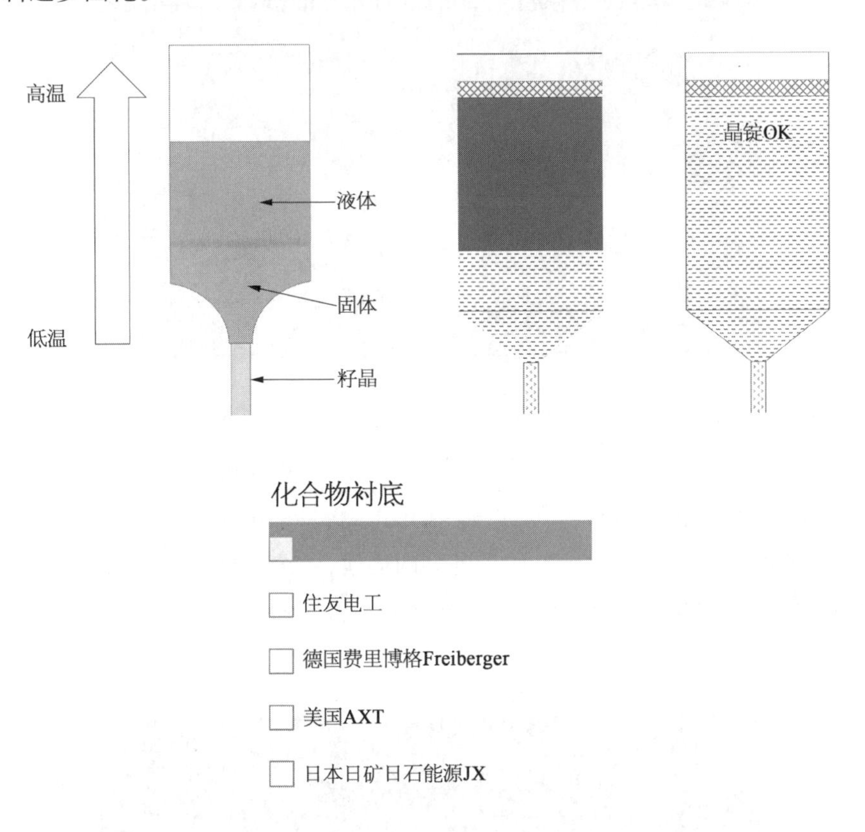

分子束外延

聊聊分子束外延。

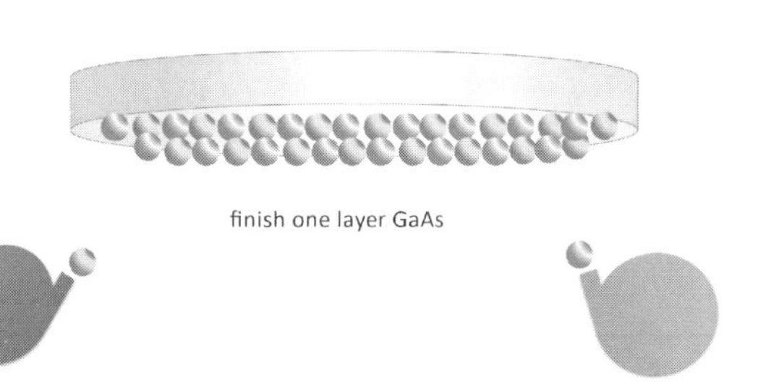

主要企业(品牌)有法国 Riber 公司、美国 Veeco 公司、芬兰 DCA Instruments 公司、美国 SVTAssociates 公司、美国 NBM 公司、德国 Omicron 公司、德国 MBE - Komponenten 公司、英国 Oxford Applied Research(OAR)公司等。在超真空状态下材料逐层生长的设备分两大块,一个是样品控制传递,从空气里进入超真空,得一步步通过传送杆送入;另一个是生长室,用来做外延生长。

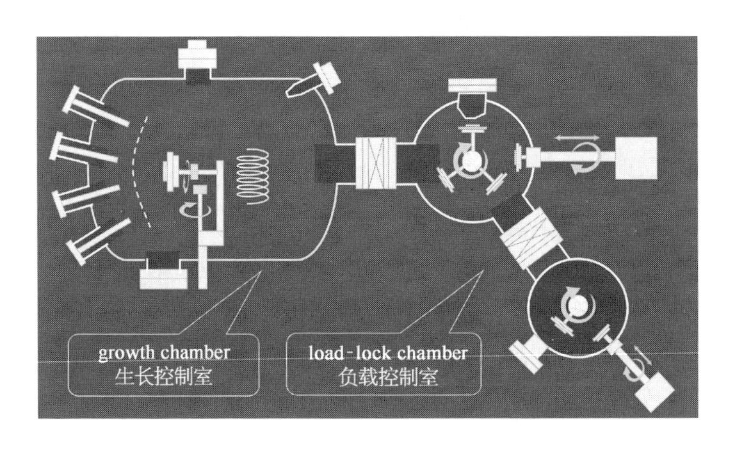

样品控制室：传送杆不用说，是送衬底盘儿的。电子枪（电子源），加上衍射和 AES 俄歇分析，是看衬底材料的，就是一个超级好的显微镜。

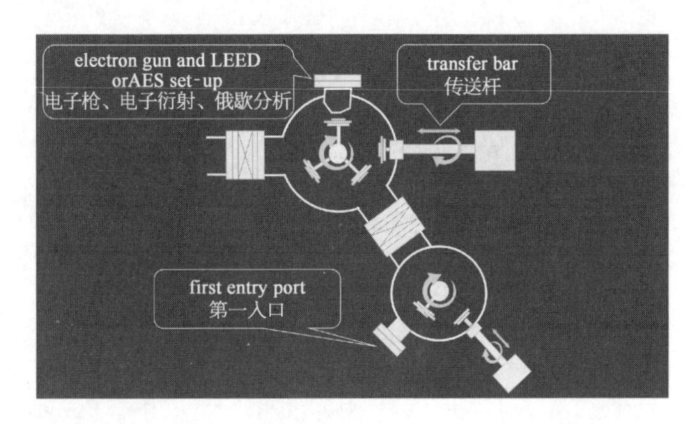

通过阀门，把衬底晶圆送到生长室。

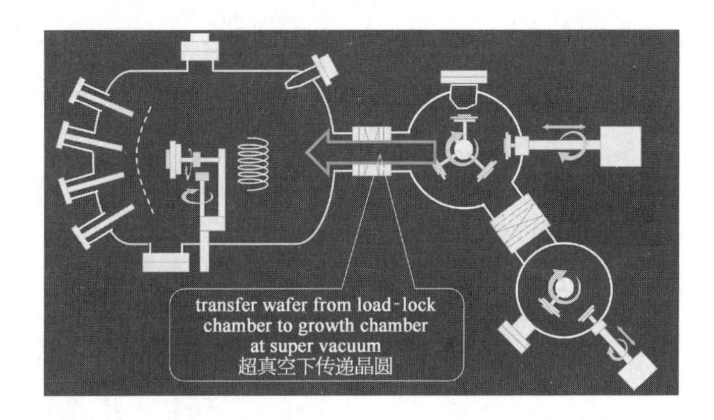

离子规，测量真空度。

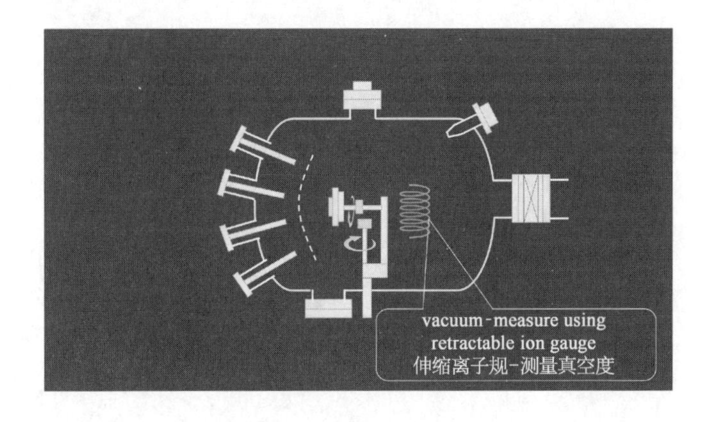

电子枪(电子源),发射、反射、看衍射信息,就晓得材料表面信息了。也就是超级显微镜。

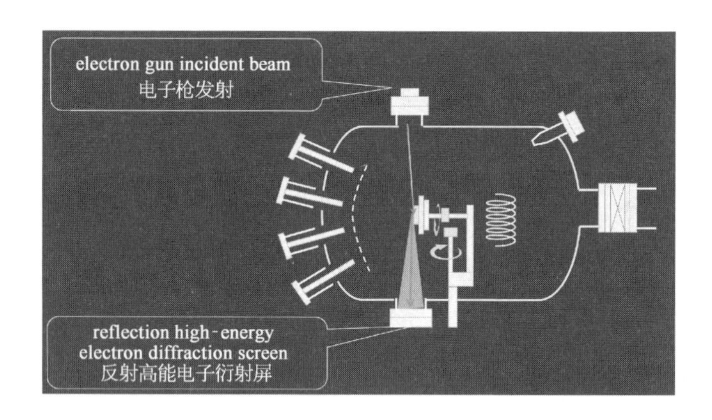

不同材料,分子束发射。

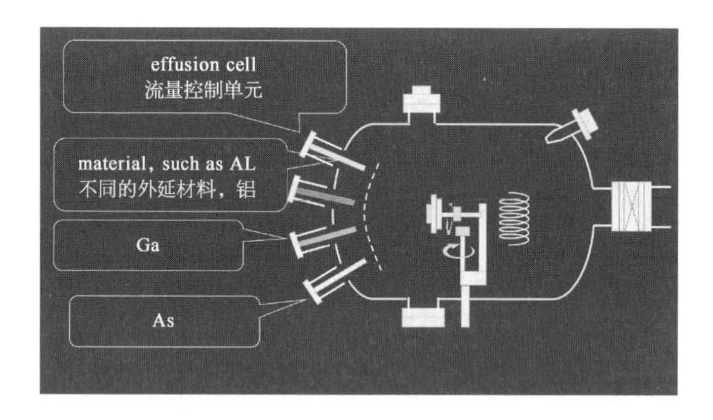

百叶窗式的阀门,控制材料流量时间。

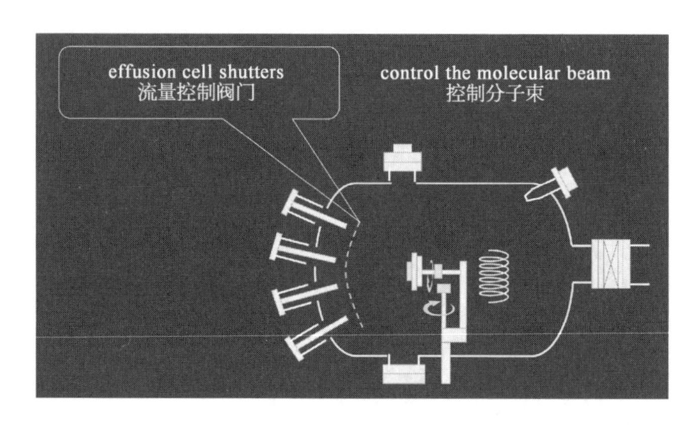

最后还有个质谱仪,也是分析材料的。

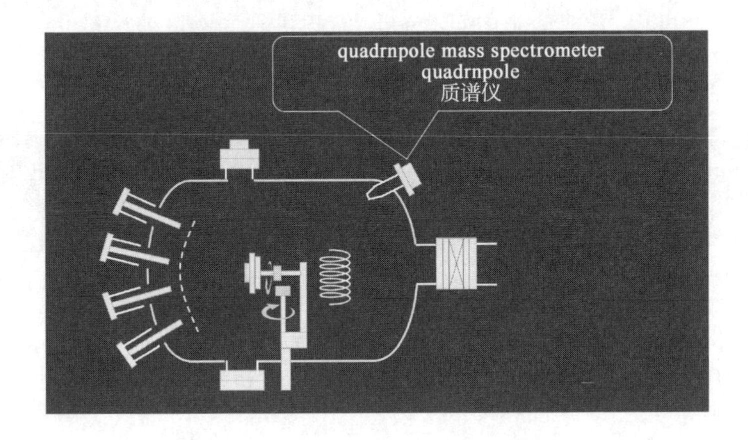

半导体工艺中的"退火"

半导体工艺中,经常看到"退火"这个词。比如离子注入后要退火,比如溅射金属镀膜后要退火。

退火的流程描述很简单:加热再降温。

功能描述,就像服了大力丸,什么都有。

比如在离子注入后的退火,可以修复晶格损伤、激活杂质……

比如在镀金属电极后的退火,是为了降低应力、降低接触电阻……

退火都是一样的退火,为什么功能会差异这么大,这个事情想了很久,没想透,也问了很多人,得到的答案就是,离子注入后退火就是能修复晶格,镀金属后的退火就是能降低电阻,这就是原因。

曾经我去接参加同学会的女儿的时候,百无聊赖中看着人家的一盘水果,脑子轰一下,感觉想通了。

农民伯伯摘水果,先是一个个放到筐

里，摘满一筐，通常会晃动一下，再搬走。

晃，这个过程，是把动能传递给苹果，苹果进行二次排列。

停，就是把苹果的动能降下来。固化新排列结构。

农民伯伯		半导体专家	
动作	苹果	工艺流程	原子
晃筐	获得动能	加热	获得动能
	重新排列		重新排列
停止	动能消失	降温	动能降低
	固定新排列		固定新结构

退火，一个加热，然后是降温。

加热，分子动能增强，有了更多动能的分子们会重新排列，降温后动能降低，固定了新的结构。

而所谓退火所带来的功能，都可以用这个思路来解释。

先说离子注入，这是掺杂的一道工序。

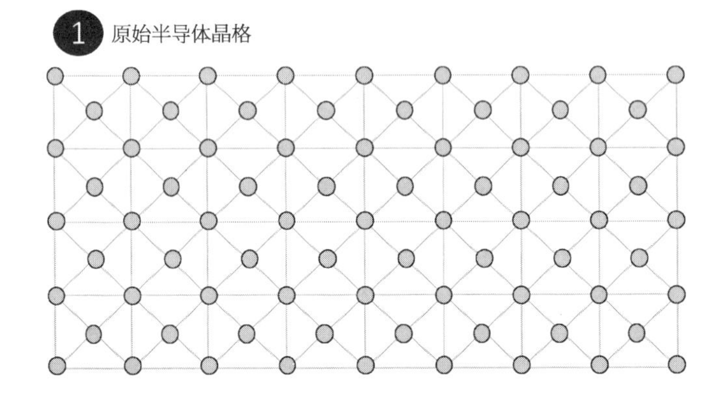

在原来很好的晶格结构中，粒子们呼啸而来，啪啪啪钉入晶体中，破坏了原来的晶格结构。

这是高空扔苹果的一个过程（见下页第1图）。

退火，这个晶格中的原子们，无论是原有的原子还是刚注入进来的原子，

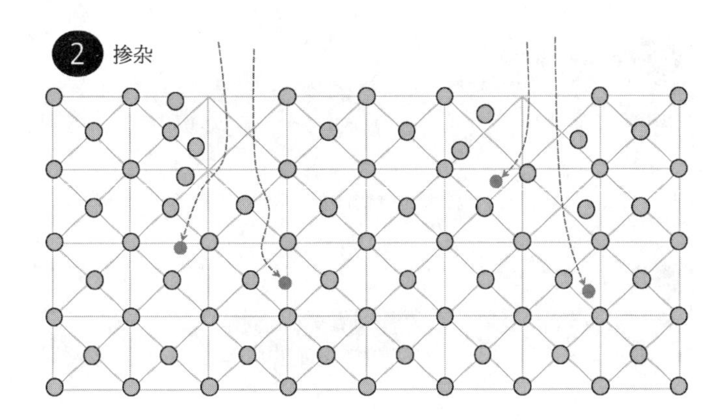

加热后动能都增大了，动起来，原子之间的引力与斥力，让它们重新整齐地排列，并且达到平衡。

下图，新注入的原子，与旁边的原子有了键合能力，这叫"激活杂质"。

原来被呼啸而来的粒子挤到一边的原子，现在也重新回归，这叫"修复晶格损伤"。

降温，固化这种结构。

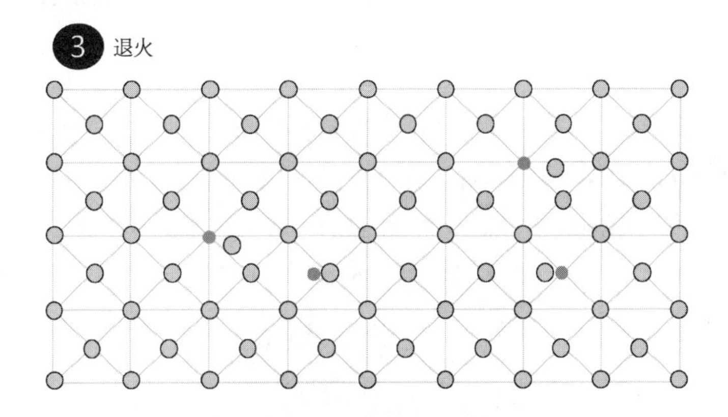

同样的原理，金属镀膜，镀电极，东一戳，西一戳，原子们附着在材料上。

这时候的金属原子，如果排列紧密，这样的自由电子流动的阻力很小，俗称"电阻阻值低"。

如果原子排列得磕磕绊绊，电子们流动就会不方便，俗称"电阻阻值大"。

原子之间，有距离近的，有距离远的，之间的引力斥力就不平衡，这叫"应力"，材料内部的各种力的矢量和不为零，叫"应力"。

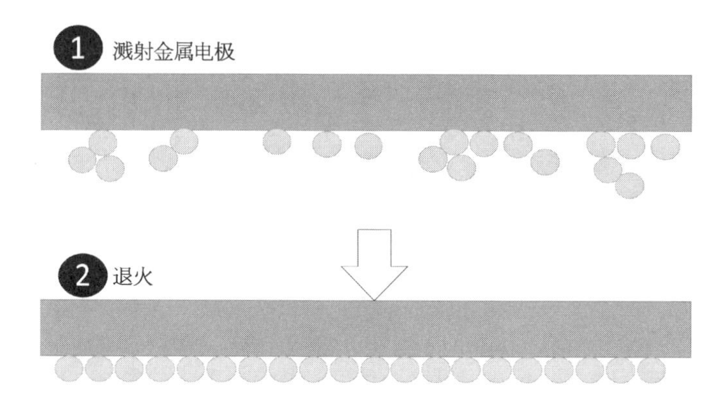

退火,金属原子,先获得动能,重新排列,再降温,固定原子结构。

原子们排得溜溜直,电子移动方便,“降低电极的接触电阻”。

原子们之间距离各自平衡,消除了“内部应力”。

激光器材料生长——张应变和压应变

激光器材料生长,科学家经常用垒砖来比喻晶格。

我曾经在陪闺女上课的时候,在教室外寒风中漫无目的地遛弯儿,发现现在的建筑真正起作用的是钢梁结构啊,砖的重要程度是略次之的。

砖的大小不匹配,其实是可以垒在一起的,见得很多,而且砖是整体受力,大小不同,或者错位一点对建筑物并不产生致命影响。

可钢结构就不一样了,它们的几个梁的结合点只在一个位置。

这种装配式钢梁,是在一个点上把钢梁铆接在一起。

装配式钢梁产生结合力的地方，和咱们原子们产生键合力的地方，那是何其相似啊。

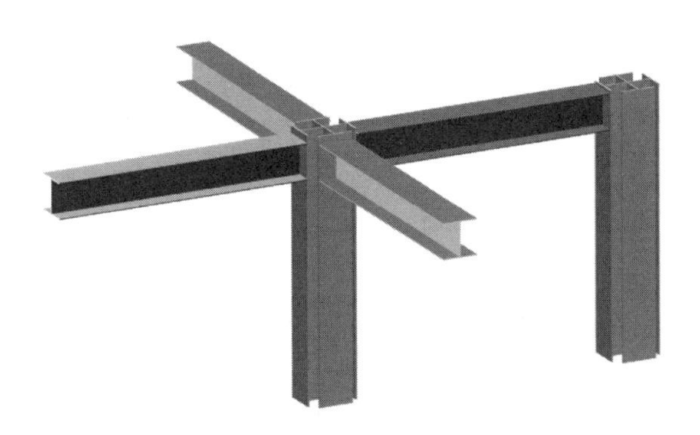

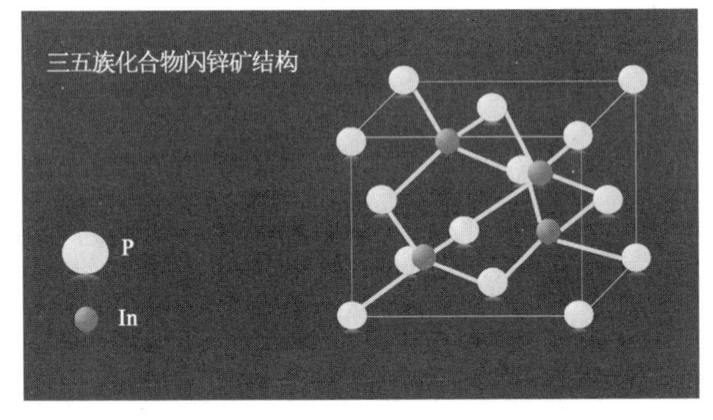

这时候的梁长一些，短一些，可是对建筑结构产生致命风险的。

GaAs 做衬底，晶格常数 5.65，这像是梁长 5.65 m。

InP 做衬底，好比梁长 5.87 m。

衬底就像建筑地基，一旦确定了梁格长度，那上面用的钢梁长度就得在一定的范围内，我 5 m 多长的梁，有一根儿差了两厘米，还勉强可以用。

你要告诉我，一根梁就短 20 cm，对不住，这咋也接不了。就算虚接，一般人也不敢住。

这是为什么很少见到 1 310/1 550 的 VCSEL，换成今天的话来讲，GaAS 地基用的是 5.65 m 的梁，平时发 850 nm 的光，中间几层用的是 5.67 m 的材料，可现在要发 1 310 nm 的光，中间有几层得用 5.8 m 长的梁，这很危险。

GaAs 做衬底，中间量子阱材料用 AlGaAs，梁长 5.67 m，3‰的误差，这个冗余度是可以的，只是不能用这种 5.67 m 的材料太多层，因为应力会累加。

InP 做衬底，梁长 5.87 m，量子阱材料，是压应变和张应变交替生长，也就是焊一层 5.88 m 的钢管,再焊一层 5.86 m 钢管,交错进行,所以 InP 衬底做 InGaAsP 的量子阱,没有临界厚度的限制。

什么是压应变和张应变?

在衬底上生长薄膜,薄膜(浅灰色)比衬底材料(深灰色)晶格常数大,产生压应变。

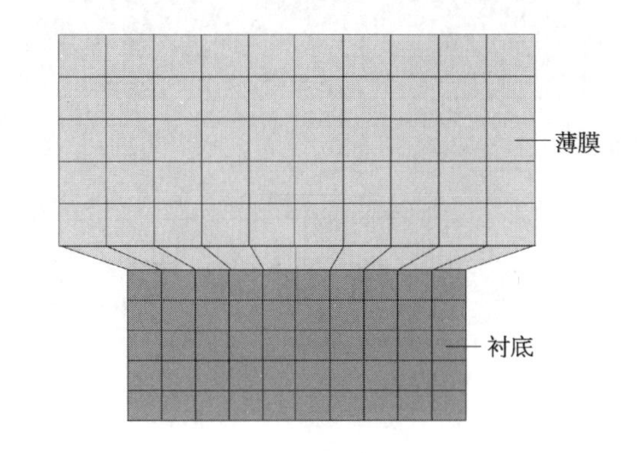

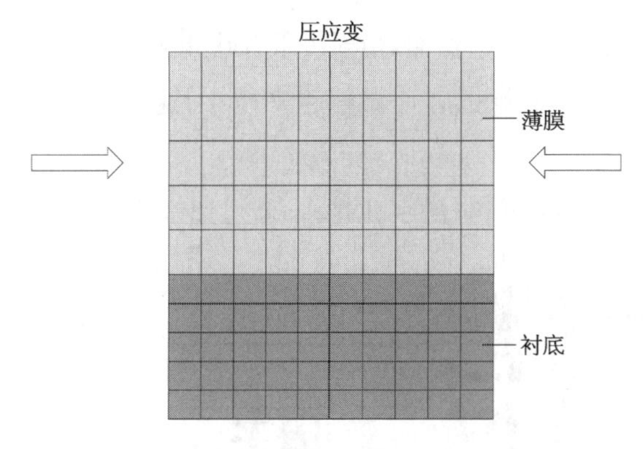

如果生长材料的晶格常数比衬底小,产生的是张应变。

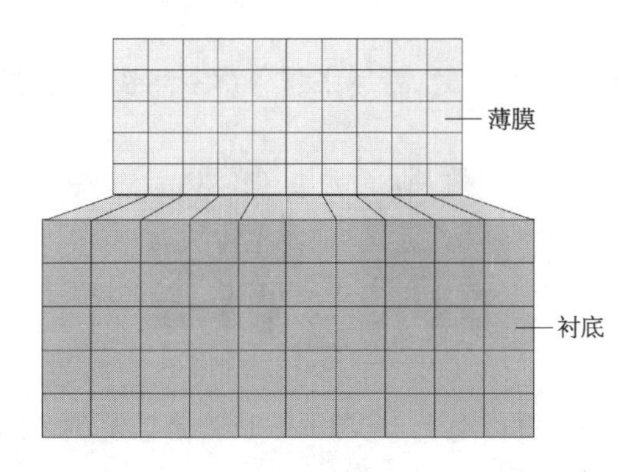

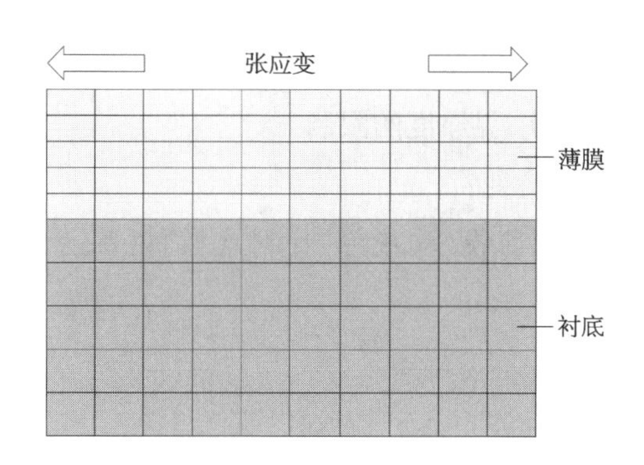

衍射极限

什么是衍射极限?

衍射极限的公式很好找,然而,衍射极限有啥让大家这么难受,怎么造成的?

咱们的半导体光刻,想把芯片做得越来越小,这样在同一个 wafer 上就可以做更多的芯片。

类似于,咱一页 A4 纸,写的字儿越小,就可以写更多的字儿。

但当你的字,非常非常小时,就越来越分辨不清楚,这就是分辨极限。

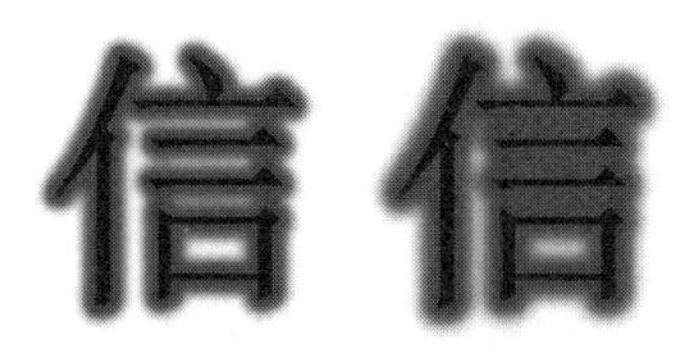

咱们光刻,说光源,就像毛笔,光源的波长就是毛笔尖儿的大小。

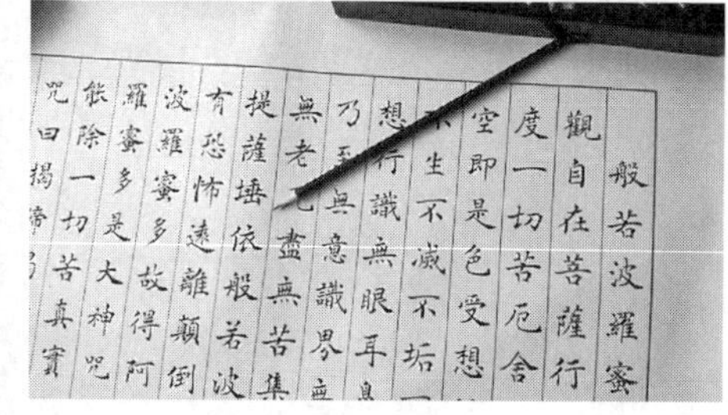

这个写字的分辨极限，就是 1/2 笔尖儿粗度，在光波长看起来就叫衍射。

极限：

这个光源衍射极限，就是 1/2 波长【其实和镜头的 NA 也相关，咱们只是理解衍射的概念】，这也是想做到更小的光刻宽度，那就得把光源的波长降低。

从 193 nm 降到 EUV 的 13.5 nm。

$$\approx \frac{\lambda}{2}$$

这是什么原因造成的？

咱们的光学系统，一般都有透镜聚焦这类的概念。

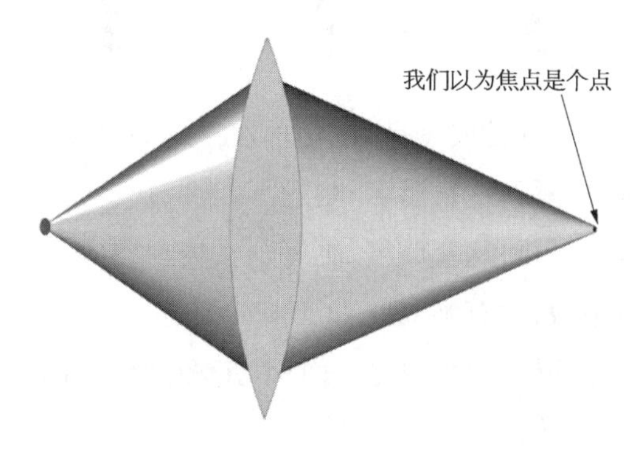

我们以为的焦点是个点，其实是个弥散圆。

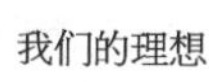

骨感的现实

这是量子不确定性造成的，光子是量子，我们让人家光子叠加到一个点上，理想状态是完全重合。

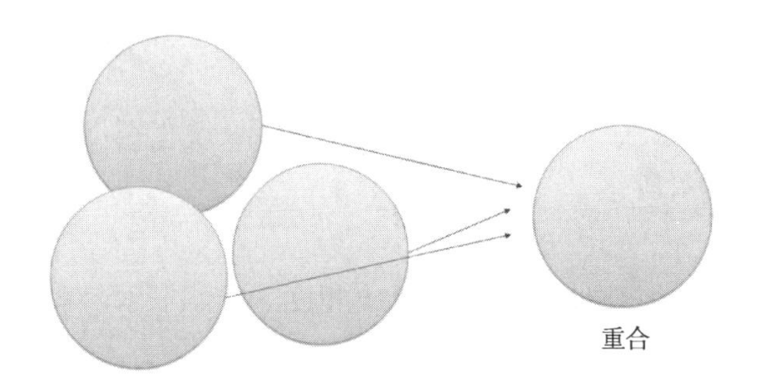

其实怎么可能呢，人家量子总有些不咋听话的，这就像排队。

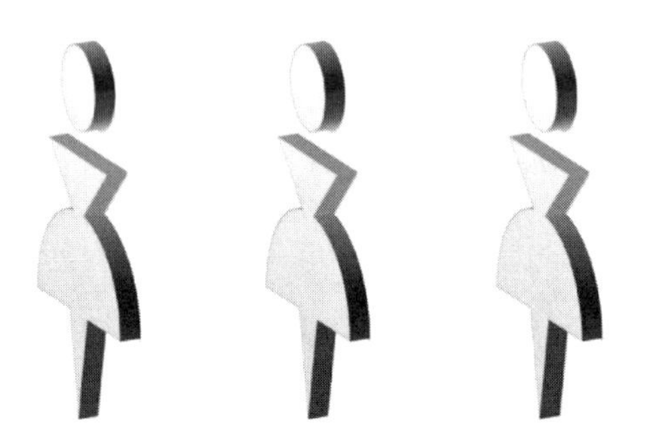

居委会大妈让老百姓排成一行，这老百姓排队的直溜度，不咋行。

老师让学生排成一行，这直溜度，略好。

首长让士兵排成一行，这直溜度，更好。

可是一切都有极限，没有绝对的直。

衍射的原理也是同样，光源通过一个小孔，会形成衍射条纹，这就是光子基于量子不确定性，而跑出来的。

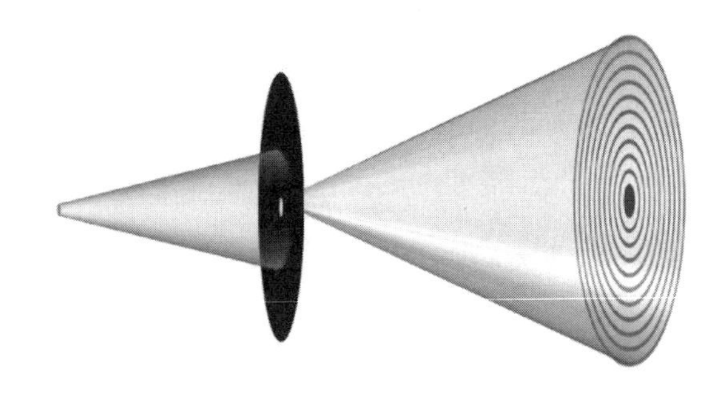

咱们把衍射的中心放大，你会看到一个艾里斑。

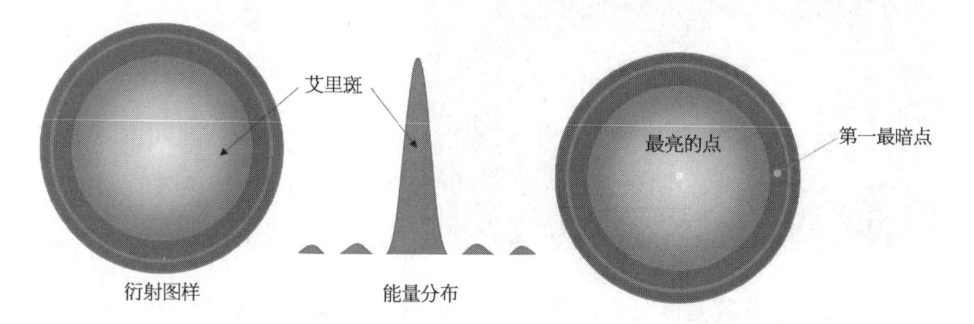

艾里斑最中心的能量最高，也就是最亮，暗条纹也有个最暗的点（见上右图）。

如果咱们有两个点光源，也就是写字能不能分辨出来，是看两笔画之间能有空隙不，就会有两个艾里斑。

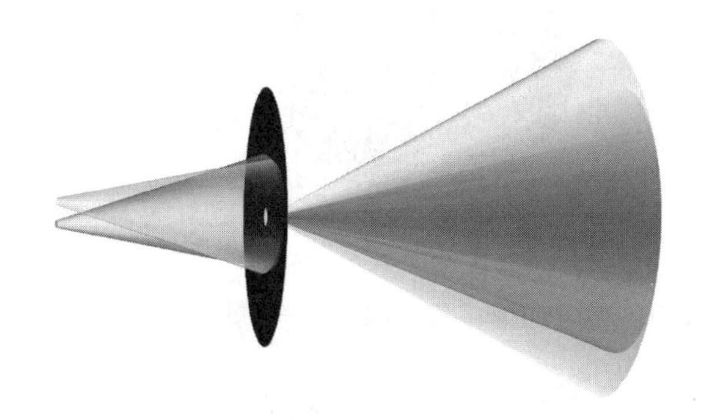

两个艾里斑会有重叠，比如这样的：

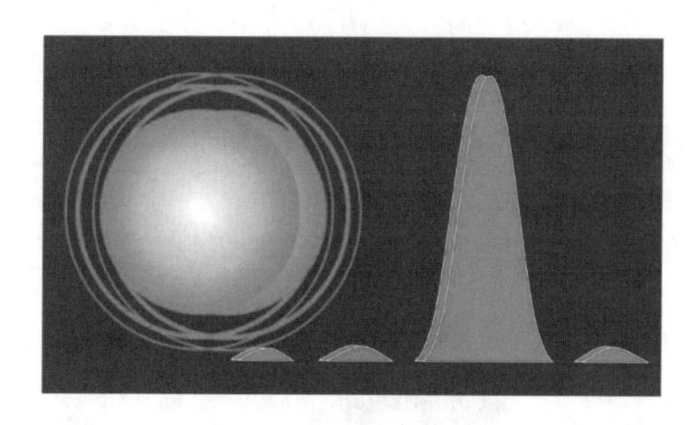

或者这样的：

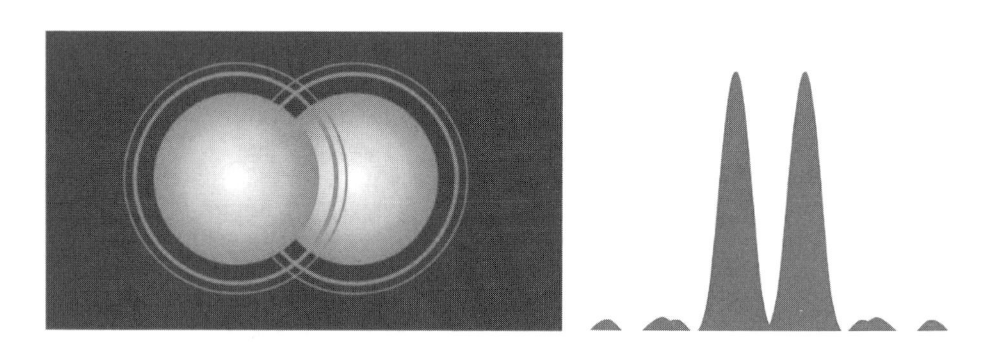

那么,怎么就算是区分出两个艾里斑呢,这个叫瑞利判据。

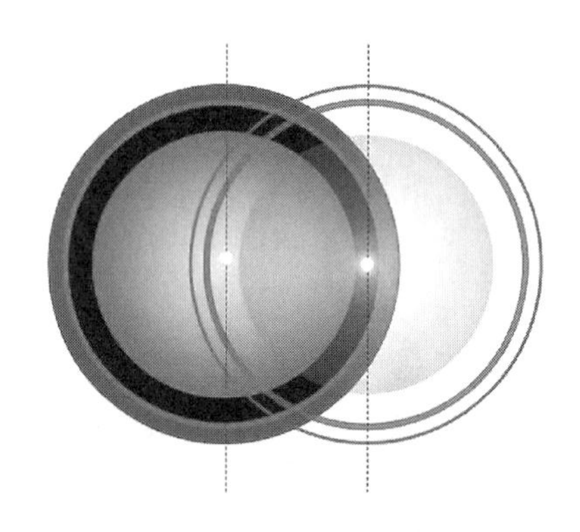

两个艾里斑的最亮点和第一条最暗点重合,就是分辨极限,能量分布如下:

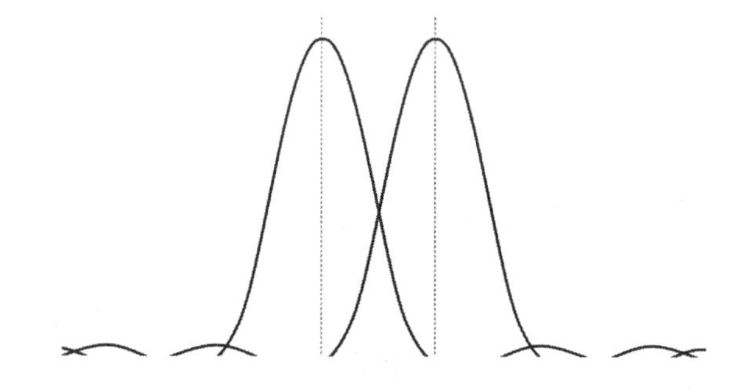

衍射分辨极限,就是告诉你,你的笔最小能写几号字儿。

信

电子束光刻 EBL

咱们做激光器的厂家，如果有 EBL 加工工艺，一般会特意提出来，以表示工艺能力很牛。

EBL，electron beam lithography，电子束曝光，主要用在光刻这道工艺上，经常也被叫作“电子束光刻”。

光刻光刻，主要是用光，比如 193 nm 的紫外光，以及 13.5 nm 的极紫外光，都还算是光。

光刻技术的精度，与光子的波长尺度相关，使用的光波长越短，光刻能够达到的精度越高。

怎么理解这句话？

小时候，我经常玩飞碟，如果把光的波动传输，理解为飞碟推送杆的话。

光的波长，长度是下图的理解：

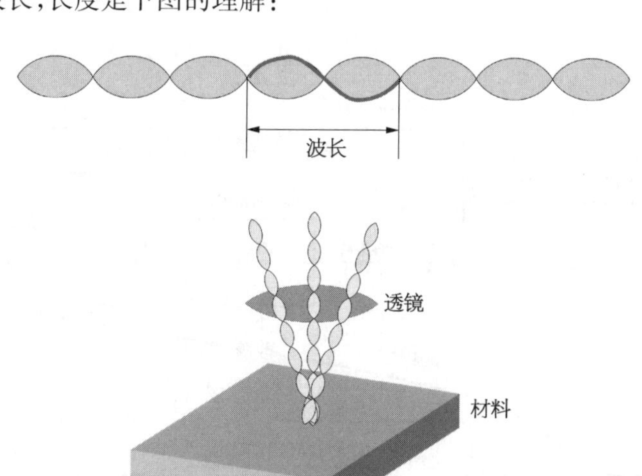

咱们用这个杆子来写字，波长越短，写字的清晰度就越好。

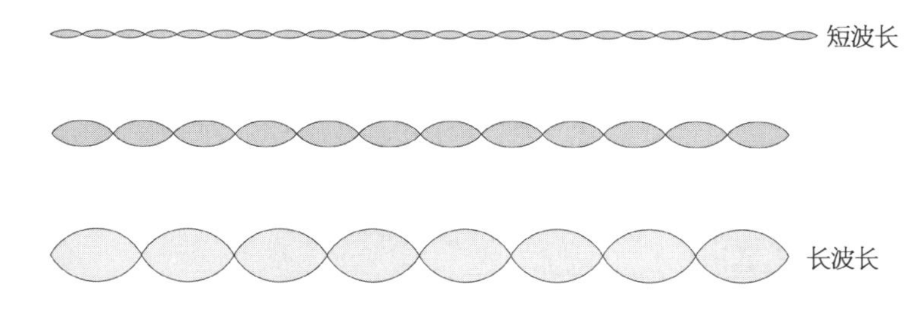

光刻,用的光,波长越短,精度越高。

电子,是一种波长更短的波(德布罗意的物质波理论)。

发射高能量电子,集结成“束”,来做材料刻蚀,会有更高的刻蚀精度。

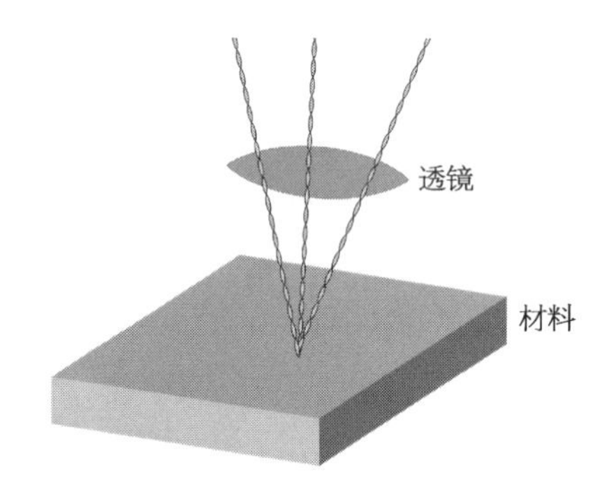

比如咱们 DFB 的光栅,做相移光栅,需要更高精度的刻蚀,就会去选择 EBL 电子束光刻。

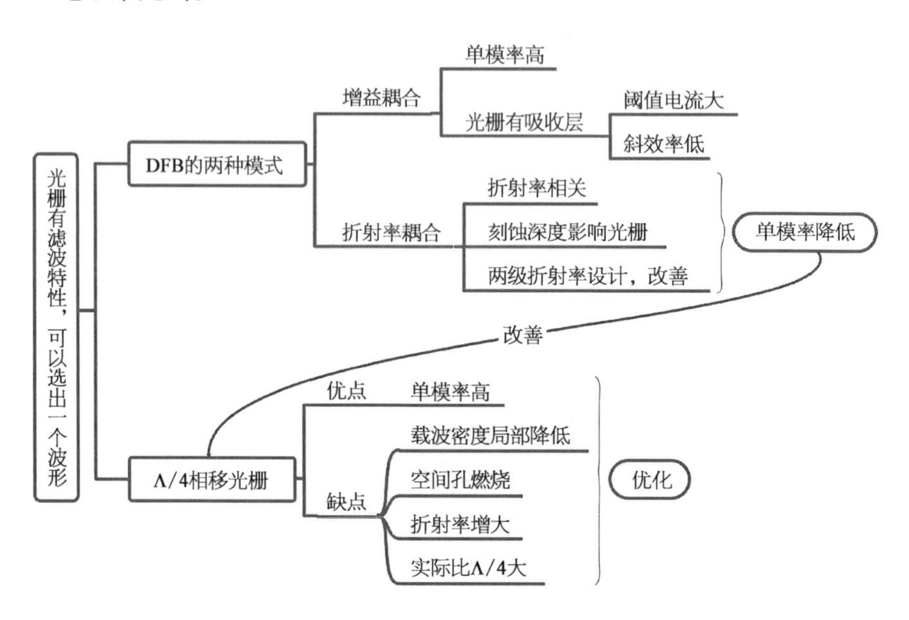

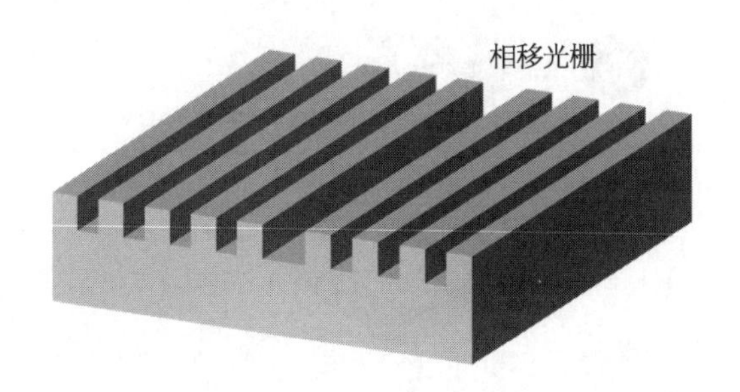

电子束光刻,精度高,可是做起来很慢,有些厂家就会用电子束做一个母版,实现高精度,再用母版"压印"技术批量生产。

纳 米 压 印

下一代光刻技术中,电子束光刻精度很高,但是一点点地刻蚀,速度太慢。

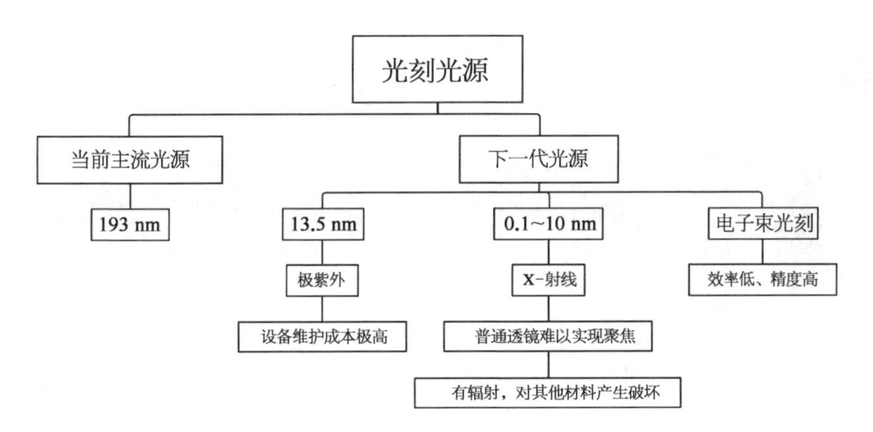

比如咱们要做高精度的DFB中的光栅,既希望有电子束光刻的高精度,也希望能快速刻蚀。

20世纪90年代,普林斯顿的周郁博士提出压印技术。这个技术的实用化进程比较快,压印的精度,可以到1~2 nm。一般也叫作"纳米压印"。

过程大致为,先用电子束光刻做一个母版,早前的母版用石英等材料,直接压印,后来也有了软模板。总之母版的图案精度很高。

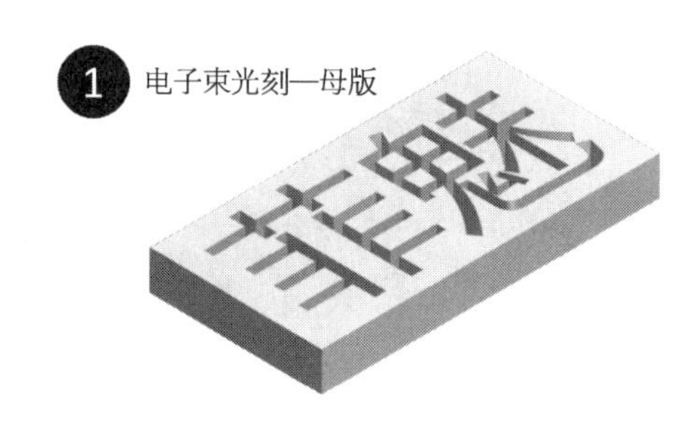

先说直接压印，在需要做图案的 wafer 衬底涂上一层聚合物，或者直接把硅衬底加热熔融（图 3），就是变软。

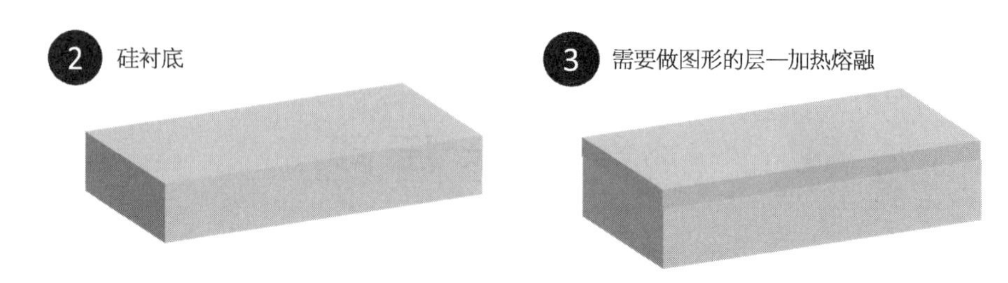

然后，母版压在已经变软的材料层上，完成图形转移。

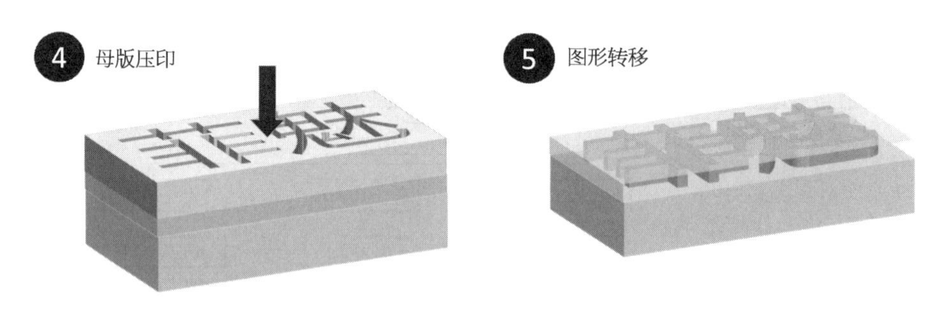

之后对材料冷却固化，脱模，成型。

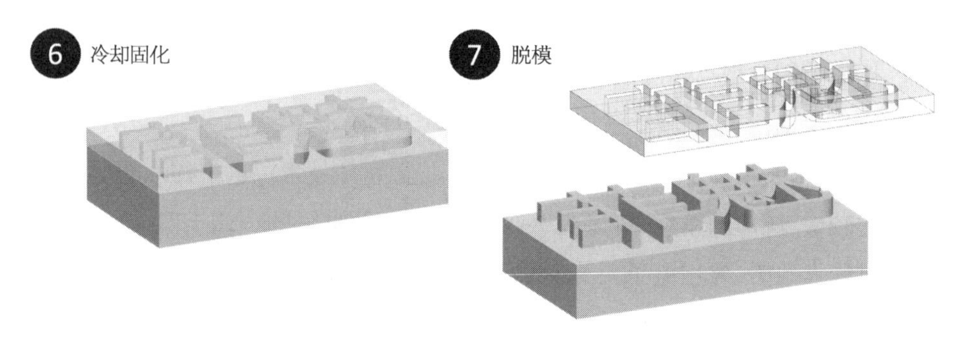

除了在材料上直接压印成型的技术外，现在用得比较多的还有一种微压印。

母版是软材料，做高精度电子束光刻。

需要光刻的材料，涂薄薄的一层光刻胶。

然后，母版压在光刻胶上，做图形转移。

软模板，很容易剥离。

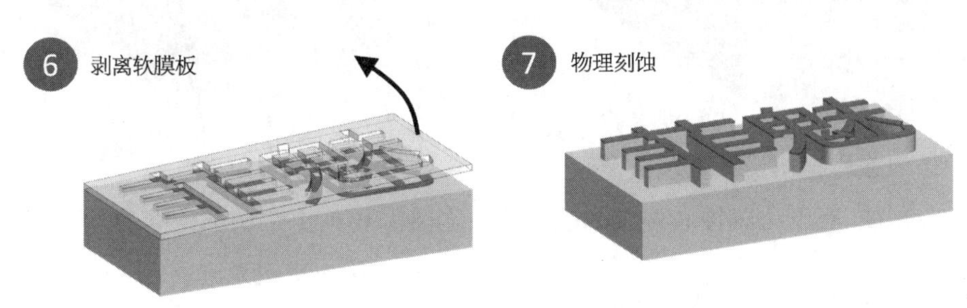

剥离母版后，做传统的刻蚀工艺，看光刻胶是正负胶（与以前一样），如图7，有用的留下，无用的腐蚀掉。

最后去除光刻胶，成型。

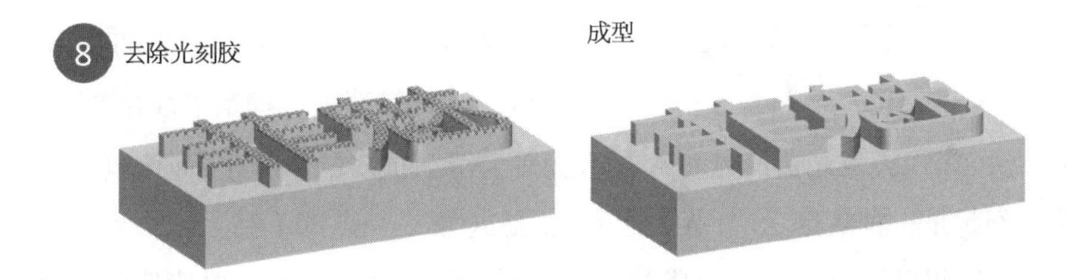

纳米压印，保留了电子束光刻的高精度优势，回避了产能低的劣势。

在咱们的光电子器件设计中，压印光栅、微透镜……是其中一道工艺环节的技术路线选择。

激光器波导结构制作：干法刻蚀与湿法刻蚀

激光器外延片长好材料后，就需要做波导结构。把外延片中一部分不想要的材料去掉,这个工艺叫“刻蚀”。

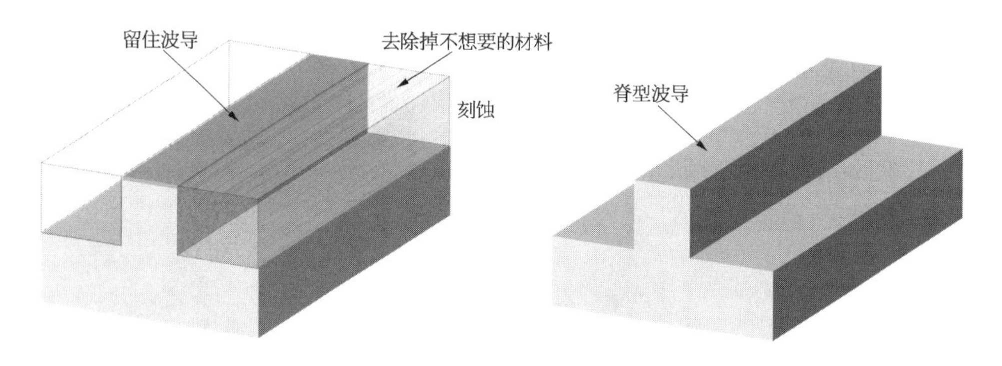

刻蚀后,就看到了波导(见上右图)。

刻蚀,有干法刻蚀和湿法刻蚀。但在之前需要确定哪些部位要去除,哪些要保留。这一步叫光刻。

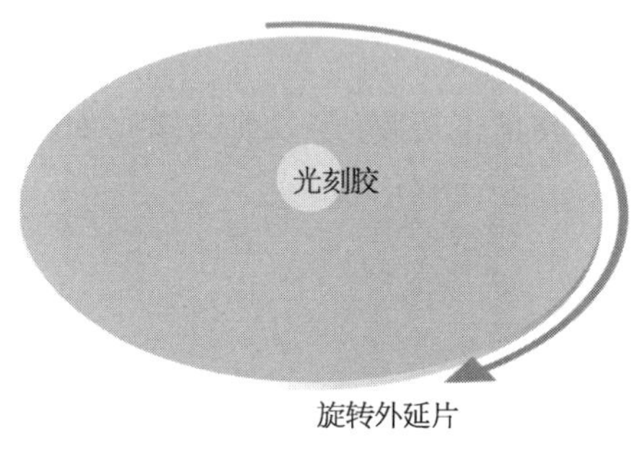

通常光刻胶,是甩在外延片上的,通过离心力,把胶均匀地甩在外延片上。

咱们激光器,VCSEL 的外延片材料是 GaAs,FP 和 DFB 常用的是 InP,这两种材料都是一种亲水性材料。

换句话说,激光器的外延片在清洗后会留下很多的水分子,而恰恰大多数的光刻胶是一种溶剂,在外界看起来,就是这“胶”一点都不黏。

还要想办法让外延片变成“疏水”材料,不容易留水分子,要让外延片变得十分干燥,才能涂胶。

水,滴在固体上,会存在两个力(见下页第 1 图)。

一个是水与空气,产生的表面张力。

二是水与固体接触,产生的分子引力。

水这种液态与空气接触,会有表面张力,表面张力是内聚力。

表层的水分子与空气接触,几乎没有分子引力,那表层水分子只 3 个方向的内部液体分子之间的引力。力的矢量和不为零,产生指向液体内部的一种力,叫表面张力。

而液体内部的分子,是四面均匀受力,中和为零(见下页第 2 图)。

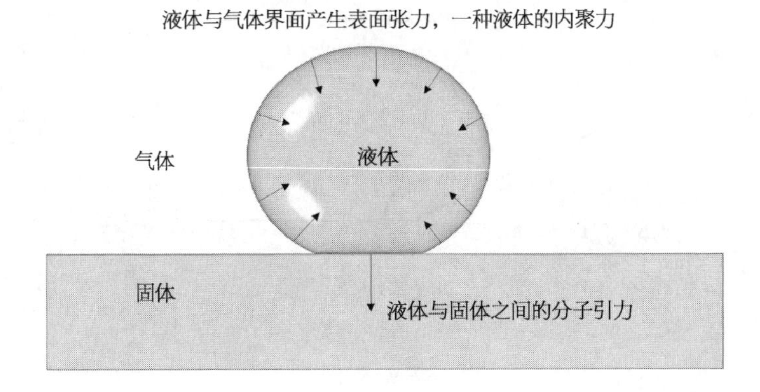

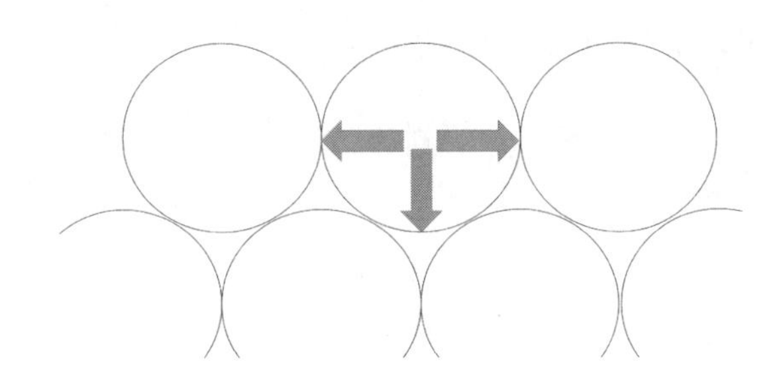

而液体与固体接触,液体分子与固体的分子之间,产生引力。

如果液体与固体的分子引力更大,这种材料会表现出“亲水”特性。

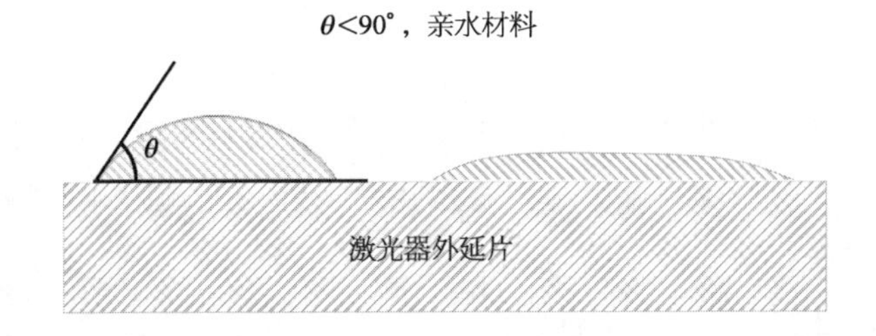

如果水与固体之间,分子引力变小,而水的表面张力占主要地位的话,这种材料就是“疏水”材料,变得很干燥。

我们需要把激光器的外延片,从亲水变成疏水,才不影响光刻胶的黏度。

在激光器外延片上,涂覆一层 HMDS 的材料,六甲基二硅氮烷,就可以大大地破坏掉 InP 外延片对水分子的引力。变成疏水材料(见下页第 1 图)。

HMDS,也叫增黏剂,是半导体行业的一种常用物料,有生理毒性,会让人不孕不育。

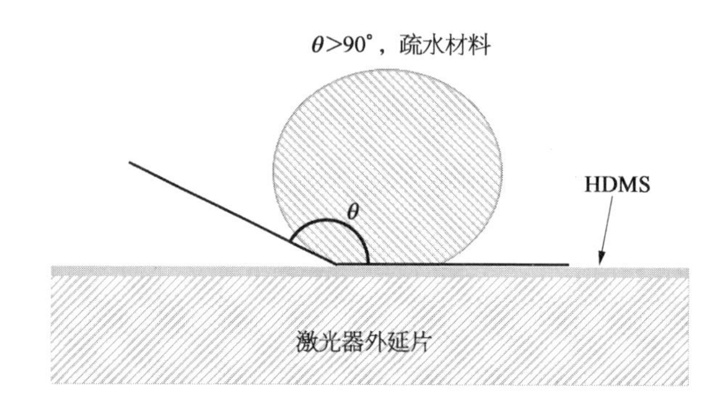

做个激光器容易么。

外延片，涂覆增黏剂，再旋涂光刻胶。

对准掩膜版。

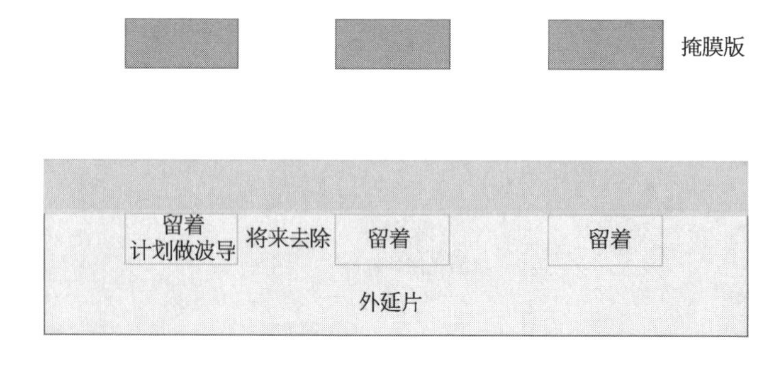

曝光，一般是紫外线的 UV 光敏胶，紫外线照射，掩膜版挡光的部位，光刻胶依然是原始装填，挡不住的部分，光刻胶产生反应，变性，一会儿就把它们打扫出去(见下页第 1、第 2 图)。

终于要聊刻蚀了，湿法刻蚀，是用液体来做刻蚀；干法刻蚀，是用气体或者“超气体”来做刻蚀。

湿法刻蚀，用的液体一般是腐蚀液，光刻胶在设计工艺路线时，就选的是抗腐蚀的东西(见下页第 3 图)。

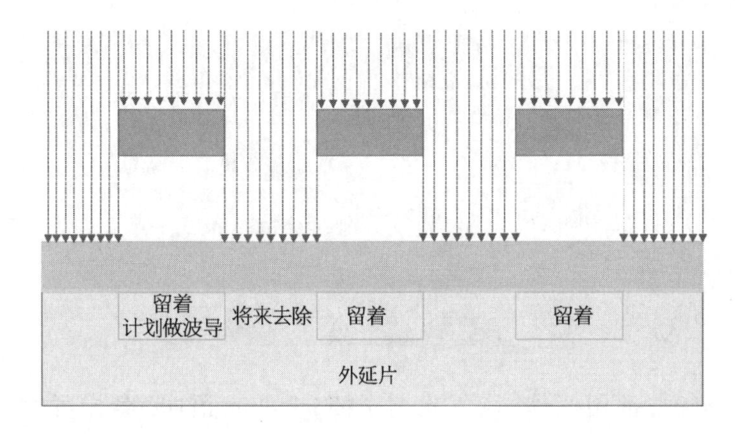

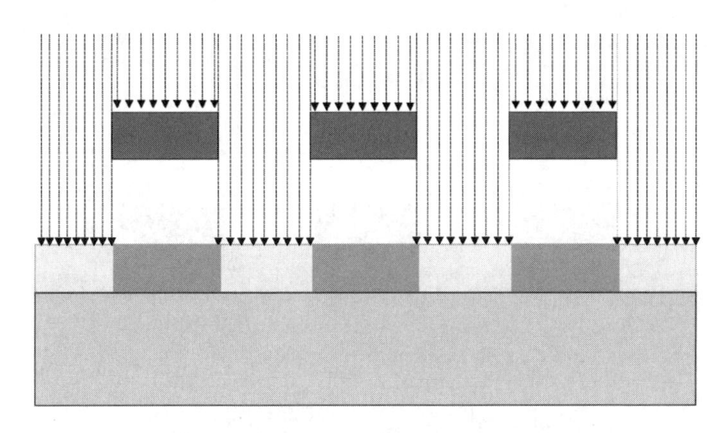

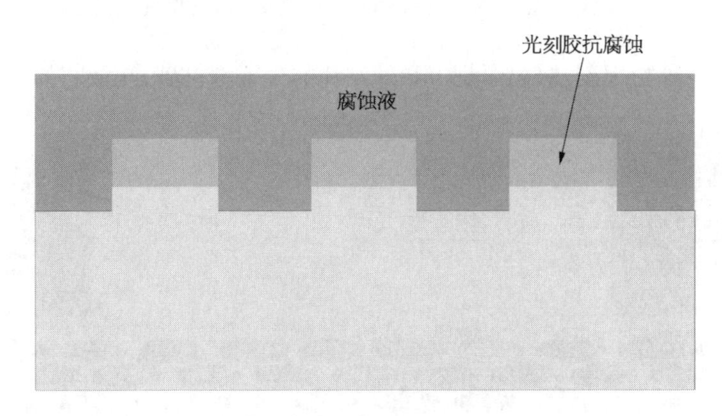

腐蚀液,能沾到液体的位置,都会被腐蚀,咱设计的是直波导,可腐蚀液也会腐蚀掉两侧(见下页第1图)。

所以,做激光器的专家们,轻易不用湿法腐蚀。

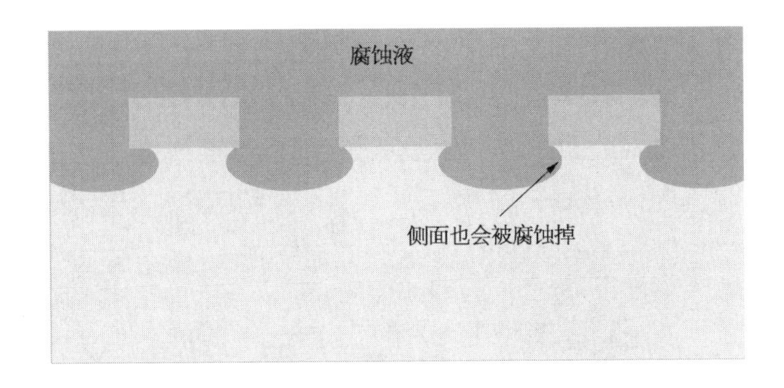

干法刻蚀,常用气体,往下吹离子团,专业术语叫“各向异性”,有方向了。

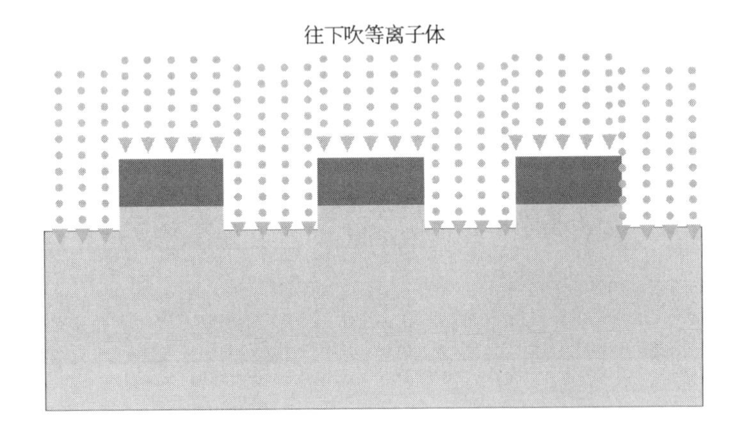

这是一种物理刻蚀,离子把 InP 外延片的分子键打破,吹散它们。

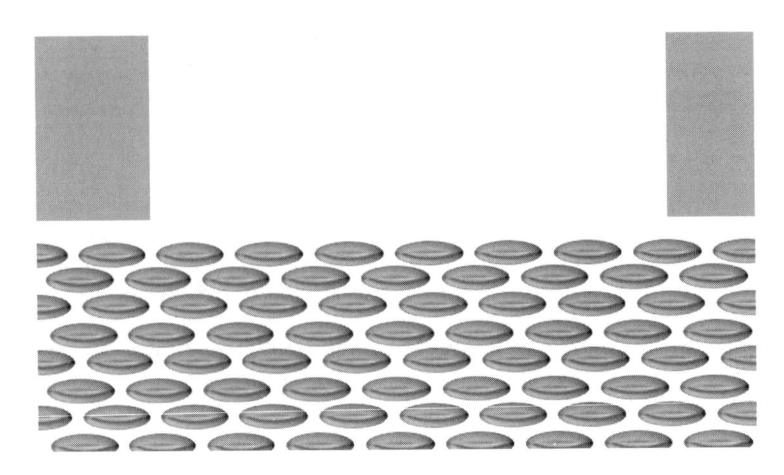

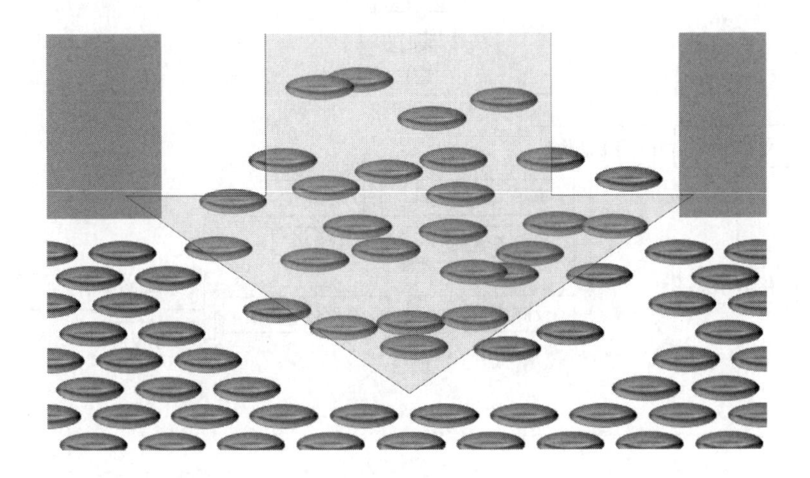

常用的一种刻蚀工艺，是等离子体反应刻蚀，是一种物理加化学的方法。

物理方法，吹的是普通离子，把外延片的分子结构破坏掉，吹走。

化学方法，是用可以产生反应的等离子体去和材料产生化学反应，只是干法刻蚀用的是气体来反应，而湿法刻蚀用的是液体而已。

物理化学方法，是选择气体的时候，选能和材料产生化学“反应”的那种气体，把这种气体电离，高速吹出去，首先是物理作用吹散外延片的分子结构，然后是化学方法，和这些分子产生化学反应，反应后就彻底把外延片的分子材料给消灭掉。设计时通常反应后的物质也是气体，抽走就行了。

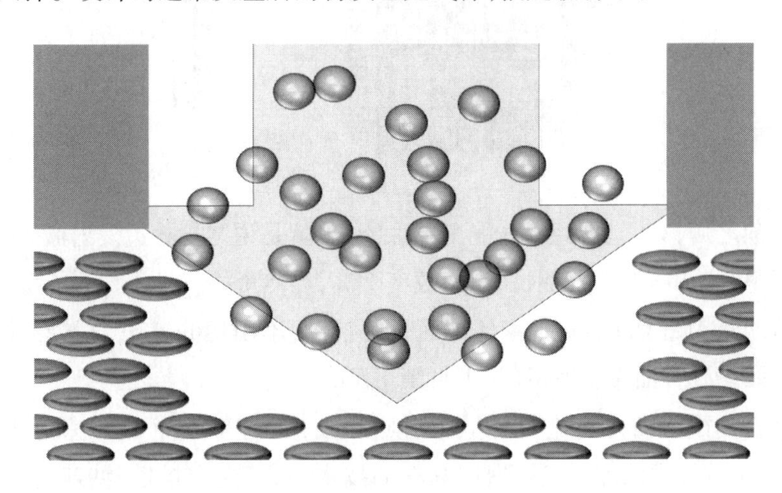

小结：

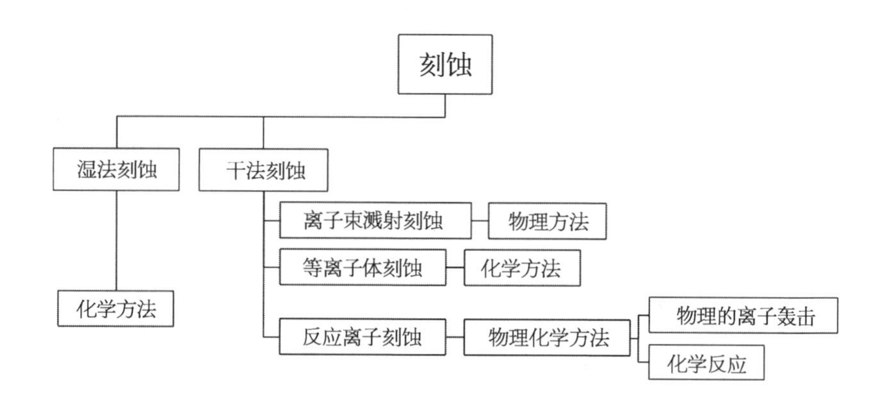

MACOM 激光器垂直端面刻蚀

常规的边发射激光器,FP,DFB 等,因为光是侧边发射,通常需要切长 bar 条后,再镀膜,镀反射膜。

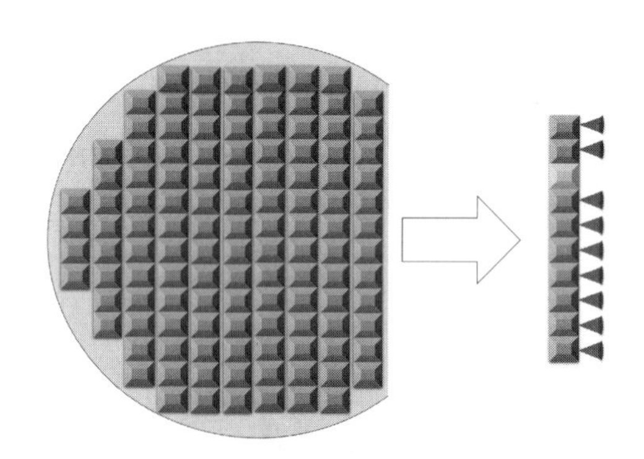

镀膜之后,有了反射腔,才能测试性能,也就是说常规的边发射激光器,不能进行整片 wafer 晶圆级测试,生产效率不高,当然价格就贵。

这两年 MACOM 宣传他家的端面刻蚀技术,不用切 bar 条,直接在晶圆上把前后两个垂直面做反射镜(见下页第 1 图)。

垂直刻蚀,难的就是怎么涂胶-刻蚀-除胶,MACOM 这个技术来源于它收购的 Binoptics,我的理解就是糖球黏粉的技术,盘子左右摇摆,糖球每个面都能黏上咱们想要的那些物质。

MACOM 是先倾斜整个晶圆,顶层和前端面就能涂上光刻胶。

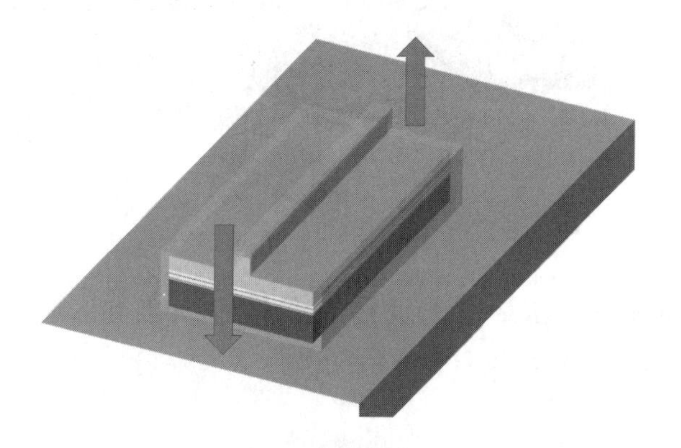

然后,反向倾斜晶圆,另一个端面就能涂胶。

前后端面做好反射镜后,再把顶部开窗,漏出电极就好。

但是晶圆级的测试,常规的波导刻蚀,一是需要足够长的距离才能放下在线测试的光探头。

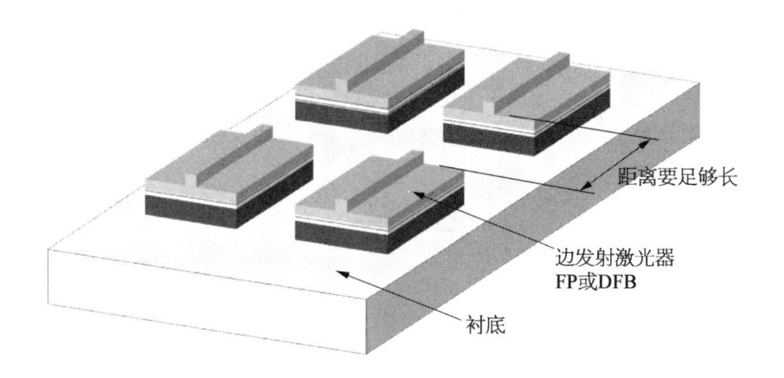

二是前后激光器会互相影响。

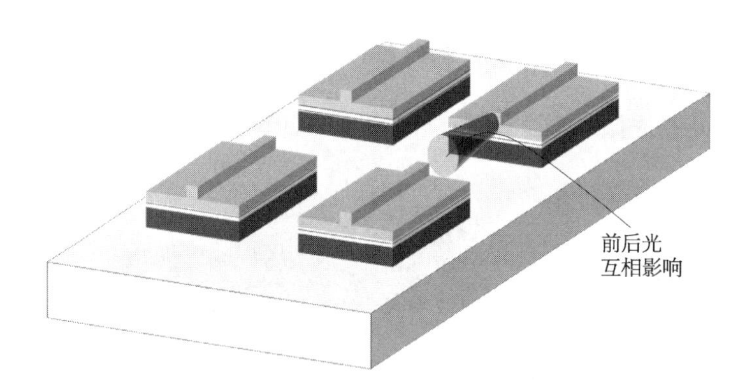

MACOM 的解决方法是,错位波导,错位排列,非波导区域刻蚀空槽,以供在线测试探头深入。

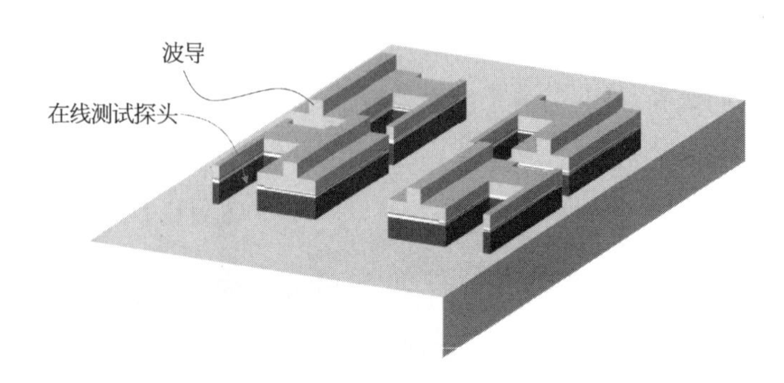

DFB 激光器的倒台波导

什么是 DFB 的倒台结构?

倒台,是波导形状的一种描述。

DFB 的波导形状一般分两种,一种是 BH,一种是 AWG。

BH 异质掩埋型的波导,是先把波导(包括有源层的部分)刻出形状,再对波导两侧做外延,生长高折射率的材料,将载流子和光场都限制在这个结构上。

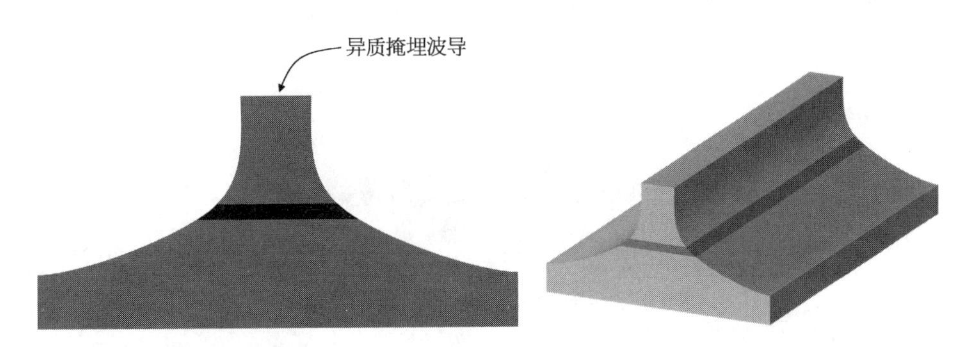

BH 的工序很复杂,要反复外延。

有一种结构,就是 AWG,脊型波导,只需要一次外延。简便好做。

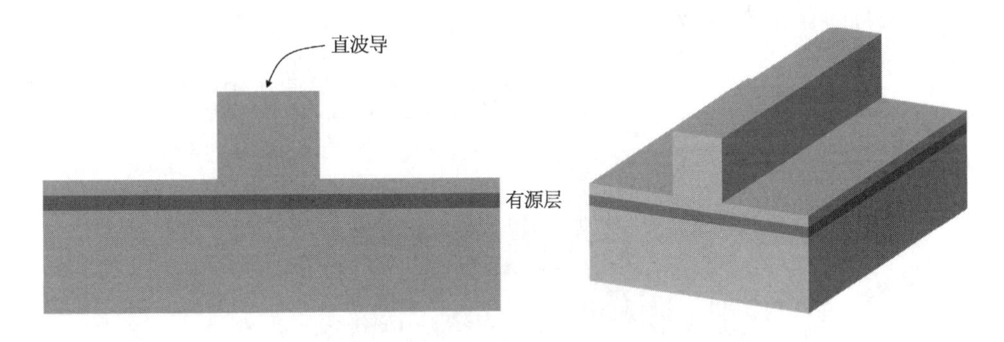

很早以前,半导体激光器还是个通常意义上的半导体的时候,(形成电流的)载流子这么穿过有源层,是可以发光的,就是阈值电流很大,发光效率

也有限。

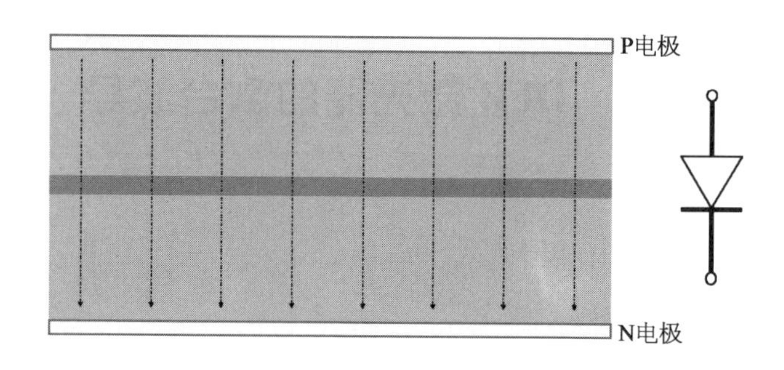

当年的脊波导，还是是有高科技优越感的，因为它通过结构把载流子限制在一个相对集中的区域，这样外界电流看着不大。但是中间区域的载流子浓度够大，是实现激光器发光的三大条件之一。

脊波导，相对于无脊结构，阈值电流下降，电光转换效率提升。

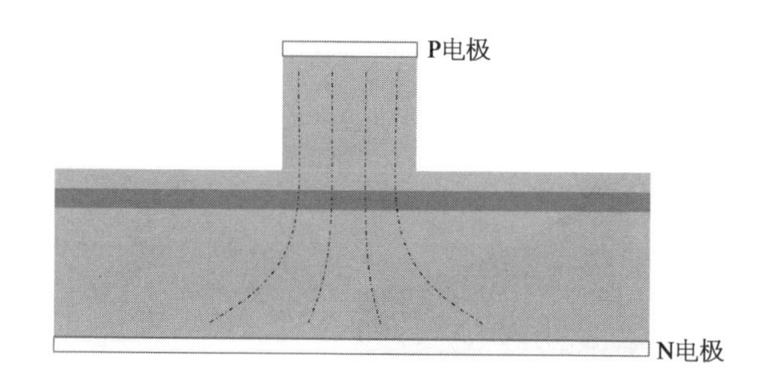

后来也有了 BH 结构，阈值电流更低，发光效率更高，可是工艺超级复杂。那就有了一种脊波导的优化结构，倒台。

把直的脊波导，做成倒梯形。

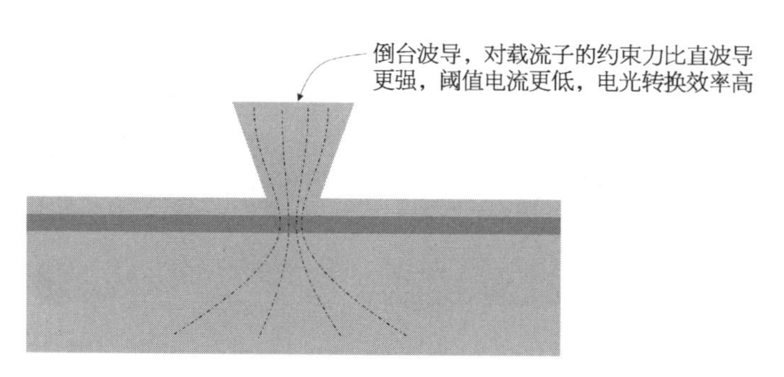

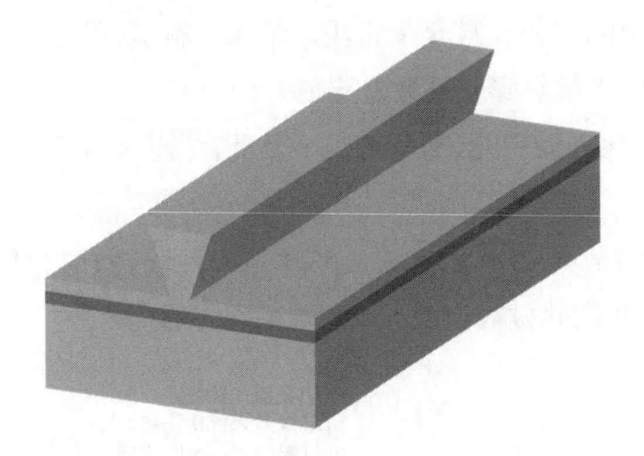

这种结构,很好啊,既有脊波导的工艺简单的优势,又能避免直波导的阈值电流大/发光效率低的劣势。

可是,我们在激光器上是要做很多操作的,比如还要镀电极,还要打金丝,还要……这个波导结构就很容易断裂。

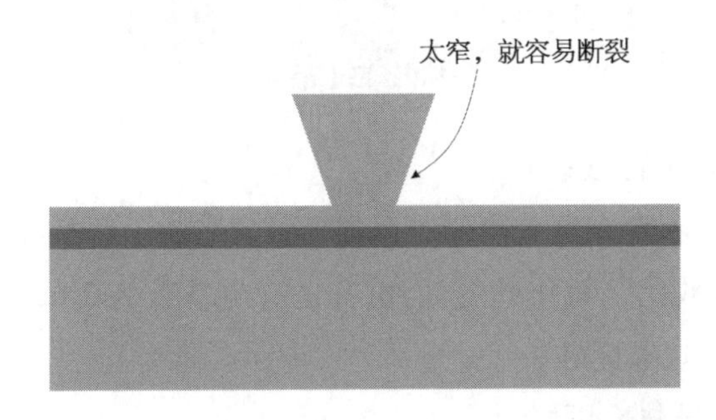

尤其是高速激光器,因为降低波导宽度,可以增加激光器的调制带宽,也就是能工作在更高速率。这就更容易断裂了。

一般的思路,是想办法在波导两侧填充绝缘材料,不影响载流子的正常工作,还能起到支撑作用。防止这么脆弱的倒台根部断裂。

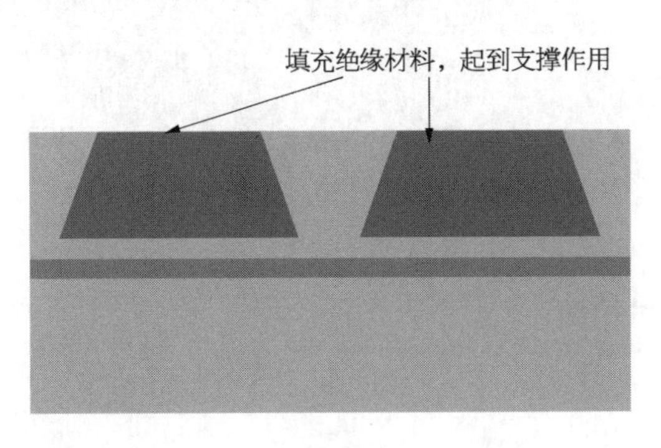

半导体结构中，二氧化硅是最常用的绝缘材料了，可是二氧化硅和做激光器的 InP 材料，两者的热膨胀系数差异很大。

如果用二氧化硅做填充，那高低温一循环，填充材料反而会对倒台波导产生额外的应力。

所以，常用的是填充 BCB 树脂。BCB 是一种胶，做硅光集成有一个技术路线，就是用 BCB 把硅材料和三五族材料贴在一起。

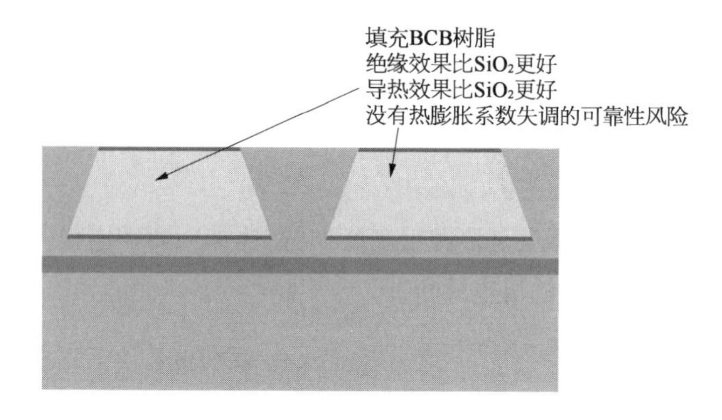

BCB 胶，有几个特点：

（1）比较软，不存在这个热膨胀系数导致的应力。还能起到支撑作用。

（2）介电常数比二氧化硅更低，BCB 的介电常数为 2.6，SiO_2 是 3.9，也就是说 BCB 的绝缘效果更好。

（3）BCB 的导热率更好。

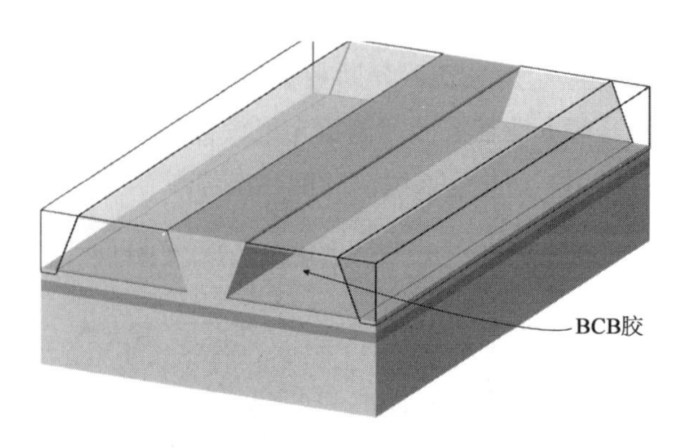

小结一下倒台结构：

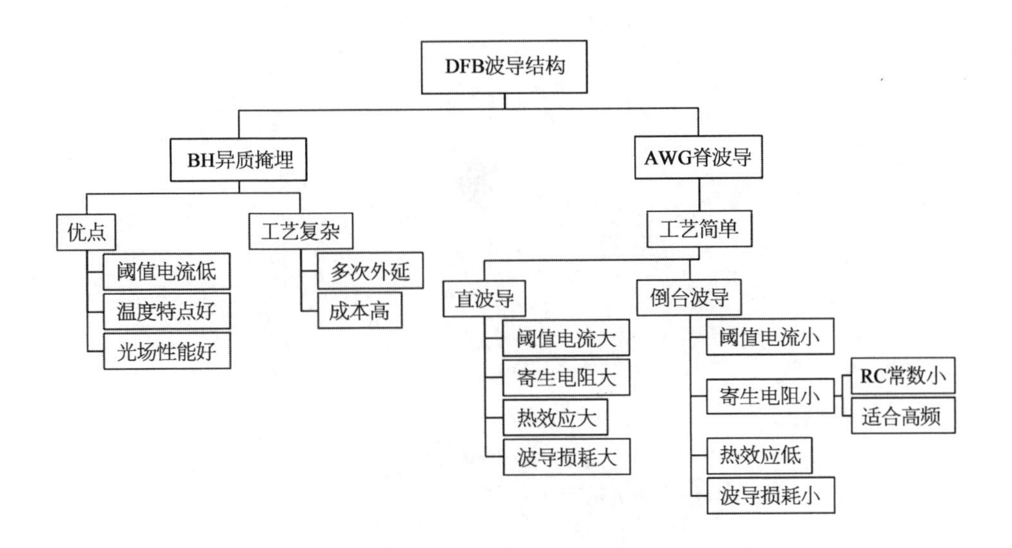

磁控溅射——光芯片电极制作

磁控溅射也是做电极的一种常用方法。

先说溅射，一个带有动能的离子，轰击材料表面。

发生能量转换，轰击体速度放缓，材料表面的分子获得动能，四处溅射（见下页第1图）。

如果咱们的材料要镀金属电极，那用一种离子来轰击金属，金属表面的原子分子啥的，就有一部分被溅射到材料表面。

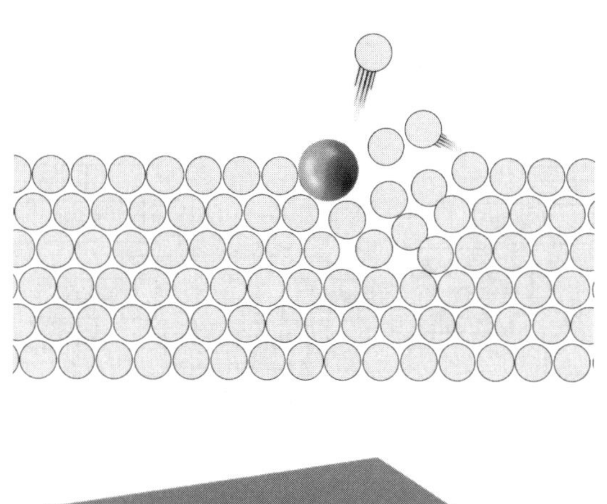

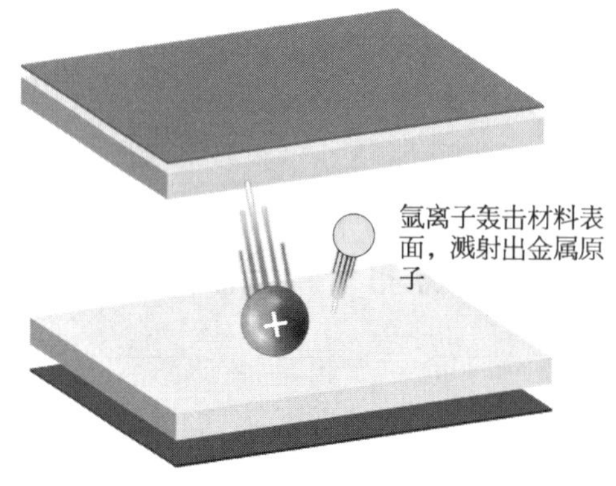

这就算是镀上一层金属电极。

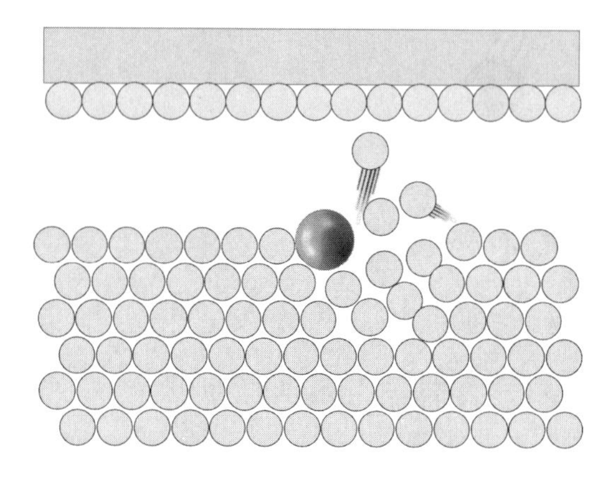

怎么让离子产生高速动能？咱们的这种溅射体画风，是胳膊抡圆了，传递的动能(见下页第1图)。

氩离子是高压电场给出的动能，高压电场产生两个作用，一是将氩气电离

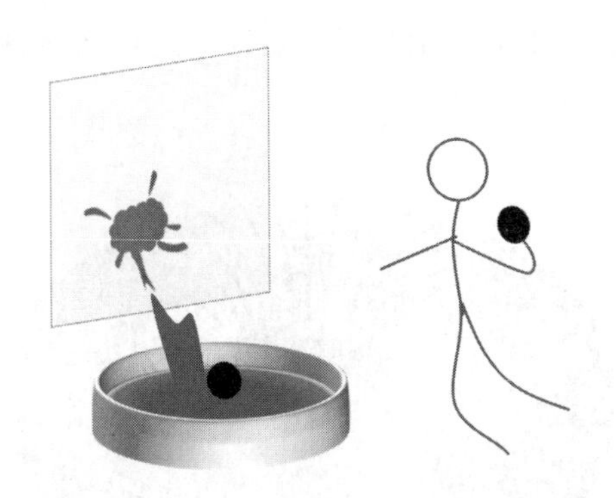

成等离子体正电荷和电子(负电荷),氩离子会高速跑向阴极。

电场,材料那一端接 0 V,阴极接负电压,这样不会对材料产生啥不好的影响。

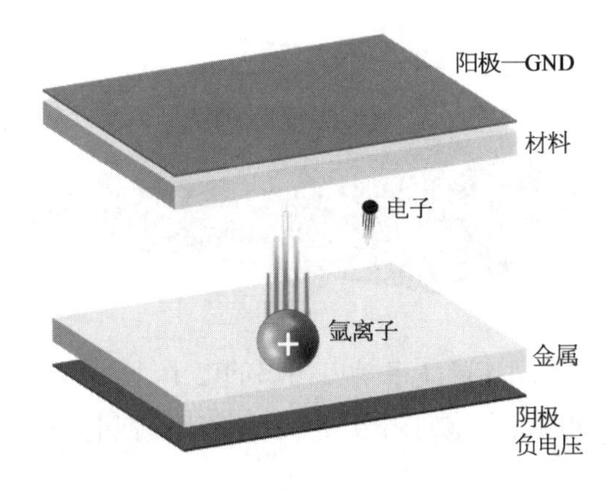

高压电场,让氩离子产生动能,轰击靶材表面,溅射到目标材料上,形成镀膜。这个过程叫溅射。

现在还没有提到磁控。

磁场,是用来控制刚刚电离氩气后形成的电子。磁场 N 和 S 产生磁力线。

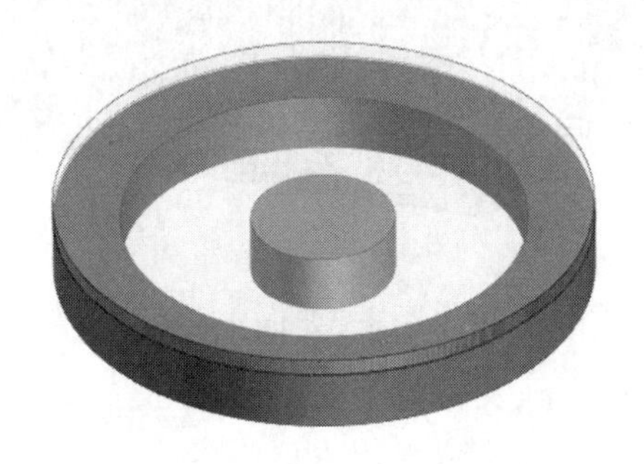

磁场是能约束住电子的。咱曾经也是经历过扭胳膊算电和磁方向的左右手规则。唉,遥远的记忆。

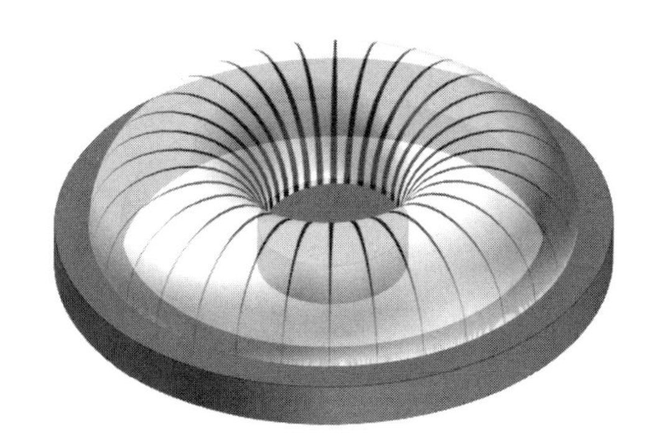

在刚才的高压电场的阴极和靶材之间,放上磁。

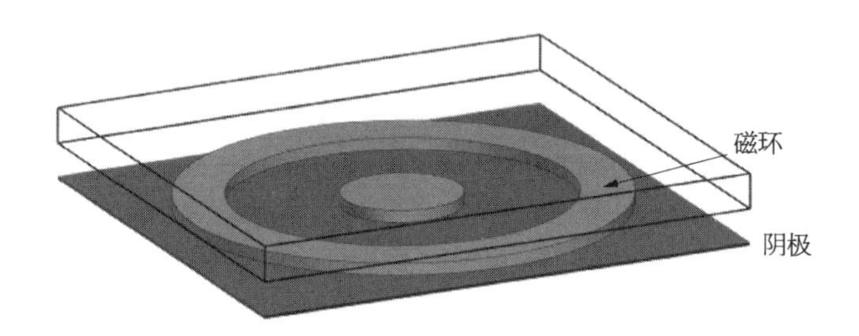

磁场的作用,是把刚才高压电场电离出的电子,回收回来约束住。

本来电子是负电荷,会跑向阳极,但是咱们用磁把电子们控制住。

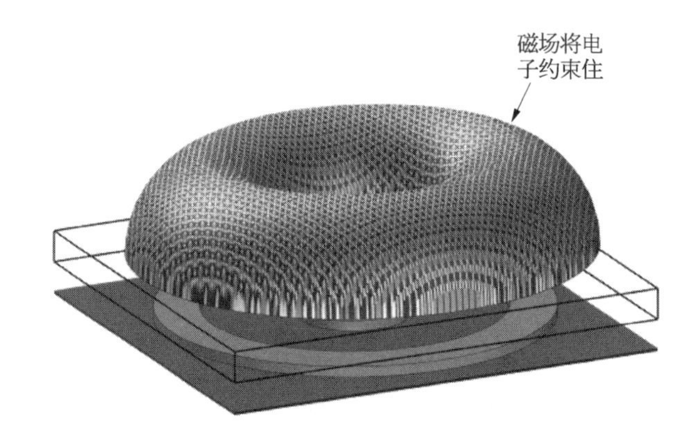

本来电子们在高压电场的作用下,要向上跑的。

后来,在磁场的作用下,又被拉下来了。

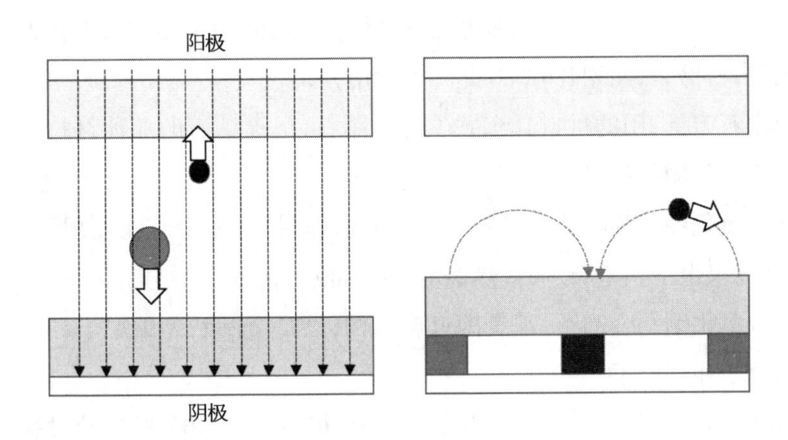

被拉回来的电子,也有动能啊,还可以碰撞氩气,产生氩离子,氩离子来轰击靶材,溅射镀膜。

小结:

高压电场,电离氩气,产生氩离子与电子。氩离子用来轰击靶材,溅射镀膜。

磁场,回收电子,用来做二次电离氩气,产生新的氩离子与电子。

CBN 立方氮化硼

咱们光模块中的 DFB 或 FP 激光器,在晶圆圆片上做完后,需要先切割成条,再切割成片。俗称 Bar 条和芯片。

切割的工艺,有两种:

(1) 锯开,用金刚石砂轮把晶圆一条条切透,可以一刀到底的那种,也可以分两刀切,一刀厚,另一刀薄,两次完成。像切豆腐。

(2) 划片+裂片,先轻轻地划一道槽,再动劈刀下压,把芯片裂开。像掰巧克力。

划片用金刚石刀具,成本低,精度也低。

用激光切割,成本高,精度高。

锯的方式,简单,效率低。

划片+裂片，效率高，咱们激光器的晶圆，是晶体，原子结构整齐排列，俗称有晶向，容易劈裂，用划片+裂片是一种常用方式。

金刚石刀具，用的材料其实并不是金刚石，俗称钻石的那种材料，而是一种叫立方氮化硼的材料。

立方氮化硼，CBN，是削刀界的一次革命性材料，六十年前发现了这种材料后，硬度仅次于金刚石，而且热稳定度比金刚石还好。

立方氮化硼和金刚石，都是闪锌矿结构，只是金刚石是碳原子，立方氮化硼是氮原子和硼原子。

CBN 又便宜又硬，一般是在镍基金属上，烧结一层 CBN 的颗粒，最好是那种棱形的颗粒物，三五个微米的精细度。

这就算金刚石划刀。

用划刀，在激光器晶圆上，一条条划线，大约在几十个微米左右的槽宽度。

一片晶圆可以划出几万颗芯片，具体数值，取决于芯片是 3 in 还是 4 in，激光器的设计是多大，留出来的划片区是多宽……

划完一个片子，需要几小时。速度太快了也不行，材料比较脆，容易崩片，太慢了也不行，效率跟不上。总之需要找出一个合适的值。

脉冲激光溅射

电子束蒸镀，是电子束的高能量，让靶材迅速汽化，气体“蒸发”“镀膜”。靶材经历了 3 个阶段：固体→液体→气体。

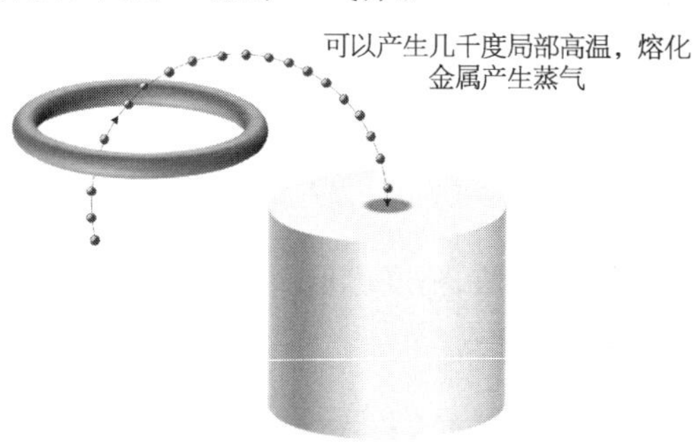

今天的脉冲激光,产生的能量,让靶材经历了4个阶段:

固体→液体→气体→超气体(等离子体)。

脉冲激光,这个技术本身是个新技术,用脉冲激光来打击靶材,会产生更高密度的能量聚集。

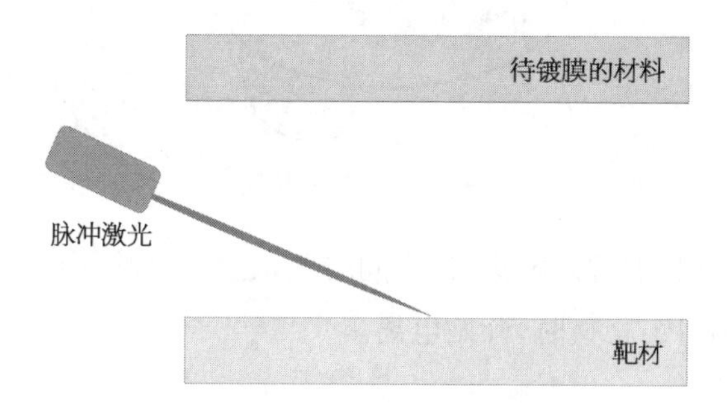

脉冲激光照射的地方,产生一种亮亮的"羽"状体,俗称等离子体羽辉。

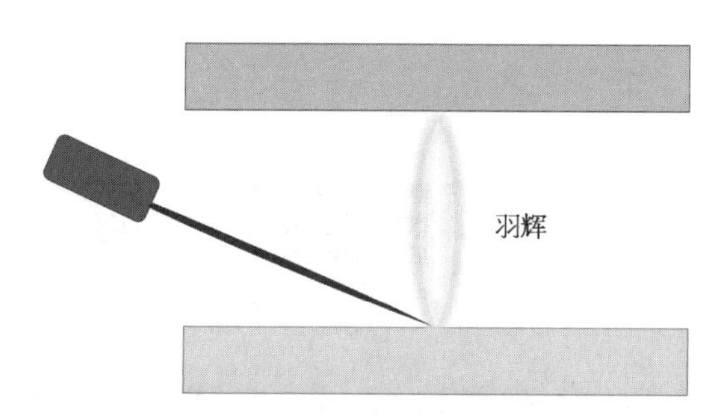

什么是等离子体?咱们知道的物质3态,固态、液态和气态,这3种状态的分子结构可都是完整的。

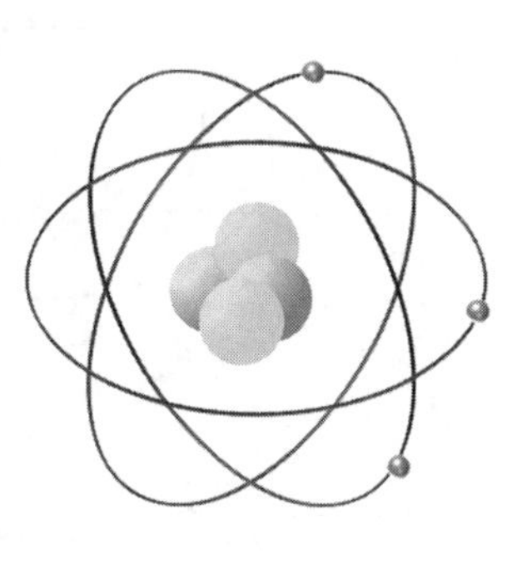

分子结构,原子核是质子和中子,核外是电子,犹如父母和孩子们的家,通常情况下,一个家庭是一个社会的稳定存在单元。

如果遇到超高的能量,原子遭到能量的破坏,产生电离,就是电子逃逸出原子核的控制范围。

电离后的气态物,叫作"等离子体",也叫"超气态"。

就像一场飓风,有可能将家庭单位打散破坏掉。等离子体是一种非稳定的结构,回归低能量状态后,会再次成为一个电子围着原子核转的稳定结构。

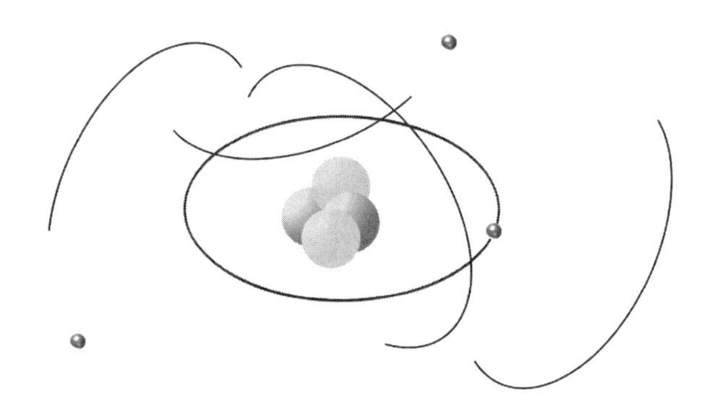

脉冲激光蒸镀,羽辉是两头尖,中间膨胀,这么一种结构。

激光刚开始打击靶材时,开始电离。

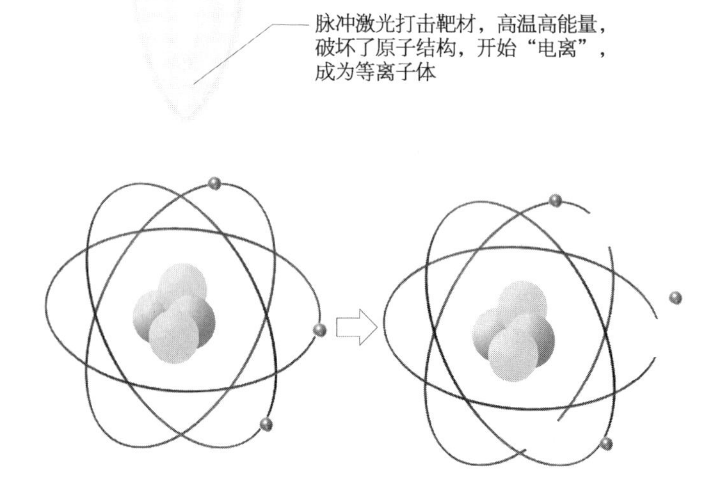

这些夹杂着分子结构、原子、电子、残缺的原子,浩浩荡荡地往基板上蒸镀,中间会产生膨胀。

等上升一段空间,能量逐步消耗,这些逃逸出去的电子,又慢慢地和原子核结合在一起,重新凝结成稳定的原子。

在基材上,会看到,等离子体→固态的镀膜过程。

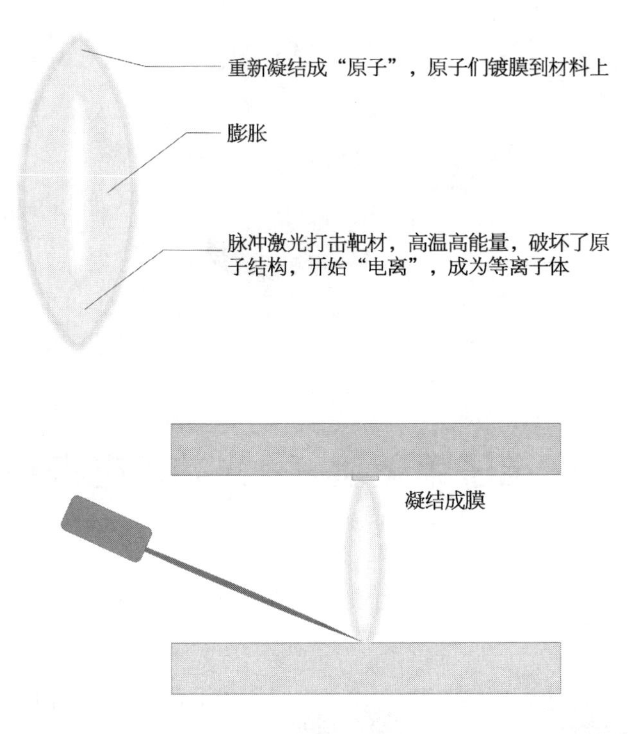

脉冲激光蒸镀沉积,依然是一种物理沉积的技术,只是由于能量更加集中,可以镀难熔物质,也可以镀多层膜,镀化合物膜。这是优点。

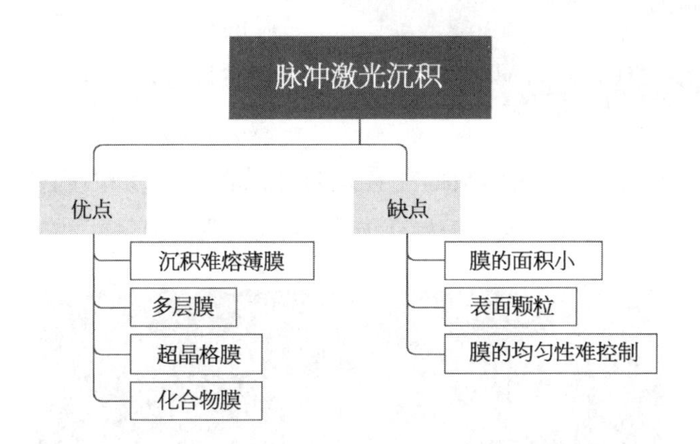

但是这种方法,成膜不是大面积进行的,需要一点点地镀,通常会需要旋转咱们的 wafer,一点点来。

万一,激光的能量控制不好,间距控制不好,或旋转的速度控制不好,都会影响成膜的质量,尤其膜的均匀性。

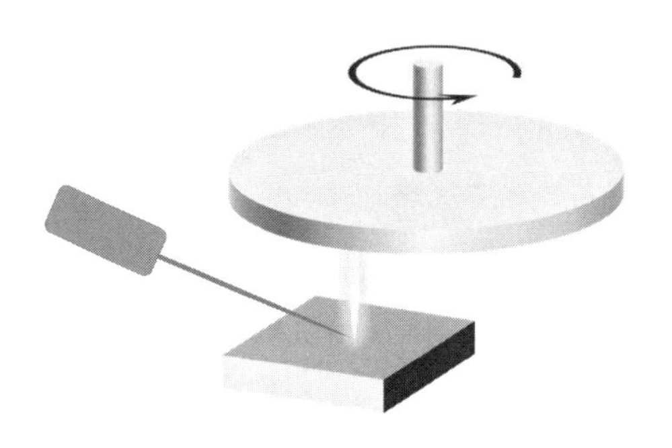

电子束蒸镀——光芯片电极制作

光芯片的电极制作，经常用到一个设备，叫电子束蒸发。

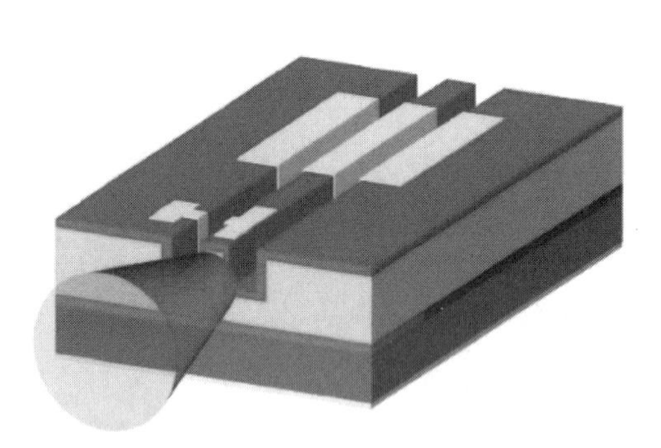

电子束蒸发，是一种物理气相沉积技术，可以得到高精度高纯度的金属膜。

沉积，是指悬浮颗粒逐步沉降的过程。金属颗粒，一步步沉积在材料表面，形成金属膜，用来做电通道接触，俗称金属电极。

沉积，有固相沉积，比如咱们能看到的沉积岩，一层层的固体颗粒在重力作用下沉降，日久天长形成的一层层岩石。

液相沉积,是以液体的形式在材料表面附着后再固化,形成的薄膜。

气相沉积,是金属汽化后,沉积到材料表面,固化,形成薄膜。

气相沉积的最大特点,是均匀。

沉积
气相沉积 均匀
液相沉积
固相沉积

气相沉积,是咱们光芯片、电芯片各道工序常用的一种技术类别。

能产生化学反应的气体,叫化学气相沉积,咱们做激光器外延生长的 MOCVD 就是一种化学气相沉积技术,几种气体产生反应,生产化合物。

电子束蒸镀,是一种物理气相沉积技术,不产生化学反应,只把金属材料汽化。

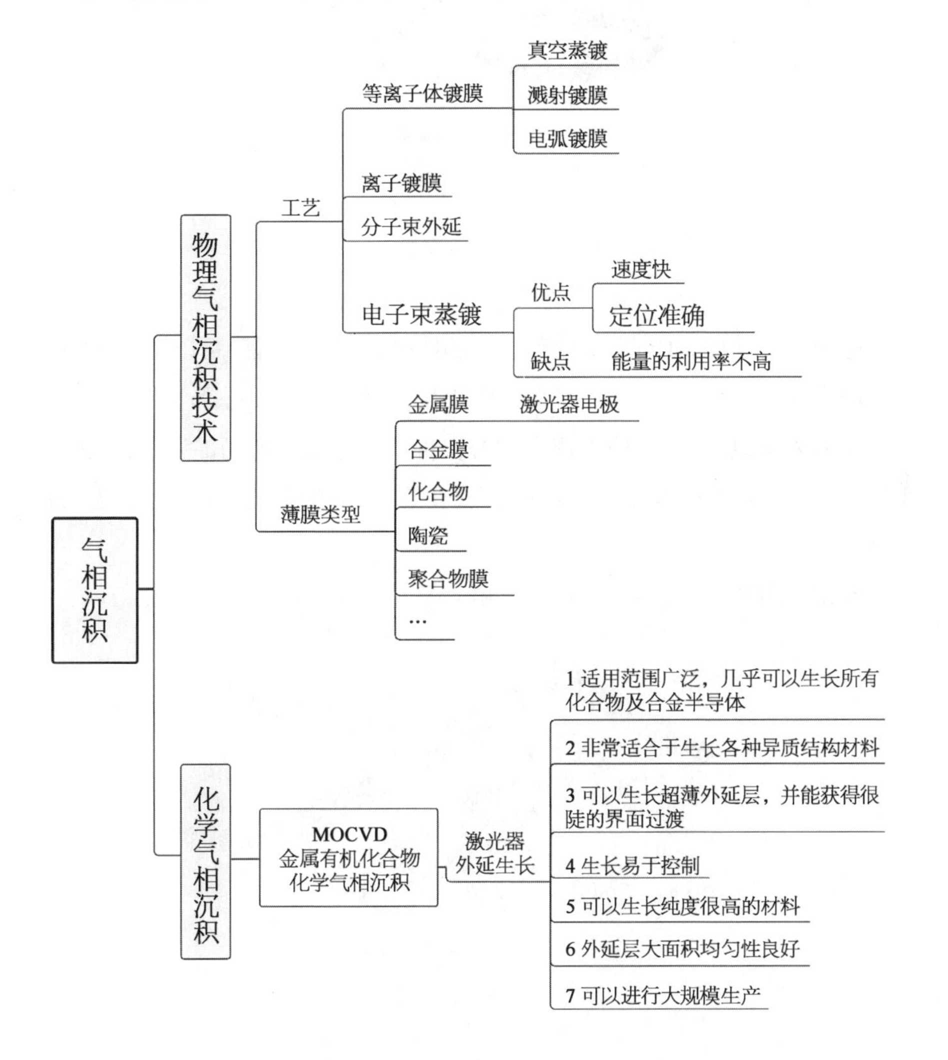

电子枪
发射电子束

产生电子束，不是难题，高压枪给电子加速。

电子束，一般分为环形枪，直型枪和 e 型枪，e 型枪是一种常用的方法，摒弃了前两种电子枪的缺点。只是有些贵。

所谓的 e 型，就是用磁环来控制电子束的方向，让它们做 270°左右的拐弯。拐的弯像字母“e”。

改变电子束方向，是为了让电子束精准地落在咱们的金属材料上。

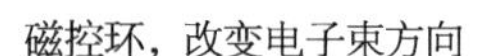

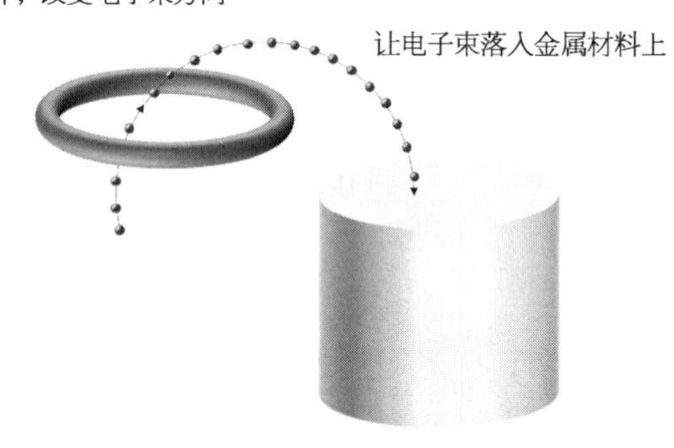

电子束的动能，在与金属接触的局部地区，转化为热能，可以产生 3 000 ℃以上的高温，高温使得金属材料熔化后汽化，气相沉积，首先得产生气体材料。

用电子蒸镀，就是一般的蒸发设备很难产生这么高的局部温度，要么是像钢厂一样是大面积熔化金属，这太浪费，要么就是单点产生不了超高温，没有金属气化物。

在咱们需要做电极的材料上，气相离子，透过挡板，一层层沉积。

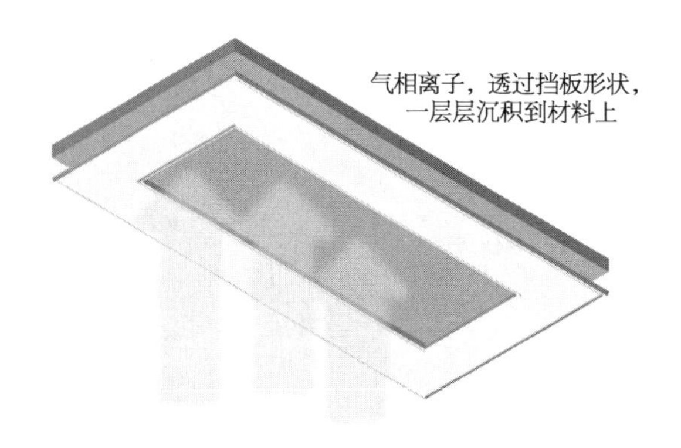

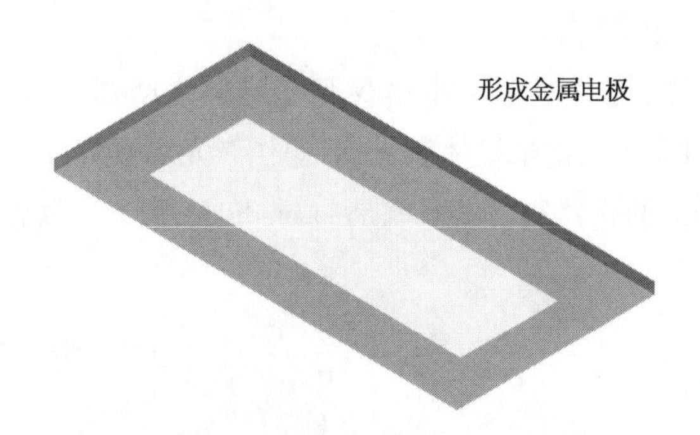

小结：

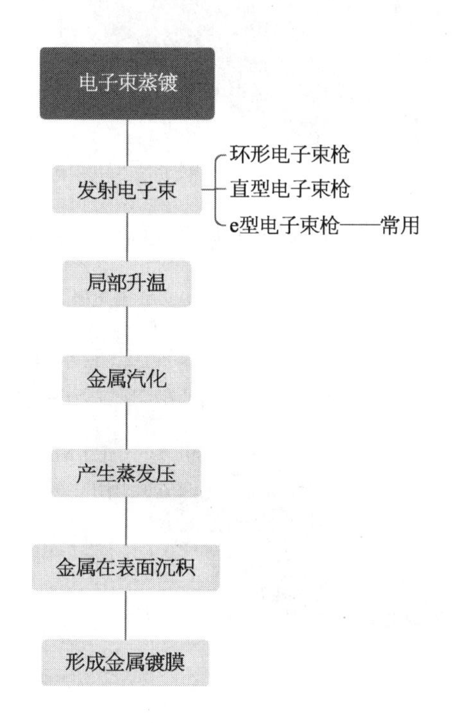

半导体激光器欧姆接触以及欧姆接触与肖特基接触的区别

光模块中的激光器，电泵浦半导体激光器。

二极管,是一个 PN 结。

半导体激光器,是 P 型半导体和 N 型半导体之间插入有源层,形成一个 PIN 型结构,有时候咱们把半导体激光器,叫作激光二极管。

咱经常看到的激光器简写 LD,就是 laser diode,激光二极管。

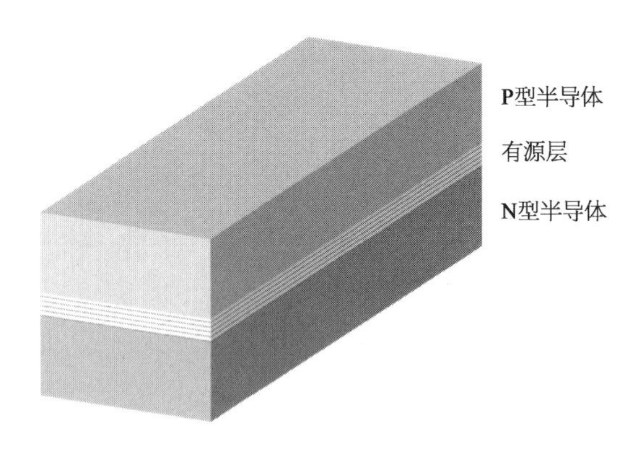

因为光模块中的激光器,通常用电泵浦,这就需要有正负电极。

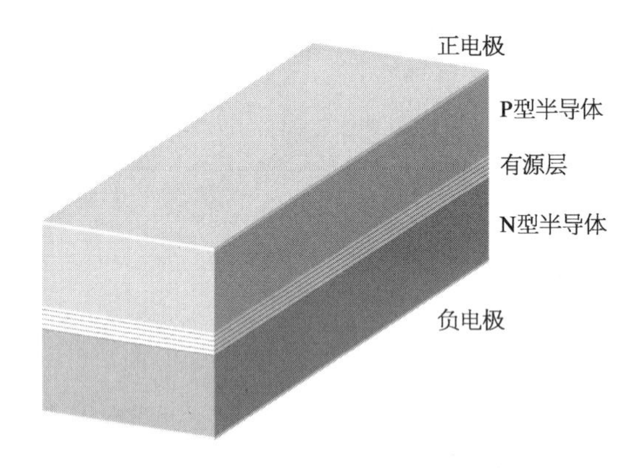

有两个疑问:

第一个疑问:金属和半导体接触,用于激光器的这种接触,与肖特基二极管的那种接触有什么不同?

用于激光的金属/半导体接触,希望电流顺利通过。

用于肖特基二极管的金属/半导体接触,希望有更强烈的 PN 结效果,一个方向能通过,另一个方向能截止。

所以,金属和半导体之间的接触面要做特别的设计(引出新的疑问,金属和半导体之间发生了什么)。

第二个疑问：为什么激光器正负电极用的金属材料不一样？导致他们需要不同的金属镀膜工艺。

金属和P型半导体的接触，与金属与N型半导体接触，两者的势垒不同。

导体、半导体、半绝缘体、绝缘体的区别，主要是他们的电阻率不同。

分　类	电阻率/Ω・cm	分　类	电阻率/Ω・cm
导体	$10^{-8} \sim 10^{-4}$	半绝缘	$10^{7} \sim 10^{10}$
半导体	$10^{-3} \sim 10^{7}$	绝缘体	$10^{10} \sim 10^{18}$

金属，是导体，里边有可以自由流动的电子，俗称自由电子，它们在电场的作用下，能形成很好的电流，电流越通畅的，电阻率越低。

电子，带有负电荷。

绝缘体，是轻易形不成电流的物体。

半导体，是能形成电流，只是这个电流形成得不太通顺，电阻率有点高。

N型半导体，是有一些自由电子，有了外加电场就能让电荷移动。

P型半导体，是有一些空穴，有了外加电场也可以让电子在空穴方向上移动，空穴不断地交换位置，看起来就像空穴在移动。

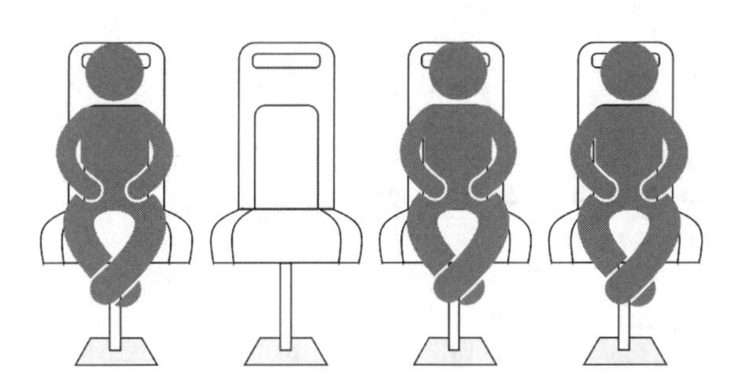

金属和N型半导体，没接触前，各是各的。

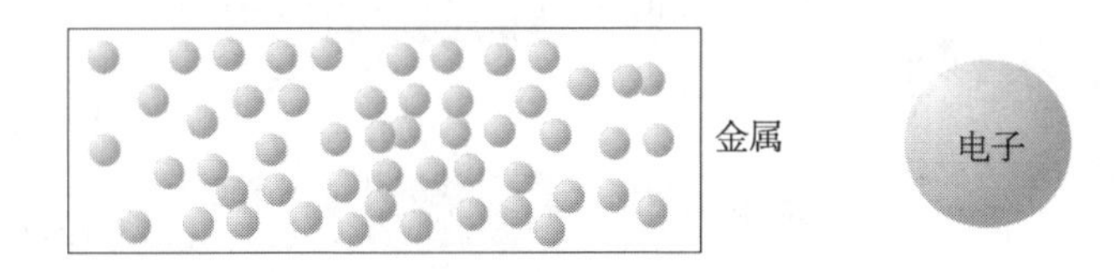

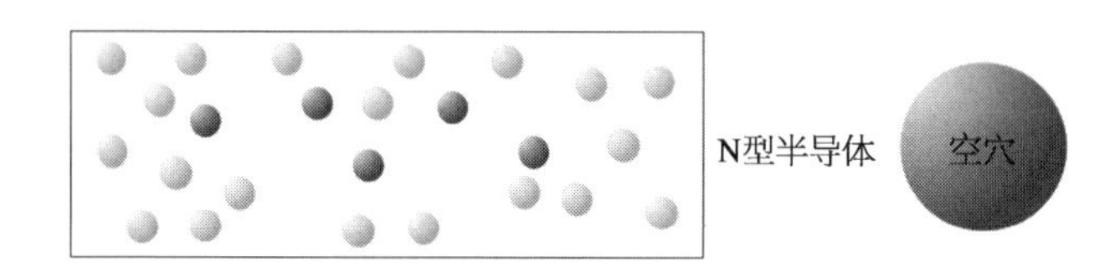

接触后,对电子来说,有浓度差,自由电子从高浓度到低浓度,这是扩散。对空穴来说,也有浓度差。

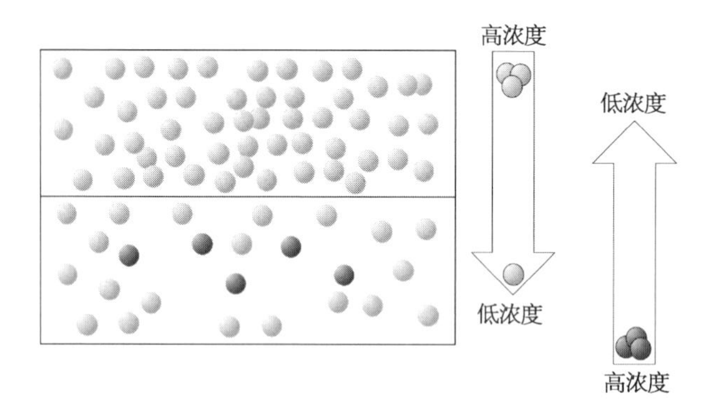

在金属和N型半导体之间,就形成一个势垒,对肖特基二极管来说,希望势垒越大越好,而对于咱们只是用来做电极的半导体激光器来说,这个势垒就越小越好。不要把电压浪费在这个界面上。

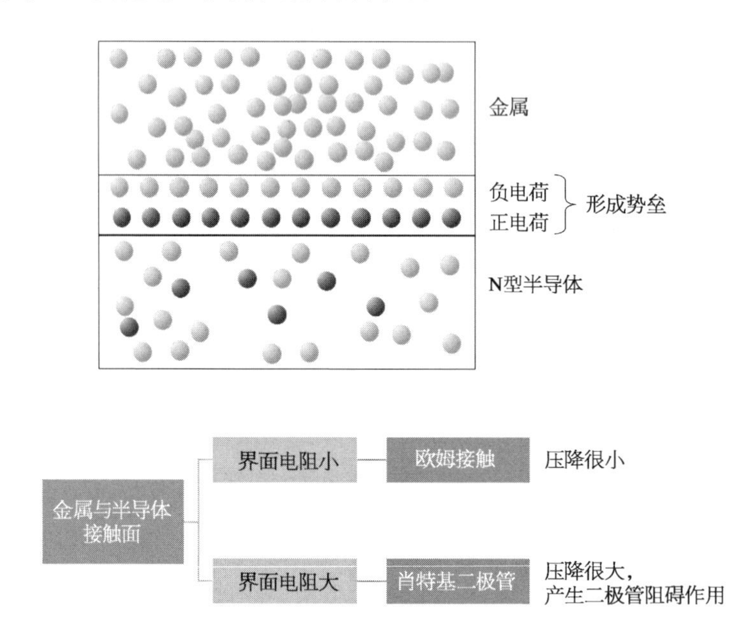

要降低界面电阻,电极用 Au - Ge 合金的话,再加一层 Ni 的金属层,可以提高与半导体的浸润性,提高结合力度,两者分子充分接触,就降低了接触电阻。

再者,在 N 型半导体之上,做一层重掺杂的 N++层,让里边的自由电子数量更多,也就是电子浓度差异很小,扩散的劲儿就不大,也降低了界面电阻。

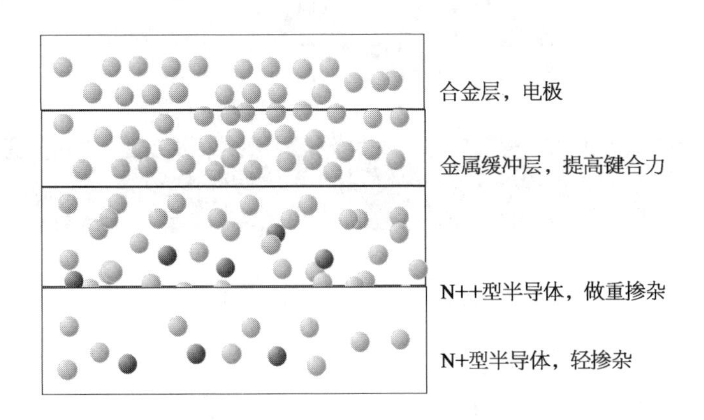

金属和 N 型半导体的欧姆接触,相对来说好做。

但和 P 型半导体,就难一些,因为 P 型半导体中空穴多。

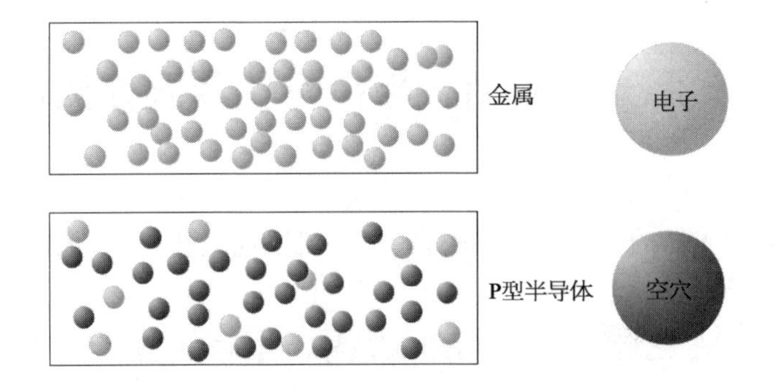

金属和 P 型半导体之间的正负电荷的浓度差都变大了,他们界面形成的势垒,和金属/N 型半导体相比,更大(见下页第 1 图)。

所以激光器的正电极和负电极相比,更难做。

负电极可以用点低成本工艺来做,正电极就得用比较复杂的工艺,力求降低接触电阻,还不引起可靠性问题。

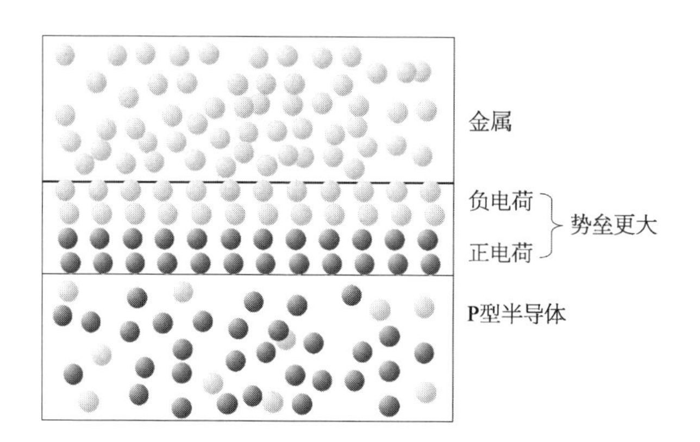

光通信 激光器类别	激光器 主要材料	与 N 型半导体 接触的金属	与 P 型半导体 接触的金属
VCSEL (850 nm)	GaAs	Au－Ge－Ni	Zn－Au Cr－Au Ti－Pt
FP,DFB,EML (1 310/1 550 nm)	InP	Au－Sn In－Sn－Ag	Zn－Au

激光器减薄，与台阶仪厚度检测原理

边发射激光器的制作，是先在衬底上一层层地生长材料，长出有源层，长出 P 型半导体，长接触层。

生长好材料，之后去刻蚀结构，刻好波导槽，再镀膜金属层做正电极，然后再翻面镀膜负电极(见下页第 1 图)。

衬底，要一次次做工艺，不能太薄，要不就很容易裂。

可做完之后，如果直接镀膜负电极，那么，激光器这个 PN 结的电流通道就会很长。激光器的等效电阻会很大。

如果衬底很薄，激光器的等效电阻很低(见下页第 2 图)。

厚的衬底，才不容易裂开，方便进行后续的生长、刻蚀、镀膜等。

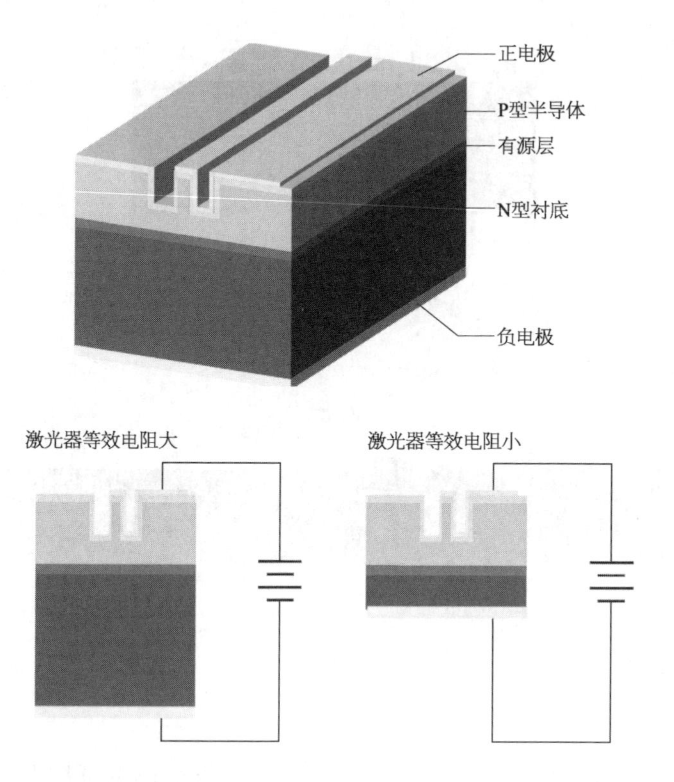

薄的衬底,有很好的性能,PN 结内阻更小,散热通道更短。

所以,通常的做法是,用厚衬底来做工艺流程,做完之后再对衬底进行减薄。获得更好的性能和散热。

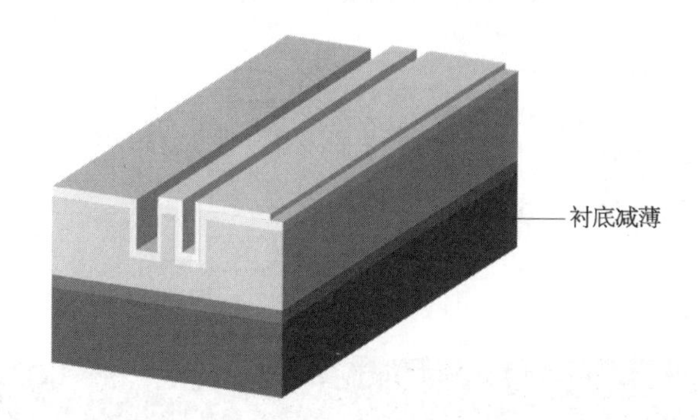

衬底减薄,一般用机械方法,就是金刚石砂轮打磨,一点点地磨薄(见下页第 1 图)。

磨薄之后,再用更小的颗粒去抛光。让厚度更均匀。可是,在微米量级,其实还是会有高高低低的凸凹现象。

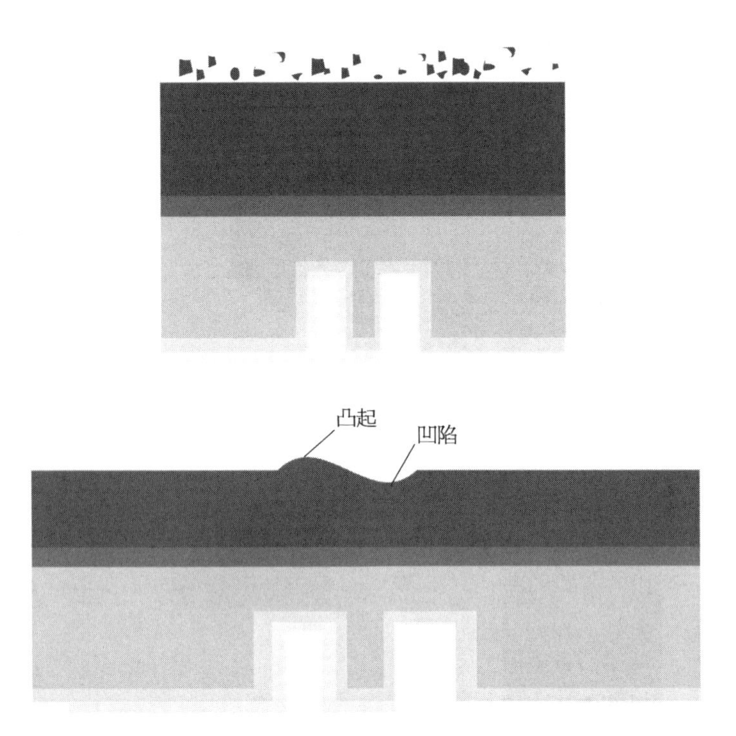

厚度检测也很重要,看减薄做得行不行。厚度检测里常用的一款设备叫“台阶仪”,介绍一种电感式台阶仪的原理。

台阶仪与待检测面的高度固定,也就是下图 3 个线圈与台面的高度不变,中间触针和触针顶端的铁芯,是可以高低弹动的。

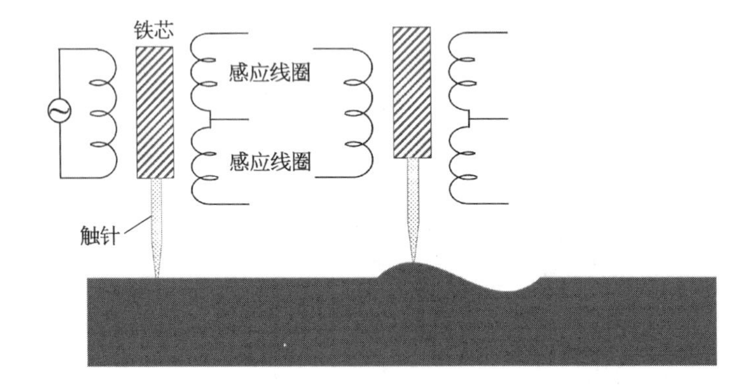

上图的电感,就是个变压器原理,左侧交流电,电磁变换会让右边感应出交流电压。

触针划过衬底,衬底的高低变化,会导致右侧的两组线圈所感应电压不同。

一般测试 ΔU 的变化,就能知道被测物的厚度形貌。

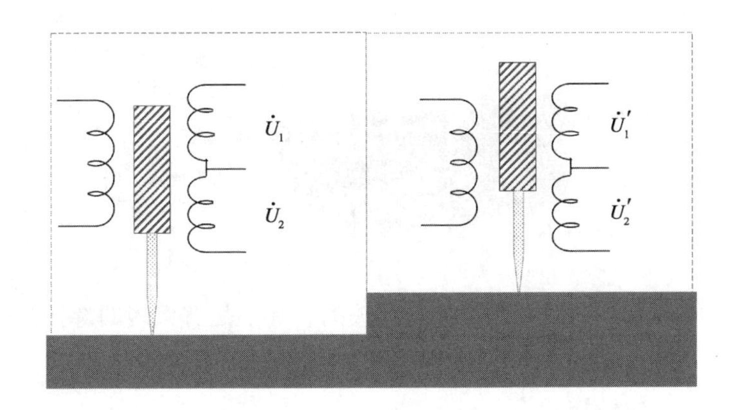

激光器端面钝化

激光器芯片在制造过程中,有一道工序叫作端面钝化。

什么是钝化?

为什么要钝化?

不钝化会怎么样?

钝化,指的是金属从活泼态转为钝态(不活泼)的过程。

金属的活泼性顺序如下,活泼的意思是非常容易把不活泼的离子置换出来。

Li*	Cs	Rb	K	Ra	Ba	Fr	Sr	Ca	Na	La	Pr	Nd	Pm	Sm	Eu	Ac
锂*	铯	铷	钾	镭	钡	钫	锶	钙	钠	镧	镨	钕	钷	钐	铕	锕
Gd	Tb	Am	Y	Mg	Dy	Tm	Yb	Lu	Ce	Ho	Er	Sc	Pu	Th	Be	Np
钆	铽	镅	钇	镁	镝	铥	镱	镥	铈	钬	铒	钪	钚	钍	铍	镎
U	Hf	Al	Ti	Zr	V	Mn	Nb	Zn	Cr	Ga	Fe	Cd	In	Tl	Co	Ni
铀	铪	铝	钛	锆	钒	锰	铌	锌	铬	镓	铁	镉	铟	铊	钴	镍
Mo	Sn	Pb	D2**	H2**	Cu	Po	Hg	Ag	Ru	Os	Pd	Ir	Pt	Au		
钼	锡	铅	氘**	氢**	铜	钋	汞	银	钌	锇	钯	铱	铂	金		

金属的活泼性

激光器,起到发光作用的核心层是有源层。

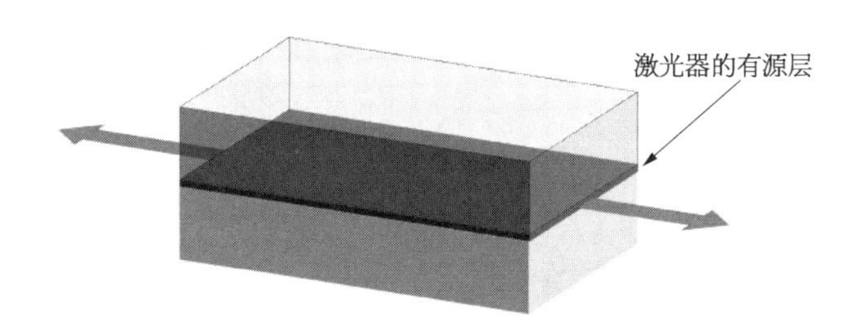

而有源层的材料,是与激射波长相关的。并不是有太多的选择范围,常用的 1 310/1 550 nm 材料中,有源层使用 GaInAsP(磷砷化镓铟),或者是 AlGaInAs(砷化铝镓铟)。

在氢前的金属,叫活泼金属。

在氢后的金属,叫惰性金属。

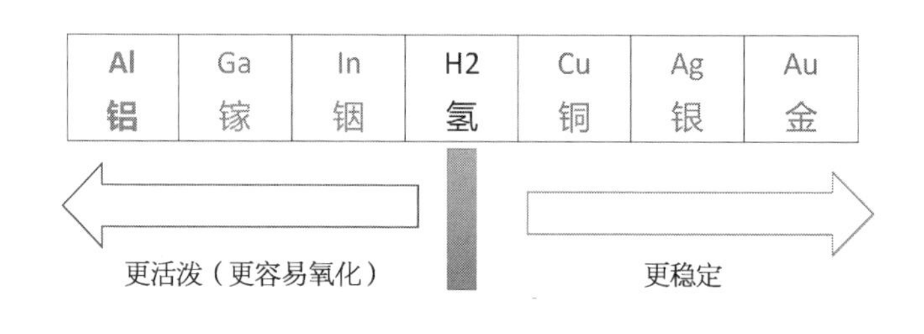

水是什么? H_2O 啊。

在氢前的金属,会把水汽中的氧夺过来,把氢置换出去,金属和氧发生氧化反应。

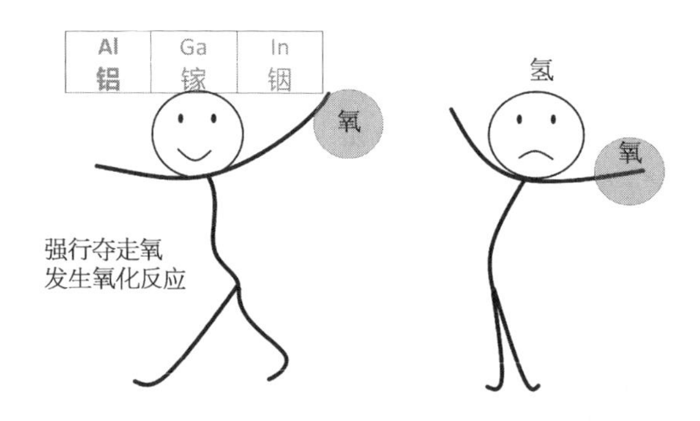

铟(In)发生氧化反应;镓(Ga)活泼些;铝(Al)更活泼,更容易发生可靠性问题。

钝化,就是采用某种技术,比如镀膜,把容易氧化的材料与水汽、氧气等隔离开,产生一种“不易氧化”的状态,这个过程叫钝化。

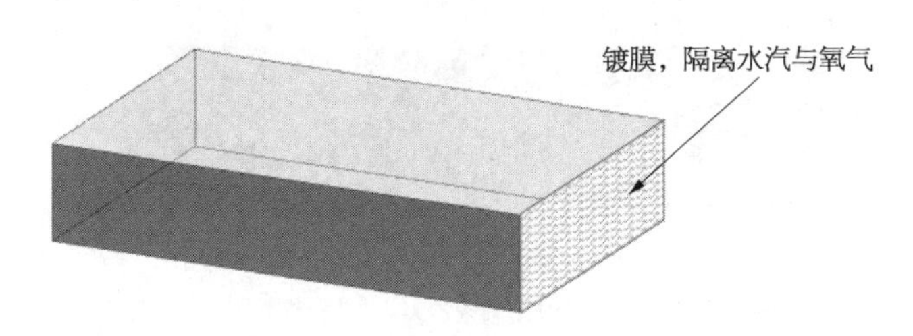

即使是镀膜,膜层也是用一层层材料堆起来的,大家都是分子原子,站在这个角度来看,镀膜的材料并不是密不透气的那种。

所以,钝化可以减缓材料的氧化程度,而不是完全隔离。

从这个意义上来讲,激光器外层再继续做气密封装后,进一步降低有源层材料与水汽和氧气接触的机会,激光器的寿命更长,长到20年以上。

如果仅仅依靠一层钝化层,而不做气密封装的话,能长期工作,但寿命较短,只能维持个三五年的功夫。

这就是为什么数据中心光模块,允许光器件的非气密封装,这是因为数据中心的光模块三五年就更换一代,用非气密可以降低一些成本。

传统的电信应用的光模块,就必须得用气密封装,这是需要激光器寿命大于20年的,需要层层隔离水汽和氧气。

小结:

什么是钝化?

金属从容易氧化的状态,转为不易氧化的状态,也就是从活泼态转为钝态。

为什么激光器要钝化?

因为激光器的发光材料,是用三五族化合物半导体,其中Ⅲ族材料中的铟、镓、铝是光通信波长材料中的几个可选项,这几个材料都是活泼金属。

铟、镓、铝是可以和把水H_2O中的氧夺过来产生氧化反应的,更可以直接与游离氧产生氧化反应。

铝比铟/镓更严重。

所以要钝化,把发光材料与水汽和氧气做隔离。

不钝化会怎么样?

不钝化,激光器材料氧化,咔嚓就死了。

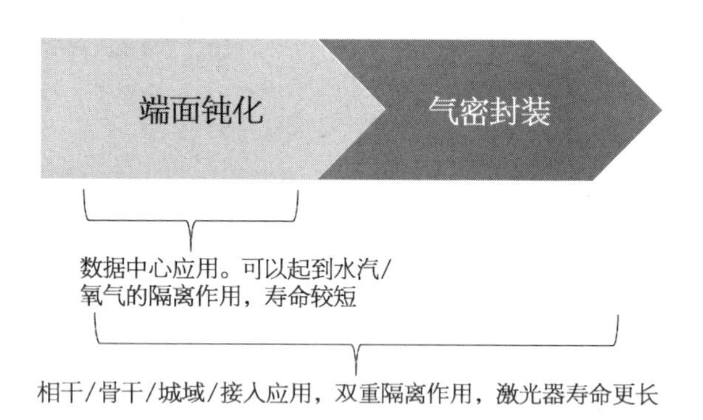

激光器从材料到芯片

激光器是咱们光模块中成本占比最大,也是故障率最高的一个器件。

常用的 DFB 激光器制作流程如下页图所示。

一般情况下,衬底是一些厂家单独来做,芯片公司分两类。

一类是,可以做外延生长、芯片的设计与后端结构制作。

另一类是,外延片由一个厂家来做(IQE、landmark 等),激光器设计与结构由另一个厂家来做。

1) 从材料到衬底

激光器的衬底分两大类,一类是 GaAs,另一类是 InP,都是三五族化合物。

衬底最大的目的是把它们做成单晶。供后端去生长材料。

2) 从衬底到外延片

外延就是在激光器的衬底上,一层层地长材料,把激光器所需的各层按设计长好。

为什么选择 InP 做衬底?

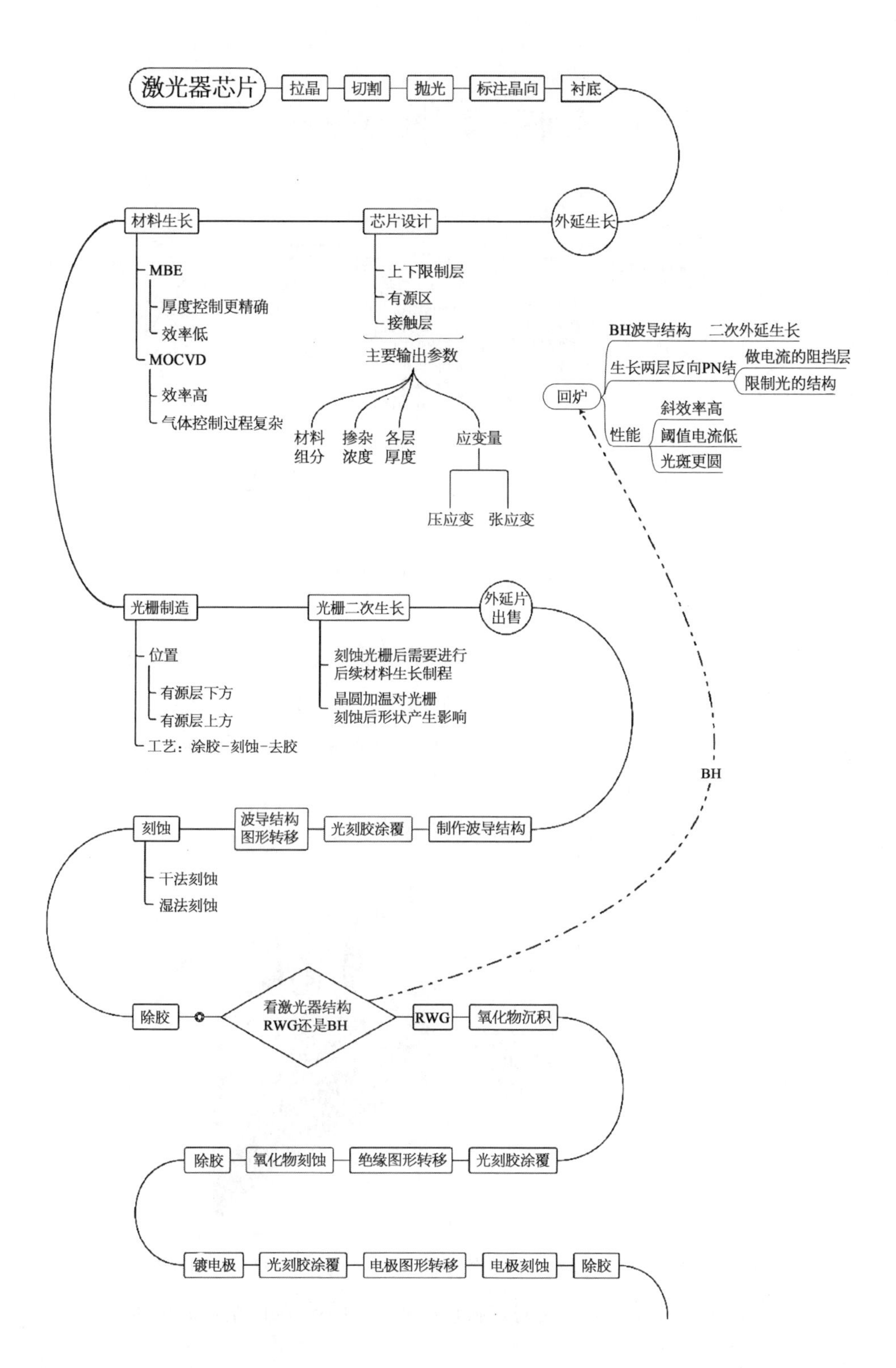

激光器芯片
拉晶
切割
抛光
标注晶向
衬底
外延生长
芯片设计
材料生长
MBE
厚度控制更精确
效率低
MOCVD
效率高
气体控制过程复杂
上下限制层
有源区
接触层
主要输出参数
材料组分
掺杂浓度
各层厚度
应变量
压应变
张应变
BH波导结构
二次外延生长
生长两层反向PN结
做电流的阻挡层
限制光的结构
回炉
性能
斜效率高
阈值电流低
光斑更圆
光栅制造
光栅二次生长
外延片出售
位置
有源层下方
有源层上方
工艺：涂胶-刻蚀-去胶
刻蚀光栅后需要进行后续材料生长制程
晶圆加温对光栅刻蚀后形状产生影响
BH
刻蚀
波导结构图形转移
光刻胶涂覆
制作波导结构
干法刻蚀
湿法刻蚀
除胶
看激光器结构RWG还是BH
RWG
氧化物沉积
除胶
氧化物刻蚀
绝缘图形转移
光刻胶涂覆
镀电极
光刻胶涂覆
电极图形转移
电极刻蚀
除胶

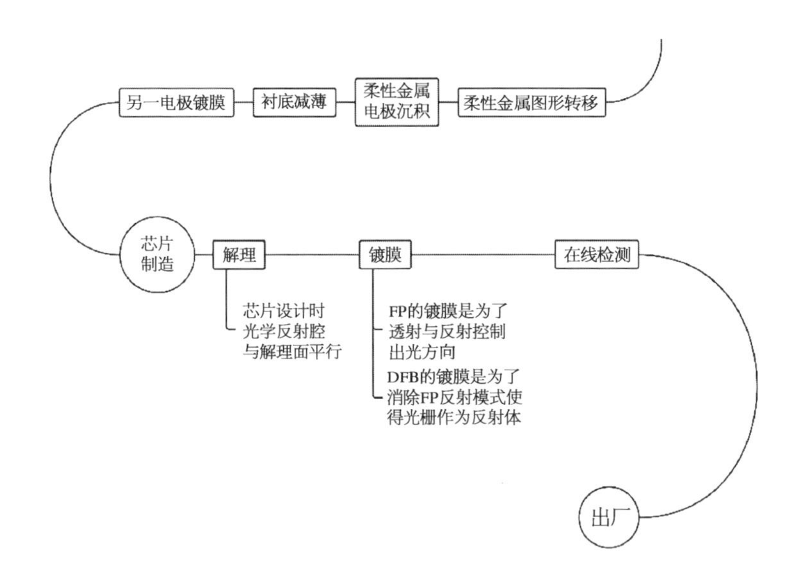

首先光纤要传输光信号，光纤的低损耗窗口有两个，一是 1 310 nm，二是 1 550 nm，俗称两个光通信波段。

激光器的发射波长，是由发光层材料的带隙决定，简单理解就是材料中原子周边的电子从激发态回落，能释放的能量大小，决定了光的发射波长，而恰好 InP 这种材料以及材料的进一步化合物的发光波长在通信波段。

为什么外延生长那么难？

一个激光器有很多层，这些个材料要一层层地附着在一起。

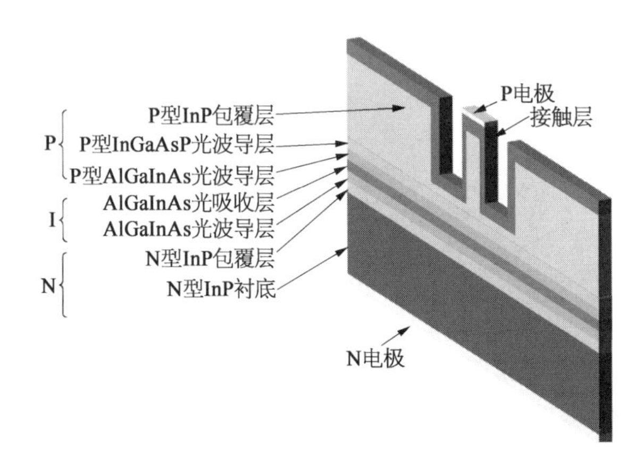

第一是长这么多层材料，咱不能让它们隔两天层和层之间滑落散开吧。这第一个要求就对层和层之间的材料选择范围缩小到难以企及的地步。

层和层的原子们就像垒砖，不同层是不同的砖结构，两种砖结构之间如何配合不产生应变，尽量少产生错位，是个非常难的事。

第二能受得住高低温，这些层的材料，都有各自的热胀冷缩特性。几个冬天和夏天，各自热胀冷缩下，层与层开裂，激光器熄火，不是不可能啊。

第三是光的特性，特性中光的形式、长度决定光的纵模，宽度和结构决定了光的横模，上下的限制层和有源层形成光的反射和导出区域。

第四是电的特性，一个激光器是个 PN 二极管，然后中间加一层本征层，形成 PIN 结构。电的特性、等效的电阻、寄生的电容电感等都影响着整个激光器的电光转换效率、频率。

第五是电光之间的共同特性，电光之间的转换效率太低，那多余的能量就成了热，热量一会儿积累起来，就把激光器给烧断了。

提高电光之间的效率，其中一个路径是用异质材料，P 和 N 这个二极管用不同的材料来做，原本同一种材料已经很难做，那用多种材料就更不容易满足第一个和第二个要求。

提高电光效率第二个路径是用量子阱，就是多层薄膜做电子能量捕捉器。就像原本用蒸锅做 3 层发糕，现如今要在中间加几层千层软饼，出国之后还得保持稳定。这是对大厨的极端考验。

为什么光栅二次生长很重要？

DFB 激光器需要刻蚀光栅，光栅的位置是在激光器内部，也就是刻蚀之后需要继续长材料。

约等于，FP 就是蒸一锅多层发糕，一层层撒面制作，出锅后切型端盘。

DFB 也是蒸多层发糕，但中间有个过程，是对铺着一层山楂的这一层做形状，用刀对山楂切条，切完之后继续上锅撒面蒸顶层材料。

DFB 二次进外延炉，高温有可能对光栅条的形状产生额外的形变，导致之后性能劣化。

为什么 BH 结构难做？

参考上一条，DFB 比 FP 多一道切光栅的工序，重新回到外延炉就很难保持形状了。

现如今把波导结构都做好之后，需要继续回外延炉长材料。换句话说，多层发糕已经在顶层雕花，然后还要继续回炉再蒸一回。如果不破坏发糕各种形状当然好啊，可是难。

先做结构再回炉，我太难了

别人家的回炉

咱们家的回炉

可 BH 结构分别在电学上和光学上做了进一步的优化，电上是增加了一组反向 PN 结，对载流子方向的约束增强，降低激光器的阈值电流。

另一方面是对激光器的光斑作了优化，更圆，提高和光纤的耦合效率。

3）从外延到芯片

外延片做好后，要做波导结构，镀上下电极，做成 Bar 条后镀两侧的反射膜。一个激光器就做好了。

检测，出厂。

衬底 → 晶圆生长 → 晶圆制造 → 芯片制程

衬底	晶圆生长	晶圆制造	芯片制程
·单晶晶锭制造 ·切割晶圆 ·标定晶向 -解理面 -生长面	·量子阱外延生长	·光刻 ·氧化 ·腐蚀 ·结构设计 ·金属接触	·解理 ·镀膜 ·切割 ·测试

激光器晶圆划片与裂片

激光器做完结构后，还在一个整片的圆片上。

边发射的 FP,或者是 DFB,需要先切成条,一条条去给两侧镀膜,镀反射膜。这样镀膜效率高。

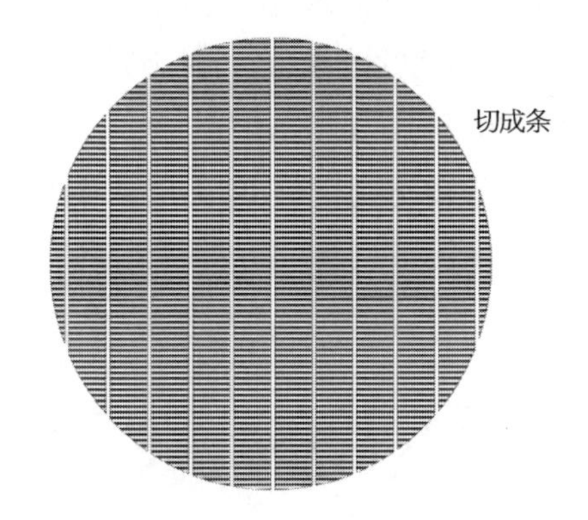

镀膜之后,再切成小块。

切晶圆,首先遇到的一个问题就是,切完后会飞出去。待会儿咱们还要继续走工艺流程呢,这飞出去那么小的条条片片,肯定不行。

解决这个问题,很简单,就是把晶圆黏在胶上。切完后,人家 bar 条和芯片都整整齐齐地待在原处。

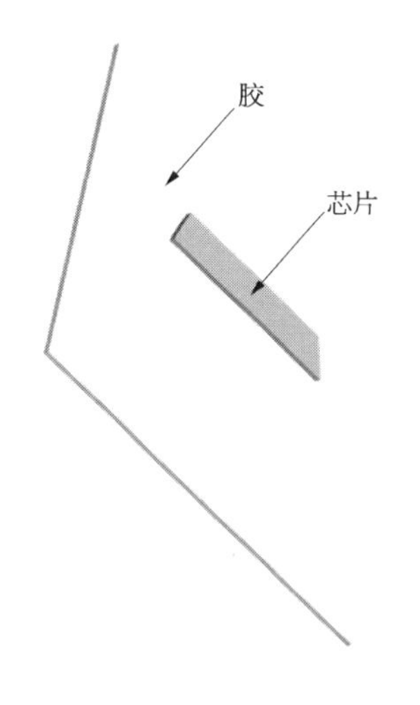

这带来另一个问题,芯片切完是要用的。要从胶上抠下来,黏得太牢,抠芯片就容易破坏芯片。

那,这种胶需要两个特点:

切割晶圆时,胶要黏度很大。

取芯片时,胶要黏度很小。

古代手工艺匠人,经常做蜡模,低温时蜡是固定的模具,高温时蜡熔化就可以顺利脱模。

芯片界,早前也是这种思路,切完之后,加热,然后顺利地把芯片取下来。加热前黏度很大,加热后黏度很小。

现在常用的是"蓝膜",蓝色的胶膜,是一种 UV 膜,这种胶的特点是:

初期,黏度很大,用来做晶圆的切割的固定膜。

紫外线照射,蓝膜的黏度降低几十倍,用来取芯片。

晶圆附在蓝膜上。

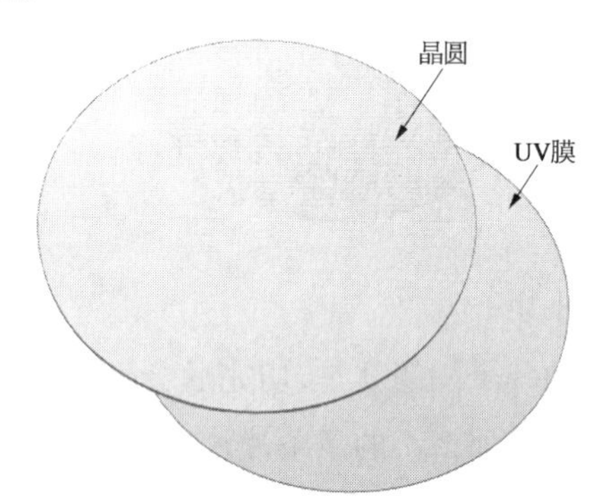

一种方式是,锯透晶圆,用金刚石砂轮切晶圆,属于机械方式。精度在几十个微米。

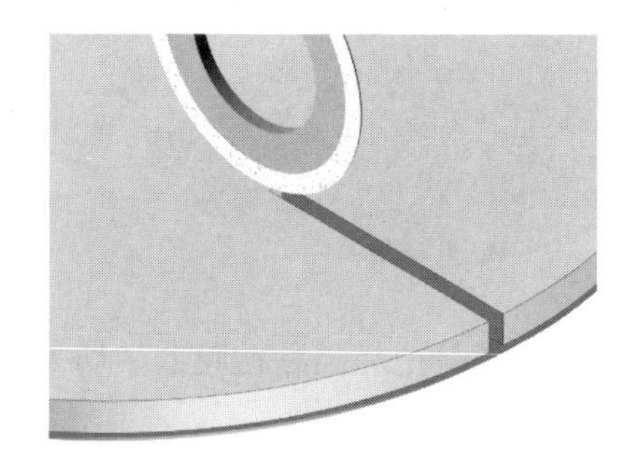

容易产生崩边。

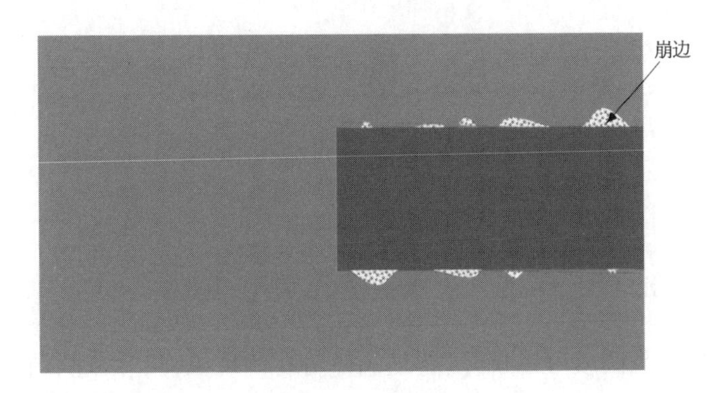

现在还有激光切割,精度很高,切槽只有几个微米的宽度,激光切割成本高,另一方面控制不好会产生烧蚀现象。咱 DFB 边发射激光器有两个面还等着镀膜呢,且不能烧,得控制。

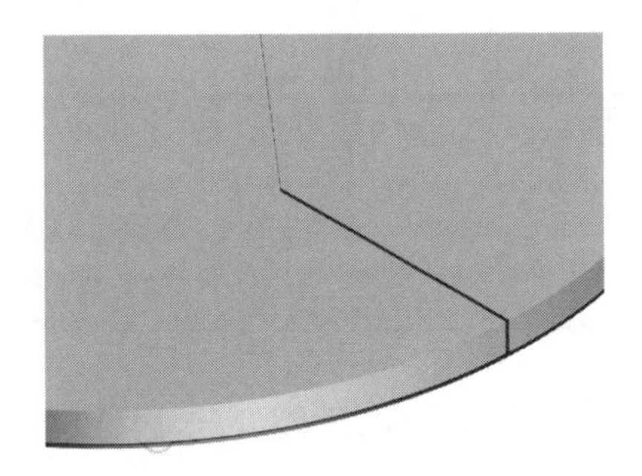

咱们半导体激光器,更常用的是划片+裂片。

金刚石划刀,以斜着后仰的姿势,在晶圆上轻轻地划一道印儿,很浅,大约是晶圆厚度的十分之一。

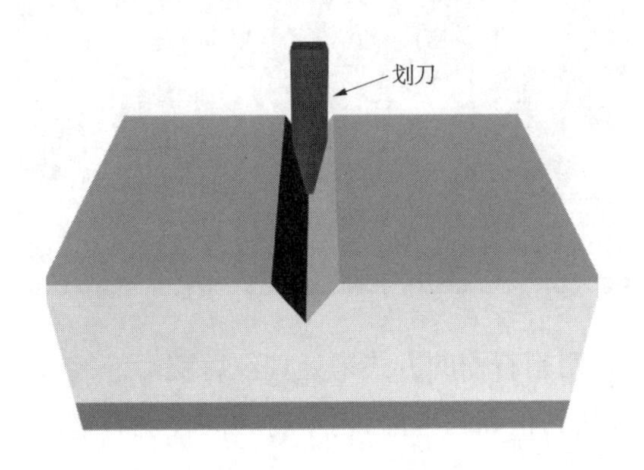

划完之后，上劈刀。

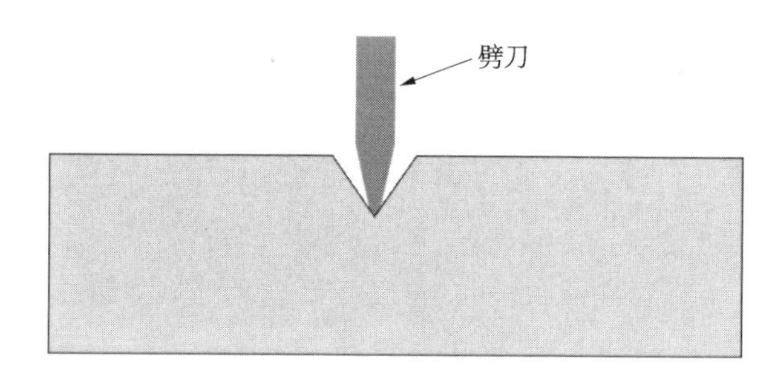

下压劈刀，晶圆就可以裂开，这是晶体特有的现象，叫“解理”，在某些特定方向上，晶体可以裂开。

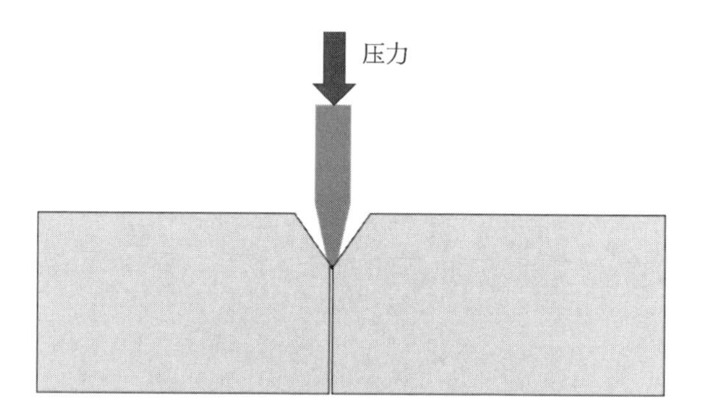

就像剥石榴，得找到这个解理面，就能裂开，而且裂开得很光滑。

不是晶体不行，用剥石榴的方式来处理红薯就不行，红薯就得切。

是晶体但是没找到正确的方向，也不行。同样剥石榴，一个顺着石榴籽的排列面剥,和随便瞎剥,出来的效果截然不同。

两者兼具,即可解理。

咱们的激光器,或 InP,或 GaAs,都是可以找到解理面的。划片之后,用劈刀。下劈刀也很有意思,正面下刀可以,反面下刀也行。

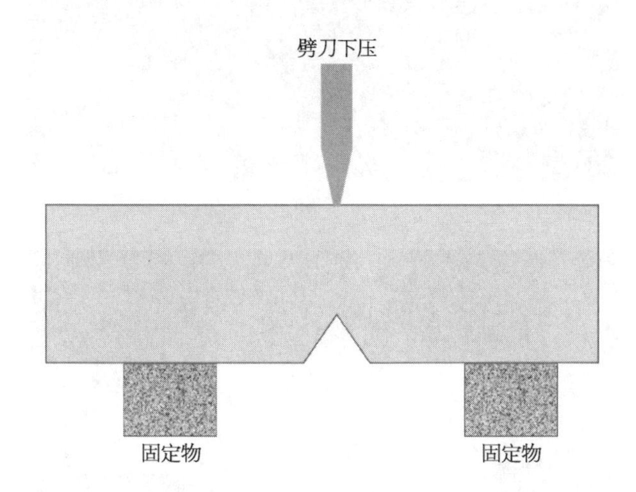

反面劈裂,受力点是 3 个,两个向上,中间向下,让材料裂开。

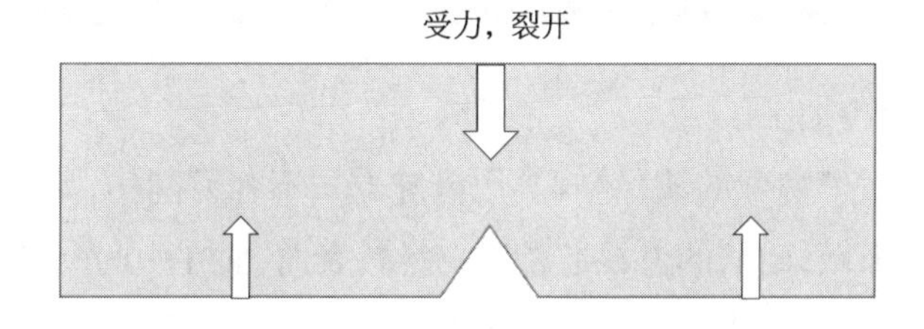

特殊波导制作与激光冷加工

通常咱们的波导,是二氧化硅,是透明玻璃上做的结构(见下页第 1 图)。

波导么,就是折射率的变化,波导内折射率高,波导外折射率低。这种批量规则的波导,用半导体制程来做,离子注入等,改变折射率(见下页第 2 图)。

因为玻璃温度一高熔融,变性了都,这样不行,加工过程中不让玻璃积累

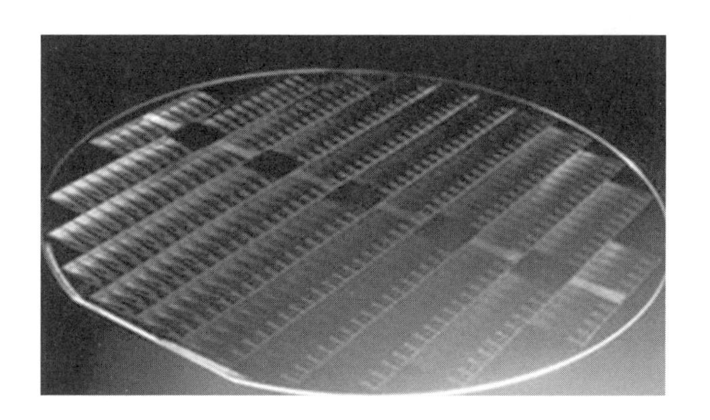

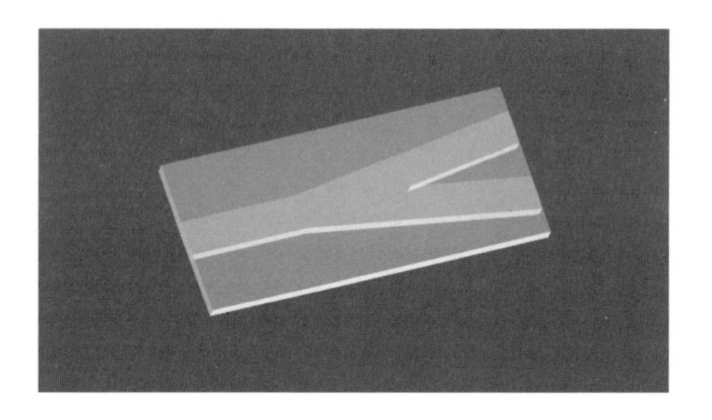

热量的过程，叫冷加工。

假如咱要做个特殊的波导结构，用传统方式不容易制作，那就可以用激光冷加工的方式来做，咱们的波导通常不在材料表面，而在中间。

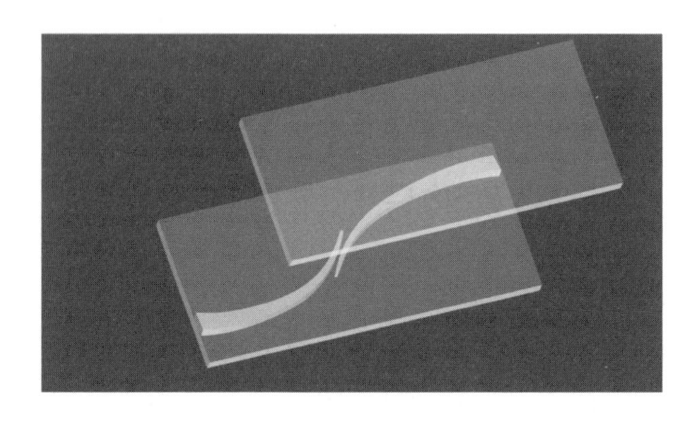

玻璃材料变形是有一个损伤阈值的，能量穿过玻璃，低于这个阈值，玻璃还是玻璃，折射率不变。

如果能量高于这个阈值，那么热量积累就能让玻璃变性，改变折射率，而且是永久改变。

激光经过聚焦之后，焦点能量高于玻璃材料的损伤阈值，就是写波导的过程，而穿过玻璃的部分，能量是发散的，低于损伤阈值，那折射率不会产生影响和改变。

激光脉冲宽度与折射率改变值成反比，也就是说，脉冲宽度越小，折射率改变越大，这就可以精准控制了。

这也是加工中心里，飞秒激光器比皮秒激光器有优越感，皮秒比纳秒有优越感。

这是激光器的鄙视链。

半导体物理与器件结构

电芯片的材料 Si，GeSi 和 GaAs

聊 TIA，Si(CMOS)、GeSi 和 GaAs 对芯片性能的影响。

GaAs 具有以下特点：

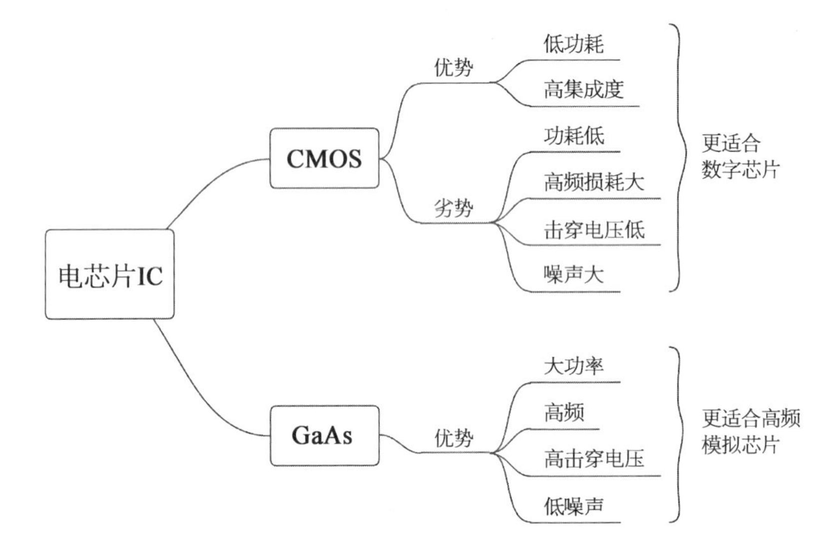

TIA 用到的是高频和低噪声的特点。原因就是，GaAs 恰好和 GeSi 相比，同时具有大的禁带宽度、高的电子迁移率这两种特性。

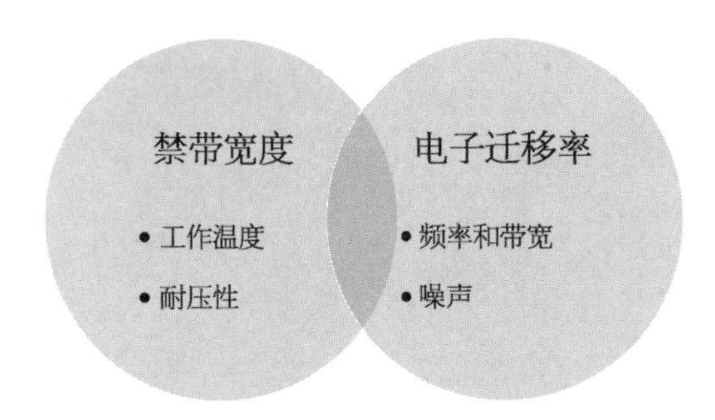

禁带宽度（与材料相关）

- 禁带宽度越大，器件的工作温度范围越宽
- 禁带宽度越大，器件就越耐高压

电子迁移率（与材料和结构相关）

- 电子迁移率越高，器件的频率越高，带宽越大
- 电子迁移率越高，噪声越小，灵敏度越好

并不是所有的材料,这两项特性同时都很好。比如说,GaAs 的禁带宽度比 GaN 低,但是电子迁移率比 GaN 高。两者体现出的应用场合不一样。

禁带宽度,就是咱们常说的导带与价带之间的带隙。

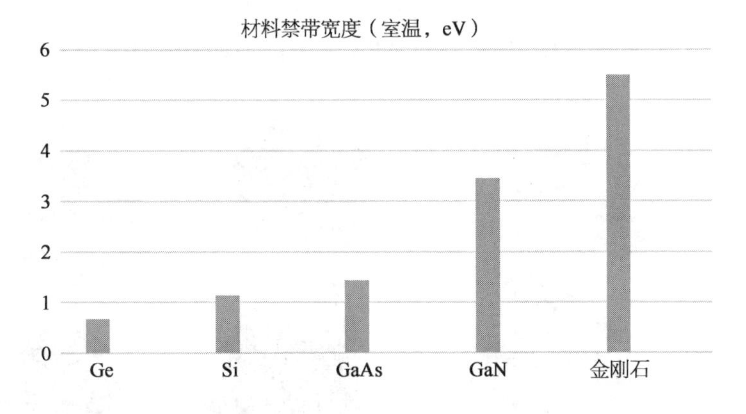

比如咱们的航空航天芯片,用 GaAs 而不用 Si,那是因为需要极宽的温度范围。比如咱们的功率放大器,那是需要抗高压的能力。

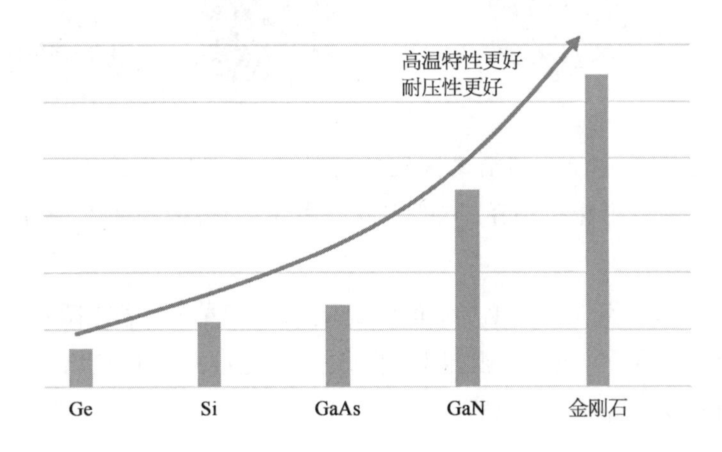

电子迁移率是什么？下图是一个 NPN 的三极管，电子在外加电场作用下，从发射极向集电极移动。

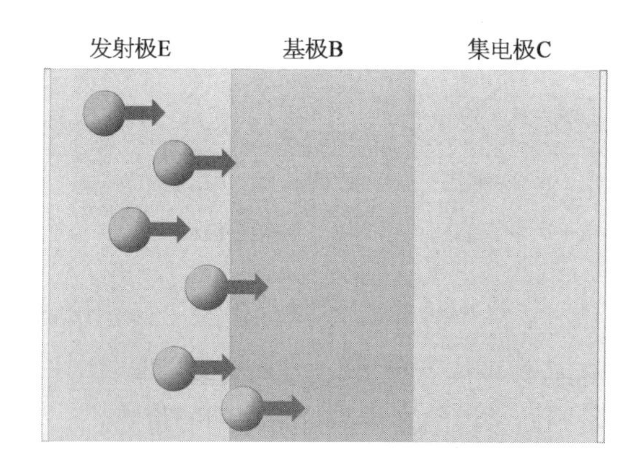

在这颗小小的电子眼里，要穿过 NPN 之间的那些材料才能跑过去。

实际上，自由电子们浩浩荡荡地穿越器件，遇到 Si 分子，Ge 分子，As 分子，Ga 分子都有可能被挡住，有的需要绕道，有的被撞到墙上，有的还被弹回去。

电子迁移率，就是单位电场下的电子穿越速度（见下页第 1 图）。

如果材料本身对电子的阻挡小，那么电子们跑过去的速度就快（不需要绕太多的道），这样就能做高速器件。

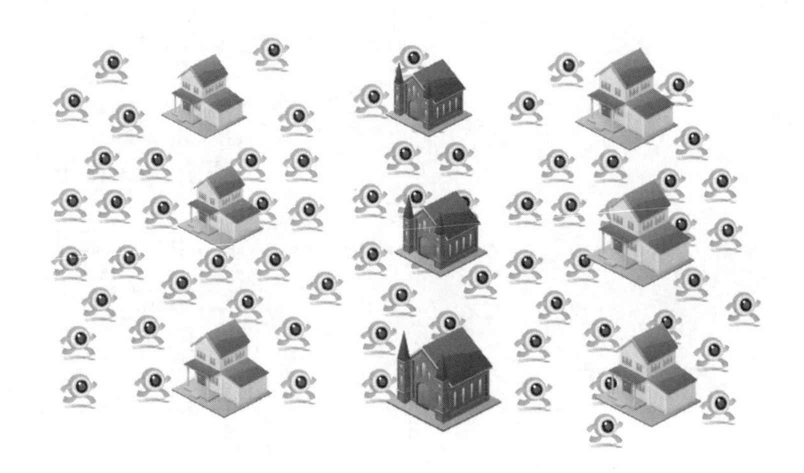

如果材料本身对电子的阻挡小，那么被撞墙、弹回的无效电子们同样也少了，这叫噪声低，这样可以做高灵敏度器件。

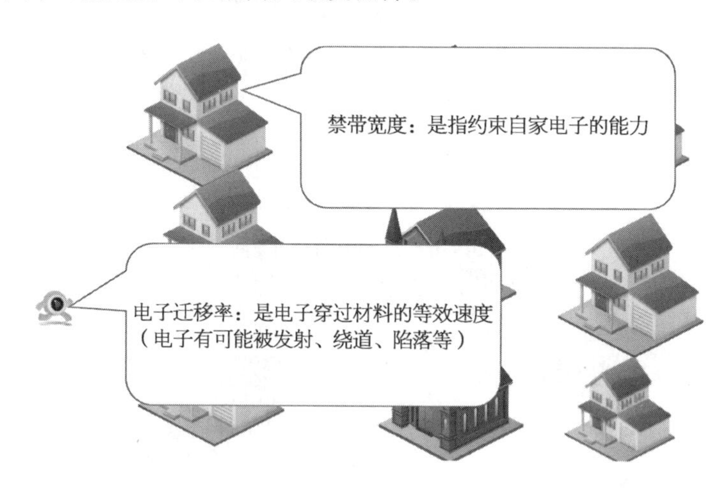

禁带宽度，指的是材料本身约束自家电子不要成为自由电子的能力，能约束住自家电子，就更能扛得住高温/高压这些电闪雷鸣的日子，而不至于被轻易击垮失效。

电子迁移率，可以通过改善结构来提高。比如，异质结的 GeSi 双极性设计，等于给电子们修了个斜坡，提高了穿越速度，也就是 GeSi 器件带宽高、噪声低的原因(见下页第 1 图)。

可换句话说，GaAs 也可以修斜坡啊。只不过太贵，能用斜坡解决的问题，就不要多花钱。

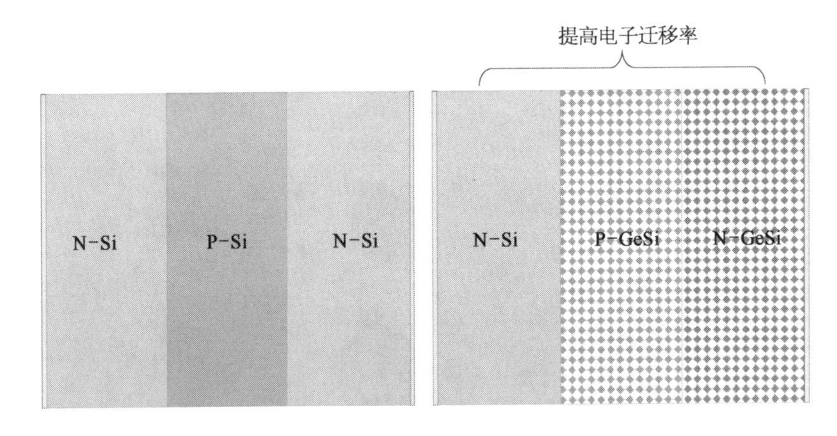

半导体材料，P 型、N 型半导体与 PN 结

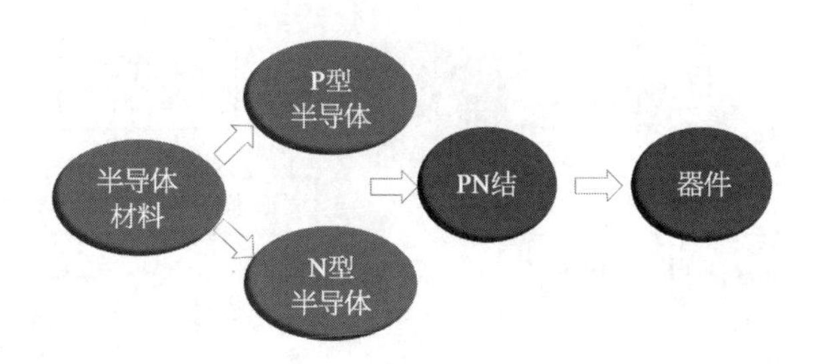

InP 是一种半导体材料。

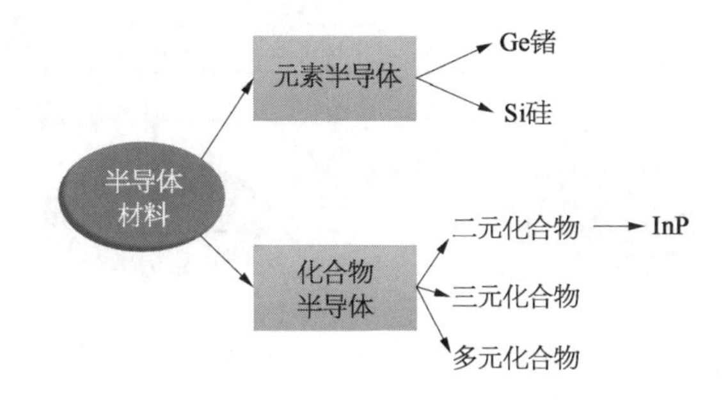

InP 只是一种材料而已,Si,Ge 也是半导体材料。

用 InP 半导体材料可以做 N 型半导体和 P 型半导体。

用 Si 硅半导体材料也可以做 N 型半导体和 P 型半导体。

PN 结,是 P 型半导体与 N 型半导体的结合,可以是同材料(同质结),也可以是不同材料(异质结)。

周期	Ⅱ	Ⅲ	Ⅳ	Ⅴ	Ⅵ
2		B 硼	C 炭	N 氮	
3	Mg 镁	Al 铝	Si 硅	P 磷	S 硫
4	Zn 锌	Ga 镓	Ge 锗	As 砷	Se 硒
5	Cd 铬	In 铟	Sn 锡	Sb 锑	Te 碲
6	Hg 汞		Pb 铅		

二元化合物半导体:

- Ⅳ-Ⅳ族元素化合物半导体:碳化硅(SiC)
- Ⅲ-Ⅴ族元素化合物半导体:砷化镓(GaAs)、磷化镓(GaP)、磷化铟(InP)等
- Ⅱ-Ⅵ族元素化合物半导体:氧化锌(ZnO)、硫化锌(ZnS)、碲化镉(CdTe)等
- Ⅳ-Ⅵ族元素化合物半导体:硫化铅(PbS)、硒化铅(PbSe)、碲化铅(PbTe)

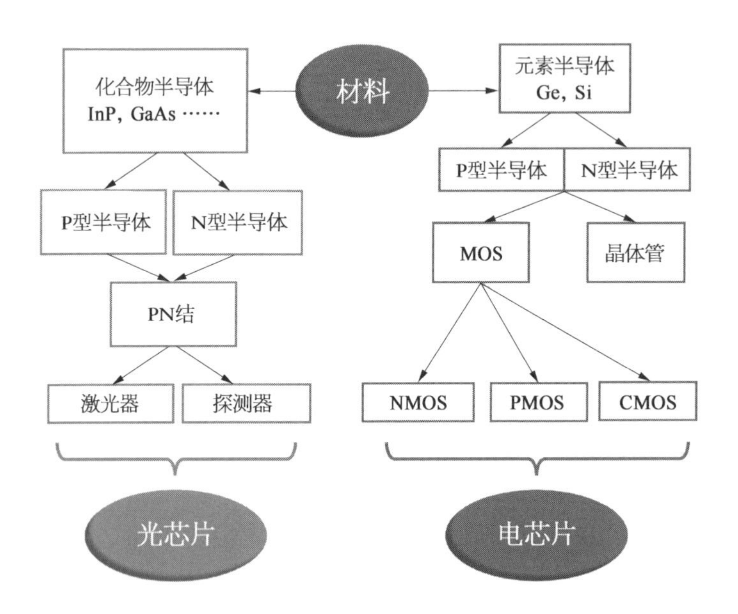

左边的材料体系一般做光芯片,右边的材料体系一般做电芯片。

后来提到光电集成,两个思路,往左或往右。

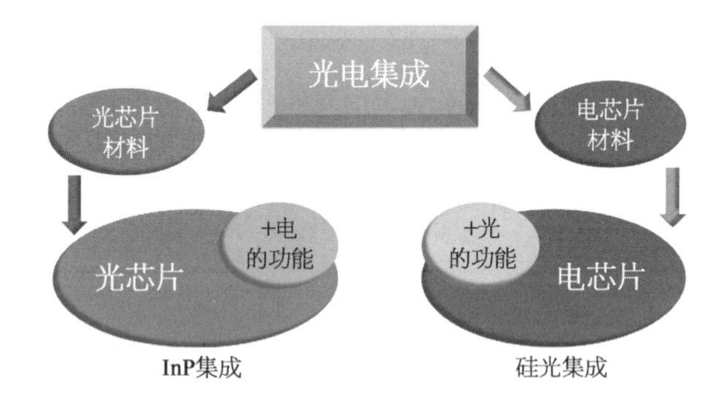

InP 集成是利用光芯片的材料来做光和电。

硅光集成是利用电的材料与工艺做光和电(硅光集成做激光器还有挑战)。

FET, MOSFET, MESFET, MODFET

FET,场效应晶体管,field effect transistor,简单理解就是个水管阀门。关上:

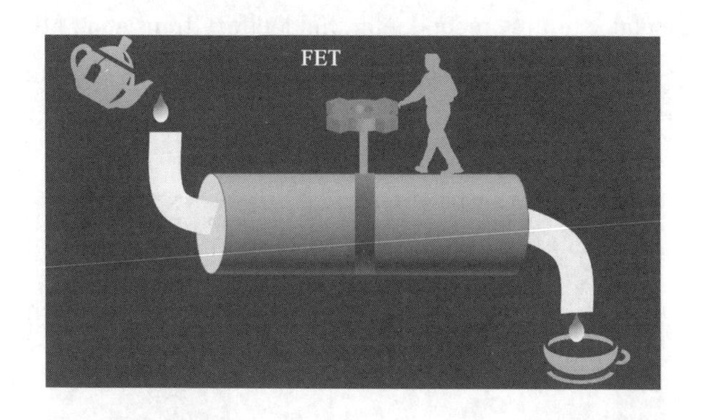

打开：

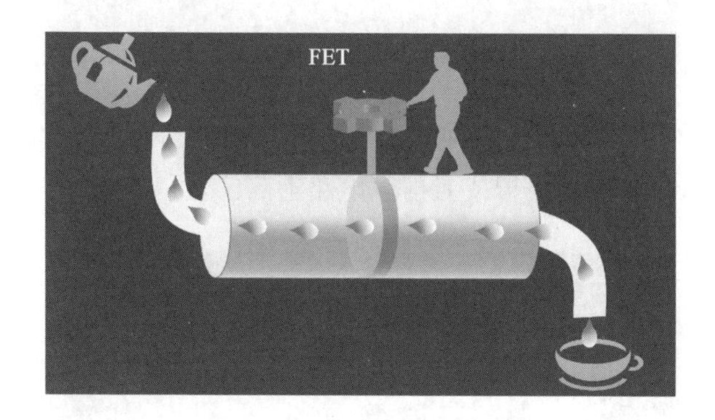

FET，有源极(source)就是电子从源流入 FET。

栅极(gate)，是个门，阀门，打开 FET，电子就流动，关上阀门，电子就不流动。

漏极(drain)，电子流出 FET。

电子是负电荷，所以是从 GND 流到 V_{cc} 的。

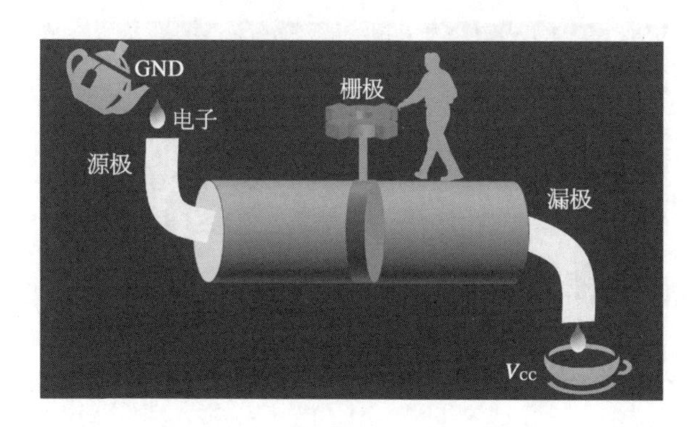

MOSFET, metal oxide semiconductor field effect transistor, MOS 是个电容, MOSFET 叫作金属-氧化物-半导体场效应晶体管。是现在数字半导体芯片常用的结构。

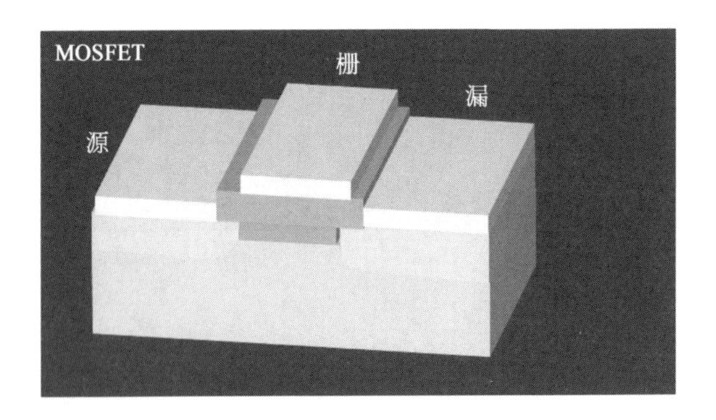

MESFET, metal epitaxial semiconductor field effect transistor, 金属-半导体场效应晶体管, 用在第一代模拟或者射频电路上。

MODFET, modulation doped field effect transistor, 调制掺杂场效应晶体管。

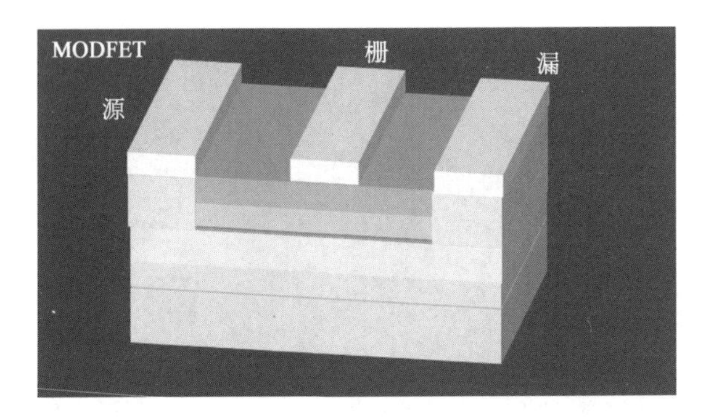

MOSFET 与 MODFET/MESFET 最大的区别在于栅极的控制。

MOSFET 是 MOS 金属-氧化物-半导体(电容)做栅极。

MODFET/MESFET 是用金属-半导体接触(肖特基二极管)做栅极。速度比 MOS 要快,可以用在高速电路上。

MOS 相当于塑料阀门头,MES/MOD 是铜阀门头。

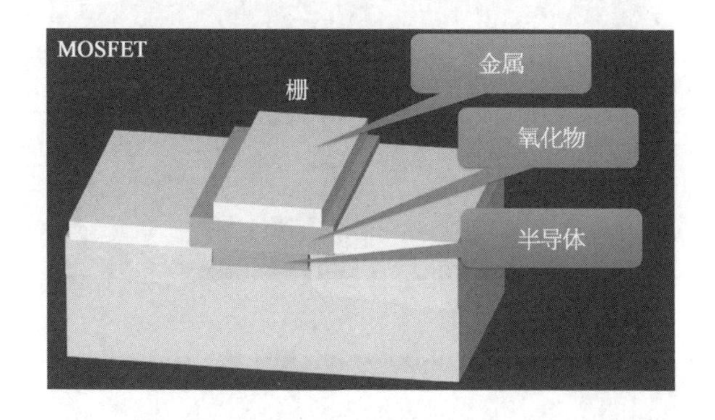

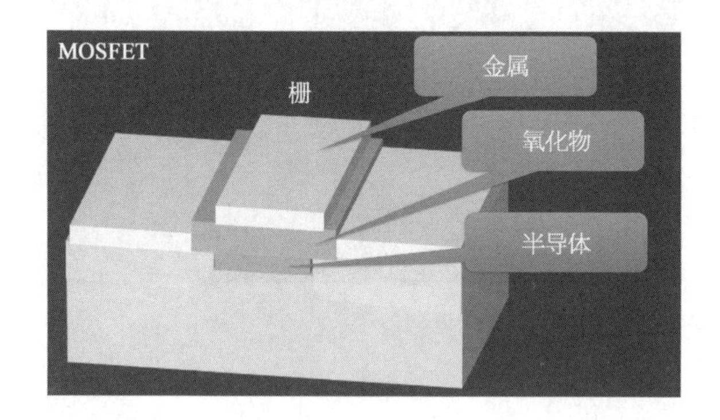

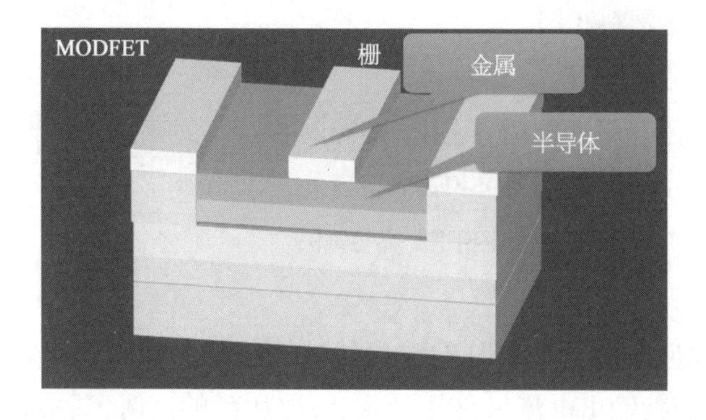

MESFET 和 MODFET 的区别:

MODFET 有异质结,形成一个二维层,叫二维电子气(two-dimensional electron gas,2DEG)是指电子气可以自由在二维方向移动,而在第三维上受到限制的现象。

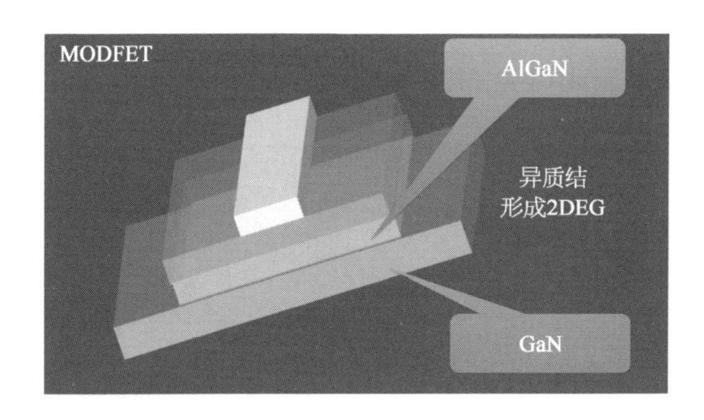

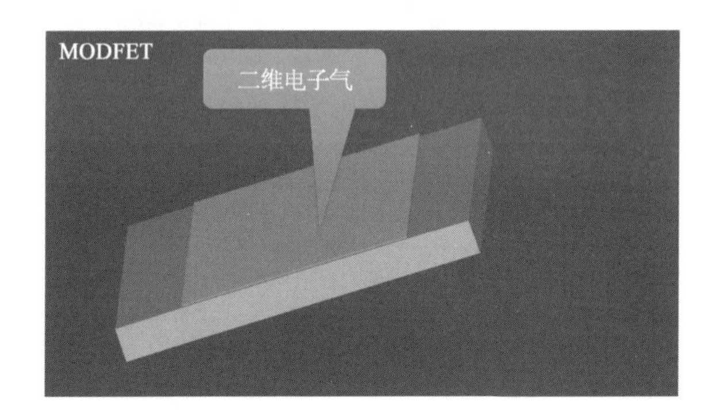

小结:

FET 就是水管子阀门。

MOSFET 是塑料阀门。

MESFET 是铜阀门。

MODFET 不光是铜阀门,还用了陶瓷阀芯。

MESFET 截止频率比 MOSFET 高 3 倍。

MODFET 截止频率比 MESFET 高 30%。

学术解释:

所有场效应晶体管(FET)的输出特性均相似。低漏偏压时存在一线性区。偏压变大时,输出电流最终达到饱和;电压足够高时,漏端将发生雪崩击穿。根据阈值电压的正或负,场效应晶体管可分为增强型(常断模式)或耗尽型(常通模式)。

金属-半导体接触是 MESFET 与 MODFET 器件的基本结构。使用肖特基势垒作为栅极、两个欧姆接触作为源极与漏极。

MODFET 器件高频性能更好。器件结构上除栅极下方的异质结外,大体上与 MESFET 相似。异质结界面上形成二维电子气(亦即可传导的沟道),具有高迁移率与高平均漂移速度的电子可通过沟道由源极漂移到漏极。

截止频率 f_T 是场效应晶体管的一个高频指标。在给定长度时,Si MOSFET(N 型)的 f_T 最低,GaAs MESFET 的 f_T 比硅约高 3 倍。常用 GaAs MODFET 与赝晶 SiGe MODFET 的 f_T 比 GaAs MESFET 约高 30%。

三星 3 nm 全环栅结构

2018 年 5 月 25 号,三星宣布了他家的 3 nm 半导体工艺采用全环栅 3GAAE。

3GAAE 结构是个啥?

3,就是 3 nm 的 3。

GAA,就是 gate-all-around。

E,就是 early,早期的意思:

20 nm 或以上工艺[20 nm 指的是栅(gate)的沟道长度],半导体结构,一般是右图这样:

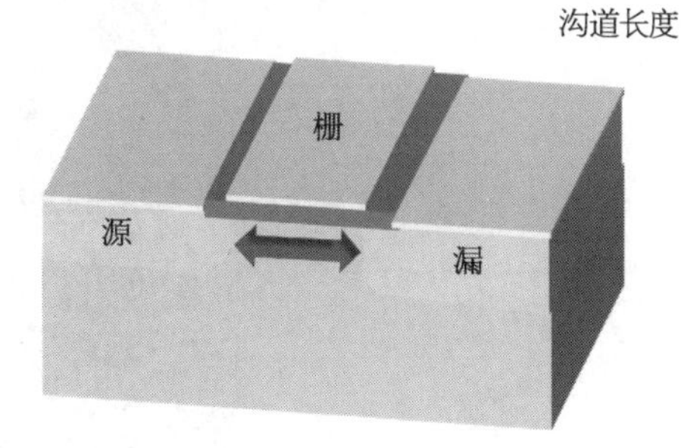

栅,就是一个闸门,源漏之间的导通或者截止是由栅来控制的。

咱们常听到的半导体的词儿,叫 CMOS。

MOS 的 M 是金属;O 是氧化物;S 是半导体,也就是 MOS 的金属-氧化物-半导体,就是栅极。

几十个纳米工艺结构的栅：

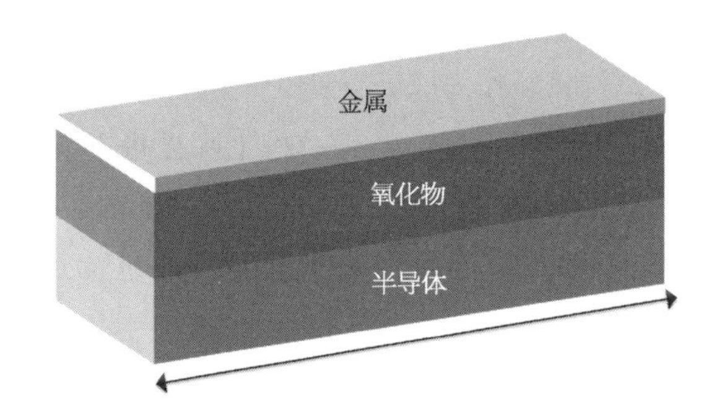

后来的FinFET,鳍栅,可以用在十几纳米。一层层包起来,需要足够大的表面积,才有关断源漏的力气,要不没劲儿。

3 nm,5 nm 这么小的沟道尺寸,就成了三星说的全环栅,这个全是针对FinFET的类似半环的栅极结构：

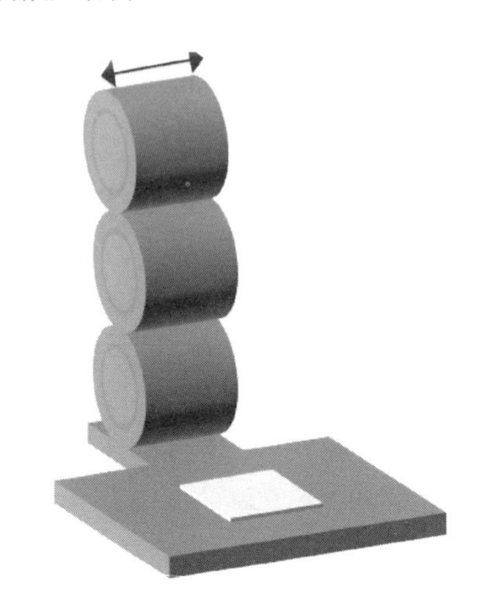

三星也给自己的环栅 3 nm 器件，起了另外一个名儿，多桥通道场效应管。

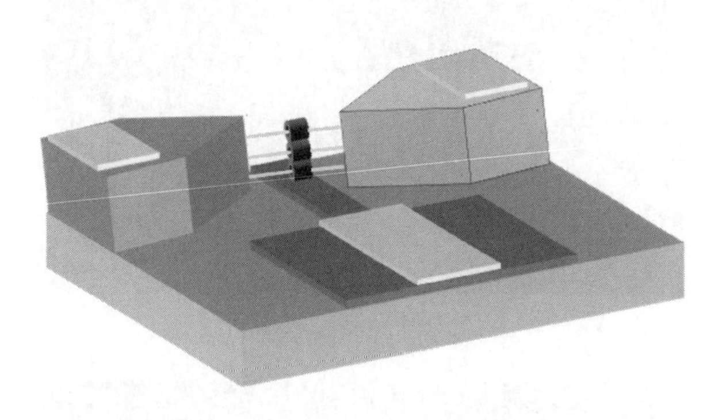

5 nm 晶体管技术之争- GAA FET，IMEC 8 nm 纳米线

半导体晶体管从 16/18 nm 之后，会采用什么结构？

本节聊聊 IGAA FET。

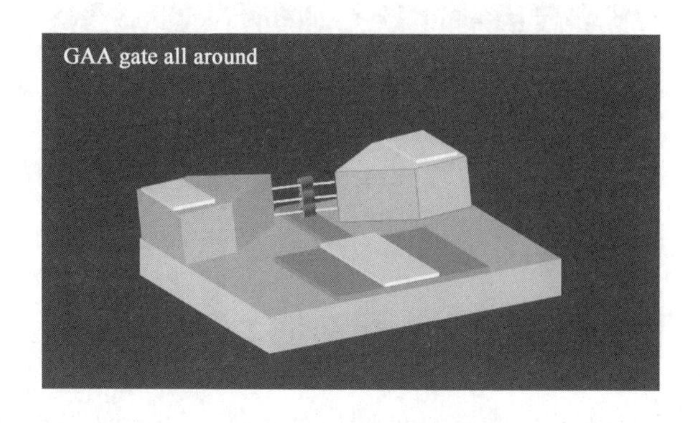

无论啥结构的 MOSFET 晶体管，就两个关键词：

MOS：金氧半(金属 M -氧化物 O -半导体 S)——栅极(gate)。

FET：源 S、栅 G、漏 D(见下页第 1 图)。

看早期 MOSFET，横着是源栅漏，竖着是金氧半。

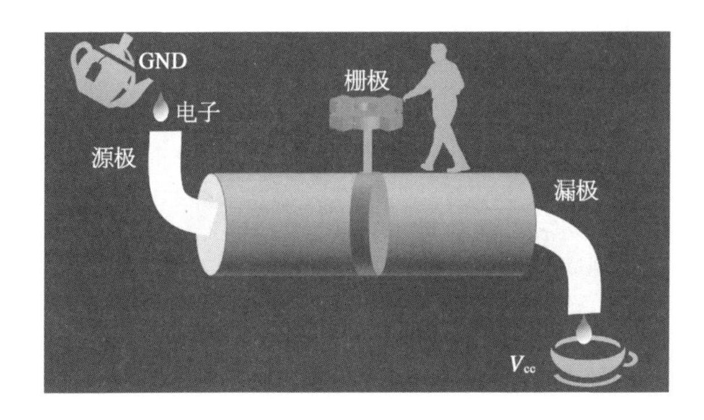

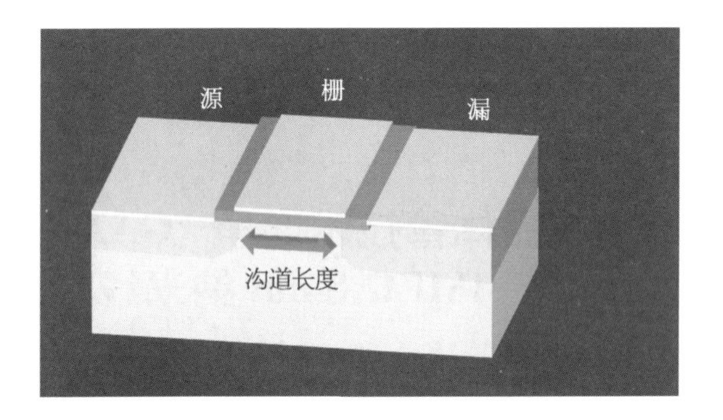

按比例缩小。

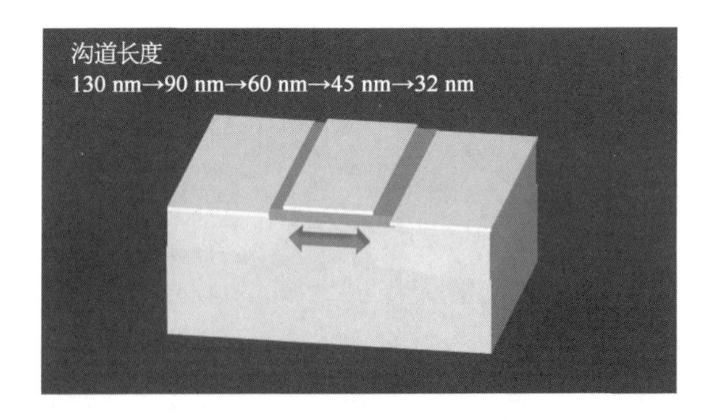

缩到一定程度，箭头的沟道长度，就不能再小了，各种闭锁效应啦……

就有了 2D，3D MOSFET。

3D 是 Intel 的鳍栅，像鱼鳍一样的栅（见下页第 1 图）。

3DfinFET 鳍栅，一样横着源栅漏，竖着金氧半（见下页第 2、第 3 图）。

再小，怎么办？GAA，这也是个争议很大，三五年后再看是不是能成熟。

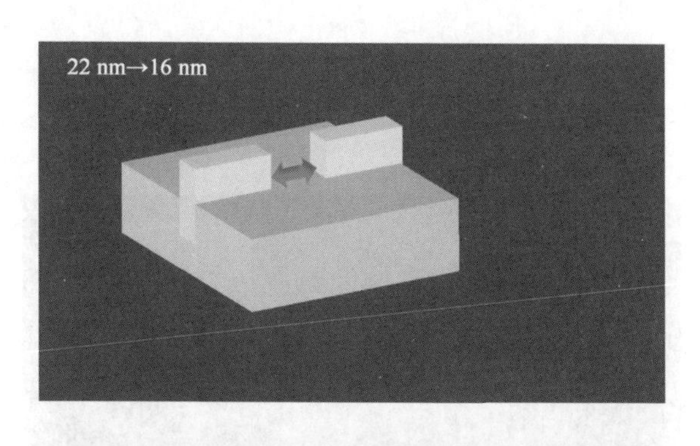

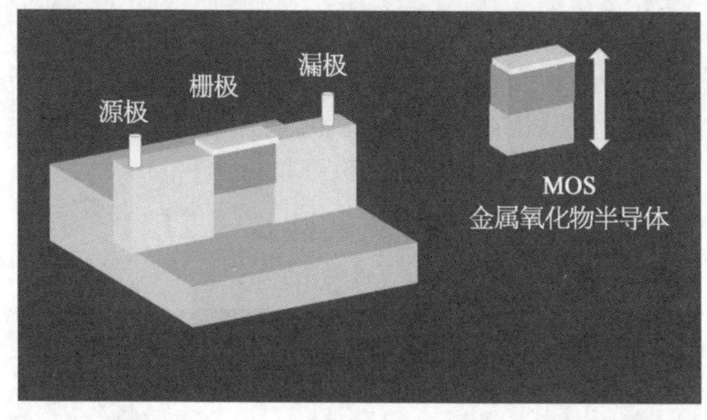

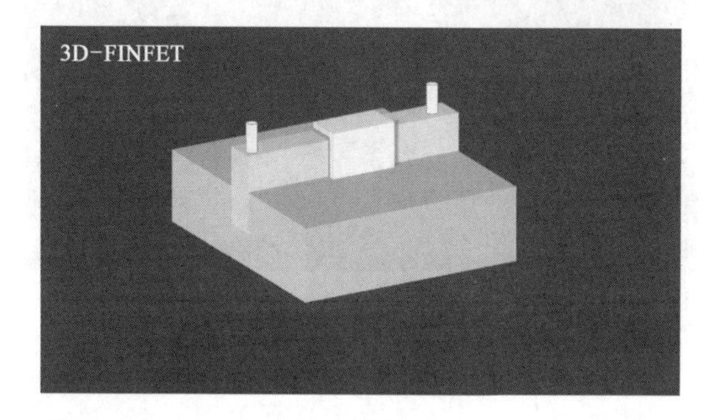

鳍栅，变成 gate all around，也不知道中文名字会定义成个啥，环栅？

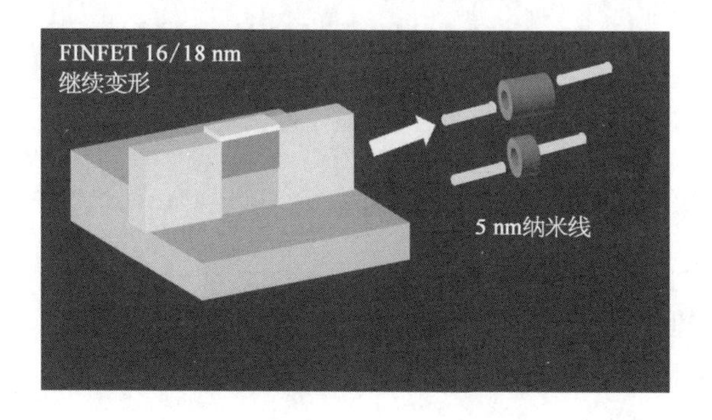

源栅漏——OK。

金氧半——也 OK。

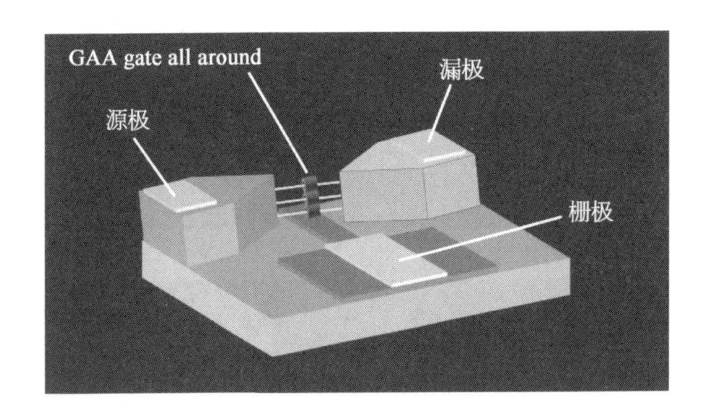

IMEC 最新的 GAA 是 8 nm，两个堆栈的 GAA FET。

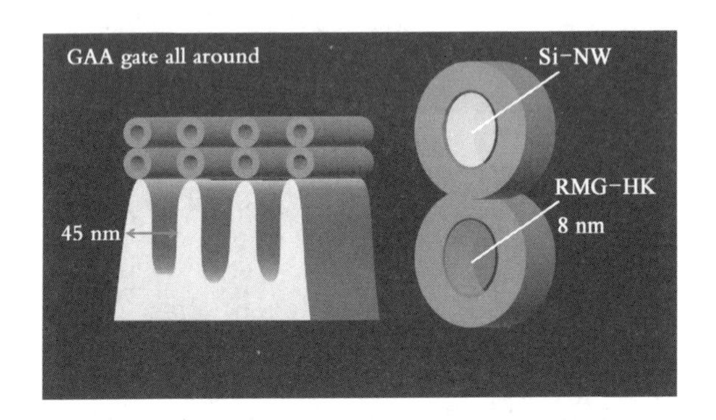

晶体管之 BJT，FET，CMOS，HBT，HEMT

咱们光模块中电芯片的材料与特性，Si，GeSi，GaAs，区分一下结构设计与特性。

咱们的激光器 Driver、探测器后面的 TIA，CDR 以及数字信号处理的 DSP 等，无非内部都是由一些晶体管组成。

咱们常用的有场效应晶体管 FET,是一种单极型晶体管。利用一个 PN 结完成功能。

另一种常用的晶体管是双极型晶体管,bipolar junction transistor,利用两个 PN 结完成功能。

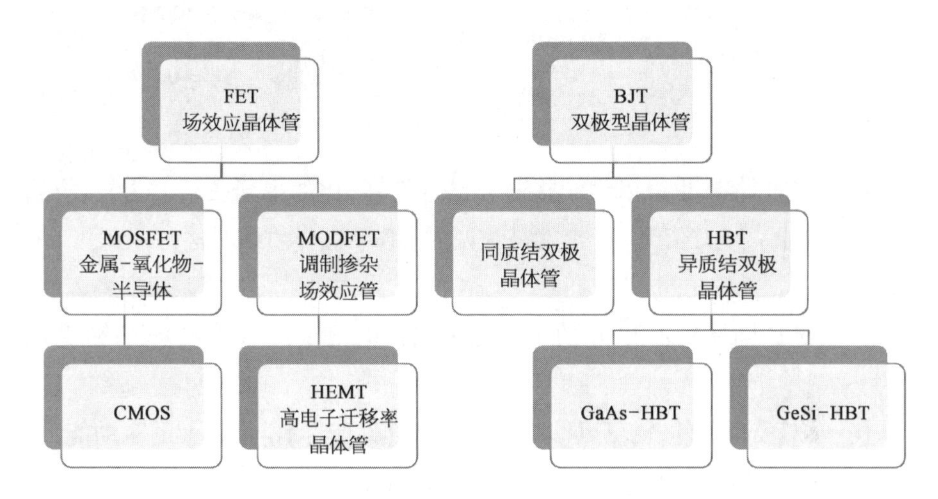

单极型的晶体管,优点是尺寸小、输入阻抗大,功耗低(CMOS 是两个单极型晶体管的组合,功耗很低),非常适合 DSP,MCU 等数字信号处理芯片。

双极型晶体管,优点是频率高、驱动能力大、噪声低。非常适合激光驱动,放大器等模拟芯片。

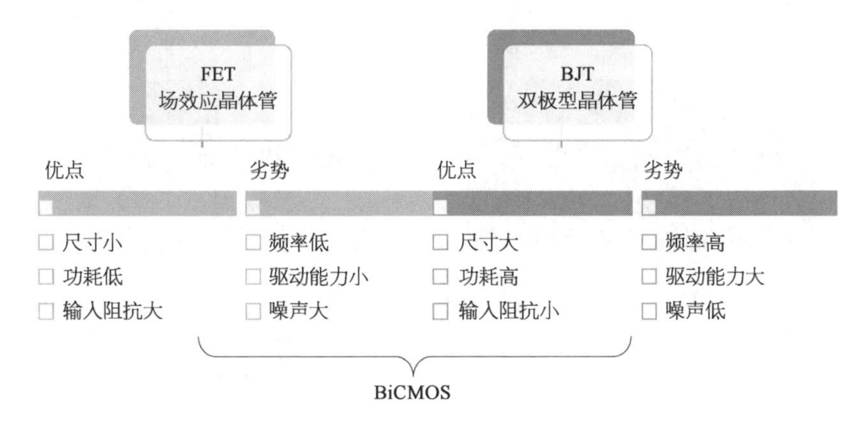

在同一片晶圆内,一部分做 CMOS 结构,另一部分做 FJT 的结构,那就是咱们俗称的 BiCMOS 工艺。

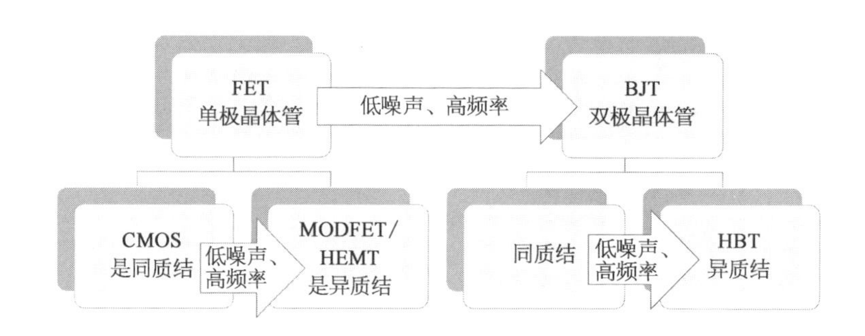

单极型的器件，也可以继续提升自己的性能，比如把同质结改为异质结，可以大大地提高电子迁移率，也就是常说的 HEMT。异质结的材料，以用 GaAs 为多。

异质结比同质结有更好的电子迁移率，也就是能有更高频率和更低噪声。

同样，双极型器件，也可以继续提升自己的性能，同样抱有大的驱动能力，同时通过使用异质结的方式来提高频率和降低噪声。

另外，单极型的 FET，电子移动的方向是平行于 wafer 表面的，也叫作平面器件。双极型的 BJT，电子移动的方向是垂直于 wafer 表面的，也叫作体结构，或者叫垂直器件。器件的结构与总的尺寸相关，也就是与成本有关。

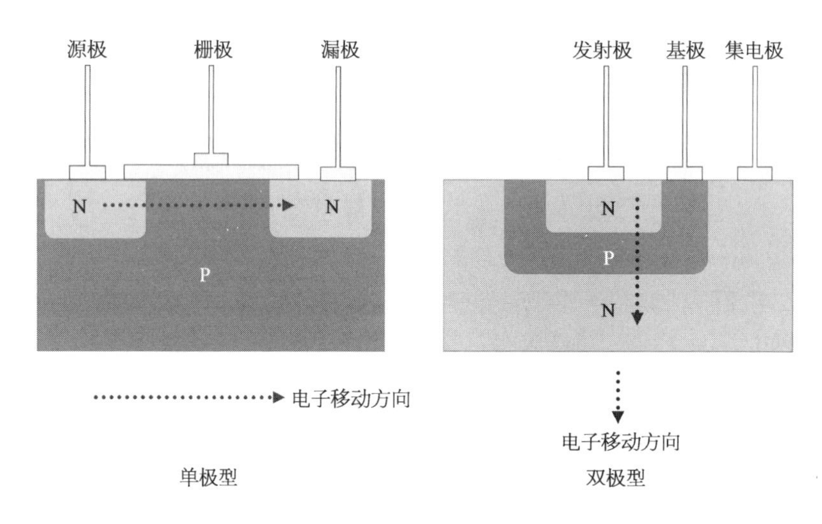

咱常听到的，芯片厂说，我们用 GeSi 工艺，所以贵。

这里头，一方面用了双极型结构设计，有更好的模拟特性，本身贵一些。

另一方面，是用了 GeSi，和 Si 形成异质结，进一步提高模拟性能（更高频、更低噪），成本也进一步提高。

而用 GaAs 的贵，是因为 GaAs 的片子很小，做一次出不来几颗芯片。GaAs 的 wafer 尺寸和 Si 基的 wafer 尺寸（FET、BJT 都可以用 si 做）相当于南方喝早茶的碟子，对比北方的大锅盖。

良率不同，导致 GaAs 的成本超高。

电芯片的锗硅与 CMOS 区别

“锗硅与 CMOS 有啥区别，为啥他们说锗硅的比较贵”。

几年前，我也是这么问的，后来才明白这不是一个层级的问题，类似，“女人与硬件工程师的区别，是因为女人更感性，硬件工程师更理性么?”

锗硅与 CMOS 的概念大致如下：

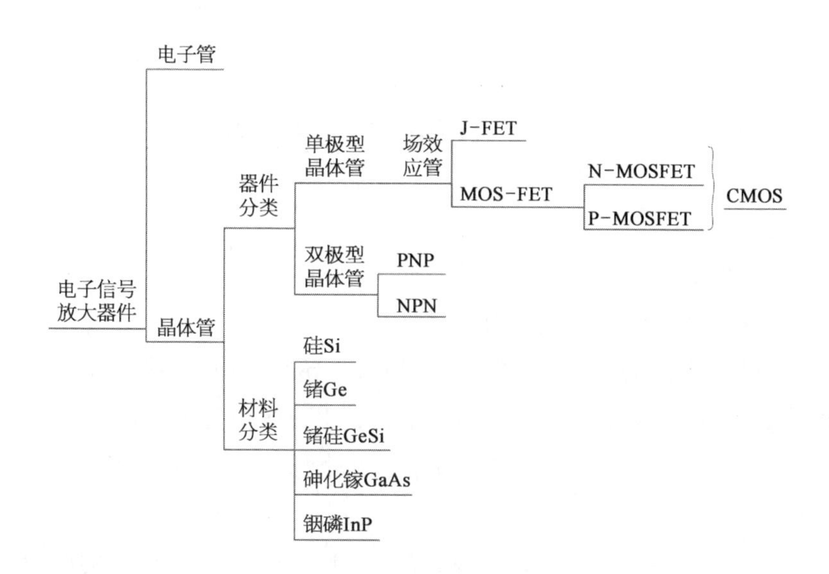

CMOS 是一种晶体管，晶体管区别于电子管。

早些时候，电子信号要发射出去，需要放大，用的是真空玻璃的电子放大器，有控制栅极，有阴极电子发射端，有阳极收集端（收集电子的）。

后来，1947年，咱们集成电路的发明人，用晶体实现了电信号的放大，用的是锗晶体做成的半导体器件，就叫晶体管。

晶体管，有两种模式：一种是单极型晶体管，一种载流子参与工作；另一种是双极型晶体管，两种载流子参与工作。

单极型的晶体管，也叫场效应管，场效应，就是利用电场效应改变电荷分布，场效应晶体管，就是利用电压（电场），改变了工作电流的大小，有结型场效应管、金属氧化物半导体型场效应管（MOSFET）。

双极型晶体管，就是两个PN结共同作用，主要分为PNP型、NPN型。

继续，MOSFET，继续分类，就是N－MOSFET和P－MOSFET，这两器件组合在一起叫作推挽型MOSFET，也叫CMOS，CMOS＝NMOS+PMOS。

无论是做双极晶体管，还是单极晶体管，可选的材料体系有硅、锗、锗硅合金、砷化镓化合物、铟磷化合物等。

只不过，基于性价比的考虑，比如基于Si材料平台，做CMOS器件结构，更常见，有时候就在咱们脑海中，将si材料的集成电路约等于CMOS型的集成电路了。

MOSFET与符号

如何判断是NMOS，还是PMOS。

关键是不知道模糊了多少，还剩下多少可判断的。

MOSFET是很常用的一个器件，可以起到“导通”“截止”的状态，大量地用在电源处理中。先从量上来说，NMOS器件比PMOS更常见，因为PMOS开关慢，电压高，很费劲。如果能找到源栅漏这几个标注，可以通过寄生二极管的方向来作判断。

本节写一下，MOS管电路符号和寄生二极管方向，和半导体类型的对应关系。

NMOS和PMOS，都是MOS管的一种类型。

MOS，叫金属-氧化物-半导体。

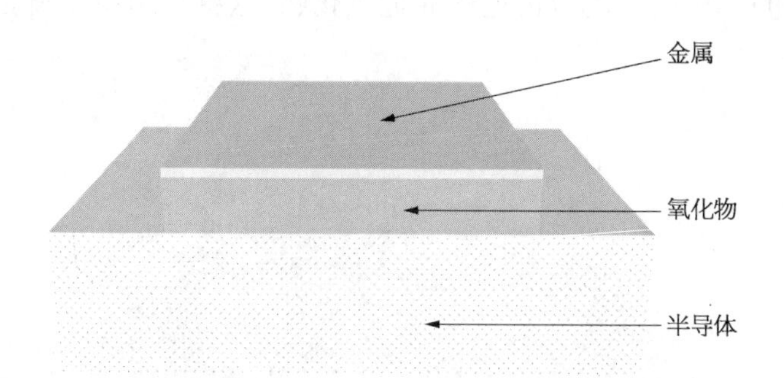

氧化物是一个绝缘介质,氧化物上下两侧都是金属,那就是一个电容。

氧化物其中一侧是半导体,另一侧是金属,其实也是一个电容。

如果给 MOS 的 M 金属侧加正电荷,那挨着介质的一侧就会被感应出负电荷。

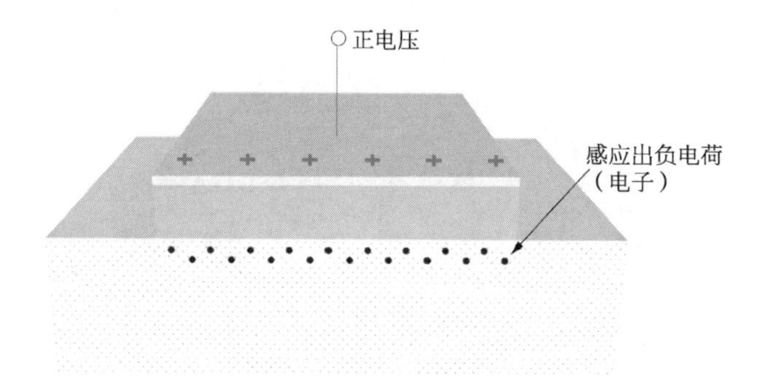

一般半导体是一个体结构,标注为 block,B,看电路符号都是有个箭头,那个箭头表示电子被感应的方向。上图金属正电荷,在介质靠近金属的地方,感应出很多电子。

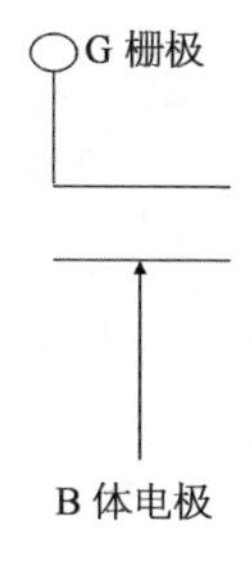

继续设计这个结构,两侧做成 N 型半导体,N 型半导体里边有自由电子。

MOS 管加电压,感应吸附自由电子靠近氧化物,这些自由电子就把两侧的 N 型半导体导通了。

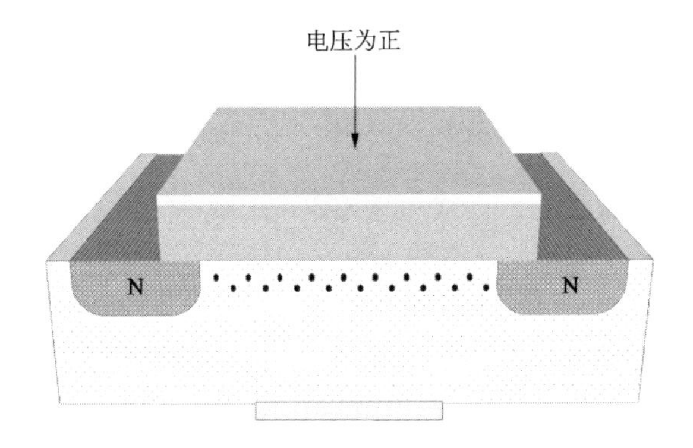

金属-氧化物-半导体,不加电,两侧半导体不导通。

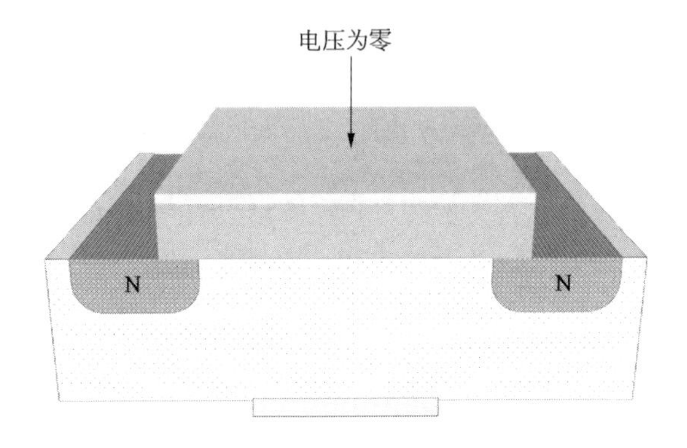

MOS,控制两侧 N 型半导体是否导通,这是个 NMOS,那底下的衬底就要做成 P 型半导体。

在电路符号里,就会看到这么标注:

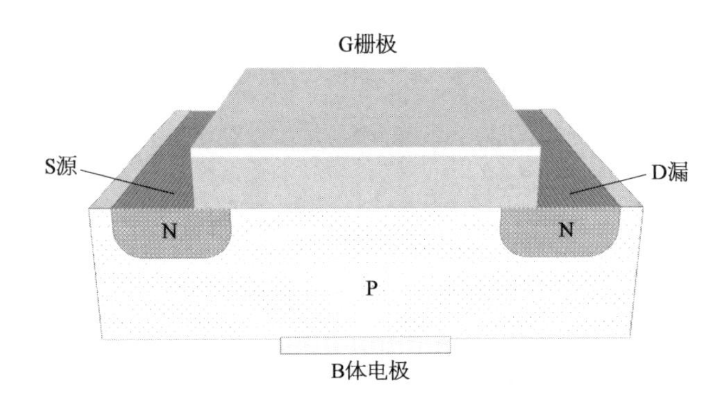

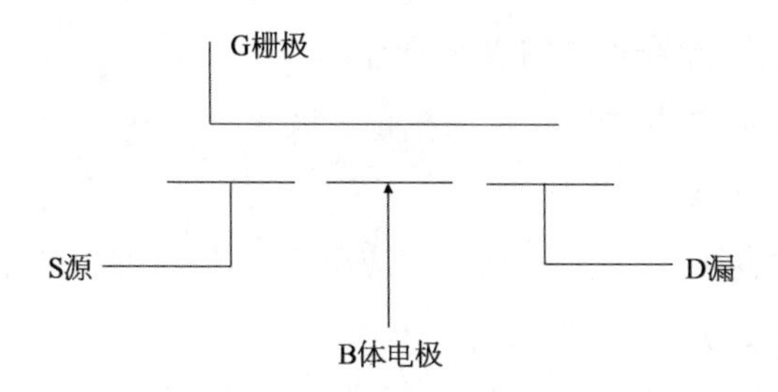

衬底做成P型，是在无电压的情况下，源和漏是一对儿背靠背的二极管，能够稳定截止。

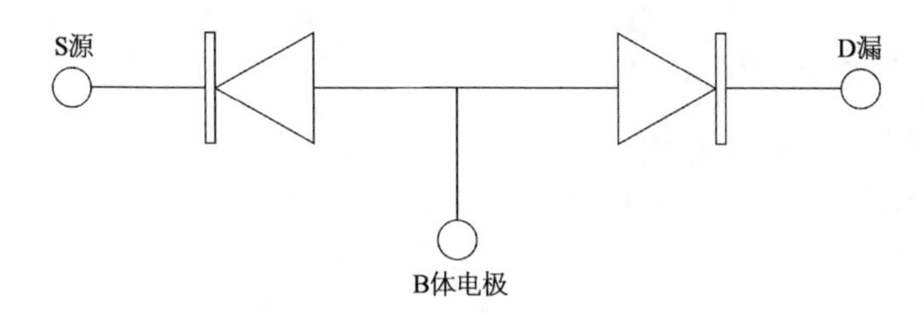

综合一下，NMOS的电路符号是这样的：

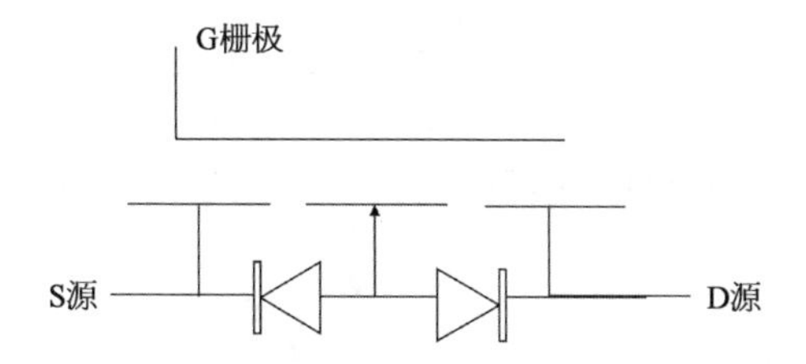

一般咱们适用的MOS管，并不会做成4个电极，而是会把体电极与源合并。

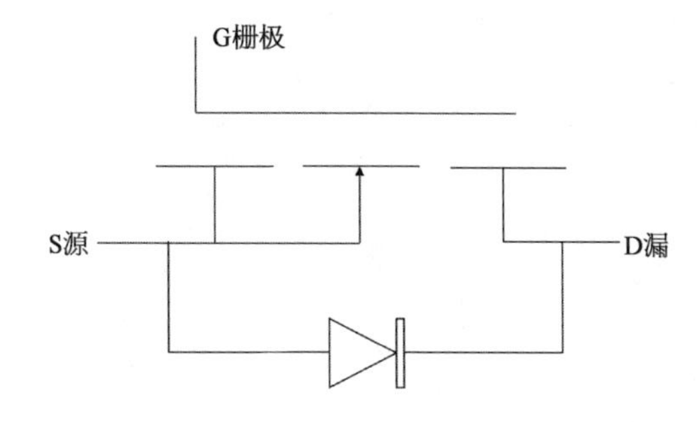

小结一下NMOS：

（1）MOS中金属加正电压，底部感应出电子。

(2) 自由电子,导通两侧的 N 型半导体。

(3) 零电压时,源漏之间是反向截止二极管。

同理,下图 PMOS,

(1) MOS 中金属加负电压,底部感应出空穴(下头的箭头,是电子的方向,空穴流向氧化物边缘,电子则会远离)。

(2) 空穴增多,导通两侧的 P 型半导体(P 型半导体也有空穴)。

(3) 零电压时,源漏之间是反向截止二极管(PMOS 源漏之间的电压和 PN 结的电压,通通都和 NMOS 反向。依然是截止)。

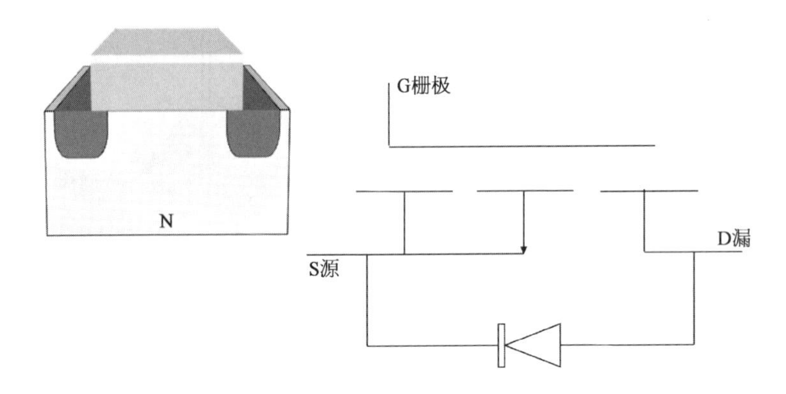

但凡可以看到源漏标注,就可以通过寄生电压的方式来判别是 NMOS 还是 PMOS。

缩略语

缩略语	中文	全文	浅释
3G	第三代(无线通信技术)	3rd generation	
4G	第四代(无线通信技术)	4th generation	
5G	第五代(无线通信技术)	5th generation	
10 G PON	10 G 比特无源光网络	10 gigabit-capable passive optical network	
AAU	有源天线	active antenna unit	把原来 BBU 中的一部分功能和原来的 RRU 集成在一起
ACO	模拟接口的相干光模块	analog coherent optics	
AG	接入控制器	access controller	
AlAs	砷化铝	aluminum arsenide	
APC	自动功率控制	automatic power control	由于激光器的发光效率随温度升高而下降,光模块中常用此功能来整体控制高低温变化时输出光功率的值
APD	雪崩光电二极管	avalanche photo diode	光模块中探测器的一种常用结构,是在 PIN 的半导体结构上增加一层用于产生雪崩效应的结构
ASIC	专用集成电路	application specific integrated circuit	区别于通用集成电路(通用型可编程硬件软件电路,功能非常多),在光通信应用中如果特定功能十分明确,将此功能群单独开发成一个芯片,降低成本

续 表

缩略语	中文	全文	浅释
AWG	阵列波导光栅	arrayed waveguide grating	是一种无源合分波器件,用一组阵列波导实现光程差
BBU	基带处理单元	base band unit	
BEN	突发使能	burst enable	
BER	比特误码率	bit error rate	
BH	异质掩埋	buried heterostructure	边发射激光器的一种常用波导结构,通过异质材料将波导掩埋进去,改善电光效率和光束质量,常用来对比RWG结构
BiDi	双向	bi-directional	特指单纤双向,一个光纤同时传输收发两个方向的信号
BOSA	双向光组件	bi-directional optical sub-assembly	把激光器/探测器组合在一起,一根光纤可以同时实现发射和接收
BRAS	带宽远程接入服务器	broadband remote access server	
BSC	基站控制器	base station controller	
CDR	时钟数据恢复	clock data recovery	
CFP	100 G 可插拔	100 Gb/s form factor pluggable	希腊字母C代表100,X代表10,CFP是XFP的速率升级版本
CFP2	100 G 小型可插拔		是CFP的小型化版本,一个CFP光模块的空间可以插入2个CFP2的模块
COB	板载芯片	chip on board	无封装的裸芯片,置于PCB板上
COBO	在板器件联合	consortium for on-board optics	
COC	载体芯片	chip on carrier	无封装的裸芯片,置于(陶瓷灯)衬底上
COP	联合封装	co-packaging	指光器件与交换芯片一起封装
COT	中心机房终端	central office terminal	
CPO	联合封装	co-packaging optical	指光器件与交换芯片一起封装
CPRI	通用公共无线接口	common public radio interface	无线基站接口协议,其中包括光模块物理层指标

续 表

缩略语	中文	全文	浅释
CR	核心路由器	core router	光通信网络的节点
CU	集中单元	centralized unit	
CW	连续波	continuous wave	
CWDM	粗波分复用	coarse wavelength division multiplexer	
DBR	分布式布拉格反射	distributed Bragg reflection	布拉格是人名,用来命名一种周期性变化的光栅,用布拉格光栅可以实现光反射的功能,而且是逐层反射,叫分布反射
DCI	数据中心互联	data center inter-connect	
DCO	数字接口的相干光模块	digital coherent optics	
DeMUX	多信道解复用	demultiplex	电信号的 DeMUX,指一路高速电信号分解为多个低速电信号,也可以叫 SERDES,或者 GearBOX 光信号的 DeMUX,一般指把一根光纤上多个波长分解到每个输出光信道一个波长
DFB	分布反馈	distributed feedback Bragg	光模块常用的一种激光器结构,用光栅实现分布式反射,在晶圆的侧边发光,DFB 也是边发射激光器
DML	直接调制激光器	direct modulation laser	不使用调制器的激光器,叫直接调制,VCSEL,FP,DFB 都可以用作 DML 直接调制,主要区别于 EML 这种带有调制器的激光器
DMT	离散多音调制	discrete multi tone	是频分复用的一种方式
DP - QPSK	双偏振四相相移键控	double polarization-multiplexing and quadrature phase shift keying	
DRV	驱动(电路)	driver	在光通信中,特指激光器的电流驱动功能

续 表

缩略语	中文	全文	浅释
DR	用于数据中心的距离	datacenter reach	特指 500 m,数据中心特有的一种传输距离,早期电信分为 SR,LR 等,后来增加了数据中心的两个距离,DR 与 FR
DSP	数字信息处理	digital signal processing	特指一种可以快速实现大量数据量信息处理的芯片,在高速光模块上的应用越来越广泛
DU	分布单元	distributed unit	
DWDM	密集波分复用	dense wavelength division multiplexing	光通信的一种传输方式,一根光纤采用很多波长,比粗波分复用更多的波长,每个波长都是独立的信息通道
EAM	电吸收调制器	electrical absorbing modulator	
EDFA	掺铒光纤放大器	erbium-doped optical fiber amplifier	光放大器的一种,利用光纤中掺入铒离子实现放大功能
EML	电吸收调制激光器	electro-absorption modulated laser	光模块常用的一种集成式激光器,是 DFB 激光器与电吸收调制器的集成
EPON	以太网无源光网络	ethernet passive optical network	1 G 速率的以太网无源光模块,标准由 IEEE 确定
ESA	电组件	electric sub-assembly	也叫 PCBA,就是把电芯片和 PCB 板组装在一起的半成品
FP	法布里-珀罗	Fabry - Perot	法布里、珀罗是人名,光模块常用的一种激光器结构,反射腔是水平方向上的两个反射镜,在晶圆的侧边发光,FP 是边发射激光器
FR	(比 DR)远的距离	far reach	特指数据中心的 2 km 应用
GaAs	砷化镓	gallium arsenide	
GaP	磷化镓	gallium phosphide	
GBIC	吉比特转换接口	gigabit interface converter	早期光模块封装形式,用于 1 Gb/s 传输,光电转换接口
GPON	吉比特无源光网络	gigabit capable passive optical network	1 G 速率的无源光网络,标准由 ITU - T 确定

续 表

缩略语	中文	全文	浅释
GRX	变速箱	gearbox	信号速率的变换,详见电信号的 MUX 与 DeMUX
ICR	集成相干接收机	intradyne coherent receiver	
InAs	砷化铟	indium arsenide	
InP	磷化铟	indium phosphide	
ITLA	集成可调谐激光器组件	integrable tunable laser assembly	密集波分复用中的一个常用器件,把可调谐波长的激光器及其配件组装在一起
LASER	受激辐射放大器	light amplification by stimulated emission of radiation	
LA	限幅放大器	limit amplifier	
LC			一种光纤连接器接口
LDD	激光器驱动器	laser diode driver	
LO	本地振荡器	local oscillator	相干光模块中,用来和接收的信号产生干涉的本地光源,光是波,可以视作一种高频振荡器
LR	长距	long reach	
LTCC	低温共烧陶瓷	low temperature co-fired ceramic	是陶瓷基板的一种烧结工艺
LTE	长期演进	long term evolution	是针对第三代无线通信(3G)技术的长期演进计划,可以理解为 4G
LWDM	LAN -波分复用	local area network-wavelength division multiplexer	LWDM 是针对 CWDM 波长间隔略窄的一种复用方式,借用的 LAN 8 023.3 的波长间隔
MGW	媒体网关	media gateway	
MOD	调制	modulation	
MPO	多光纤推进	multi-fiber push on	多芯连接器
MSA	多源协议	multi source agreement	光模块协议的一种,一般是多个厂家协商后制定,是松散的自由组织形式,目的是增加产品之间的互操作性,规定光电和外形形状,主要区别于 IEEE/ITU - T 等标准联盟

续 表

缩略语	中文	全文	浅释
MUX	多信道复用	multiplex	电信号的 MUX,指多个低速电信号合成一路高速电信号,也可以叫 SERDES,或者 GearBOX 光信号的 MUX,一般指多个波长(一个波长一个通道)的信号合在同一个光纤上(多个波长共用一个通道)
MWDM	中等波分复用	medium wavelength division multiplexer	波长间隔比 CWDM 更窄,比 DWDM 宽的一种波分复用形式
MZ	马赫-曾德尔	Mach-Zehnder	马赫、曾德尔是人名,特指一种双臂结构的光路,可以用于信号调制器,这种结构的调制器叫作马赫-曾德尔调制器
NRZ	非归零	non return zero	光通信的一种常用调制格式,是一种二进制调制,由于非常简单,最常用法是高低光功率分别代表 1 和 0 两种状态
ODN	光配线网	optical distribution network	是有线接入中的分光节点
OLT	光线路终端	optical line terminal	有线接入网的局端光模块
ONU	光网络单元	optical network unit	有线接入网的用户侧光模块
OSA	光组件	optical sub-assembly	也叫光器件,可以实现激光器与光纤的连接
OSFP	八通道小型可插拔	octal small form factor pluggable	是光模块的一种外形封装定义,一个光模块支持八通道收发,主要用于 400 G 光模块
PAM4	四脉冲幅度调制	4 pulse amplitude modulation	目前 400 G 短距应用的一种调制方式,幅度分为 4 段,表征 4 个状态,同一个时间段传输 2 bit 的 NRZ 容量 长距离常用 QPSK,相位分为 4 段,表征 4 个状态
PBS	偏振分束	polarizing beam splitter	在 DP - QPSK 的双偏振光模块中,用于偏振的分离

续 表

缩略语	中文	全文	浅释
PCB	印刷电路板	printed circuit board	电子线路连接的一种常用方式,电气连接通过内层线实现,区别于早期离散金属电线的连接
PDSN	分组数据服务节点	packet data serving node	
PD	光探测器	photodetector	光模块中接收端的一种光芯片,PIN型和APD型是光模块中PD的主要类型
PE	骨干网边缘路由器	provider edge	
PIN	P-I-N半导体叠结构		光模块中探测器的一种常用结构,在PN半导体之间插入一层本征层(intrinsic),目的是增加光的吸收率
PN	P型半导体与N型半导体的一种结构	positive negative	半导体,是电阻介于导体与绝缘体之间的一种材料,可以掺入带负电荷(电子)的杂质,或带正电荷(空穴)的杂质,形成PN半导体叠层, PN正向呈现导体特征 PN反向呈现绝缘体特征 是目前激光器、探测器、集成电路等各种半导体设计的集成结构
POB	印刷光路板	printed optical board	光纤连接布线的一种方式,在同一个平面上实现光波导传输,区别于离散的光纤跳线连接方式
PON	无源光网络	passive optical network	无源光网络,特指有线接入的一种低成本连接技术,采用无源分支节点,点对多点接入方式
PS	相移	phase shift	
QAM	正交振幅调制	quadrature amplitude modulation	信号的传输格式,一般QAM后标注数字,比如QAM16,指的是相位与幅度总共有16个状态,等效为单位时间段传输4个bit(2的4次方)
QOSA	四向光组件	quad optical sub-assembly	4个TO封装在一起,实现1根光纤4路信号,一般指2路发射和2路接收

续 表

缩略语	中文	全文	浅释
QPSK	正交相移键控	quadrature phase shift keying	信号传输格式，单位时间段传输4个相位，等于两个bit(一个bit有两个状态1和0)
QSFP28	100 G系统到小型可插拔	100 Gb/s quad small form factor pluggable	一般指4×25 G的100 G光模块封装形式 28是指每个通道的最大速率可支持到28 G
QSFP-DD	双倍密度的QSFP	double density QSFP	QSFP+/QSFP28是四通道，DD是指电连接口的密度增加一倍，金手指有两排，一般用于400 G光模块
QSFP+	四通道增强型小型可插拔	quad enhanced small form factor pluggable	是SFP+的四通道版本 SFP+一般走10 G信号，QSFP+一般指4×10 G的40 G光模块封装
RIN	相对强度噪声	relative intensity noise	
RNC	无线网络控制器	radio network controller	
RN	远端节点	remote node	
ROSA	光接收组件	receiving optical sub-assembly	把探测器以及配件组合在一起
RRU	射频拉远单元	radio remote unit	
RWG	脊型波导	ridge waveguide	边发射激光器的一种常用波导结构，常用来对比BH结构
SECQ	四相压力眼闭度	stressed eye closure quaternary	
SFP	小型可插拔	small form factor pluggable	小于10 G的一种光模块封装外形
SFP+	增强型小型可插拔	enhanced small form factor pluggable	“+”：是指比2.5 Gb/s速率更高，当时定义名词时主流速率是2.5 G，特指8~10 Gb/s速率 是SFP封装的增强版本
SGSN	GPRS服务支持节点	serving GPRS support node	
SR	短距	short reach	

续 表

缩略语	中文	全文	浅释
SR	全业务路由器	service router	光通信网络的节点
TDECQ	四相发射机色散眼闭度	transmitter dispersion eye closure quaternary	
TDEC	发射机色散眼闭度	transmitter dispersion eye closure	
TDP	发送色散代价	transmitter dispersion penalty	是光模块中表征激光器由于光谱较宽而出现色散，导致信号分量传输时延，引起的额外代价
TEC	热电制冷器	thermal electrical cooler	光器件中常用于控制温度的一种半导体器件，既可以加热也可以降温
TIA	跨阻放大器	trans-impedance amplifier	是光模块接收端的一种专用放大器芯片，前端连接探测器(PD)，PD 的作用是将光能量转换为电流，TIA 把电流转换为电压(类似电阻)并放大，叫作跨阻放大
TOSA	光发射组件	transmitting optical sub-assembly	把激光器以及配件组合在一起
TO	晶体管外形	transistor outline	光器件的封装形式之一，并不是封装晶体管，而是借用更早期的电子晶体管圆形帽子的外形封装形式
TriOSA	三向光组件	triplexer optical sub-assembly	一根光纤可以实现收发发，或者收收发 3 个方向的光学功能 主要场景是早期用户需要网络通信收发和一路有线电视 CATV 接收 另一个场景是接入网 10 G EPON 的 OLT，需要一路接收和两路发射信号
TRX	光模块/光收发一体模块	transceiver	光信号和电信号的互相转换
TWDM-PON	时分波分复用无源光网络	time and wavelength division	40 G 速率 PON 的一种主要应用标准
VCSEL	垂直腔面发射激光器	vertical cavity surface emitting laser	光模块常用的一种激光器结构，反射腔是垂直方向，在晶圆的表面出光

续 表

缩略语	中文	全文	浅释
VOA	可调光衰减器	variable optical attenuation	
XFP	10 G 小型可插拔	10 gigabit small form factor pluggable	X：希腊字母 10 小：是指比 GBIC 封装更小 可插拔是指可带电插入，也叫热插拔
XGPON	10 G 比特无源光网络	10 gigabit-capable passive optical network	X：希腊字母 10 的意思
XGSPON	10 G 对称无源光网络	10 gigabit-capable symmetric optical network	对称，是指上行和下行速率都可以支持 10 G 信号传输 XG－PON，10 G PON，指下行速率可以到 10 G，上行速率为 2.5 G XGS－PON，也叫 10 G PON，指下行速率可以到 10 G，上行速率为 10 G